Jochen Stark

Bernd Wicht

Zement und Kalk

Der Baustoff als Werkstoff

Herausgegeben vom F. A. Finger-Institut
für Baustoffkunde der Bauhaus-Universität Weimar

Mit 6 Farb- und 227 sw-Abbildungen und 90 Tabellen

BAU PRAXIS   Springer Basel AG

Die Autoren:

Prof. Dr.-Ing. habil. Jochen Stark
Direktor des F. A. Finger-Instituts für Baustoffkunde
Bauhaus-Universität Weimar
Coudraystr. 11
D-99421 Weimar

Dipl.-Ing. Bernd Wicht
F. A. Finger-Instituts für Baustoffkunde
Bauhaus-Universität Weimar
Coudraystr. 11
D-99421 Weimar

Die Deutsche Bibliothek - CIP-Einheitsaufnahme

Stark, Jochen:
Zement und Kalk : der Baustoff als Werkstoff ; mit 90 Tabellen / Jochen Stark ; Bernd Wicht. Hrsg. vom F.-A.-Finger-Institut für Baustoffkunde der Bauhaus-Universität Weimar. - Basel ; Boston ; Berlin : Birkhäuser, 2000
  (Baupraxis)

ISBN 978-3-7643-6216-4   ISBN 978-3-0348-8382-5 (eBook)
DOI 10.1007/978-3-0348-8382-5

Dieses Werk ist urheberrechtlich geschützt. Die dadurch begründeten Rechte, insbesondere die der Übersetzung, des Nachdrucks, des Vortrags, der Entnahme von Abbildungen und Tabellen, der Funksendung, der Mikroverfilmung oder der Vervielfältigung auf anderen Wegen und der Speicherung in Datenverarbeitungsanlagen, bleiben, auch bei nur auszugsweiser Verwertung, vorbehalten. Eine Vervielfältigung dieses Werkes oder von Teilen dieses Werkes ist auch im Einzelfall nur in den Grenzen der gesetzlichen Bestimmungen des Urheberrechtsgesetzes in der jeweils geltenden Fassung zulässig. Sie ist grundsätzlich vergütungspflichtig. Zuwiderhandlungen unterliegen den Strafbestimmungen des Urheberrechts.

© 2000 Springer Basel AG

Ursprünglich erschienen bei Birkhäuser Verlag, Basel, Sweiz in 2000

9 8 7 6 5 4 3 2 1

Vorwort

*Jedermann weiß, was Zement ist,
aber selbst in Kreisen, die täglich mit ihm zu tun haben,
hat man oft keine Vorstellung davon,
wie dieses merkwürdige graue Pulver entsteht,
das mit Wasser angemacht,
sich in ein steinartiges Gebilde verwandelt,
das die Härte und die Festigkeit von Feuerstein erreichen kann.*

Dies diktierte vor rund 40 Jahren der große deutsche Zementchemiker Hans Kühl als Einleitung für seine „Zementchemie" – und diese Worte haben wohl auch heute noch uneingeschränkt Gültigkeit. Wie wird aus diesem merkwürdigen grauen Pulver in Verbindung mit Wasser, Zuschlägen und Zusätzen dieses steinartige Gebilde, der unumstrittene Baustoff Nummer Eins unserer Zeit, der Beton.

Wir haben heute neue Möglichkeiten, dieser Frage nachzugehen. Eine davon ist das *Environmental Scanning Electron Microscope* (ESEM-FEG), mit dessen Hilfe Untersuchungen zum Mechanismus der frühen Hydratation von einzelnen Klinkerphasen und komplizierten Mehrphasensystemen einzelner Zemente möglich werden und nach deren Ergebnissen bisherige Modellvorstellungen zu diesen Fragen zumindest neu überdacht werden müssen.

In diesem Buch werden neue Erkenntnisse von Forschungsarbeiten am F. A. Finger-Institut (FIB) der Bauhaus-Universität Weimar zu diesen Fragen vorgestellt. Daneben wird in z.T. zusammenfassenden und z.T. ausführlichen Darstellungen ein Überblick von der Herstellung bis zur praktischen Anwendung der Bindemittel Zement und Kalk gegeben, der sowohl für Studierende als auch den in Forschung und Praxis Tätigen als Wissensquelle nützlich sein kann.

Bei der Erarbeitung des Buches haben eine Vielzahl von Mitarbeitern des FIB mitgewirkt: Dipl.-Ing. *Wilfried Burkert* (Kap. 2.7; 2.9), Dr.-Ing. habil. *Igor Chartschenko* (Kap. 2.8), Dipl.-Ing. *Angela Eckart* (Kap. 2.4; 2.7; 2.8; 2.9; 2.10), Dr.-Ing. *Hans-Bertram Fischer* (Kap. 2.8; 4), Dipl.-Ing. *Ulrike Frohburg* (Kap. 2.10), Dr.-Ing. *Gerd Häselbarth* (Kap. 2.11), Dipl.-Ing. *Yvonne Lämmel* (Kap. 2.10), Dr. rer. nat. *Bernd Möser* (Kap. 2.9) und Dr.-Ing. *Sylvia Stürmer* (Kap. 3).

Die REM und ESEM-Untersuchungen wurden von Dr. rer. nat. *Bernd Möser* (FIB), die Röntgenanalysen von Dr. rer. nat. *Ernst Freyburg* (FIB) und die Korngrößenanalysen von Frau Dr.-Ing. *Ursula Stark* (Lehrstuhl für Aufbereitung und Recycling von Baustoffen) durchgeführt.

Bilder von Klinkeranschliffen wurden uns freundlicherweise vom Wilhelm Dyckerhoff Institut für Baustoffkunde Wiesbaden zur Verfügung gestellt.

Viele Ergebnisse und Anregungen resultieren aus der Zusammenarbeit mit den Zementherstellern sowie den Forschungseinrichtungen der Zementindustrie: Deuna Zement GmbH, ein Unternehmen der Dyckerhoff-Gruppe, Dornburger Zement GmbH, Dornburg, E. Schwenk Zementwerke AG, Karlstadt und Bernburg, Heidelberger Zement AG, Leimen, Lafarge Zement-Karsdorfer Zement GmbH, Readymix AG-Rüdersdorfer Zement GmbH, Rohrbach Zement Gmbh & Co. KG Dotternhausen und Verein Deutscher Zementwerke e.V., Forschungsinstitut der Zementindustrie Düsseldorf.

Allen Genannten sowie dem Birkhäuser-Verlag sei an dieser Stelle herzlich gedankt.

Weimar, Februar 2000

Jochen Stark
Bernd Wicht

Inhaltsverzeichnis

1	**Einführung**	1
2	**Zement**	2
2.1	Geschichtliches	2
2.2	Portlandzementklinker	4
	2.2.1 Chemische Zusammensetzung	4
	2.2.2 Kennwerte für die chemische Beurteilung des Portlandzementklinkers	5
	2.2.3 Mineralogische Zusammensetzung	7
	2.2.3.1 Tricalciumsilicat	10
	2.2.3.2 Dicalciumsilicat	13
	2.2.3.3 Tricalciumaluminat	17
	2.2.3.4 Calciumaluminatferrit	20
	2.2.3.5 Zwischenmasse	22
	2.2.3.6 Weitere Klinkerbestandteile	23
	2.2.4 Zementtechnische Eigenschaften der Klinkermineralien	31
	2.2.5 Berechnung der Klinkerphasenzusammensetzung nach BOGUE	33
	2.2.6 Literatur	35
2.3	Herstellung von Zementklinker	36
	2.3.1 Rohstoffe	37
	2.3.1.1 Berechnung der Rohstoffmischung	38
	2.3.1.2 Rohstoffgewinnung	40
	2.3.1.3 Rohstoffaufbereitung	41
	2.3.1.4 Vorhomogenisierung	42
	2.3.1.5 Rohmehlhomogenisierung	42
	2.3.2 Klinkerbrennen	43
	2.3.2.1 Brennstoffe	43
	2.3.2.2 Drehrohrofen	44
	2.3.2.3 Vorwärmersysteme	44
	2.3.2.4 Vorcalcinierverfahren	46
	2.3.2.5 Klinkerkühler	48
	2.3.2.6 Stoffkreisläufe	50
	2.3.3 Ökologische Aspekte der Zementherstellung und -anwendung	52
	2.3.4 Literatur	54
2.4	Sulfatträgeroptimierung	55
	2.4.1 Literatur	60

2.5	Zumahlstoffe	61
	2.5.1 Latent-hydraulische Stoffe	62
	2.5.2 Puzzolanische Stoffe	65
	2.5.2.1 Traß	66
	2.5.2.2 Flugasche	67
	2.5.2.3 Ölschiefer	71
	2.5.2.4 Silicastaub	72
	2.5.3 Inerte Stoffe	74
	2.5.4 Bewertung der Hydraulizität von Zumahlstoffen	74
	2.5.5 Wirkung von Zumahlstoffen	75
	2.5.6 Qualitätsmerkmale für Zumahlstoffe	77
	2.5.7 Zumahlstoffzemente im Beton	78
	2.5.8 Literatur	79
2.6	Zementmahlung	80
	2.6.1 Sichter	82
	2.6.2 Mahltechnik	84
	2.6.3 Literatur	92
2.7	Zementarten nach DIN 1164	93
2.8	Spezialzemente	118
	2.8.1 Weißzemente	118
	2.8.2 Tonerdezement	123
	2.8.3 Tiefbohrzement (*oil well cement, gas well cement*)	130
	2.8.4 Quellzement	132
	2.8.5 Schnellzemente	141
	2.8.6 Sulfathüttenzement	146
	2.8.7 Aktiver Belitzement	149
	2.8.8 Feinstzemente	154
	2.8.9 Alinitzement	159
	2.8.10 Bariumzement	162
	2.8.11 Literatur	166
2.9	Hydratation des Portlandzementes	171
	2.9.1 Verfestigungsprozesse	171
	2.9.2 Definitionen	171
	2.9.3 Verfestigungsarten	172
	2.9.4 Klassische Theorien der Zementerhärtung	173
	2.9.5 Hydratation der Klinkermineralien	174
	2.9.5.1 Hydraulische Aktivität der Calciumsilicate	174
	2.9.5.2 Hydratation der silicatischen Phasen C_3S und β-C_2S	176
	2.9.5.3 Hydratation des C_3A	186
	2.9.5.4 Hydratation des C_4AF	195
	2.9.6 Vergleich der Hydratationsprodukte	198
	2.9.7 Stabilität der Hydratphasen	202
	2.9.7.1 Stabilität von Calciumhydroxid	202
	2.9.7.2 Stabilität der C-S-H-Phasen	203

		2.9.7.3	Stabilität des Monosulfats bzw. der AFm-Phase	206
		2.9.7.4	Stabilität des Ettringits bzw. der AFt-Phase	208
	2.9.8	Hydratation von Portlandzement		209
		2.9.8.1	Reaktionskinetik	209
		2.9.8.2	Reaktionsgeschwindigkeit des Portlandzementes	210
		2.9.8.3	Gefügeentwicklung	212
		2.9.8.4	Hydratationsgrad	213
			2.9.8.4.1 Hydratationsgrad von Portlandzement	214
			2.9.8.4.2 Hydratationsgrad von Hüttenzement	218
		2.9.8.5	Hydratationswärmeentwicklung	220
	2.9.9	Hydratation zumahlstoffhaltiger Zemente		228
		2.9.9.1	Hydratation latent-hydraulischer Stoffe	230
			2.9.9.1.1 Hydratation des Hüttensandes	230
			2.9.9.1.2 Hydratation von hüttensandhaltigen Zementen	231
			2.9.9.1.3 Verfärbungen von Betonoberflächen aus hüttensandhaltigen Zementen	231
			2.9.9.1.4 Stabilität der aus hüttensandhaltigen Zementen gebildeten Hydratphasen	233
		2.9.9.2	Hydratation in Anwesenheit puzzolanischer Stoffe	236
		2.9.9.3	Hydratation in Anwesenheit inerter Stoffe	244
	2.9.10	Erstarrungsstörungen		245
		2.9.10.1	Falsches Erstarren	245
		2.9.10.2	Plötzliches Erstarren (auch Schnelles Erstarren)	247
		2.9.10.3	Thixothrophes Erstarren	247
	2.9.11	Mikrostruktur der Phasengrenzfläche zwischen Zuschlag und Zementstein		248
	2.9.12	Literatur		251
2.10	Zementstein			254
	2.10.1	Zementsteinmodelle		255
		2.10.1.1	Zementsteinmodell nach POWERS	255
		2.10.1.2	Zementsteinmodell nach FELDMAN und SEREDA	256
		2.10.1.3	Münchner Zementsteinmodell nach WITTMANN und SETZER	257
	2.10.2	Porenraum		258
		2.10.2.1	Zementgel und Schrumpfen	258
		2.10.2.2	Porenarten im Zementstein	260
	2.10.3	Festigkeit		262
	2.10.4	Elastizitätsmodul (E-Modul)		263
	2.10.5	Verformungen des Zementsteins		263
		2.10.5.1	Spannungsunabhängige Verformungen	264
		2.10.5.2	Spannungsabhängige Verformungen – elastische Verformbarkeit und Kriechen	264
	2.10.6	Self-desiccation, die Selbstaustrocknung des Betons		271
	2.10.7	Literatur		273

2.11 Fließverhalten von Zementleim 275
    2.11.1 Rheologische Grundbegriffe 275
    2.11.2 Rheologisches Verhalten von Zementleim 278
    2.11.3 Messen des Fließverhaltens 281
    2.11.4 Literatur 283

3 Baukalke 284

3.1 Geschichtliches 284

3.2 Bedeutung und Begriffe 286

3.3 Kalkstein 298
    3.3.1 Entstehung und Einteilung 298
    3.3.2 Mineralogisch-petrografische und chemische Zusammensetzung 302
        3.3.2.1 Übergang Kalkstein–Dolomit 302
        3.3.2.2 Übergang Kalkstein–Ton 303
        3.3.2.3 Übergang Kalkstein–Sandstein 304
    3.3.4 Kalksteinvorkommen in Deutschland 306
    3.3.5 Gewinnung und Aufbereitung 307

3.4 Branntkalk 308
    3.4.1 Entsäuerung des Kalksteins 309
    3.4.2 Kalköfen 315
        3.4.2.1 Schachtöfen 316
        3.4.2.2 Drehrohröfen 319
        3.4.2.3 Sonstige Öfen 320
    3.4.3 Chemische und physikalische Eigenschaften 320
    3.4.4 Einfluß der Brennbedingungen auf die Branntkalkeigenschaften 322
        3.4.4.1 Chemische und mineralogische Zusammensetzung .. 322
        3.4.4.2 Kornaufbau 324
    3.4.5 Branntkalkprüfung 324

3.5 Chemische und physikalische Eigenschaften des Kalkhydrates 325
    3.5.1 Hydratation des Branntkalkes 327
    3.5.2 Einfluß der Löschbedingungen 328
        3.5.2.1 Temperatur 328
        3.5.2.2 Brenngrad 329
        3.5.2.3 Fremdbestandteile 330
    3.5.3 Technische Herstellung des Kalkhydrates 330
        3.5.3.1 Naßlöschen 330
        3.5.3.2 Trockenlöschen 331
        3.5.3.3 Drucklöschen 332
    3.5.4 Ergiebigkeit 332

3.6 Baukalkarten und -erhärtung 333
    3.6.1 Luftkalke 334
    3.6.2 Hydraulischer Kalk 335
    3.6.3 Traßkalk 336

	3.6.4	Romankalk	339
	3.6.5	Sonstige Baukalke	340
3.7	Verwendung von Branntkalk und Kalkhydrat		340
	3.7.1	Mörtel	341
		3.7.1.1 Mauer- und Fugenmörtel	341
		3.7.1.2 Putzmörtel	343
	3.7.2	Kalkgebundene Anstriche	346
3.8	Literatur		348

4 Spezielle Bindemittel 349

- 4.1 Magnesiabinder 349
- 4.2 Phosphatbinder 351
- 4.3 Wasserglasbinder 353
- 4.4 Alkali-Schlacken-Bindemittel 358
- 4.5 Säure-Basen-Dentalbinder (Zahnzemente) 362
- 4.6 Literatur 365

Stichwortverzeichnis 368

1 Einführung

Vom ersten Bundespräsidenten der Bundesrepublik Deutschland, Theodor Heuss, wurde einmal der Zementbeton als „der Baustoff unseres Jahrhunderts" bezeichnet. Er ist der am meisten verwendete Bau- und Werkstoff der Gegenwart und wird es mit hoher Wahrscheinlichkeit auch im 21. Jahrhundert sein. Gegenwärtig werden jährlich etwa 3 bis 4 Milliarden Kubikmeter Beton hergestellt. Das hydraulische Bindemittel Zement bildet zusammen mit Wasser den Zementleim, der im erhärteten Zustand als Zementstein die Zuschlagkörner des Betons fest und dauerhaft verbindet. Für die mannigfaltigen Bauaufgaben gibt es keinen besseren „Kleber" mit einem derart günstigen Preis-Leistungsverhältnis. Ein Kilogramm Zement kostet durchschnittlich nur 15 Pfennige, für Kunststoffe liegt der Kilopreis um den Faktor 10 bis 30 darüber. So ist es kein Wunder, daß der erst 1844 erfundene Zement heute mit einer Weltjahresproduktion von etwa 1,3 Milliarden Tonnen der wichtigste Ausgangsstoff für das Bauwesen ist. Aufgrund seiner hervorragenden Eigenschaften und auch wegen seiner ökologischen Unbedenklichkeit wird sich seine Sortenvielfalt in den nächsten Jahren erweitern und spezielle Hochleistungszemente für besondere Anforderungen und Aufgaben werden in Zukunft immer mehr gefragt sein.

Ebenso unverzichtbar ist der nicht-hydraulisch erhärtende Kalk in Mörteln und Putzen. Als alleiniges Bindemittel oder in Kombination mit z.B. Zement stellt Kalk die Basis für die kaum noch zu überschauende Vielzahl der verschiedenen Fertigmörtel und -putze dar.

Das tiefere Verständnis der Eigenschaften von Mörteln und Betonen ist nur möglich, wenn man sich ausführlich mit den dazugehörigen Bindemitteln beschäftigt. Ein rezepthaftes Wissen oder eine black box Betrachtungsweise zum Werkstoff Mörtel oder Beton genügt bereits heute nicht mehr, schon gar nicht in der Zukunft.

Baustoffe sind die Werkstoffe des Bauwesens und Werkstoffwissenschaft verlangt, den Dingen auf den Grund zu gehen.

2 Zement

2.1 Geschichtliches

Der Ursprung des Wortes „Zement" ist bei den alten Römern zu finden. Ihre von den Griechen übernommene Technik des Bauens mit Gußmauerwerk – dem Vorläufer unseres heutigen Betons – bezeichneten sie mit „Opus Cementitium". Das lateinische Wort caementum hängt mit caedere, d.h. schneiden oder brechen zusammen und bezeichnete ursprünglich behauene Natursteinquader, später dann Bruchstücke von Steinen und schloß schließlich noch Gesteinssplitter und Steinmehl sowie zerkleinerte Ziegelsteine und Ziegelmehl ein. Aus dem caementum der Römer wurde im Verlaufe der Zeit in Frankreich Cimentum und Ciment, in England Cement und in Deutschland Zyment, wobei bis zu Beginn des 19. Jahrhunderts darunter ausschließlich das aus Natursteinen und Ziegeln gewonnene Mehl verstanden wurde. Ein Begriffswandel setzte erst ein, als sich der Engländer James Parker bei der Suche nach einem hydraulischen Bindemittel im Jahre 1796 einen sogenannten Romanzement patentieren ließ. Hier wurde erstmals mit Zement das Bindemittel und nicht das Gesteins- oder Ziegelmehl bezeichnet.

Als Geburtsjahr des Portlandzementes gilt allgemein das Jahr 1824 und der Maurermeister Joseph Aspdin als sein Erfinder. Am 21. Oktober 1824 meldete Aspdin unter der Nummer 5022 in England sein berühmtes Patent zur „Verbesserung in der Herstellung künstlicher Steine" an und nannte das Produkt seiner Erfindung in Anlehnung an einen zu damaliger Zeit in England sehr beliebten und häufig zum Bauen verwendeten oolithischen Kalkstein der Insel Portland werbewirksam „Portlandzement". Es ist in der Geschichtsschreibung des Portlandzementes oft bezweifelt worden, ob Joseph Aspdin denn nun tatsächlich einen Portlandzement nach heutiger Definition hergestellt habe, also einen Zementklinker aus einer bis zur Sinterung gebrannten Rohmischung. Insbesondere der Engländer Isaac Johnson meldete Prioritätsansprüche an und behauptete, daß er als erster im Jahre 1844 einen derartigen Klinker gebrannt habe. Der oft heftige Prioritätsstreit in der damaligen Presse diente vor allem dem Produkt. Auf diese Weise wurde der Portlandzement mit all seinen Eigenschaften in breitesten Baukreisen bekannt. Den ersten „echten Portlandzement" im heutigen Sinne stellte mit großer Wahrscheinlichkeit William Aspdin (Abbildung 2.1.1), ein Sohn Joseph Aspdins, im Jahre 1843 her. In diesem Jahr verließ W. Aspdin die väterliche Fabrik und stellte ihn eigenen Unternehmungen Zement her (Abbildung 2.1.2).

2.1 Geschichtliches

Abb. 2.1.1: William Aspdin (1815–1864)

Abb. 2.1.2: Der Portlandzement-Brennofen William Aspdins in Northfleet aus dem Jahre 1848

Die Entwicklung der Einrichtungen und Verfahren zur Herstellung von Portlandzement war lange Zeit reine Empirie. Für den Bau der ersten Portlandzementfabriken Mitte des vergangenen Jahrhunderts gab es keine Vorbilder. Man übernahm zum großen Teil die Verfahren und Ausrüstungen, wie sie vor allem in Kalkbrennereien und Ziegeleien anzutreffen waren. Aus der Ziegelindustrie wurden für die Aufbereitung der Zementrohstoffe und für das Mahlen der Klinker vor allem Tonschneider, Kollergänge, Walzwerke und Ziegelpressen und zum Brennen Kammer- und Ringöfen verwendet. Aus der Kalkindustrie wurden insbesondere die Schachtöfen für den Klinkerbrand übernommen. Die Bezeichnung „Klinker" oder „Zementklinker" für die gesinterten Rohstoffe stammt auch aus den Anfängen der Portlandzement-Herstellung und kommt aus der Ziegelindustrie. Sollten die aufbereiteten und gemischten Rohstoffe in einem Ofen gebrannt werden, mußten sie vorher „stückig gemacht" oder wie es früher hieß „verziegelt" werden, weil die übliche Form der Ziegel war. Da in den damaligen Ringöfen manchmal wechselweise Mauerziegel und Zement gebrannt wurden, ist die Bezeichnung „Klinker" für den „klingend" hart gebrannten Ziegel auch auf die scharf gebrannten „Zementziegel" übergegangen.

Erst als sich um 1880 eine Reihe von Maschinenbaufirmen dem Bau spezieller Anlagen für die Zementherstellung zuwandten, erschienen neue Ausrüstungen auf dem Markt, die eine Verringerung des Arbeitsaufwandes, eine Steigerung des Durchsatzes sowie eine Erhöhung der Zementqualität und eine Einsparung von

Kosten mit sich brachte. Einen bedeutenden Schritt bei der Rationalisierung der Zementherstellung stellte um die Jahrhundertwende die Einführung des Drehrohrofens nach einem Patent des Engländers Frederik Ransome aus dem Jahre 1885 dar. Mit der dadurch gegebenen Möglichkeit des ununterbrochenen Brennens kam es zu einer sprunghaften Steigerung der Arbeitsproduktivität. Der hohe Durchsatz und die kontinuierliche Arbeitsweise, die das Drehofenverfahren ermöglichte, löste zwangsläufig auch die Mechanisierung des gesamten übrigen Produktionsprozesses aus.

2.2 Portlandzementklinker

2.2.1 Chemische Zusammensetzung

In Portlandzementen (CEM I) ist der Portlandzementklinker (PZ-Klinker) mit 95 bis 100% der Hauptbestandteil (ohne Berücksichtigung des Abbindereglers Gips/Anhydrit). In Portlandzementen mit Zumahlstoffen (CEM II-Zemente) und in Hochofenzementen (CEM III) ist er in unterschiedlichen Anteilen zwischen 20 und 94% vorhanden, wobei er dominant für die Festigkeitsbildung dieser Zemente ist. PZ-Klinker sind die Basis hydraulischer Bindemittel, d.h. sie sind wasserbindend und wasserfest.

Die Bestandteile des PZ-Klinkers mit ihrem üblichen Schwankungsbereich sind in der Abbildung 2.2.1 in drei Bereichen entsprechend ihrer Massenanteile im Klinker zusammengestellt.

Die **Hauptbestandteile** sind Ausgangsbasis der Rohmischungsherstellung; ihre chemischen Kennwerte werden zur Modul- und Phasenberechnung herangezogen.

Für die **Nebenbestandteile** gilt gemeinsam, daß für bestimmte Eigenschaften des PZ-Klinkers einzelne Bestandteile ausgehalten oder im Masseanteil begrenzt sein müssen (z.B. Sulfate oder Alkalien).

Die **Spurenelemente** verändern die Eigenschaften des Klinkers nur geringfügig, spielen aber im technischen Herstellungsprozeß durch Umweltbelastung hinsichtlich Schadstoffanreicherung und ihrer umweltgerechten Entsorgung eine Rolle. Als Schwermetalle können sie, wie z.B. im Fall von Chrom, bezüglich der Gesundheitsgefährdung des Menschen bedeutungsvoll sein.

2.2 Portlandzementklinker

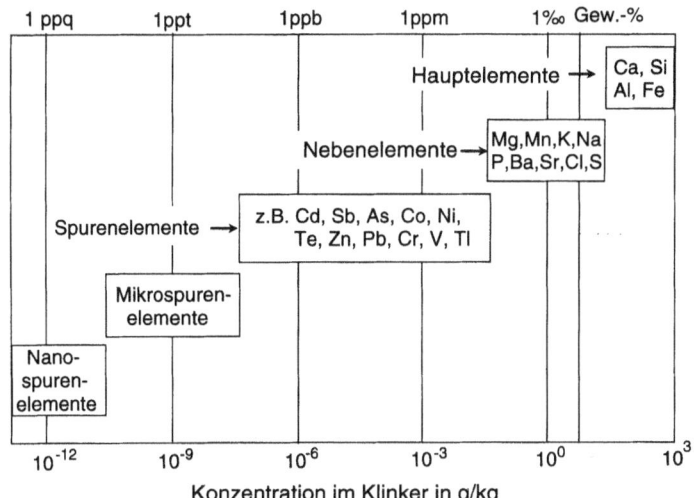

Abb. 2.2.1: Konzentrationsbereiche von Haupt-, Neben- und Spurenelementen im PZ-Klinker (nach SPRUNG)

Die chemische Zusammensetzung des PZ-Klinkers kann beträchtlich schwanken. Sie wird maßgeblich von der chemischen und mineralogischen Zusammensetzung der verwendeten Roh- und Brennstoffe sowie dem Brenn- und Kühlregime bei der Klinkerherstellung beeinflußt.

Durchschnittliche Schwankungsbreite der chemischen Zusammensetzung von PZ-Klinker:

CaO	60 ... 69%
SiO_2	20 ... 25%
Al_2O_3	4 ... 7%
Fe_2O_3	0,2 ... 5%
MgO	0,5 ... 5%
$Na_2O + K_2O$	0,5 ... 1,5%
SO_3	0,1 ... 1,3%

2.2.2 Kennwerte für die chemische Beurteilung des Portlandzementklinkers

Für die Ermittlung der chemischen Zusammensetzung des Klinkers im Rahmen einer Rohmischungsberechnung werden Moduln und Kalkbindungsformeln angewendet. In der Tabelle 2.2.1 sind die wichtigsten Formeln zusammengestellt.

Tab. 2.2.1: Kalkstandards und Moduln

Bezeichnung	Abkürzung	Formel	üblicher Bereich für Portlandzemente
Kalkstandard I	KSt I	$KStI = \dfrac{100\,CaO}{2{,}8\,SiO_2 + 1{,}1\,Al_2O_3 + 0{,}7\,Fe_2O_3}$	92...102
Kalkstandard II	KSt II	$KSt\,II = \dfrac{100\,CaO}{2{,}8\,SiO_2 + 1{,}18\,Al_2O_3 + 0{,}65\,Fe_2O_3}$	
Kalkstandard III (für MgO ≤ 2,0%)[1]	KSt III	$KSt\,III = \dfrac{100\,(CaO + 0{,}75\,MgO)}{2{,}8\,SiO_2 + 1{,}18\,Al_2O_3 + 0{,}65\,Fe_2O_3}$	90...102
Kalkstandard III (für MgO ≥ 2,0%)	KSt III	$KSt\,III = \dfrac{100\,(CaO + 1{,}50)}{2{,}8\,SiO_2 + 1{,}18\,Al_2O_3 + 0{,}65\,Fe_2O_3}$	90...102
Silikatmodul	SM	$SM = \dfrac{SiO_2}{Al_2O_3 + Fe_2O_3}$	1,8...3,4
Tonerdemodul	TM	$TM = \dfrac{Al_2O_3}{Fe_2O_3}$	1,8...2,8
Sulfatmodul	M_{SO_3}	$M_{SO_3} = \dfrac{SO_3}{0{,}85 \cdot \overline{K}}$ [2]	

[1] KSt III berücksichtigt, daß bis zu 2,0% MgO im Klinker gebunden werden können. Dabei ersetzt 1 Teil MgO 0,75 Teile CaO

[2] $\overline{K}$ = K_2O-Äquivalent = $K_2O + 1{,}52\,Na_2O$

Auf der Basis dieser Formeln läßt sich bei Einstellgrößen für KSt, SM und TM nach folgenden Richtwerten die chemische Zusammensetzung des Klinkers berechnen und praxisrelevant einstellen:

KSt 90 - 97	Klinker für normalen Portlandzement
KSt 97 - 102	Klinker für schnellerhärtenden, hochfesten Portlandzement
SM = 2	Klinker für normalen Portlandzement
SM > 3	Klinker für SiO_2-reiche Portlandzemente
SM < 1,8	Klinker für SiO_2-arme Portlandzemente
TM = 2	Klinker für normalen Portlandzement
TM > 4	Klinker für Aluminatzement
TM < 1,5	Klinker für sulfatbeständigen Portlandzement

Die in Tabelle 2.2.1 angegebenen Kalkbindungsformeln stellen das Verhältnis zwischen der vorhandenen und der Höchstmenge an CaO dar, die unter betrieblichen Brenn- und Kühlbedingungen mit den verfügbaren SiO_2-, Al_2O_3- und Fe_2O_3-Anteilen zu Klinkerphasen gebunden werden kann, und bestimmen die maximal erreichbare Kalkbindungsmenge. In der Tabelle 2.2.2 sind typische chemische Zusammensetzungen von Klinker für normale Portlandzemente und Portlandzemente für bestimmte Anwendungszwecke angegeben.

2.2 Portlandzementklinker

Tab. 2.2.2: Klinkerphasen und Moduln von Zementklinkern charakteristischer chemischer Zusammensetzung (nach HENNING et al.)

Merkmal		Normaler Portlandzement	Frühhochfester Portlandzement	Sulfatbeständiger Portlandzement	Weißer Portlandzement
Chemische Zusammensetzung					
SiO_2	[%]	20,5	19,6	20,5	20,9
Al_2O_3	[%]	6,5	6,0	4,8	4,3
Fe_2O_3	[%]	3,5	3,3	6,2	0,5
CaO	[%]	64,5	66,6	61,8	66,7
CaO_{frei}	[%]	1,4	1,8	0,7	1,2
$CaO_{effektiv}$	[%]	62,5	64,3	60,6	65,4
SO_3	[%]	1,0	0,7	0,9	0,2
MgO	[%]	3,3	2,1	1,9	1,6
Moduln					
SM		2,05	2,11	1,86	4,77
TM		1,86	1,82	0,77	8,6
KSt I		96,7	100,8	90,4	94,5
Klinkerphasen					
C_3S	[%]	49,9	67,8	49,7	62,5
C_2S	[%]	21,2	5,1	21,3	18,5
C_3A	[%]	11,3	10,3	2,2	10,6
$C_2(A,F)$	[%]	10,7	10,0	18,9	1,5

2.2.3 Mineralogische Zusammensetzung

Aus den oxidischen Hauptbestandteilen des Klinkers CaO, SiO_2, Al_2O_3 und Fe_2O_3 setzen sich folgende Klinkerphasen zusammen:

Tab. 2.2.3: Die Hauptklinkerphasen

Bezeichnung des reinen Minerals	Formel	Abkürzung	Bezeichnung des im Klinker vorliegenden Minerals
Tricalciumsilicat	$3\,CaO \cdot SiO_2$	C_3S	Alit
Dicalciumsilicat	$2\,CaO \cdot SiO_2$	C_2S	Belit
Tricalciumaluminat	$3\,CaO \cdot Al_2O_3$	C_3A	Aluminat
Calciumaluminatferrit	$4\,CaO \cdot Al_2O_3 \cdot Fe_2O_3$	$C_2(A,F)$	Aluminatferrit

Die Abkürzungen C_3S, C_2S usw. gelten exakt nur für die reinen Phasen, wie sie im industriellen Klinker nicht vorliegen. Unter der Bezeichnung Alit, Belit usw. werden die festen Lösungen von C_3S, C_2S usw. in Verbindung mit anderen Oxiden verstanden. C_3A und $C_2(A,F)$ werden zusammen als Zwischenmasse bezeichnet.

Der Klinkermineraliengehalt liegt für Portlandzementklinker in folgenden Bereichen:

C_3S 40 ... 80%
C_2S 2 ... 30%
C_3A 3 ... 15%
$C_2(A,F)$ 4 ... 15%.

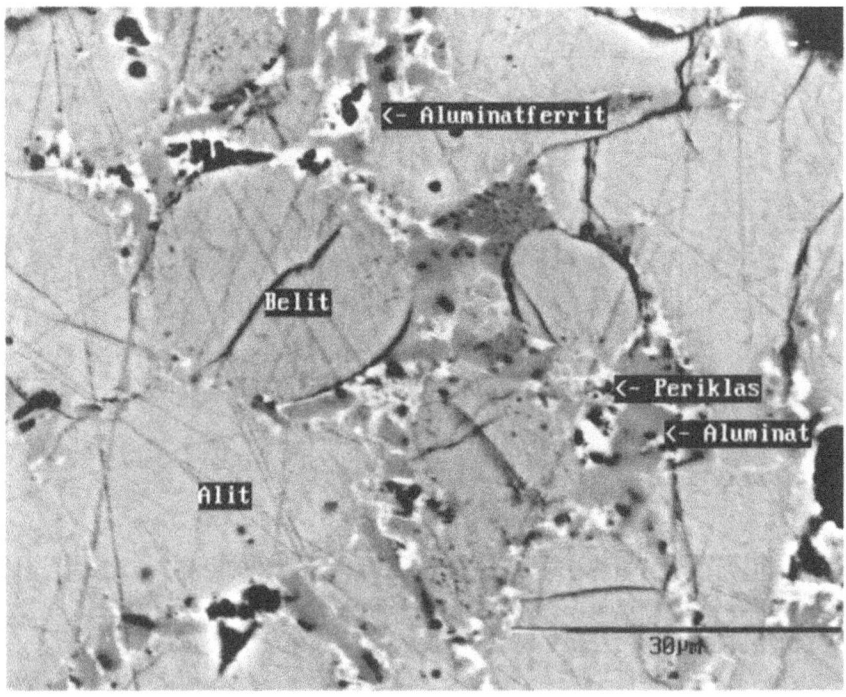

Abb. 2.2.2a: Anschliff eines Portlandzementklinkers (ungeätzt), Rückstreuelektronenbild (BSE)

2.2 Portlandzementklinker

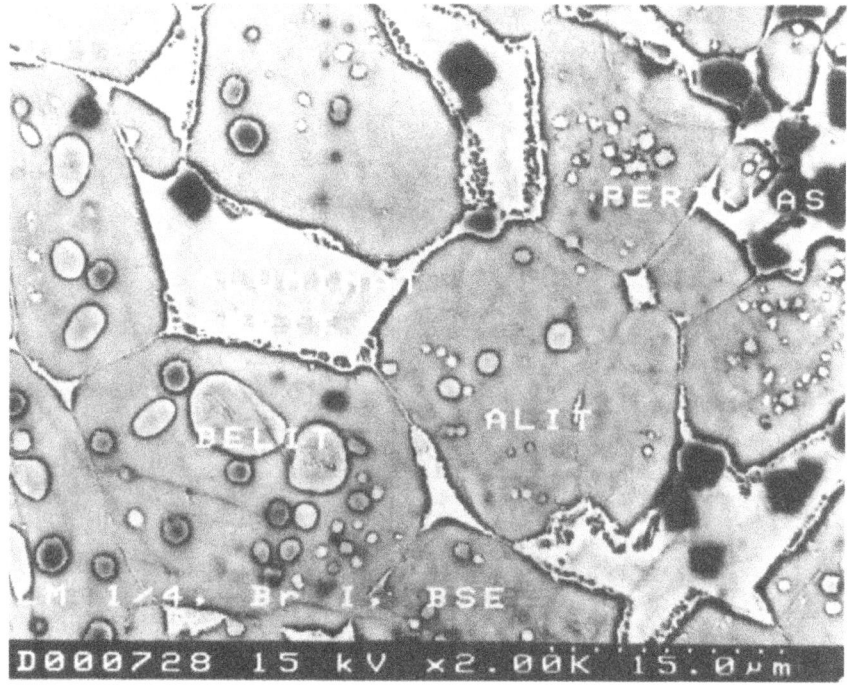

Abb.2.2.2b: Anschliff eines Portlandzementklinkers (geätzt), Rückstreuelektronenbild (BSE)

Zusammensetzungs- und Strukturveränderungen der Klinkerphasen werden insbesondere durch Wechselwirkungen chemisch-physikalischer Mineralbildungs- und Umbaueffekte wie
* Polymorphie und Isomorphie
* Fremdoxideinbau und Bildung fester Lösungen
* Gitterstörungen sowie
* Übersättigung und Zerfall fester Lösungen

verursacht.

Die Gesamtwirkung aller 4 Klinkerphasen im technischen Erhärtungsprozeß bestimmt die anwendungstechnischen Eigenschaften, vorrangig die hydraulische Aktivität des Klinkers. Alit dominiert dabei als wichtigster Klinkerbestandteil. Er ist Träger des Festigkeitspotentials und bestimmt das Niveau der Anfangs- und Endfestigkeit.

In der Tabelle 2.2.4 wird ein Überblick über die wesentlichsten Eigenschaften der Hauptklinkermineralien gegeben.

Tab.2.2.4: Die wesentlichsten Eigenschaften der Hauptklinkermineralien (nach STARK et al.)

	Alit	Belit	Aluminatphase	Ferritphase
Zusammensetzung der reinen Phase	3 CaO · SiO$_2$ = C$_3$S	2 CaO · SiO$_2$ = C$_2$S	3 CaO · Al$_2$O$_3$ = C$_3$A	4 CaO · Al$_2$O$_3$ · Fe$_2$O$_3$ = C$_4$AF bzw. allg. C$_2$(A,F)
wichtigste eingebaute Fremdoxide in Klinkerphasen	MgO = 0,3...2,1% Al$_2$O$_3$ = 0,4...1,8% Fe$_2$O$_3$ = 0,2...1,9%	K$_2$O = 0,1...1,9% Na$_2$O = 0,1...0,8% Al$_2$O$_3$ = 0,5...3,0% Fe$_2$O$_3$ = 0,4...2,7%	K$_2$O = 0,1...3,1% Na$_2$O = 0,3...4,6% Fe$_2$O$_3$ = 4,8...11,4% MgO = 0,4...2,2% SiO$_2$ = 2,9...7,1%	SiO$_2$ = 1,8...4,3% MgO = 1,9...4,5% TiO$_2$ ≤ 3,5%
im technischen Klinker auftretende Kristallsysteme oder Modifikationen	monoklin (M II)	β-Belit, monoklin (seltener α', α-C$_2$S)	kubisch orthorhombisch tetragonal	orthorhombisch
Kristallkorngröße im Klinker	20...60 μm	10...30 μm	submikroskopisch bis makrokristallin	
Stabilität	< 1250 °C bei sehr langsamer Kühlung Zerfall in C$_2$S + CaO, bes. bei reduziertem Brand. Reines C$_3$S stabil ab 1264 °C	Umwandlung (Zerrieseln) in das nichthydraulische γ-C$_2$S < 500 °C durch rasche Kühlung und eingebaute Fremdionen verhindert	kristallisiert beim Kühlen < 1350 °C aus Klinkerschmelze	bei reduzierendem Brand teilweise oder vollständige Reduktion des Fe$_2$O$_3$ zu FeO oder Fe
Anteile im Klinker	40...80% ⌀ 60%	0...30% ⌀ 15%	3...15% ⌀ 7%	4...15% ⌀ 8%

2.2.3.1 Tricalciumsilicat

Charakteristik

- C$_3$S = 73,69% CaO + 26,31% SiO$_2$
- Masseverhältnis CaO/SiO$_2$ = 2,801
- Molmasse = 228,3 g/mol
- Dichte ϱ = 3,13 g/cm^3

2.2 Portlandzementklinker

Polymorphismus
Im Bereich der Umgebungstemperatur bis 1100 °C sind sechs polymorphe Formen bekannt:

$$T_I \xrightleftharpoons{620\,°C} T_{II} \xrightleftharpoons{920\,°C} T_{III} \xrightleftharpoons{980\,°C} M_I \xrightleftharpoons{990\,°C} M_{II} \xrightleftharpoons{1060\,°C} M_{III} \xrightleftharpoons{1070\,°C} R \xrightleftharpoons{2070\,°C} \text{Schmelze}$$

T = triklin
M = monoklin
R = rhomboedrisch bzw. trigonal

Die Unterschiede im Gitter der einzelnen Modifikationen sind sehr klein und röntgenografisch schwer zu unterscheiden.

Feste Lösungen des C_3S
C_3S kann verschiedene Fremdoxide in sein Gitter einbauen. Wichtig für die Praxis ist im Hinblick auf das MgO-Treiben, daß bis zu 2% MgO in das C_3S-Gitter eingebaut werden können. MgO-Mengen über 2% (bezogen auf das C_3S) liegen als Periklas vor.

Stabilitätsbereich
Reines C_3S ist zwischen 1250 und 2070 °C beständig und schmilzt bei höheren Temperaturen inkongruent unter Bildung von Schmelze und CaO. Unterhalb von 1250 °C wird reines C_3S sehr langsam zersetzt. Dagegen wird Alit bei Anwesenheit von K_2O, CaF_2 und besonders Fe^{2+} in Belit und CaO_{frei} zersetzt. Mikroskopisch wird diese Zerfallserscheinung am Alitkristall durch einen Umwandlungssaum, bestehend aus feinverteiltem Belit und Freikalk, erkennbar.

Alit im Klinker
Im technischen Klinker kommt Alit nur in monokliner und trigonaler Kristallausbildung vor. Die Stabilisierung dieser Hochtemperaturformen erfolgt durch die Bildung fester Lösungen mit einer Vielzahl von Nebenoxiden und Spurenelementen, die durch die Roh- oder Brennstoffe in den Klinker eingetragen werden. Die Gehalte dieser Beimengungen in den Alitkristallen unterliegen in Abhängigkeit von den Brennbedingungen relativ großen Schwankungen. Dominierend sind folgende Einbauoxide:

- Al_2O_3 mit 0,4 ... 1,8% Einbaumengen
- MgO mit 0,3 ... 2,1%
- Fe_2O_3 mit 0,2 ... 1,9%
- SO_3 bis 0,2%
- K_2O, CaF_2, P_2O_5, MnO_2, ZnO < 0,2%.

In der hydraulischen Aktivität unterscheiden sich die einzelnen Ausbildungsformen des Alits nicht wesentlich. Allgemein gilt aber, daß Alite mit einem höheren Grad an Gitterstörungen reaktiver sind.

Abb. 2.2.3: Alitkristalle

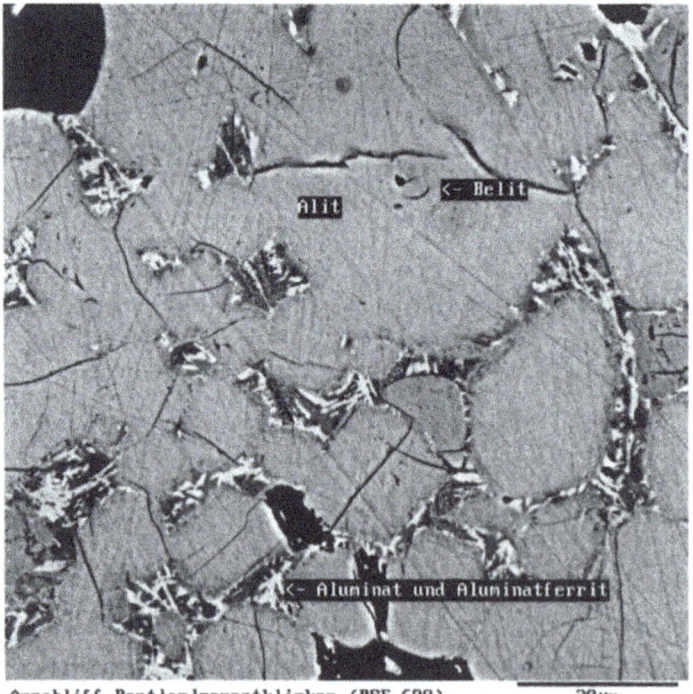

Abb. 2.2.4: Alit(C_3S)-Anschliff eines Portlandzementklinkers (ungeätzt), Rückstreuelektronenbild (BSE)

2.2 Portlandzementklinker

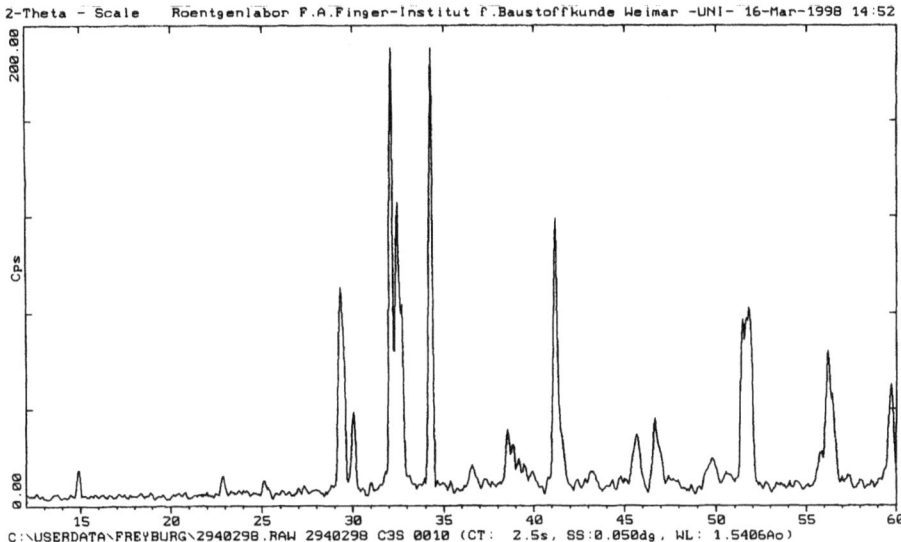

Abb. 2.2.5: Röntgenogramm von C_3S (reine Phase)

Die Alite treten im Industrieklinker meist als homogen verteilte gedrungene Kristalle auf, die vielfach einen sechsseitigen Querschnitt aufweisen. Sie enthalten oft runde Beliteinschlüsse, sind häufig miteinander großflächig verwachsen und zeigen manchmal am Kristallrand Umwandlungssäume, die aus Freikalk und Belit bestehen.

2.2.3.2 Dicalciumsilicat

Charakteristik

- $C_2S = 65{,}12\%\ CaO + 34{,}88\%\ SiO_2$
- Masseverhältnis $CaO/SiO_2 = 1{,}867$
- Molmasse $= 172{,}3$ g/mol
- Dichten $\varrho_\alpha = 3{,}04$ g/cm^3
  $\varrho_{\alpha'} = 3{,}40$ g/cm^3
  $\varrho_\beta = 3{,}28$ g/cm^3
  $\varrho_\gamma = 2{,}97$ g/cm^3

Polymorphismus
Vom C_2S existieren im Temperaturbereich zwischen Umgebungstemperatur und 1500 °C fünf Modifikationen. Die Stabilitätsbereiche der Modifikationen α-, $α'_H$-, $α'_L$-, β- und γ-C_2S beim Aufheizen und Abkühlen sind in Abbildung 2.2.6 dargestellt.

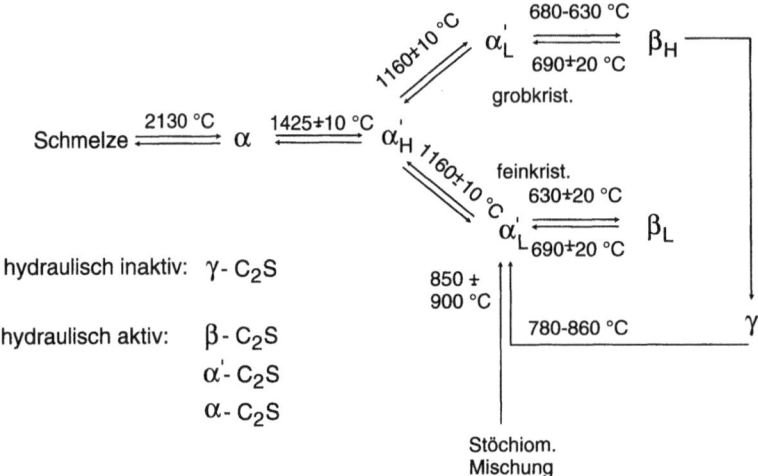

Abb. 2.2.6: Stabilitätsbereich der reinen C_2S-Modifikationen (nach LEHMANN et al.)

Die Umwandlungen $\beta \rightarrow \gamma$ und $\gamma \rightarrow \alpha'_L$ sind irreversibel. Der Modifikationswandel $\beta \rightarrow \gamma$ ist mit einer Volumenausdehnung infolge der Dichteunterschiede (3,28 g/cm³ gegenüber 2,97 g/cm³) verbunden. Das bewirkt das sogenannte Zerrieseln des Klinkers und den Zerfall des C_2S.

Die Umwandlungen $\alpha'_H \rightleftarrows \alpha'_L$, $\alpha'_L \rightleftarrows \beta$, und $\alpha \rightleftarrows \alpha'_L$ sind reversibel und mit geringfügigen Veränderungen in der Kristallstruktur des C_2S verbunden. Umwandlungstemperaturen und Stabilitätsbereiche hängen ab von:

- Kristallgröße
- Dichte
- Abkühlgeschwindigkeit
- Reinheit der Ausgangsstoffe
- Bildung fester Lösungen
- Abweichungen von der stöchiometrischen Zusammensetzung.

Feste Lösungen des C_2S
Wichtigste Einbauelemente in das C_2S sind Al, Fe, K, Na, P, Sr, Ti, V und Cr. Sie bilden gegenüber dem C_3S in verstärkter Weise feste Lösungen unterschiedlicher Konzentration mit dem C_2S. Der Fremdioneneinbau verringert sich beim Übergang $\alpha \rightarrow \alpha'_H \rightarrow \beta\text{-}C_2S$.

2.2 Portlandzementklinker

Stabilisierung

Da γ-C_2S nahezu keine hydraulischen Eigenschaften besitzt, ist die Stabilisierung des bei Raumtemperaturen metastabilen β-C_2S von großem praktischen Interesse. Die γ-Bildung kann verhindert werden durch:

- chemische Stabilisierung
- Schnellkühlung und
- Reduzierung der γ-C_2S-Keimbildungsbedingungen.

Die chemische Stabilisierung kann durch zahlreiche Elemente erreicht werden, wobei die stabilisierende Wirkung von der Art und Menge der Beimengungen abhängt. Ein Ersatz von Ca^{2+}- oder SiO_4^{4-}-Ionen bzw. allgemein der Einbau von Fremdionen in das Gitter führt zu einer Erhöhung des Unordnungszustandes des Gitters und damit zu einer Entropieerhöhung des Systems, was die Erhaltung der Hochtemperaturformen α, α'- und β-C_2S begünstigt.

Durch Schnellkühlung der α-Phase können die entstehenden α'_H-Kristalle sehr klein gehalten werden. Die beim weiteren Abkühlen gebildeten β_L-Kristalle sind dann ebenfalls sehr klein und bleiben bis herab zur Raumtemperatur stabil.

Belit im Klinker

In Industrieklinkern liegt Belit im allgemeinen als β-C_2S, seltener als α' und α-C_2S vor. Man trifft ihn meist in Nestern angereichert oder seltener homogen verteilt als rundliche Kristalle an. Sie sind meist mehrfach polysynthetisch verzwillingt, und ihre Korngröße variiert zwischen 10 und 30 µm.

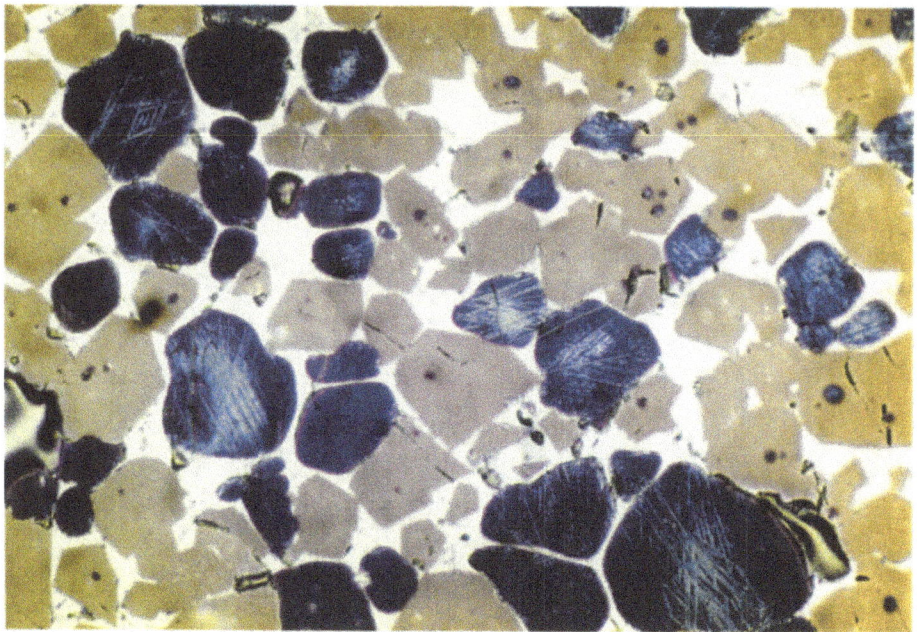

Abb. 2.2.7: Belit, kreuzlamelliert in C_4AF-reicher Schmelzphase

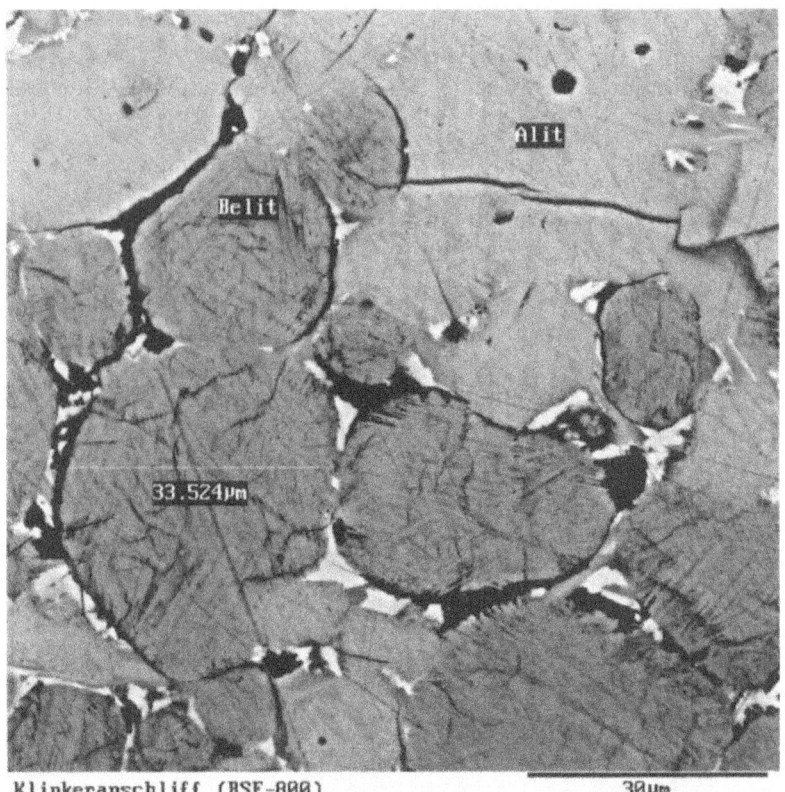

Abb. 2.2.8: Belit(C_2S)-Anschliff eines Portlandzementklinkers (ungeätzt), Rückstreuelektronenbild (BSE)

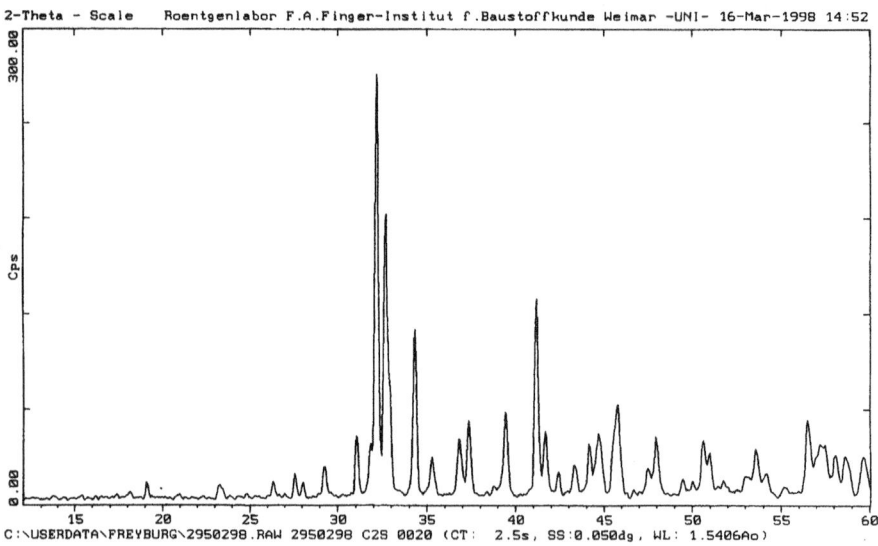

Abb. 2.2.9: Röntgenogramm von C_2S (reine Phase)

2.2.3.3 Tricalciumaluminat

Charakteristik

- $C_3A = 62,27\%$ CaO + $37,73\%$ Al_2O_3
- Masseverhältnis CaO/Al_2O_3 = 1,65
- Molmasse = 270,2 g/mol
- Dichte $\varrho = 3,04$ g/cm^3

Polymorphismus

Vom reinen C_3A sind keine polymorphen Umwandlungen bekannt. Es schmilzt bei 1542 °C inkongruent unter Bildung von CaO und Schmelze.

Feste Lösungen des C_3A

Als feste Lösungen können im C_3A Oxide von Fe, Mg, Si, Ti, Na und K auftreten, aber nur beim Einbau von Na und K in Substitution des Ca im Gitter wird die Symmetrie des Gitters verändert:

- 0 ... 1,9% Na_2O → kubisch
- 1,9 ... 3,7% Na_2O → kubisch und orthorhombisch
- 3,7 ... 4,6% Na_2O → orthorhombisch
- 4,6 ... 5,7% Na_2O → monoklin.

Der Einbau von Alkalien in das C_3A-Gitter ist insofern von praktischer Bedeutung, da alkalihaltiges C_3A das Erstarren des Zementes beeinflußt. Nach WÄCHTLER und USCHOLD zeigt die zeitliche Entwicklung der Hydratationswärmefreisetzung in Abhängigkeit von der sulfatischen Alkalidotierung bei Variation des K_2O/Na_2O-Verhältnisses folgendes (s. Abbildung 2.2.10):

- bei geringen Alkalidotierungen wird im Vergleich zum undotierten C_3A eine erhöhte hydraulische Aktivität festgestellt
- bei hoher Alkalidotierung wird unabhängig vom K_2O/Na_2O-Verhältnis die freigesetzte Hydratationswärme deutlich verringert.

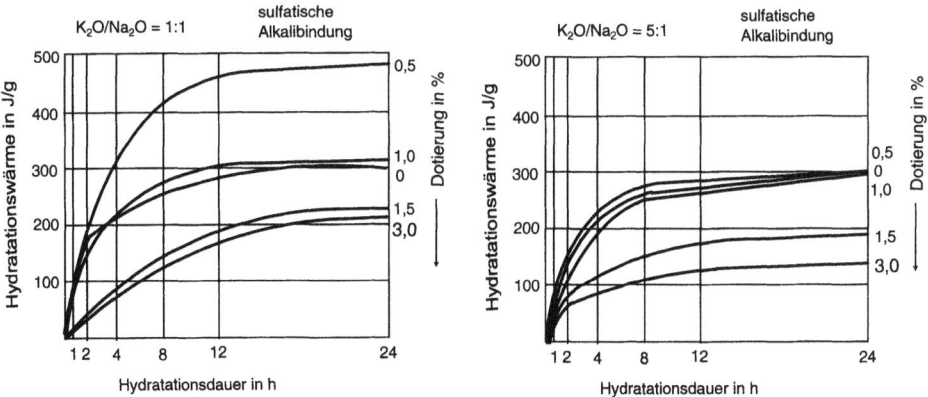

Abb. 2.2.10: Hydratationswärmeentwicklung von C_3A in Abhängigkeit von der sulfatischen Alkalidotierung (nach WÄCHTLER/USCHOLD)

C_3A im Klinker

In Betriebsklinkern tritt C_3A in kubischer oder orthorhombischer, seltener in monokliner Kristallform auf. Häufig sind kubische und orthorhombische Aluminatphasen vergesellschaftet.

Zemente mit hohem Sulfatwiderstand müssen einen C_3A-Gehalt $\leq 3{,}0\%$ haben, d.h. für die Klinkerherstellung, daß i.d.R. keine Tonkomponente zu verwenden ist, sondern eisenreiche Komponenten verwendet werden müssen. Einfluß auf den Sulfatwiderstand hat auch die Kristallmodifikation des C_3A. Günstige Werte werden mit Zementen erzielt, die aus einem Klinker hergestellt werden, in dem C_3A überwiegend in der kubischen Kristallmodifikation vorkommt. Bei Zementen, bei denen C_3A überwiegend in der monoklinen Kristallmodifikation vorkommt, ist der Sulfatwiderstand am ungünstigsten.

Vom C_3A-Gehalt des Klinkers werden beeinflußt:

- die Zementfestigkeit
  - Frühfestigkeit: positiv
  - 28-d-Festigkeit: gering
  - Spätfestigkeit: sinkt mit steigendem C_3A-Gehalt

- der Wasseranspruch
  - lineare Abhängigkeit, d.h. der Wasseranspruch steigt mit dem C_3A-Gehalt
  - über den Wasseranspruch wirkt C_3A indirekt auf die Festigkeit

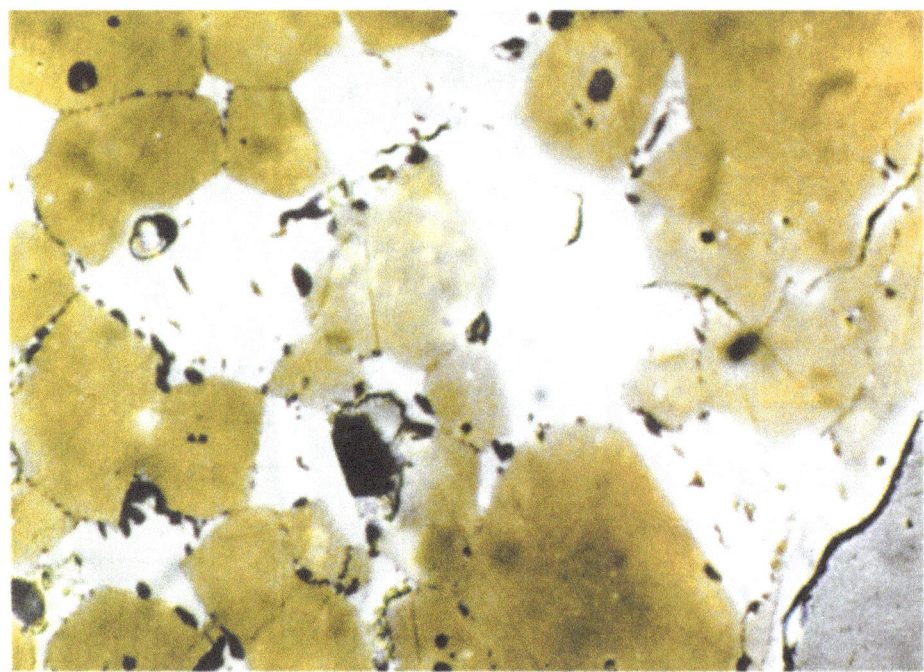

Abb. 2.2.11: Prismatisches C_3A (grau), Freikalk in Schmelzphase eingebettet (rundlich weiße Partikel)

2.2 Portlandzementklinker

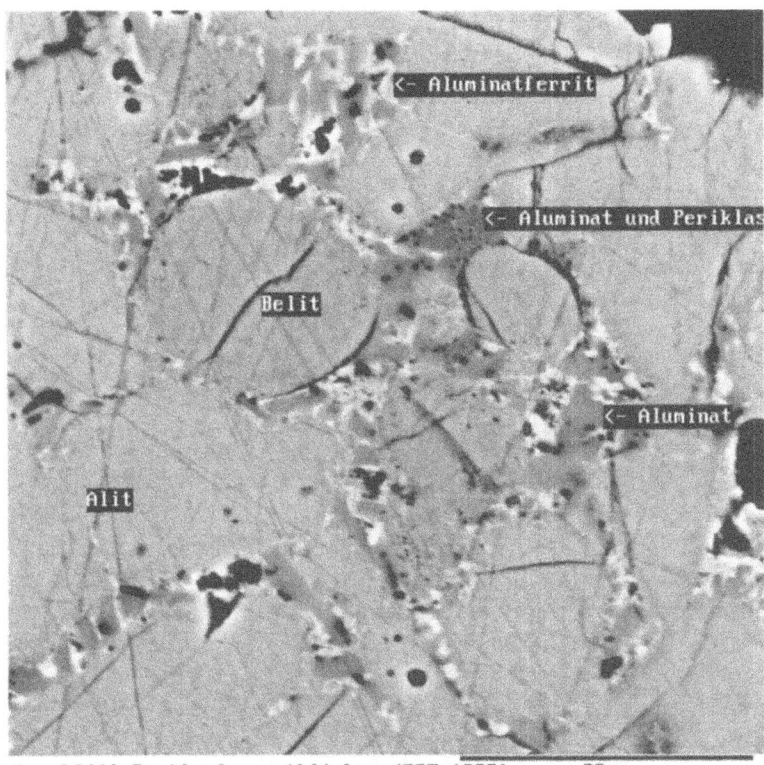

Abb. 2.2.12: Aluminat(C_3A)-Anschliff eines Portlandzementklinkers (ungeätzt), Rückstreuelektronenbild (BSE)

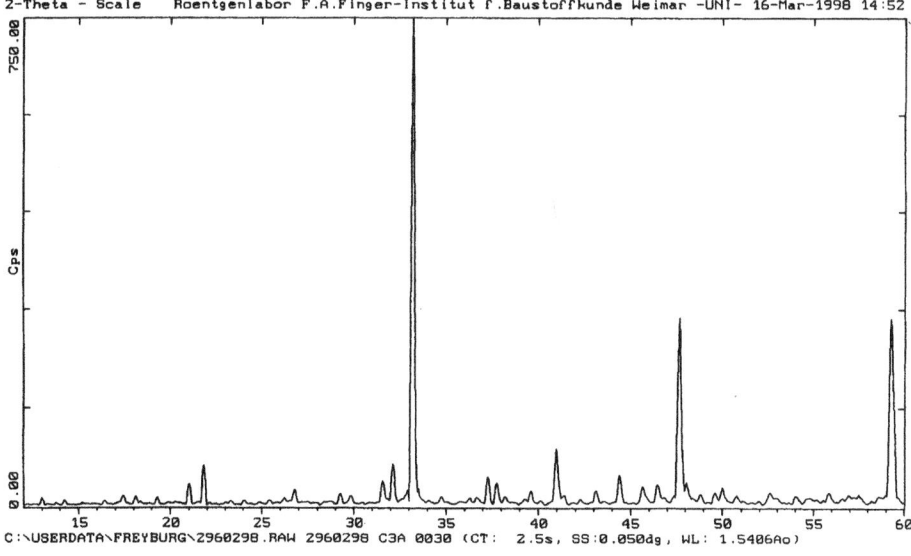

Abb. 2.2.13: Röntgenogramm von C_3A (reine Phase)

2.2.3.4 Calciumaluminatferrit

Charakteristik

Die Ferritphase weist keine feste chemische Zusammensetzung auf, sondern bildet Mischkristalle mit variablem Al_2O_3/Fe_2O_3-Verhältnis. Die auch als Brownmillerit bekannte Phase Tetracalciumaluminat $C_2(A,F)$ ist ein Mischkristall innerhalb der Mischkristallreihe zwischen der Verbindung C_2F und dem hypothetischen „C_2A".

- $C_2(A,F) = 46{,}16\%$ CaO + $20{,}98\%$ Al_2O_3 + $32{,}86\%$ Fe_2O_3
- Masseverhältnis $C_2(A,F)/Fe_2O_3 = 3{,}043$
- Molmasse = 486 g/mol
- Dichte $\varrho = 3{,}76$ g/cm^3 → spez. schwerstes Klinkermineral

$C_2(A,F)$ schmilzt kongruent bei 1415 °C.

Feste Lösungen des $C_2(A,F)$

Die Ferritphase kann Fremdionen ins Gitter aufnehmen. An erster Stelle steht das Mg^{2+}, das die Gitterplätze des Ca^{2+} ersetzt. Die maximal eingebaute MgO-Menge im $C_2(A,F)$ beträgt 1,5 ... 2,0%. Oberhalb dieser Menge wird Periklas gebildet. Außerdem können in Form fester Lösungen in das $C_2(A,F)$ aufgenommen werden: SiO_2, Na_2O, Cr_2O_3, CaO, Mn_2O_3.

$C_2(A,F)$ im Klinker

Im Klinker ist die Ferritphase (helle Zwischenmasse/Matrix im Klinkerschliff) feinkörnig und meist xenomorph ausgebildet sowie mit der Aluminatphase verwachsen. Die Mischkristallglieder sind nur röntgenographisch zu identifizieren. In der Phasenanalyse und Phasenberechnung technischer Klinker gilt als ausreichend zutreffend, die Ferritphase mit $C_2(A,F)$ zu kennzeichnen.

Wie alle Eisenverbindungen sieht diese im reinen Zustand braun aus. Da aber technisches Rohmehl auch noch MgO enthält, vermag das $C_2(A,F)$-Gitter bis zu 2% MgO einzulagern und erfährt damit einen Farbumschlag von Braun nach Graugrün, der dem Portlandzement seine charakteristische Färbung verleiht.

2.2 Portlandzementklinker

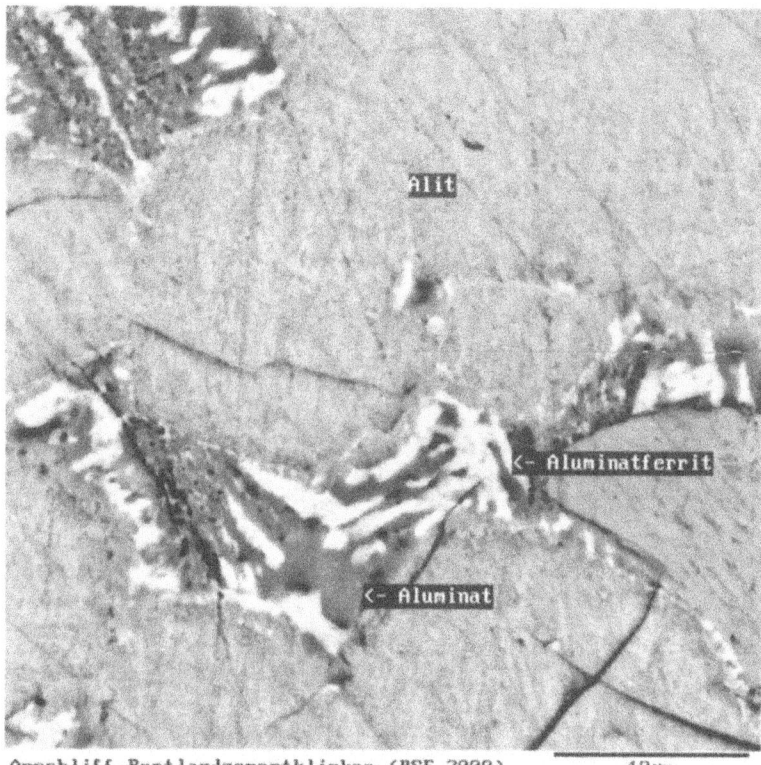

Abb. 2.2.14: Aluminatferrit-Anschliff eines Portlandzementklinkers (ungeätzt), Rückstreuelektronenbild (BSE)

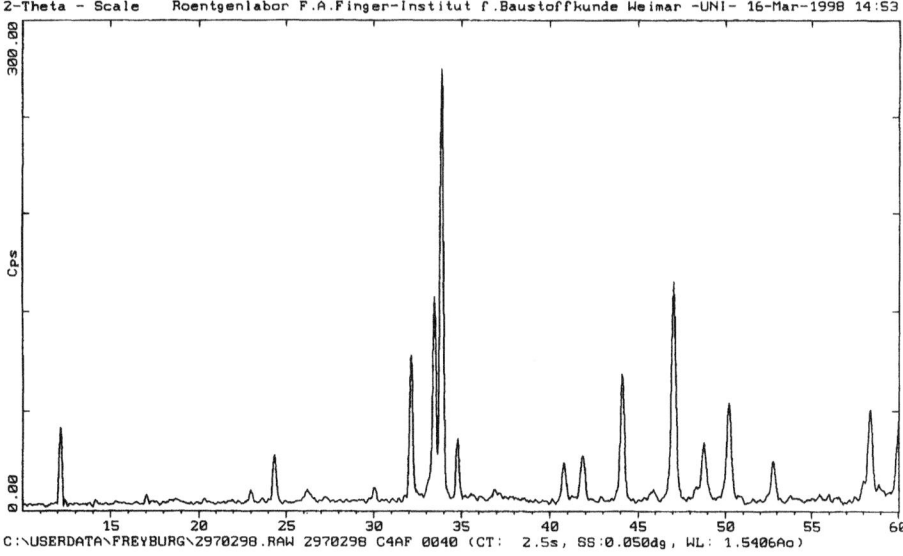

Abb. 2.2.15: Röntgenogramm von $C_2(A,F)$, (reine Phase)

Einen Überblick über den Einbau von Fremdoxiden in alle Klinkermineralien zeigt die Tabelle 2.2.5

Tab. 2.2.5: Fremdoxidgehalte in Klinkermineralien

Oxide	Zusammensetzung der Klinkerphase in %			
	Alit	Belit	Aluminat	Aluminatferrit
CaO	69,0 ... 72,7	60,0 ... 64,4	52,3 ... 58,7	45,5 ... 50,7
SiO_2	23,8 ... 26,4	28,0 ... 33,8	3,5 ... 5,6	2,0 ... 5,5
Al_2O_3	1,1 ... 2,7	1,4 ... 3,1	26,4 ... 35,0	17,3 ... 22,9
Fe_2O_3	0,4 ... 1,5	0,3 ... 1,8	2,9 ... 7,1	19,4 ... 26,2
MgO	0,5 ... 1,4	0,4 ... 0,8	0,0 ... 2,1	2,3 ... 5,4
Na_2O	0,1 ... 0,3	0,0 ... 1,1	0,2 ... 4,0	0,0 ... 0,9
K_2O	0,1 ... 0,3	0,6 ... 1,3	0,3 ... 0,8	0,0 ... 0,3
P_2O_5	0,0 ... 0,5	0,2 ... 0,8	0,0 ... 0,1	0,0 ... 0,3
SO_3	0,0 ... 0,4	0,0 ... 0,8	0,0 ... 0,4	0,0 ... 0,3
Mn_2O_3	0,0 ... 0,1	0,0 ... 0,1	0,0 ... 0,1	0,1 ... 0,8
TiO_2	0,0 ... 0,3	0,0 ... 0,4	0,0 ... 0,4	0,5 ... 1,8

2.2.3.5 Zwischenmasse

Die Zwischenmasse, die im Klinkeranschliff zwischen Alit- und Belitkristallen liegt, setzt sich aus Tricalciumaluminat (C_3A) – der „dunklen" Zwischenmasse – und Calciumaluminatferrit ($C_2(A,F)$) – der „hellen" Zwischenmasse zusammen.

Die Bezeichnung helle und dunkle Zwischenmasse/Matrix rührt aus dem unterschiedlichen Verhalten der Mineralien beim Ätzen der Anschliffe her. Die eisenhaltige Ferritphase wird von den gebräuchlichen Ätzmitteln nicht angegriffen und erscheint deshalb unter dem Auflichtmikroskop hell.

Phasenanalysen können mikroskopisch, röntgendiffraktometrisch oder mittels selektiver Verfahren durchgeführt werden:
- mikroskopisch
  - helle Zwischenmasse = $C_2(A,F)$;
  - dunkle Zwischenmasse = C_3A (dendritisch oder prismatisch/bei hohem Alkaligehalt/);

Problem: sehr kleine Kristalle, die das Auszählen aufwendig und ungenau machen; besser geeignet ist die Mikroanalyse (REM/Mikrosonde).

- röntgendiffraktometrisch
  - möglich, sofern der Klinker nicht zu schnell gekühlt wurde (die Zwischenmasse ist dann z. T. röntgenamorph);
  - anhand der Lage des Reflexes von $C_2(A,F)$ (d-Wert-Verschiebung) kann auf die Zusammensetzung des Mischkristalls geschlossen werden (Abb. 2.2.16);
  - Möglichkeit der quantitativen Bestimmung von C_3A und $C_2(A,F)$;
  - quantitative Phasenbestimmung nach RIETVELD, wobei die Quantifizierung von Einzelphasen in einem Phasengemisch durch Vergleich von gemessenem und aus den Strukturdaten der Einzelphasen berechnetem Röntgenpulverdiagramm erfolgt.

2.2 Portlandzementklinker

- selektive Verfahren
  - Abtrennen der Ca-Silicate mittels 15%iger Salicylsäure-Methanol-Lösung;
  - Phasentrennung beruht auf der Bildung von Calciumsalicylaten;
  - im Rückstand: $C_3A + C_2(A,F) + MgO$, Alkalien, Sulfat.

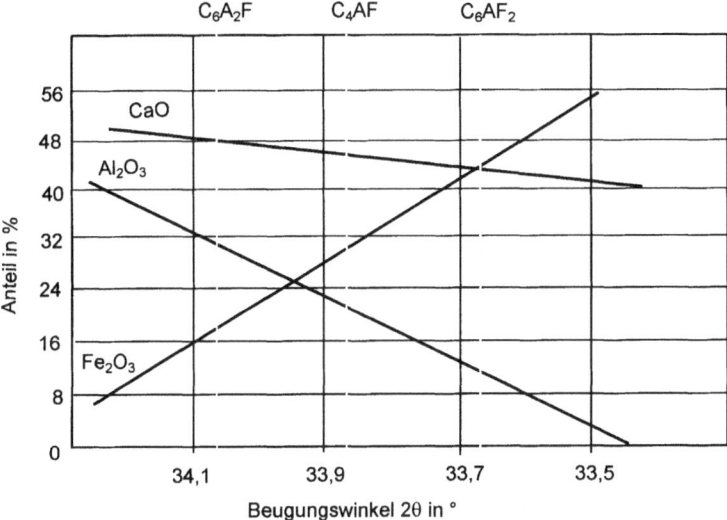

Abb. 2.2.16: Chemische Zusammensetzung der Ferrite als Funktion vom Beugungswinkel

2.2.3.6 Weitere Klinkerbestandteile

Neben den vier Hauptklinkermineralien können im Klinker noch

- Freikalk (CaO_{frei}),
- Periklas (MgO_{frei}),
- Glasphase und
- metastabile/intermediäre Phasen

vorhanden sein. Ihr Auftreten ist je nach Art und Zusammensetzung der Roh- und Brennstoffe und dem Brenn- und Kühlregime bei der Klinkerherstellung abhängig.

Freikalk
Im Klinker liegt meist ca. 1% freier Kalk vor. Verursacht wird sein Auftreten durch

- zu hohen Kalkgehalt im Rohmehl (KSt > 100),
- zu grob gemahlenes Rohmehl,
- ungenügende Homogenisierung des Rohmehls,
- zu niedrige Brenntemperatur (Schwachbrand),
- zu langsame Klinkerkühlung (Zerfall des Alits),
- ungleichmäßige Aufnahme der Brennstoffasche und
- zu hohen MgO-Gehalt.

Der Freikalkgehalt ist daher ein Maß für die Qualität der Prozeßführung. Freikalk tritt stets in typisch runden Kristallen homogen verteilt oder nesterförmig auf. Er ist immer mit Alit, Zwischenmasse und Periklas vergesellschaftet. Die Korngröße liegt zwischen 10 und 20 µm, kann aber auch bei Bildung aus Kalksteinrelikten bis 100 µm betragen.

Im Betriebsklinker wird der Freikalkgehalt auf < 2% begrenzt, damit der daraus hergestellte Zement raumbeständig ist und schädliches Kalktreiben verhindert wird. Die Raumbeständigkeit der Zemente wird ständig überprüft durch

♦ Kochversuch und
♦ Dilatometerprüfung.

Die Abbildung 2.2.17 zeigt die Dehnung des Zementsteins bei der Dilatometerprüfung in Abhängigkeit von CaO_{frei}.

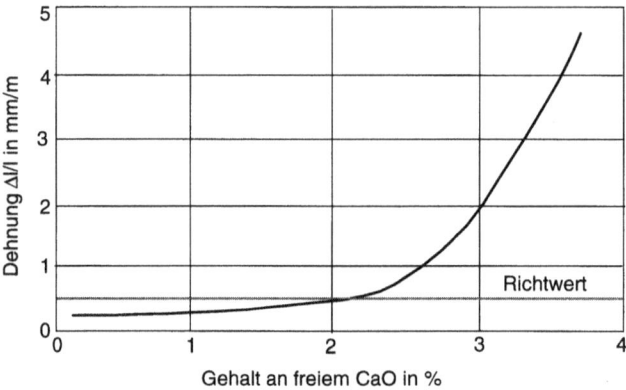

Abb. 2.2.17: Dehnung $\Delta l/l$ in Abhängigkeit vom Gehalt an freiem Kalk

Periklas
Als selbständige Phase tritt Periklas (freies MgO) nur in MgO-reichen Klinkern (MgO 2 ... 3% und darüber hinaus) auf. Wie der Freikalk kann Periklas zu Treiberscheinungen führen. Dieses Treiben ist auf folgende Reaktion bei der Hydratation der Zemente zurückzuführen:

MgO   + H_2O → $Mg(OH)_2$
Periklas + Wasser   →   Brucit

Diese topochemische Reaktion ist mit einer Zunahme des Ausgangsvolumens um das 2,2fache verbunden. Im Gegensatz zum Kalktreiben, das mit einer 1,9-fachen Volumenvergrößerung verbunden ist, läuft die Hydratation beim Magnesiatreiben wesentlich langsamer ab und kann sich über Jahre bis Jahrzehnte hin erstrecken.

Ein bestimmter MgO-Anteil (etwa bis 2,5%) kann in die Klinkermineralien eingebaut werden.

Nach DIN 1164 und in der Mehrzahl der internationalen Normen wird gefordert:
- $MgO_{Kl} \leq 5{,}0\%$

Die Begrenzung des MgO-Gehaltes bezieht sich auf den Klinker, was häufig übersehen wird. Hüttensandreiche Hochofenzemente können MgO-Gehalte > 5% enthalten, da das MgO in der Glasphase und nicht als Periklas vorliegt.

Zu den in den einzelnen Ländern vorgeschriebenen Prüfmethoden zählen
- die Le-Chatelier-Prüfung,
- die Kochprüfung und
- die Autoklavprüfung nach ASTM C 151.

Allerdings sind alle genannten Prüfverfahren für das Magnesiatreiben nicht in vollem Umfang aussagekräftig. So wurde in Langzeituntersuchungen festgestellt, daß sich Zemente, die sich bei der Prüfung als unbeständig erwiesen, am Bauwerk beständig waren und umgekehrt.

Bei der international häufig angewandten Autoklavprüfung wird im Grunde neben der beschleunigten MgO-Reaktion auch eine in der Praxis so nicht auftretende Reaktion der Calciumaluminate mit Sulfat bewirkt, so daß die gemessene Dehnung der Probekörper nicht nur auf das Periklastreiben zurückzuführen ist

Einfluß auf das Periklastreiben haben:
- Zementrohstoffe (Dolomit) und deren Aufbereitung
- Brenntemperatur
- Kühlbedingungen
- Mahlfeinheit der Zemente
- C_3A-Gehalt der Klinker
- $C_2(A,F)$-Gehalt der Klinker
- SO_3-Gehalt der Klinker
- Zusätze (u.a. Flugasche, Hüttensand, $CaCl_2$, $MgCl_2$).

Glasphase
Amorphe Schmelzphase liegt im Portlandzementklinker i.d.R. nicht vor. Die Klinkerschmelzphase tritt – auch bei sehr schnell gekühlten Klinkern – immer im kryptokristallinen Zustand auf. Bedingt wird das dadurch, daß die Schmelzphase infolge ihres geringen SiO_2-Gehaltes und der Anwesenheit von Fe_2O_3 sehr kristallisationsfreudig ist. Die glasförmige bzw. mikrokristalline Phase im Klinker liegt unter 10%.

Alkalien
Trotz ihres geringen Gehaltes an der Gesamtmasse des Klinkers bilden auch die Alkalien einen wichtigen Bestandteil des Portlandzementes. Die Alkalien werden über die Zementrohstoffe und z.T. die Brennstoffe in den Klinker gebracht und bilden primär mit Sulfaten Alkalisulfate.

- K_2SO_4 → Arcanit
- Na_2SO_4 → Thenardit
- $Na_2SO_4 \cdot 3\,K_2SO_4$ → Glaserit (Aphthitalit)
- $Na_2SO_4 \cdot CaSO_4$ → Glauberit
- $K_2SO_4 \cdot 2\,CaSO_4$ → Ca-Langbeinit.

Alkalien kommen im Klinker durchschnittlich in folgenden Anteilen vor:
- K_2O 0,1 ... 1,5%
- Na_2O 0,1 ... 0,8% (1,0% in USA)

K_2SO_4 ($\leq$ 1,0%) ist eine selbständige Phase im Klinker, die sich nicht mit der Klinkerschmelze mischt. Sie erstarrt zuletzt und überzieht Alit und andere Klinkerminerale mit einer dünnen Haut (Abbildung 2.2.18).

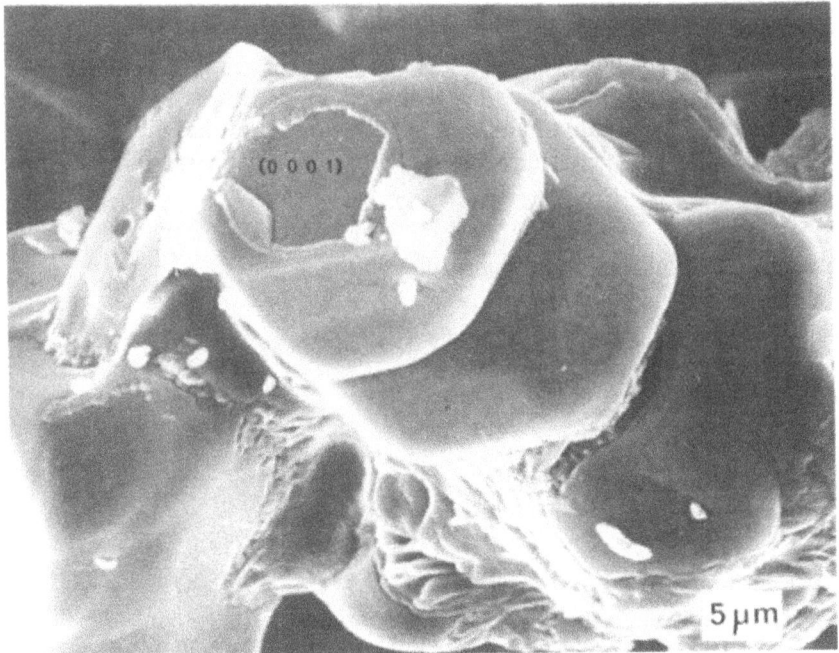

Abb. 2.2.18a: Alkalisulfatausscheidungen auf Alit in 2000facher Vergrößerung

2.2 Portlandzementklinker

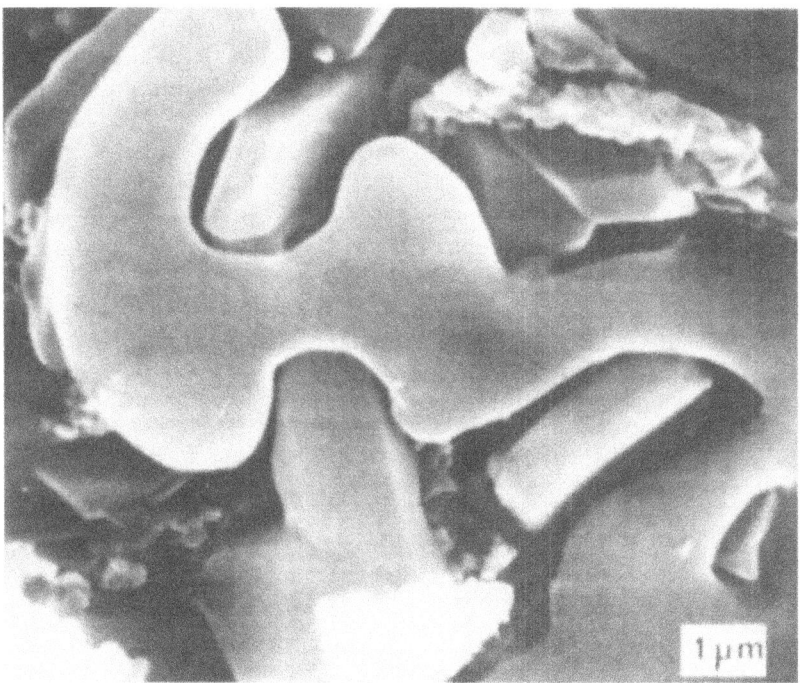

Abb. 2.2.18b: Alkalisulfatausscheidungen auf Alit in 10.000facher Vergrößerung

Einbau von Alkalien in Klinkermineralien:

* Alit
  - K_2O = 0,1 ... 0,2%
  - Na_2O = 0,1 ... 0,2%
* Belit
  - K_2O = 0,3 ... 1,4% (bevorzugt)
  - Na_2O = 0,1 ... 0,6%
  - $KC_{23}S_{12}$ (mit 4,46% K_2O) ist **keine** Verbindung, sondern eine feste Lösung von K_2O in α'-C_2S.
  - durch Alkalien erfolgt eine Stabilisierung der Hochtemperatur-Modifikationen des α'-C_2S
  - das durch den Alkalien-Einbau höhere Maß an Gitterstörungen führt zu einer erhöhten hydraulischen Aktivität
* C_3A
  - K_2O = 0,2 ... 3,1%
  - Na_2O = 0,5 ... 2,4% (dominiert gegenüber K_2O)
  - Modifikationswechsel in Abhängigkeit vom Na_2O-Gehalt
  - NC_8A_3 (bei 7,6% Na_2O) ist äußerst selten
  - das Erstarren des Zementes ist sehr stark vom Alkaligehalt des C_3A abhängig
* $C_2(A,F)$
  - Na_2O nur in geringer Menge eingebaut

Im Hinblick auf die Hydratation können die Alkalien im Zementklinker in „wasserlösliche" und „in Klinkermineralien gebundene" (wasserunlösliche) eingeteilt werden. Der Anteil der wasserlöslichen ist nahezu identisch mit den sulfatisch gebundenen Alkalien. Die in den Klinkermineralien eingebauten Alkalien gehen in dem Maße in Lösung, wie die Klinkermineralien hydratisieren.

Sulfatisch gebundene Alkalien
Die sulfatisch gebundenen Alkalien erhöhen die Frühfestigkeit der Zemente und reduzieren die 28-Tage-Festigkeit.

Nach POLLITT und BROWN gib es einen systematischen Zusammenhang zwischen dem Alkali-Sulfat-Gehalt und dem Gesamtalkaligehalt (Abbildung 2.2.20).

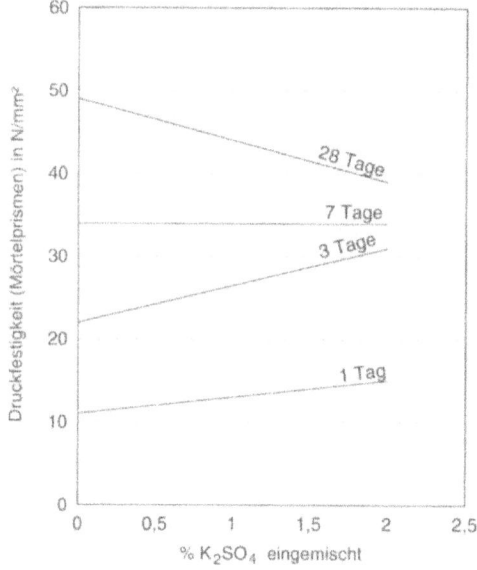

Abb. 2.2.19:
Druckfestigkeit von Mörtelprismen als Funktion der Menge an K_2SO_4 in % des Zementgewichts (nach OSBAECK)

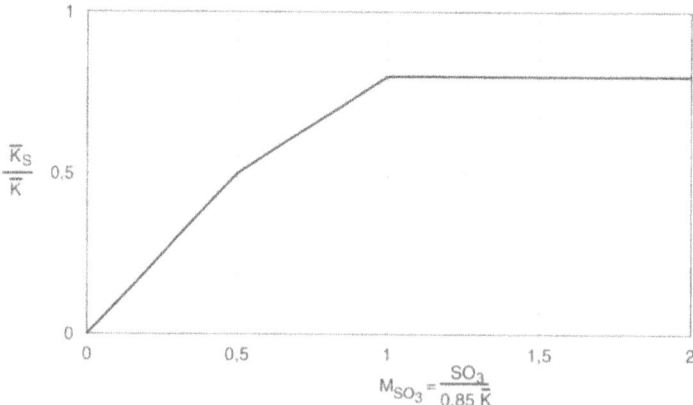

Abb. 2.2.20: Fraktion von löslichem (sulfatgebundenem) Alkali als Funktion des Sulfatmoduls (nach POLLITT und BROWN)

2.2 Portlandzementklinker

Dabei ist $\overline{K}_S / \overline{K}$ das Verhältnis zwischen löslichen (sulfatgebundenen) Alkalien sowie dem gesamten Alkaligehalt (beide in K_2O-Äquivalenten ausgedrückt) und M_{SO_3}, der „Sulfatmodul", das Molverhältnis zwischen dem SO_3 und dem gesamten Alkaligehalt ($M_{SO_3} = SO_3/0{,}85 \cdot \overline{K}$).

Die Bindungsform der Alkalien hängt vom Sulfatmodul ab:

M_{SO_3}	Bindungsform	Alkalimenge $\overline{K}_S$, die sulfatisch gebunden ist
≤ 0,5	Alkaliüberschuß: gesamtes SO_3 als Alkalisulfat gebunden	$\overline{K}_S = 1{,}18 \cdot SO_3$
0,5 ... 1,0	Ausgewogenes Verhältnis: Zunehmender Anteil SO_3 an CaO gebunden	$\overline{K}_S = 0{,}7 \cdot SO_3 + 0{,}2 \cdot \overline{K}$
≥ 1,0	Sulfatüberschuß: Konstanter Anteil an Alkalien sulfatisch gebunden	$\overline{K}_S = 0{,}8 \cdot \overline{K}$

Weitere Mineralien

$CaSO_4$: schwerlöslicher Anhydrit II. Dieser tritt im Portlandzementklinker nur bei deutlichem SO_3-Überschuß gegenüber den Alkalien auf. $CaSO_4$ ist in schwindungskompensierten Zementen neben $C_4A_3\overline{S}$ anzutreffen.
$CaSO_4$ kann im Portlandzement-Klinker in geringen Mengen bei großem Sulfatüberschuß gegenüber Alkalien vorliegen (schwefelreiche Kohle und schwefelreiche Rohstoffe). SO_2 reagiert in diesem Fall mit dem $CaCO_3$ aus dem Rohmehl zu $CaSO_4$. Dies führt zur Erhöhung der Gefahr der Ansatzbildung im Brennprozeß! Im normalen Portlandzement-Klinker tritt Anhydrit als selbständige Phase praktisch nicht auf.

CaS (Calciumsulfid) tritt nur in Portlandzementklinkern aus dem Gips-Schwefelsäureverfahren und in Hüttenzementen infolge des Sulfidgehaltes der Hochofenschlacke auf.

- S^{2-} in größeren Mengen führt zu niedrigeren Zementfestigkeiten und zur Spannstahlkorrosion
- S^{2-} kann unter bestimmten Bedingungen im Laufe der Zeit zu SO_3 oxidieren (→ innere Sulfatquelle)
- an trockener Luft erfolgt die Oxidation zu $CaSO_4$; bei Feuchtigkeitszutritt spaltet sich H_2S ab.

$C_4A_3\bar{S}$ ist wesentlicher Bestandteil von schwindungskompensierten Zementen. Die Herstellung $C_4A_3\bar{S}$-haltiger Expansionsklinker erfolgt bei Temperaturen $\leq$ 1300 °C. Bei Temperaturen > 1300 °C beginnende Zersetzung in C_3A und $CaSO_4$.

$$C_4A_3\bar{S} + 6\,C \rightarrow 3\,C_3A + C\bar{S}.$$

CA ist Hauptklinkermineral von Tonerdezement und bewirkt eine hohe Hydratationsgeschwindigkeit. Im Portlandzement-Rohmehl ab 550 °C tritt CA als intermediäre Phase auf, ab 1000 °C erfolgt die Reaktion mit CF zu $C_2(A,F)$.

CA_2 tritt ebenfalls im Tonerdezement auf und hat eine niedrigere Hydratationsgeschwindigkeit als CA.

$C_{11}A_7 \cdot CaF_2$ tritt in Spezialzementen (jet- bzw. regulated set cement) auf und besitzt eine sehr hohe Hydratationsgeschwindigkeit. Das Fluor wird als Flußspat zum Rohmehl zugegeben.

KC_8A_3 und NC_8A_3 sind alkalireiche Ca-Aluminate, die nur bei sehr hohem Alkaliüberschuß gegenüber SO_3 gebildet werden. Sie kommen in Industrieklinkern praktisch nicht vor.

Intermediäre Phasen sind Phasen, die vorübergehend beim Brennprozeß auftreten können.

- $2\,C_2S \cdot CaCO_3$ (Spurrit) bildet sich bei 700 ... 900 °C in Anwesenheit von Cl^- und F^-. Bei Temperaturen > 900 °C erfolgt der Zerfall in β-C_2S und CaO.
- $2\,C_2S \cdot CaSO_4$ (Sulfatspurrit) bildet sich bei 900 ... 1300 °C. Bei Temperaturen > 1300 °C Zerfall in α'-C_2S und $CaSO_4$. Tritt in Ansätzen im Vorwärmerbereich bei schwefelreichen Roh- und Brennstoffen auf.
- C_2AS (Gehlenit) wird gebildet im Bereich 800 ... 1250 °C und ist bei Temperaturen > 1000 °C gegenüber Anorthit dominant.
- CAS_2 (Anorthit) bildet sich auch im Bereich 800 ... 1250 °C und ist bei Temperaturen < 1000 °C gegenüber Gehlenit dominat.
- $3\,C_3S \cdot CaF_2$ wird bei Temperaturen 1100 ... 1185 °C gebildet. Die Bildung erfolgt nur bei einem Verhältnis von $F / SO_3 > 0{,}158$. In Anwesenheit von F kann die C_3S-Bildung um 150 ... 200 K gesenkt werden ($\rightarrow$ Flußmittel).

Spurenelemente treten im Feststoff in Konzentrationen von weniger als 100 ppm, d.h., von < 0,1 g/kg auf.

- ‰ = 0,1% = Promille = p.m. = 1 von 1000
- ppm = parts per million = 1 von 1 Mill. = 10^{-4}% = 1 mg/kg = 1 g/t

2.2 Portlandzementklinker

Der Einbindungsgrad der Spurenelemente aus Roh- und Brennstoffen ist unterschiedlich hoch

As = 83 ... 91%
Pb = 72 ... 96%
Cr = 91 ... 97%
Ni = 87 ... 97%
V = 90 ... 95%
Zn = 80 ... 99%
Tl = 0% → hohe Emission an Thallium

Bei der Hydratation werden die Schwermetalle fest eingebunden, d.h. sie sind praktisch nicht auslaugbar. Die Schwermetallgehalte zweier Zemente zeigt die Tabelle 2.2.6.

Tab. 2.2.6: Schwermetallgehalt zweier Zemente

Zement	Schwermetallgehalt [mg/kg]												
	As	Pb	Cd	Cr	Co	Cu	Ni	Hg	Se	Te	Tl	V	Zn	Chromat
CEM I 42,5 R-HS	7,0	16,0	0,2	40,0	4,1	27,0	22,0	0,03	0,03	<0,01	<0,005	40,0	251	10,78
CEM I 52,5 R-ft	7,1	7,4	0,1	33,0	1,5	13,0	24,0	0,03	<0,01	<0,01	<0,005	38,0	213	9,2

2.2.4 Zementtechnische Eigenschaften der Klinkermineralien

Einen Überblick über die wesentlichsten zementtechnischen Eigenschaften zeigt die Tabelle 2.2.7

Danach sind

- C_3S für Früh- und Spätfestigkeit
- C_2S für Spätfestigkeit und niedrige Hydratationswärme
- C_3A für Frühfestigkeit und hohe Hydratationswärme und
- $C_2(A,F)$ für Korrosionsbeständigkeit/Sulfatbeständigkeit

verantwortlich.

Die Abbildungen 2.2.21 und 2.2.22 zeigen die Druckfestigkeitsentwicklung und den Hydratationsverlauf der einzelnen Klinkermineralien.

Tab. 2.2.7: Zementtechnische Eigenschaften der Hauptklinkermineralien (nach STARK et al.)

Eigenschaft	Alit	Belit	Aluminatphase	Ferritphase
Hydratationsgeschwindigkeit	hoch	mäßig, abhängig von Kühlgeschwindigkeit und Fremdoxidgehalt	hoch, muß durch Gipszusatz gebremst werden	gering
Festigkeit	hohe Anfangsfestigkeit	hohe Endfestigkeit	fördert Frühfestigkeit	sehr gering
Hydratationswärme (vollständige Hydratation)	500 J/g	250 J/g	1340 J/g	420 J/g
Schwindmaß der hydratisierten reinen Phasen in %	0,05	0,02	0,10	0,02
besondere Merkmale	Hauptträger der Festigkeit im Portlandzement	Modifikation entscheidend für Festigkeitsentwicklung: $\alpha' > \beta$	beeinflußt Wärmebehandlungsfestigkeit und Sulfatbeständigkeit	gibt dem Klinker und Zement die Farbe (durch MgO grau-grün)
Beständigkeit	viel $Ca(OH)_2$ bei Hydratation gebildet: → positiv für Karbonatisierung → negativ für chemische Beständigkeit	weniger $Ca(OH)_2$ bei Hydratation gebildet	reagiert mit Sulfaten → Sulfatttreiben	widerstandsfähiger gegen Sulfatangriff

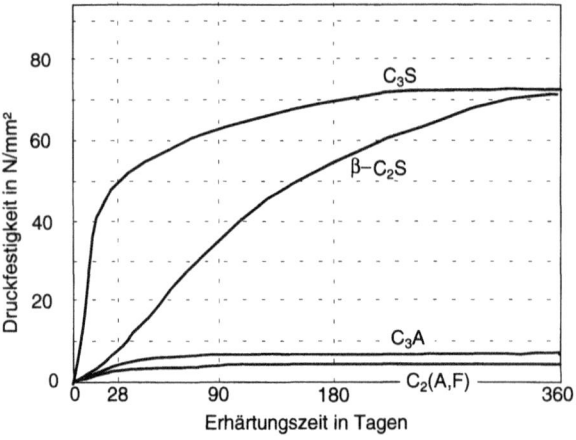

Abb. 2.2.21: Druckfestigkeitsverlauf der Klinkermineralien (nach BOGUE und LERCH)

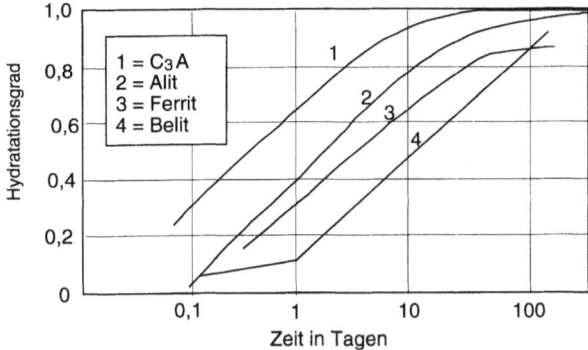

Abb. 2.2.22: Hydratationsgrad in Abhängigkeit von der Erhärtungszeit (nach TAYLOR)

Die Druckfestigkeit wird im Gesamtverlauf der Erhärtung durch die silikatischen Klinkerphasen C_3S, C_2S bestimmt. Der Beitrag von C_3A und $C_2(A,F)$ zur Festigkeitsbildung ist relativ gering.

Beim Hydratationsgrad – als Maß des Reaktionsfortschrittes – dominieren C_3S und C_3A, während C_2S und $C_2(A,F)$ anfangs niedrige Hydratationsgrade aufweisen.

Daraus ist erkennbar, daß zwischen Art und Menge der Klinkerphasen und den mörteltechnischen/zementtechnischen Eigenschaften komplexe, wechselwirksame Zusammenhänge bestehen. Gemeinsam aber unterschiedlich wirksam sind alle Klinkerphasen am Abbinde- und Erhärtungsprozeß sowie an der Dauerhaftigkeit der Erhärtungsprodukte beteiligt.

Unterschiede in der Hydraulizität von Klinkern gleicher chemischer Zusammensetzung sind u. a. darin begründet, daß die Neben- und Spurenelemente nicht gleichmäßig verteilt eingebunden sind.

In der Betriebspraxis ist (außer den Sonderzementen) die Erstellung zweier Klinkerarten ausreichend:

- Klinker mit hohem Alitgehalt (bis 70%) und 6 bis 10% Aluminatphase
  (Belit bei < 10%; Ferritphase bei 10%)
- Klinker mit niedrigem C_3A-Gehalt (< 3%) und mittlerem Alitgehalt (ca. 55%)
  (Belit bei < 20%; Ferritphase 20%).

2.2.5 Berechnung der Klinkerphasenzusammensetzung nach BOGUE

1929 wurden von R. H. BOGUE in den USA Formeln entwickelt, die es ermöglichen, aus der chemischen Analyse eines Portlandzementklinkers seinen Gehalt an Mineralbestandteilen (in %) zu errechnen.

Für normalen Portlandzementklinker gilt:
- $C_3S = 4{,}071\ CaO - 7{,}602\ SiO_2 - 6{,}719\ Al_2O_3 - 1{,}430\ Fe_2O_3$
- $C_2S = 2{,}867\ SiO_2 - 0{,}754\ C_3S$ bzw.
  $C_2S = 8{,}60\ SiO_2 + 1{,}08\ Fe_2O_3 + 5{,}07\ Al_2O_3 - 3{,}07\ CaO$
- $C_3A = 2{,}650\ Al_2O_3 - 1{,}692\ Fe_2O_3$
- $C_2(A,F) = 3{,}043\ Fe_2O_3$

Die Bogue-Formeln basieren auf dem folgenden Rechenschema:
1. gesamtes Fe_2O_3 zu $C_2(A,F)$ umgesetzt
2. restliches $Al_2O_3 \rightarrow C_3A$
3. restliches $CaO \rightarrow C_2S$ und C_3S
4. alles SiO_2 mit restlichem CaO zu C_2S umgewandelt
5. restliches CaO reagiert mit C_2S zu C_3S

Für CaO ist der effektive Gehalt einzusetzen, d.h. der Freikalk und der sulfatisch ($CaSO_4$) gebundene CaO-Gehalt sind abzuziehen:

$$CaO_{eff} = CaO_{ges} - CaO_{frei} - 0{,}7 \cdot SO_3$$

Im $CaSO_4$ ist das Verhältnis $CaO / SO_3 = 0{,}70$, d.h. 1% SO_3 bindet 0,7% CaO in $CaSO_4$. Da die Bindung des SO_3 an $CaSO_4$ schwer nachweisbar und praktisch ohne Bedeutung ist, bleibt der Term „$0{,}7 \cdot SO_3$" i.d.R. unberücksichtigt.

Anmerkungen zu den Berechnungen nach BOGUE
- Formeln liefern nur Anhaltswerte (keine exakten Werte)
- Berechnungen setzen voraus, daß beim Kühlen die Klinkerschmelze im Gleichgewicht mit den festen Phasen kristallisiert und diesen dabei CaO entzieht
- Technische Klinkerherstellung: Kühlung ist so rasch, daß die Schmelze unabhängig von den festen Phasen kristallisiert
- Formeln berücksichtigen nicht, daß die Klinkermineralien Fremdoxide enthalten
- Berechnungen berücksichtigen nicht MgO, Alkalien usw.

Beispiel
Klinkeranalyse

SiO_2	21,5%
Al_2O_3	7,1%
Fe_2O_3	3,4%
CaO	65,8%
MgO	0,8%
SO_3	0,5%
K_2O, Na_2O	0,9%
Summe:	100,0%

$CaO_{frei} = 0{,}4\%$
an $CaSO_4$ gebundenes $CaO = 0{,}7 \cdot 0{,}5 = 0{,}35\%$ → $CaO_{eff} = 65{,}05\%$

$C_3S = 4{,}071 \text{ CaO} - 7{,}602 \text{ SiO}_2 - 6{,}719 \text{ Al}_2\text{O}_3 - 1{,}430 \text{ Fe}_2\text{O}_3$
   $= 4{,}071 \cdot 65{,}05 - 7{,}602 \cdot 21{,}5 - 6{,}719 \cdot 7{,}1 - 1{,}430 \cdot 3{,}4$
   $= 264{,}82 - 163{,}44 - 47{,}70 - 4{,}86$
   $= \mathbf{48{,}8\%}$

$C_2S = 2{,}867 \text{ SiO}_2 - 0{,}754 \text{ C}_3\text{S}$
   $= 2{,}867 \cdot 21{,}5 - 0{,}754 \cdot 48{,}82$
   $= 61{,}64 - 36{,}81$
   $= \mathbf{24{,}8\%}$

$C_3A = 2{,}650 \text{ Al}_2\text{O}_3 - 1{,}692 \text{ Fe}_2\text{O}_3$
   $= 2{,}650 \cdot 7{,}1 - 1{,}692 \cdot 3{,}4$
   $= 18{,}81 - 5{,}75$
   $= \mathbf{13{,}1\%}$

$C_2(A,F) = 3{,}043 \text{ Fe}_2\text{O}_3$
   $= 3{,}043 \cdot 3{,}4$
   $= \mathbf{10{,}4\%}$

$\Sigma\ C_3S + C_2S + C_3A + C_2(A,F) = \mathbf{97{,}1\%}$
$\Sigma\ \text{CaO}_{\text{eff}} + \text{SiO}_2 + \text{Al}_2\text{O}_3 + \text{Fe}_2\text{O}_3 = \mathbf{97{,}1\%}$
d.h. Übereinstimmung

2.2.6 Literatur

BOGUE, R.H.
The Chemistry of Portland Cement, New York: Reinhold Publishing Corporation 1947

HENNING, O.; KÜHL, A.; ÖLSCHLÄGER, A.; PHILIPP, O.
Technologie der Bindebaustoffe, Bd. 1 – Eigenschaften, Rohstoffe, Anwendung –, Berlin: Verlag f. Bauwesen 1989, 2. bearb. Aufl.

KÜHL, H.
Zement-Chemie. Bd. 3 – Die Erhärtung und die Verarbeitung der hydraulischen Bindemittel, 3. überarb. u. erw. Aufl., Berlin: Verlag Technik 1961

LEHMANN, H.; DUTZ, H.
Issledovanie gidratacii klinkernykh mineralov i cementov pri pomosci infrakrasnoj spektroskopii, in: Cetverty mezdunarodnyj kongress po chimii cementa, Moskva 1964, Moskau: Strojizdat 1964, S. 383–388

MORANVILLE-REGOURD, M.; BOIKOVA, A. I.
Chemistry, structure, properties and quality of clinker, in: Congress Report 9th International Congress on the Chemistry of Cement, New Delhi 1992. Vol.1, S. 3–45

OSBAECK, B.
Der Einfluß von Alkalien auf die Festigkeitseigenschaften von Portlandzement, Zement-Kalk-Gips 32 (1979) Nr.2, S.72–77

POLLITT, H.W.W.; BROWN, A.W.
The distributation of alkalis in portland cement clinker, in: Proceedings of 5th Internat. Symp. on the Chemistry of Cement, Tokyo 1968, Part 1: Chemistry of Cement Clinker, S. 322–333

SPRUNG, S.
Spurenelemente – Anwendung und Minderungsmaßnahmen, Zement-Kalk-Gips 41(1988) Nr. 5, S. 251–252

STARK, J.; HUCKAUF, H.; SEIDEL, G.
Bindebaustoff-Taschenbuch, Bd.3 – Brennprozeß und Brennanlagen, Berlin: Verlag für Bauwesen 1988, 2. bearb. Aufl.

TAYLOR, H.F.W.
Cement Chemistry, 2nd edition, London: Thomas Telford Publishing 1997

WÄCHTLER, H.-J.; USCHOLD, TH.
Über den Einfluß brennstoffbedingter Akzessorien auf die Hydratation des Trikalziumaluminats, Silikattechnik 37 (1986) H. 4, S.127–131

2.3 Herstellung von Zementklinker

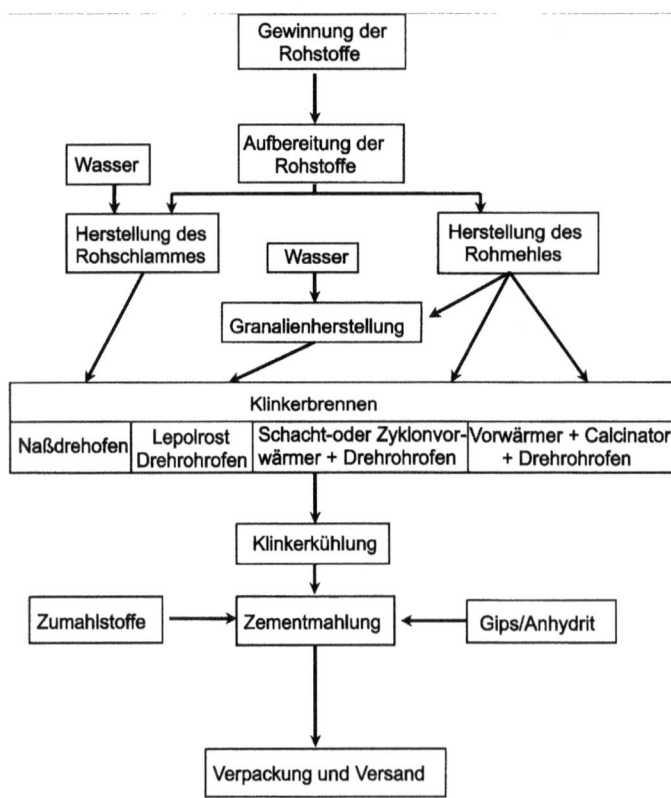

Abb. 2.3.1: Schematische Darstellung der Zementherstellung

2.3 Herstellung von Zementklinker

Jung-Tertiär

Alt-Tertiär

obere Kreide

Jura

oberer Muschelkalk

unterer Muschelkalk

Devon

Zementwerke

Abb. 2.3.2:
Rohstofflagerstätte und Standorte der Zementwerke in Deutschland (Quelle: Verein Deutscher Zementwerke)

2.3.1 Rohstoffe

Als Ausgangsmaterialien für die Herstellung von Zementklinkern dienen Rohstoffe, die die Hauptbestandteile des Zementes CaO, SiO_2, Al_2O_3 und Fe_2O_3 enthalten. Dies sind in der Regel Kalkstein und Ton bzw. Kalkmergel. Als Kalkkomponente kommt neben Kalkstein auch Kreide zum Einsatz und neben Ton wird als Tonkomponente auch Tonschiefer verwendet. Mergel spielt als Zementrohstoff insofern eine besondere Rolle, da hier bereits eine Mischung von Ton- und Kalkkomponente vorliegt. Abbildung 2.3.2 zeigt die Rohstofflagerstätte und die Standorte der Zementwerke in Deutschland.

In den Fällen, wo die chemische Zusammensetzung der verwendeten Rohstoffe nicht den geforderten Bedingungen entspricht, müssen Korrekturkomponenten die Rohmischung ergänzen. Ist z.B. der SiO_2-Gehalt der Rohstoffe zu niedrig, wird als Korrekturkomponente Sand und bei Mangel an Fe_2O_3 insbesondere Kiesabbrand verwendet, der bei der Abröstung von Eisensulfid anfällt.

2.3.1.1 Berechnung der Rohstoffmischung

Für die Zementherstellung sind Rohstoffmischungen erforderlich, die in ihrer chemischen Zusammensetzung in bestimmten Grenzen liegen müssen, um auf die angestrebte chemische Zusammensetzung des Klinkers zu kommen. Beispiele der chemischen Zusammensetzung von Roh- und Korrekturstoffen sind in Tabelle 2.3.1 aufgeführt.

Tab. 2.3.1 Beispiele der chemischen Zusammensetzung von Roh- und Korrekturstoffen in M.-%

Rohstoff/ Korrekturstoff	GV	SiO_2	Al_2O_3	Fe_2O_3	CaO	MgO	K_2O	Na_2O	SO_3	Cl^-
Reinstkalkstein $CaCO_3$ 95...100%	43,43	0,62	0,45	0,47	54,55	0,64	< 0,05	0,07	< 0,10	0,002
Mergeliger Kalkstein $CaCO_3$ 85...95%	39,11	6,82	2,71	1,30	48,29	0,80	0,53	0,09	0,16	0,014
Mergelton $CaCO_3$ 15...25%	11,45	47,19	14,16	6,16	8,45	6,27	3,24	0,38	0,11	0,005
Mergeliger Ton $CaCO_3$ 5...15%	10,40	55,13	12,46	5,61	7,60	3,75	2,78	0,64	0,37	0,003
Sand	2,14	89,50	2,95	1,47	2,59	0,20	0,84	0,53	< 0,10	< 0,001
Kiesabbrand	4,04	4,82	1,40	82,31	1,63	0,27	0,29	0,13	10,57	0,001

Die Herstellung eines normengerechten Zementes ist nur möglich, wenn die Rohmaterialmischung eine optimale chemische Zusammensetzung hat und diese Zusammensetzung nur so gering wie möglich schwankt. Die Rohstoffzusammensetzung wird durch Verhältniswerte (Moduln) gekennzeichnet, wobei die bei der chemischen Analyse ermittelten Prozentgehalte der einzelnen Oxide zur Berechnung einzusetzen sind.

Zur Berechnung des optimalen Kalkgehaltes wird in der Regel der Kalkstandard (KSt) herangezogen. In diesem wird der tatsächlich im Rohmaterial vorhandene CaO-Gehalt in Prozent desjenigen CaO-Gehaltes ausgedrückt, der unter technischen Brenn- und Kühlbedingungen maximal von den vorhandenen sogenannten Hydraulefaktoren (SiO_2, Al_2O_3, Fe_2O_3) in den kalkreichsten Klinker-

2.3 Herstellung von Zementklinker

phasen gebunden werden kann; d.h., bei einem KSt = 100 liegt der optimale CaO-Gehalt vor. Die Formeln für den Kalkstandard lauten nach KÜHL:

$$\text{KSt I} = \frac{100\,\text{CaO}}{2{,}8\,\text{SiO}_2 + 1{,}1\,\text{Al}_2\text{O}_3 + 0{,}7\,\text{Fe}_2\text{O}_3}$$

und unter Berücksichtigung des MgO, das bis zu 2 M.-% CaO substituieren kann, nach SPOHN, WOERMANN und KNÖFEL:

$$\text{KSt III} = \frac{100\,(\text{CaO} + 0{,}75\,\text{MgO})}{2{,}80\,\text{SiO}_2 + 1{,}18\,\text{Al}_2\text{O}_3 + 0{,}65\,\text{Fe}_2\text{O}_3}, \quad (\text{gilt für MgO} \leq 2{,}0\%)$$

Der Kalkstandard technischer Klinker liegt zwischen 90 und 102, hochwertige Klinker haben einen Kalkstandard von > 97.

Beispiel
Berechnung der Rohmischungszusammensetzung aus 2 Rohmehlkomponenten. Wieviel Teile Ton (T) kommen auf 1 Teil Kalkstein (K)?
Vorgabe: KSt = 95

♦ Hydraulische Abweichung

$$\varphi = \text{CaO} - \frac{\text{KSt}}{100}\,(2{,}8 \cdot \text{SiO}_2 + 1{,}1 \cdot \text{Al}_2\text{O}_3 + 0{,}7 \cdot \text{Fe}_2\text{O}_3)$$

♦ Rohstoffanalyse (für die Berechnung)

Bestandteile	Kalkstein [%]	Ton [%]
GV	40,74	9,85
SiO_2	4,04	55,70
Al_2O_3	1,62	14,45
Fe_2O_3	0,94	5,60
CaO	50,70	5,05
MgO	1,23	5,07
K_2O	0,42	2,86
Na_2O	0,06	0,92
SO_3	0,25	0,03
Σ	100,00	99,53

♦ Berechnung von φ

$$\varphi_K = 50{,}70 - \frac{95}{100}\,(2{,}8 \cdot 4{,}04 + 1{,}1 \cdot 1{,}62 + 0{,}7 \cdot 0{,}94)$$
$$= \mathbf{37{,}636}$$

$$\varphi_T = 5{,}05 - \frac{95}{100}(2{,}8 \cdot 55{,}70 + 1{,}1 \cdot 14{,}45 + 0{,}7 \cdot 5{,}60)$$
$$= -161{,}936$$

1 Teil Kalkstein (K) + x Teile Ton (T) = 100%

$$x = \frac{\varphi_K}{\varphi_T} = 0{,}2324, \text{ d.h. } 1{,}2324 \text{ Teile Rohmehl} = 100\%$$

1,0000 Teile Kalkstein = 81,14%
0,2324 Teile Ton = 18,86%

1,2324 Teile Rohmehl = 100%

Probe

$$\text{KSt I} = \frac{100 \, CaO}{2{,}8 \, SiO_2 + 1{,}1 \, Al_2O_3 + 0{,}7 \, Fe_2O_3}$$

Oxidgehalte von Rohmehl:

für CaO = CaO_K + CaO_T = (50,70 · 81,14 : 100) + (5,05 · 18,86 : 100)
= 41,14 + 0,95 = 42,09

für SiO_2 = SiO_{2K} + SiO_{2T} = (4,04 · 81,14 : 100) + (55,70 · 18,86 : 100)
= 3,27 + 10,51 = 13,78

für Al_2O_3 = Al_2O_{3K} + Al_2O_{3T} = (1,62 · 81,14 : 100) + (14,45 · 18,86 : 100)
= 1,31 + 2,72 = 4,03

für Fe_2O_3 = Fe_2O_{3K} + Fe_2O_{3T} = (0,94 · 81,14 : 100) + (5,60 · 18,86 : 100)
= 0,76 + 1,06 = 1,82

$$\text{KSt I} = \frac{100 \cdot 42{,}09}{2{,}8 \cdot 13{,}78 + 1{,}1 \cdot 4{,}03 + 0{,}7 \cdot 1{,}82} = 95{,}03$$

2.3.1.2 Rohstoffgewinnung

Die Gewinnung der Rohstoffe erfolgt in Tagebauen oder Steinbrüchen. Der Abbau der Lagerstätte erfolgt normalerweise in mehreren untereinander angeordneten Sohlen oder Terrassen mit bestimmten Wandhöhen. Das Lösen des Gesteins geschieht hauptsächlich durch Bohren und Sprengen. Da sich bei keinem Sprengverfahren unerwünschte große Gesteinsbrocken (Knäpper) vermeiden lassen, muß oftmals eine Nachzerkleinerung (Knäppern) erfolgen. Diese kann mit Hilfe von Sprengstoff oder auch mechanisch (z.B. Fallbirne oder hydraulischer Aufbruchhammer) durchgeführt werden. Sind Bohren und Sprengen nicht möglich (z.B. durch Umweltschutzauflagen), kann das Gestein auch durch Reißen gewonnen werden, wobei man zwischen dem Reißen von Flächen auf der Horizontalen und Reißen von Wänden in der Vertikalen unterscheidet.

Bei Rohstoffen mit geringer Härte und hoher Grubenfeuchtigkeit (z.B. Kreide, Tone) werden zur sogenannten schälenden Gewinnung Eimerkettenbagger oder Schaufelradbagger eingesetzt.

2.3.1.3 Rohstoffaufbereitung

Die im Tagebau oder Steinbrüchen gewonnenen Rohstoffe werden zwecks weiterer Verarbeitung zerkleinert. Die Zerkleinerung erfolgt im Grobbereich in Brechern und im Feinbereich in Mühlen. Die Wahl der geeignetsten Zerkleinerungsmaschine richtet sich nach der Art des zu zerkleinernden Gutes, d.h. danach, ob es hart, mittelhart, weich, sich verformend oder klebrig ist.

Die Zerkleinerungsmaschinen unterscheiden sich in ihrer Arbeitsweise durch Anwendung von Druck oder Schlag auf das zu zerkleinernde Gut.

Brecher unter Anwendung von

- Druck:
  - Backenbrecher
  - Walzenbrecher
  - Kegelbrecher

- Schlag:
  - Hammerbrecher
  - Prallbrecher

Mühlen unter Anwendung von

- Druck:
  - Kugelringmühle (Peters-Mühle)
  - Rollenmühle, auch Walzenschüsselmühle genannt
    - mit Federduck → Federrollenmühle
    - mit hydraulisch an eine Mahlschüssel angepreßten Walzen → Loesche-Mühle

- Schlag:
  - Kugelmühle
  - Rohrmühle
  - Verbundmühle

Beim Brechvorgang unterscheidet man

- das Brechen im einfachen Durchgang, d.h. das Material passiert den Brecher nur einmal;
- das Brechen im geschlossenen Kreislauf, d.h. das Überkorn wird dem Brecher nochmals zugeführt, um die geforderte Korngröße zu erreichen.

Beim Mahlvorgang unterscheidet man

- die Durchlaufmahlung, d.h. das Mahlgut passiert die Mühle nur einmal → offener Kreislauf
- die Kreislaufmahlung, d.h. das vom Feinkorn mechanisch oder pneumatisch getrennte Grobkorn wird zur Zerkleinerung auf die erforderliche Korngröße nochmals oder mehrmals der Mühle zugeführt → geschlossener Kreislauf

Bei feuchtem Mahlgut wird während des Mahlens das Mahlgut mit von außen zugeführter Wärme getrocknet → Mahltrocknung.

2.3.1.4 Vorhomogenisierung

Das im Steinbruch gewonnene und vorzerkleinerte Rohmaterial wird vor der Weiterverarbeitung zunächst zwischengelagert. Die Zwischenlagerung dient hauptsächlich der Vorhomogenisierung des Rohmaterials. Die Methode der Längseinstapelung und Querentnahme von Materialien ist ein Haldenmischverfahren und wird als Mischbett bezeichnet. Mischbetten dienen

- der besseren Verwendung von inhomogenen Rohmaterialvorkommen
- der Vormischung verschiedener Rohmaterialkomponenten
- der besseren Gleichmäßigkeit von Rohmehl und Klinker und damit einer besseren Zementqualität.

Es gibt zwei Methoden der Vorhomogenisierung

- die gemeinsame Vorhomogenisierung aller Rohstoffkomponenten und
- die gesonderte Vorhomogenisierung der einzelnen Rohstoffkomponenten,

wobei die letztere am häufigsten in der Zementindustrie Anwendung findet. Eine Vorhomogenisierung macht aber eine Rohmehlhomogenisierung nicht überflüssig, da je nach Auslegung des Mischbettes bei der Entnahme immer Rohmaterialschwankungen verbleiben, die dann in die nachfolgenden technologischen Abschnitte eingehen. Es ist aber möglich, durch qualitativ kontrollierten Aufbau von Mischbetten z.B. bei Kalkstein ursprüngliche Streuungen im $CaCO_3$-Gehalt von etwa 10% bis auf < 1,5% zu vergleichmäßigen. In der der Rohmühle folgenden Homogenisierungsanlage werden dann noch etwaige Schwankungen im Chemismus des Rohmehls ausgeglichen.

2.3.1.5 Rohmehlhomogenisierung

Beim Homogenisieren in einem Homogenisiersilo wird das Rohmehl zunächst durch Druckluft aufgelockert, die über einen Belüftungsboden eingeblasen wird. Durch unterschiedliche Belüftung von Bodensektionen wird danach ein Umwälzen und Verwirbeln des Rohmehls im Silo erreicht. Von den verschiedenen Homogenisierverfahren sind die mit kontinuierlicher Beschickung und Entleerung für den automatisierten Betrieb am günstigsten. Homogenisiereinrichtungen haben einen vergleichsweise hohen Vergleichmäßigungsgrad. Hohe Materialschwankungen können extrem reduziert werden. Der Grad der Vergleichmäßigung ist eine Funktion der Homogenisierzeit und damit der aufgewandten Energie.

2.3.2 Klinkerbrennen

Aufgrund des ständig wachsenden Anteils des Trockenverfahrens zur Herstellung von Zementklinker wird nachfolgend auch nur das Brennen im Trockenverfahren beschrieben. Weltweit wird aber immer noch ein erheblicher Teil des Zementklinkers auf der Basis naß aufbereiteter Rohstoffe hergestellt. Das ist eine Folge der geschichtlichen Entwicklung der Energiepreise und der Verfahrenstechnik der Zementherstellung. Der Brennstoffenergiebedarf des Naßverfahrens ist mit ca. 5500 ... 6000 kJ/kg Klinker gegenüber dem Trockenverfahren vergleichsweise hoch (Tabelle 2.3.2).

Tab. 2.3.2: Brennstoffenergiebedarf unterschiedlicher Brennverfahren (nach ERHARD & SCHEUER)

Brennverfahren	Brennstoffenergiebedarf kJ/kg Klinker
Naßverfahren	5500 ... 6000
Langer Trockendrehofen mit Einbauten	4500
Kurzer Trockendrehofen mit 4-stufigem Zyklonvorwärmer	3300
Vorcalcinierofen mit 6-stufigem Zyklonvorwärmer	3000

Beim Brennen nach dem Trockenverfahren wird das praktisch trockene Rohmehl (Wassergehalt < 1%, mittlerer Korndurchmesser 40 ... 80 µm) gegenwärtig hauptsächlich einem mit einem Klinkerkühler gekoppelten Brennsystem, bestehend aus kurzem Drehrohrofen mit Zyklonvorwärmer und Calcinator, aufgegeben.

2.3.2.1 Brennstoffe

Als Brennstoffe für den Klinkerbrand werden eingesetzt:

- Primärbrennstoffe
  - Steinkohlenstaub
  - Braunkohlenstaub
  - Heizöl
  - Erdgas
- Sekundärbrennstoffe
  - Anfallstoffe (u. a. Altreifen, Altöl, Hausmüll, Papier- und Holzabfälle)

Die Auswahl der Brennstoffe erfolgt nach Verfügbarkeit, Transportaufwendungen und Preis. In der deutschen Zementindustrie wurden 1994 ca. 50% Steinkohle, 32% Braunkohle, 5,8% Heizöl und 10,4% Sekundärbrennstoffe eingesetzt. Für die brenntechnische Eignung sind zu beachten:

♦ Heizwert;
♦ Brennstoffzusammensetzung, insbesondere auch Schadstoffe;
♦ Konstanz der Eigenschaftswerte.

2.3.2.2 Drehrohrofen

Der Drehrohrofen besteht aus einem zylindrischen Stahlblechmantel, der, in Richtung des Klinkeraustrags geneigt, auf mindestens zwei Rollenlagern drehbar angeordnet ist. Der Drehrohrofen ist mit einem Futter aus feuerfesten Steinen versehen. Er erfüllt im Brennprozeß folgende Funktionen:

♦ Förderung des Brenngutes;
♦ Brennraum zur Entbindung der zugeführten Wärmeenergie;
♦ Übertragung der Wärme an das Brenngut;
♦ Reaktionsraum für die ablaufenden Stoffwandlungsprozesse.

Trotz aller Möglichkeiten, die neue Brennaggregate bieten, z.B. der Wirbelschichtofen, wird der Drehrohrofen wegen seiner günstigen spezifischen Betriebs- und Investitionskosten noch auf lange Sicht ohne Konkurrenz bleiben. Unterschiedlich wird von den Anlagenbauern lediglich das Länge/Durchmesser-Verhältnis L/D für Drehrohröfen bei modernen Vorcalciniertechnologien in Verbindung mit moderner Prozeßsteuerung gesehen. Dabei werden L/D-Verhältnisse von 11:1 und 17:1 favorisiert. Beim Verhältnis 11:1 werden die Öfen nur auf zwei Laufringstationen gelagert. Dadurch können Überlastungszustände, wie sie beim 3- bis 4fach gelagerten Ofen z.B. durch Fundamentsenkungen und/oder Ofenrohrverkrümmungen auftreten können, vermieden werden. Den Vorteilen eines solchen Kurzdrehrohrofens steht eine gewisse Unsicherheit bei schwer sinterbaren Rohmehlen gegenüber. Der Garbrand des Klinkers soll in solchen Fällen mit Hilfe eines größeren Ofendurchmessers, einer niedrigeren Ofendrehzahl und vor allem einer kürzeren Flamme beliebig verändert werden können.

2.3.2.3 Vorwärmersysteme

Vorwärmersysteme dienen der Vorwärmung des Zementrohmehls mit Hilfe der heißen Ofenabgase. Sie sind wichtiger Bestandteil wärmewirtschaftlich optimaler Brennsysteme. Die Wärmeübertragung vollzieht sich in den Vorwärmersystemen durch direkten Phasenkontakt und hängt von der Dispergierung des Rohmehls im Gasstrom ab. Nach der Funktionsweise lassen sich folgende Grundbauarten unterscheiden:

- Zyklonvorwärmer
- Schachtvorwärmer

- Zyklonvorwärmer:
  Das von einer Zyklonstufe abgeschiedene Rohmehl wird in den Gasstrom aufgegeben, der der jeweils tiefer gelegenen Stufe zugeführt wird (Abbildung 2.3.3 (a)). Somit erfolgt die Wärmeübertragung innerhalb einer Vorwärmerstufe im Gleichstrom (praktisch bis zum Temperaturausgleich), die einzelnen Stufen sind jedoch im Gegenstrom zueinander geschaltet.

2.3 Herstellung von Zementklinker

Vorteile von Zyklon- gegenüber Schachtstufen:

- vollständigere Feststoffabscheidung (Abscheidegrad > 0,8 gegenüber < 0,7 bei Schachtstufen), dadurch geringere Staubkreisläufe und Wärmeverschleppung
- durch weitgehende Phasentrennung und bestimmbare Ausgangsgrößen für den Gas- und Feststofftransport gute Kombinationsmöglichkeiten mit anderen Bauteilen (wichtig für Calcinatortechnik).

- Schachtvorwärmer:
Das Rohmehl bewegt sich in Form einer Strähne im Gegenstrom zum Rauchgas durch den Schacht. Dabei werden vom Gas aus der Materialsträhne Feststoffanteile mitgerissen. Die Rohmehlpartikel werden teilweise im oberen Bereich der Schachtstufen abgeschieden, so daß sich ausgeprägte Staubkreisläufe innerhalb einer Stufe sowie zwischen diesen herausbilden (Abbildung 2.3.3 (b)). Die Wärmeübertragung erfolgt an der Strähne im wesentlichen im Gegenstrom und an den dispergierten Teilchen im Gleichstrom.

Vorteile von Schacht- gegenüber Zyklonstufen:

- geringerer Druckverlust
- ansatzunempfindlicher durch größere geometrische Abmessungen und ständigen Phasenkontakt, besonders bei Anordnung im unteren Teil des Vorwärmers.

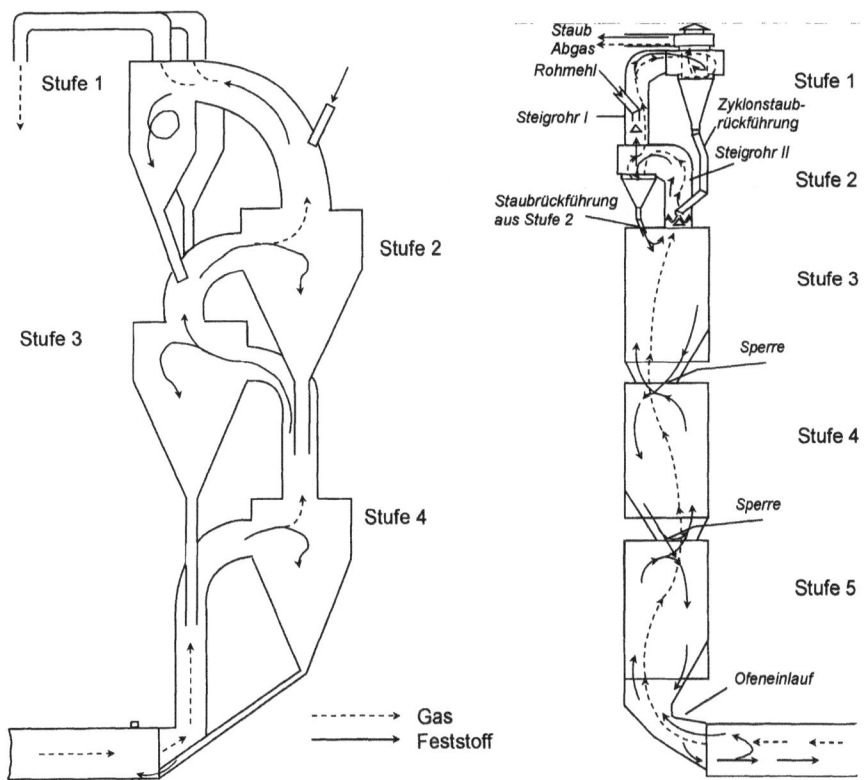

Abb. 2.3.3: Zyklonvorwärmer (links) und Schachtvorwärmer (rechts)

In den vergangenen Jahren ist insbesondere die Zyklonwärmetauscherstufe optimiert worden. Moderne Zyklonvorwärmer haben geringere Abgastemperaturen von 40 bis 50 K und geringe Druckverluste von ca. 15%.

2.3.2.4 Vorcalcinierverfahren

Zwischen Zyklonvorwärmer und Drehrohrofen ist bei modernen Ofensystemen der Calcinator angeordnet (Abbildung 2.3.4)

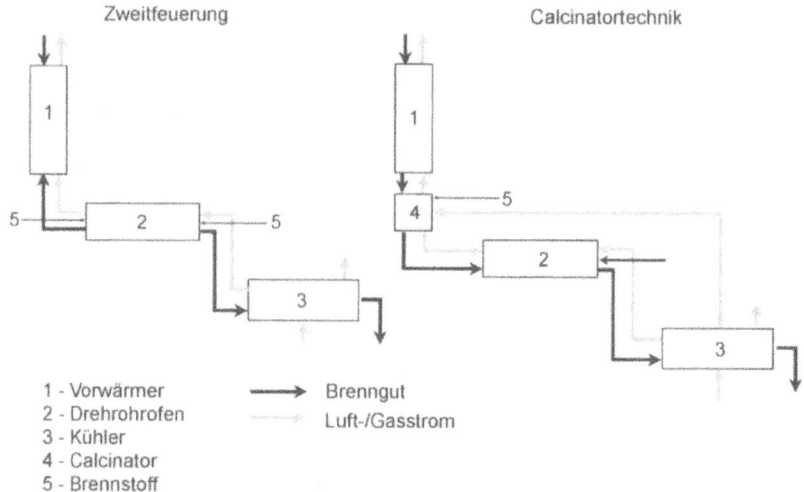

Abb. 2.3.4: Prinzipielle Darstellung der Calcinatortechnik

In dem Calcinator (*Precalciner*) wird mit Hilfe einer Zweitfeuerung das vorgewärmte Rohmehl so weit entsäuert, daß der nachgeschaltete Drehrohrofen im wesentlichen nur noch für die eigentliche Klinkerbildung benötigt wird. Aber auch konventionelle Ofenanlagen werden zunehmend mit einer zweiten Feuerung betrieben. Dabei kommen insbesondere sekundäre Brennstoffe zum Einsatz, z.B. Altöl, Altreifen, Gummischnitzel, Öl- und Kohleschiefer sowie Hausmüll.

Die für eine derartige Zweitfeuerung erforderliche Verbrennungsluft kann entweder durch den Drehrohrofen geführt werden oder in einer gesonderten Gasleitung, der sogenannten Tertiärluftleitung aus der Heißkammer des Rostklinkerkühlers. Die Vorcalcinierverfahren werden deshalb in Verfahren

♦ mit Tertiärluftführung – AS-Verfahren (*Air Separate*) und

♦ ohne Tertiärluftführung – AT-Verfahren (*Air Through*)

unterteilt. Moderne Anlagen sind i.d.R. mit dem AS-System ausgerüstet.

Die Einführung der Vorcalciniertechnik veränderte die Verfahrenstechnik der Klinkerherstellung maßgeblich. Brennstoffwärme wird aber mit dieser Technik gegenüber einer modernen Ofenanlage mit Zyklonvorwärmer und ohne Calcinator kaum eingespart.

2.3 Herstellung von Zementklinker

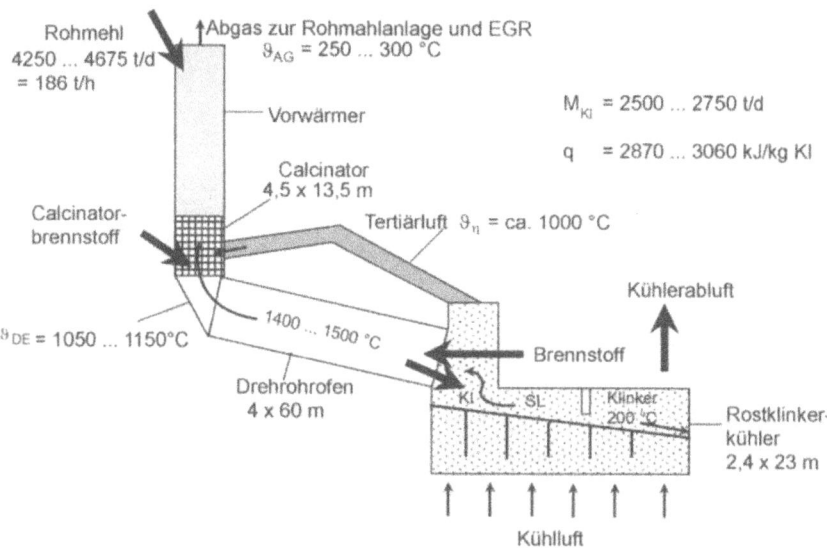

Abb. 2.3.5: Schematische Darstellung der Klinkerherstellung im Vorcalcinierverfahren mit Tertiärluftleitung

Die Vorteile liegen vielmehr in

- niedrigeren spezifischen Investitions- und Betriebskosten,
- hoher Produktionskapazität,
- verbesserter Prozeßführung,
- zusätzlichen Möglichkeiten zur Emissionsminderung sowie
- der Möglichkeit, Sekundärbrennstoffe einzusetzen.

Neu sind Calcinatoranlagen in Verbindung mit einer separaten Wirbelschichtvergasung von brennstoffhaltigen Anfallstoffen. Die zirkulierende Wirbelschichtvergasung hat einen besonders hohen Wirkungsgrad. Der Anlagenteil (siehe Abbildung 2.3.6) besteht aus Wirbelbrennkammer und Rückführzyklon. Durch den gasdurchlässigen Düsenboden der Brennkammer wird von unten Luft geblasen. Die zu verbrennenden Feststoffpartikel (Kohlenstaub, Heizrostasche, Sekundärbrennstoffe) bilden Wirbel, wobei ein größerer noch nicht verbrannter Anteil in den nachgeschalteten Rückführzyklon ausgetragen wird.

Hier werden alle Partikel durch Zentrifugalwirkung vom Rauchgas getrennt und in die Wirbelschicht zurückgeführt. Dieser Vorgang gibt dem Verfahren seinen Namen. Mit der zirkulierenden Wirbelschicht eröffnet sich die Möglichkeit, sowohl Reststoffe mit großen Mineralanteilen, z.B. Aschen und Filterrückstände, als auch Reststoffe mit verwertbaren Heizwertanteilen (Sekundärbrennstoffe), wie Altgummi, Altholz, stofflich und biologisch nicht verarbeitbare Reste aus Abfallsortieranlagen, reststofffrei zu verwerten. Das in der Wirbelschicht entstehende Gas liefert einen Teil der zur Entsäuerung des Kalksteins benötigten Calcinationswärme. Die als Asche anfallenden mineralischen Bestandteile werden bei der Rohmehlherstellung gezielt als Korrekturkomponente vollständig verwertet.

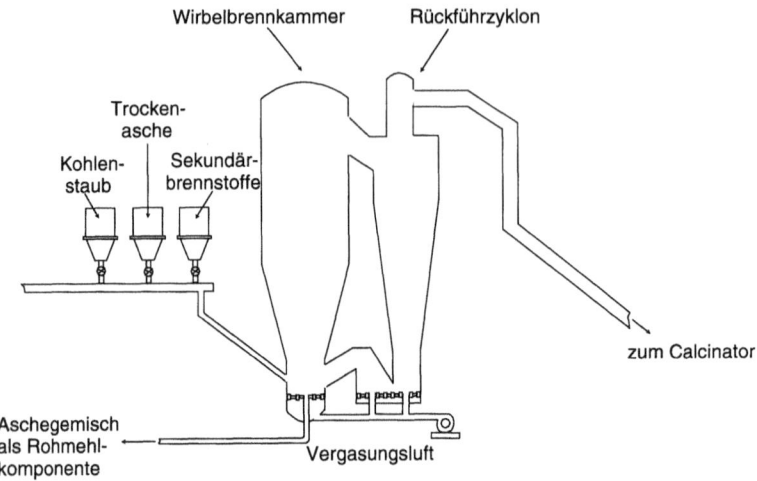

Abb. 2.3.6: Schematische Darstellung der zirkulierenden Wirbelschicht am Beispiel des Zementwerkes Rüdersdorf

2.3.2.5 Klinkerkühler

Klinkerkühler spielen eine herausragende Rolle für die Wärmewirtschaft der Ofenanlage und erfüllen im Zementbrennprozeß zwei Funktionen:

♦ Kühlung des Brenngutes auf erforderliche Temperaturen
♦ Rückgewinnung eines möglichst großen Teils der Brenngutenthalpie mit der Kühl- bzw. Verbrennungsluft.

Gebräuchliche Bauarten sind Rostkühler und für kleinere und mittlere Ofenkapazitäten auch noch Satelliten- und Rohrkühler (Abbildung 2.3.7).

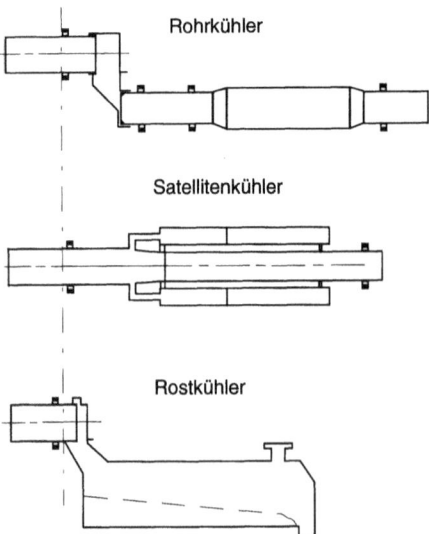

Abb. 2.3.7:
Klinkerkühlertypen

Rohrkühler

Rohrkühler zählen zu den ältesten Klinkerkühler-Bauarten. Sie werden entweder fortlaufend oder aus Platzgründen auch gegenläufig zum Drehrohrofen gebaut. Ihr Anteil an den weltweit im Einsatz befindlichen Klinkerkühlern wird mit ca. 5% angenommen.

Der Wärmeübergang vom Heißklinker auf die Kühlluft erfolgt in einer Kombination von Gegen- und Kreuzstrom. Eine Zusammenstellung wesentlicher technischer und technologischer Daten enthält die Tabelle 2.3.3:

Tab. 2.3.3: Technische und technologische Daten von Rohrklinkerkühlern (nach BUZZI & SASSONE)

Bezeichnung	Maßeinheit	Zahlenwerte
Durchsatz	t/d	< 2000 - 4500
L/D-Verhältnis	-	ca. 10 : 1
Drehzahlbereich	min^{-1}	1 - 3
Neigung	%	3 - 5
Spezif. Kühlluftmenge	m^3_N/kg Klinker	0,8 - 1,1
Klinkereintrittstemperatur	°C	1200 - 1400
Kaltklinkertemperatur	°C	200 - 400
Kühlbereichswirkungsgrad	%	56 - 70

Satellitenkühler

Besteht aus 9 bis 11 einzelnen Kühlrohren, die rotationssymmetrisch angeordnet fest mit dem Ofen verbunden sind. Die Wärmeübertragung findet ähnlich wie beim Rohrkühler im Gegen- sowie im Bereich der Einbauten vorwiegend im Kreuzstrom statt. Tabelle 2.3.4 enthält wesentliche Daten dieses Klinkertyps.

Tab. 2.3.4: Technische und technologische Daten von Satellitenkühlern (nach BUZZI & SASSONE)

Bezeichnung	Maßeinheit	Zahlenwerte
Durchsatz	t/d	< 3000 - 4000
L/D-Verhältnis	-	9 - 12
Spezif. Kühlluftmenge	m^3_N/kg Klinker	0,8 - 1,0
Klinkereintrittstemperatur	°C	1100 - 1250
Kaltklinkertemperatur	°C	200 - 300
Kühlbereichswirkungsgrad	%	60 - 68

Rostkühler

Stellt die am weitesten verbreitete Kühlerbauart dar. In den letzten Jahren wurde die Entwicklung des Rostkühlers vor allem durch den Trend zu Produktionseinheiten mit Klinkerdurchsätzen > 4000 t/d mit Vorcalcinierung und Tertiärluftentnahme sowie durch den Wunsch nach höherer Wirtschaftlichkeit und Umweltfreundlichkeit bestimmt.

Prinzipiell wird zwischen Schub- und Wanderrostkühler unterschieden. Beim Schubrostkühler wird der Klinker durch die hin und her gehende Bewegung der Rostplattenreihen, beim kaum noch gebauten Wanderrostkühler durch ein umlaufendes Rostband gefördert.

Rostkühler werden nach dem Kaltluft- oder nach dem Umluftverfahren betrieben. Den Rostkühlern werden dabei im allgemeinen größere Frischluftmengen zugeführt, als sie im Brennprozeß zur Verbrennung erforderlich sind. Auf diese Weise lassen sich niedrige Kaltklinkertemperaturen von 80 bis 100 °C erzielen. Tabelle 2.3.5 zeigt wesentliche Daten dieses Kühlertyps.

Tab. 2.3.5: Technische und technologische Daten von Schubrostkühlern (nach BUZZI & SASSONE)

Bezeichnung	Maßeinheit	Zahlenwerte
Durchsatz	t/d	700 - > 10000
Rostflächenbelastung	t/m² d	26 - 55 (100)
Rostneigung	Grad	bis 10
Spezif. Kühlluftmenge	m³$_N$/kg Klinker	(1,4) 1,6 - 2,6
Klinkereintrittstemperatur	°C	1300 - 1400
Kaltklinkertemperatur	°C	70 - 120
Kühlbereichswirkungsgrad	%	60 - 75

Die Kühlluft aus der Heißkammer des Rostklinkerkühlers wird i.d.R. als sogenannte Tertiärluft in den Calcinator geführt, die Kühlluft aus der Kaltkammer wird meist zur Rohmaterialtrocknung verwendet.

2.3.2.6 Stoffkreisläufe

Stoffkreisläufe im Ofensystem können den Ofenbetrieb und die Qualität des Klinkers maßgeblich beeinflussen. Sie entstehen aus Nebenbestandteilen im Rohmaterial und Brennstoff, wie z.B. Schwefel und Chlor. Im Verlauf des Brennprozesses reagieren sie mit den hauptsächlich über die Tonkomponente der Rohstoffe eingetragenen Alkalien K_2O und Na_2O zu Alkalisulfaten und -chloriden, aber auch zu Calciumsulfat. Im Bereich hoher Temperaturen verdampfen oder dissoziieren diese Verbindungen dann ganz oder teilweise, werden mit den Gasen in kältere Bereiche transportiert (Vorwärmer), kondensieren dort und gelangen mit dem Brenngut wieder in Bereiche hoher Temperaturen, wo sie erneut ganz oder teilweise verdampfen oder dissoziieren. Dadurch entstehen Kreisläufe im System Ofen – Vorwärmer.

Wegen der niedrigen Schmelzpunkte der Alkaliverbindungen (u.a. KCl 770 °C, K_2SO_4 1069 °C) kommt es zu Klebeerscheinungen mit den Rohmehl- und Klinkerbestandteilen im Brennsystem, die an Querschnittsverengungen, Gasumlenkungen oder anderen strömungstechnischen Störstellen besonders im Vorwärmer zu Ansätzen führen können sowie die Fließeigenschaften des Brenngutes verschlechtern. Deshalb führt man häufig einen geringen Teilgasstrom des Drehrohrofenabgases, der hohe Anteile an flüchtigen Bestandteilen enthält, über einen sogenannten Bypaß ab. Die Abbildung 2.3.8 zeigt schematisch zwei Varianten der

2.3 Herstellung von Zementklinker

Bypaßführung, wobei die Entnahme vorzugsweise stirnseitig oberhalb des Drehrohrofens im Gaskanal angeordnet wird. Durch den Bypaß sollen Schadstoffe möglichst noch gasförmig abgesaugt und durch eine schnelle Kühlung mit Kaltluft kondensiert und abgeführt werden. Für einen effektiven Bypaßbetrieb, d.h. maximale Schadstoffreduzierung bei minimalen Wärme- und Materialverlusten, kommt es wesentlich auf die richtige Gestaltung des Bypaßabzuges an. Ein zu hoher Staubgehalt des Bypaßgases erhöht den Wärmebedarf, zu niedriger Staubgehalt führt zu Ansätzen im Abzug und zu SO_2-Emissionen im Bypaßabgas.

In Vorcalcinieranlagen mit Tertiärluftleitung ist die Konzentration an Kreislaufstoffen im Ofenabgas aufgrund des geringeren spezifischen Gasmassenstromes graduell höher. Infolgedessen benötigen Vorcalcinieranlagen schon bei niedrigeren Chlor-, aber auch bei niedrigeren SO_3-Einnahmen einen Bypaß.

Der Anteil der Alkali- und Calciumsulfate im Kreislauf hängt auch von

♦ der Temperatur und
♦ der Verweilzeit des Brenngutes

im Drehrohrofen ab. Daneben können aber auch Zweitbrennstoffe, z.B. Altreifen, die aus dem Calcinator in das Heißmehl des Ofens gelangen, die Sulfate des Brenngutes unter Bildung von SO_2 reduzieren. Dadurch kann die SO_2-Konzentration im Drehrohrofeneinlauf auf bis zu 2 Vol.-% ansteigen, wodurch die Ansatzbildung im Bereich des Ofeneinlaufs, des Calcinators und der untersten Zyklonstufe zunimmt.

Verfahrenstechnisch sind solche Kreisläufe unerwünscht, weil sie infolge Verdampfung und Kondensation oder chemischer Reaktion dieser Stoffe mit dem Brenngut Energie von einem hohen Temperaturniveau in kältere Bereiche des Ofens verschleppen.

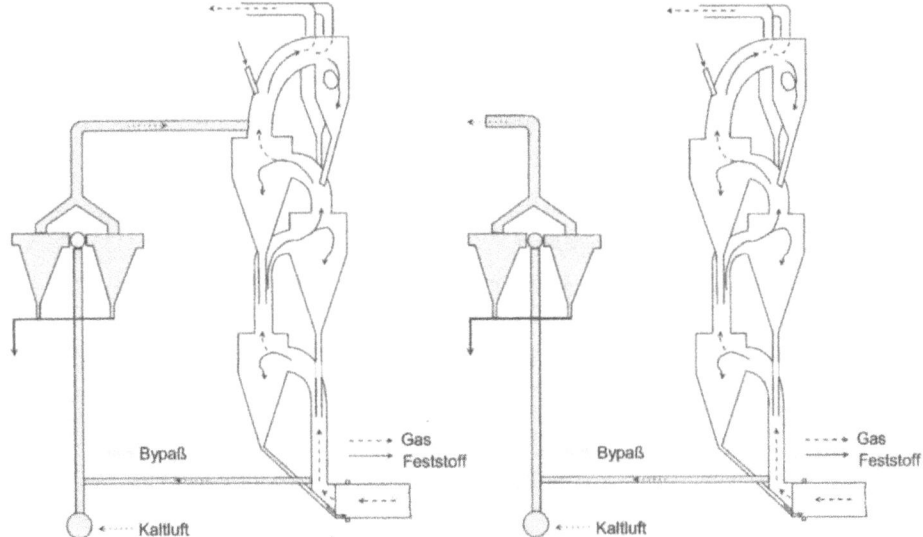

Abb. 2.3.8: Wärmetauscher-Bypaßanlage mit Alkalistaub-Abzweigung,
links: mit Rückführung des Abzweiggases in den Haupt-Abgasstrom,
rechts: mit Zyklon-Ventstaubung und separatem E-Filter für das Bypaßgas (nach DUDA)

Ein zweiter wichtiger Grund für den Einsatz einer Bypaßanlage kann das Ziel sein, einen alkaliarmen Klinker (NA-Zement mit $\overline{N}$ ≤0,60%) zu erzeugen oder bei insgesamt hohen Alkaligehalten auf einen Gesamtalkaligehalt $\overline{N}$ im Zement um 1,0% zu kommen.

Beispiel für die chemische und mineralogische (Abbildung 2.3.9) Zusammensetzung eines Bypaßstaubes:

Chemische Zusammensetzung:

K_2O = 26,7% (alles wasserlöslich)
Na_2O = 0,6% (fast alles wasserlöslich)
SO_3 = 13,9%
Cl^- = 7,2%

(d.h., es liegen KCl und K_2SO_4 vor).

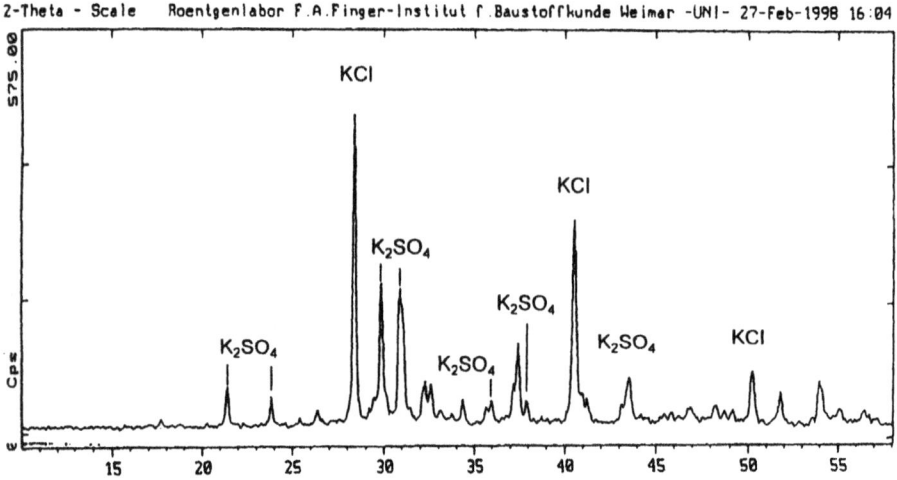

Abb. 2.3.9: Röntgenogramm eines Bypaßstaubes

2.3.3 Ökologische Aspekte der Zementherstellung und -anwendung

Bei der ökologischen Beurteilung des Zementes müssen sowohl die Zementherstellung als auch die Zementnutzung im Beton berücksichtigt werden.

Die **Rohstoffgewinnung** für die Zementherstellung wird nur in dem Ausmaß betrieben, wie sie für die Produktion unvermeidbar ist. Nach Ende des Abbaus der Rohstoffe werden Landschaften renaturiert oder rekultiviert.

Die von den Zementwerken ausgehenden **Emissionen** sind heute so gering, daß die Luft in unmittelbarer Umgebung von Zementwerken vernachlässigbar beeinträchtigt wird. Vergleichsmessungen ergaben, daß es keinen Unterschied zwi-

2.3 Herstellung von Zementklinker

schen der Luft in ländlichen Gebieten mit Zementwerken sowie ländlichen Gebieten ohne Zementwerke gibt. Bei der Herstellung einer Tonne Zement werden ca. 700 kg CO_2 freigesetzt, wovon etwa 450 kg rohstoffbedingt und 250 kg brennstoffbedingt sind. Ziel der Zementindustrie ist es, den brennstoffbedingten CO_2-Ausstoß bis zum Jahre 2005 um 20% zu senken (Basis 1987).

In der Zementindustrie werden nur solche **sekundären Roh- und Brennstoffe** eingesetzt, für die eine Genehmigung vorliegt. Der Einsatz von sekundären Brennstoffen wie Altreifen, Altöl, Altkunststoff und Altholz in der Zementindustrie ist gesamtökologisch positiv und stellt generell die ökologisch sinnvollste Form der Entsorgung dar. Sie werden in den Drehrohröfen thermisch und stofflich verwertet und es fallen keine zu entsorgenden Aschen an. In Zusammenhang mit dem Einsatz von Sekundärrohstoffen wird oft die Emission von Dioxinen und Furanen diskutiert. Da die organischen Verbindungen in den Brennstoffen vollständig zerstört werden, sind Dioxin- und Furanemissionen von Drehofenanlagen sehr gering und zwar unabhängig von der Wahl der eingesetzten Brennstoffe. Alle bisher gemessenen Emissionskonzentrationen in deutschen Zementwerken lagen (mit einer Ausnahme) unter dem Wert der 17. Bundesimmisionsschutzverordnung (BImSchV) von 0,1 ng TE/m^3. Der Gehalt organischer Stoffgruppen wie polychlorierte Biphenole (PCB), polyzyklische aromatische Kohlenwasserstoffe (PAK), polychlorierte Naphtaline (PCN), Hexachlorbenzol oder Pentachlorphenol ist im Reingas von Drehofenanlagen der Zementindustrie so gering, daß der Immissionsbeitrag die zulässigen Immisionskonzentrationen um mehrere Größenordnungen unterschreitet.

Ursache der **Chromallergie** sind Cr(VI)-Chromate (Salze der Chromsäure H_2CrO_4), die giftig sind und die Haut sensibilisieren. Durch Zumischen von $FeSO_4$ zum fertigen Zement vor der Packmaschine (etwa 0,2% $FeSO_4 \cdot 7H_2O$ = Fe-Heptahydrat) wird das 6-wertige Chromat zu 3-wertigem reduziert. Das Risiko einer Chromatallergie ist bei der heute überwiegend maschinellen Herstellung und Verarbeitung von Frischbeton generell gering. Bei der manuellen Verarbeitung von Frischbeton kann das Risiko durch das Tragen von Handschuhen und Schutzkleidung sehr gering gehalten werden.

Zementgebundene Betone weisen keine gasförmigen Emissionen auf. Ausgasende organische Bestandteile können nur über Betonzusatzmittel oder organisch belastete Betonzusatzstoffe in den Beton gelangen. Wie verschiedene Untersuchungen gezeigt haben, gasen beispielsweise **Ammoniak** oder **Formaldehyd**, wenn überhaupt, nur während oder kurz nach der Herstellung in geringen Konzentrationen aus.

Schwermetalle liegen in allen Einsatzstoffen zur Zement- und Betonherstellung in unterschiedlichen Konzentrationen vor. Die Konzentration der in Spuren vorkommenden Schwermetalle liegt gewöhnlich bei < 100 ppm oder 0,1 kg/t. Durch die chemisch-mineralogische Einbindung in die Zementsteinmatrix sowie die physikalische Einkapselung in ein dichtes Betongefüge werden Schwermetalle nur in geringen Mengen aus dem Beton ausgelaugt. Gegen eine Verwendung von zementgebundenen Betonen im Trinkwasserbereich bestehen hinsichtlich der Auslaugung von Schwermetallen keine Bedenken. Selbst bei lange anhaltendem Kontakt des Betons mit Trinkwasser werden die Grenzwerte der Trinkwasserverordnung bei weitem nicht erreicht.

Die **radioaktive Strahlung** von zementgebundenem Beton ist generell gering. Die Radioaktivität der Betone wird nicht vom Zement, sondern maßgebend vom verwendeten Zuschlag bestimmt. Bei Verwendung von Hochofenzement und Flugasche ist mit keiner erhöhten Radioaktivität des Betons zu rechnen. Die Radonexhalation ist im Vergleich zur Exhalation aus dem Erdreich vernachlässigbar. Dichte Bodenplatten aus Beton helfen vielmehr, das Eindringen des Radons in Wohnbereiche zu verhindern.

Geordneter, möglichst sortenreiner Rückbau, gezielte Aufbereitungsverfahren, genormte Anforderungen an **Betonbruch** (10 Mill. t/a, 80% Zuschlag, 20% Zementstein) und Überwachung des **Recyclingmaterials** (Zuschlag), können zu einer vollständigen **Wiederverwertung** des Betons führen. Bei der Aufbereitung von Altbeton zu Betonsplitt sind keine umweltschädigenden Freisetzungen von Schadstoffen zu erwarten.

2.3.4 Literatur

BUZZI, S.; SASSONE, G.
Optimierung des Klinkerkühlerbetriebs, in: Verfahrenstechnik der Zementherstellung – VDZ-Kongreß 1993, Wiesbaden, Berlin: Bauverlag 1995. S. 296–304

Cement and Concrete Science & Technology, Vol.I, Part I, Editor: Ghosh, S. N., New Delhi: ABI Books Private Limited 1991

COHEN, S. M.
Anwendungsmöglichkeiten der Wirbelschicht bei der Zementherstellung, in: Verfahrenstechnik der Zementherstellung – VDZ-Kongreß 1993, Wiesbaden, Berlin: Bauverlag 1995. S. 342–351

DUDA, W. H.
Cement-data-book, Band 1 – Internationale Verfahrenstechniken der Zementindustrie, Wiesbaden, Berlin: Bauverlag 1985

ERHARD, H. S.; SCHEUER, A.
Brenntechnik und Wärmewirtschaft, in: Verfahrenstechnik der Zementherstellung – VDZ-Kongreß 1993, Wiesbaden, Berlin: Bauverlag 1995. S. 279–295

KÜHL, H.
Zement-Chemie. Bd. 3 – Die Erhärtung und die Verarbeitung der hydraulischen Bindemittel, 3. überarb. u. erw. Aufl., Berlin: Verlag Technik 1961

KUHLMANN, K.; PASCHMANN, H.
Beitrag zur ökologischen Positionierung von Zement und Beton, in: Zement–Kalk–Gips 50(1997) H.1, S. 1–9,

LABAHN, O.; KOHLHAAS, B.
Ratgeber für Zementingenieure, Wiesbaden: Bauverlag 1989

STARK, J.; HUCKAUF, H.; SEIDEL, G.
Bindebaustoff-Taschenbuch, Band 3 – Brennprozeß und Brennanlagen, Berlin: Verlag für Bauwesen 1985

Umweltverträglichkeit von Zement und Beton – Herstellung, Anwendung und Sekundärstoffeinsatz, Hrsg.:VDZ, Forschungsinstitut der Zementindustrie

2.4 Sulfatträgeroptimierung

Zur Gewährleistung der Verarbeitbarkeit des Zementleims muß dem Zementklinker Calciumsulfat als Erstarrungsregler zugegeben werden. Dies bewirkt eine wesentlich längere Verarbeitungszeit. Nach DIN EN 196 darf das Erstarren frühestens nach 1 h beginnen und muß spätestens nach 12 h abgeschlossen sein. Zemente, deren Erstarren früher einsetzt, werden Schnellbinder genannt.

Wird kein Sulfatträger zugesetzt, bilden sich sofort nach der Wasserzugabe zum PZ-Klinker tafelförmige Calciumaluminathydrate (C_4AH_{13}), welche gleichmäßig verteilt in den Zwischenräumen als Brücken wirken (Abbildung 2.4.1). Dieser „Löffelbinder" erstarrt sofort nach dem Anmachen. Eine Verarbeitung ist nicht möglich, es sei denn, es wird wie bei speziellen Spritzbetontechnologien auf extrem kurze Abbindezeiten orientiert.

Bei Sulfatzusatz entsteht statt der Calciumaluminathydrate Trisulfat (Ettringit) unmittelbar auf der Oberfläche der C_3A-Körner (Abbildung 2.4.2). Es kommt nicht zur Brückenbildung, sondern zu einer Hüllenbildung um die C_3A-Körner. An dieser ersten Reaktion sind nur das Tricalciumaluminat und der Sulfatträger beteiligt. Die entstandene Hülle bremst die schnelle Reaktion des C_3A. Sie kommt bereits nach wenigen Minuten zum Stillstand, und es folgt eine Ruheperiode von 3 bis 6 h (s. Reaktionsablauf der PZ-Hydratation, Kap. 2.9.8).

Da eine normgerechte Verarbeitungszeit abhängig von der Art, Menge und Beschaffenheit der Hydratationsprodukte des C_3A und des Sulfatträgers ist, sind Reaktionsfähigkeit und Konzentration dieser zwei Ausgangsstoffe von besonderem Einfluß auf die Eigenschaften des Zements.

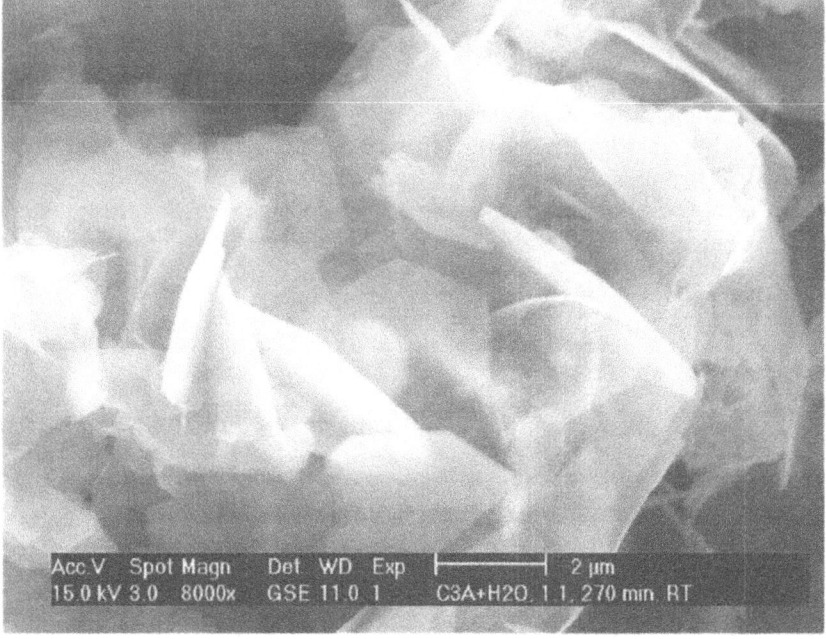

Abb. 2.4.1: Hydratisierendes C_3A ohne Sulfatzusatz (CAH-Bildung)

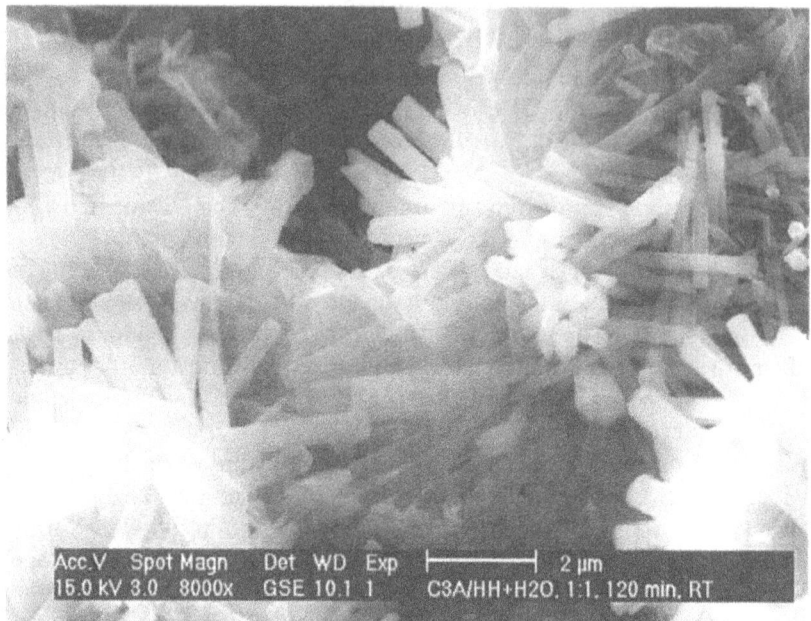

Abb. 2.4.2: Hydratisierendes C_3A mit HH-Zusatz (Ettringitbildung)

Die Reaktionsfähigkeit des C_3A wird im wesentlichen durch den Einbau von Alkalien in das Kristallgitter bestimmt. In den mitteleuropäischen Rohstoffen ist K_2O dominierend. Sein Einbau in das Kristallgitter bewirkt eine Änderung der kubischen in die orthorhombische Modifikation (Abbildung 2.4.3), was eine Veränderung der Reaktivität des C_3A zur Folge hat. Eine Erhöhung der Reaktivität des C_3A ergibt sich aus der Vergrößerung der spezifischen Oberfläche des verwendeten Zements.

Die Art und Menge des Abbindereglers ist von der Reaktionsfähigkeit und vom Anteil des C_3A im Klinker sowie von der spezifischen Oberfläche des Zements abhängig.

Bei niedrigem C_3A-Gehalt wird wenig SO_3 benötigt. Ein steigender C_3A-Anteil erfordert einen entsprechend höheren SO_3-Gehalt.

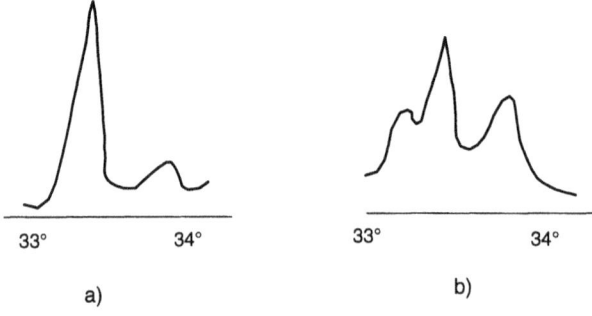

Abb. 2.4.3: Ausschnitt aus den Röntgenogrammen der a) kubischen und b) orthorhombischen C_3A-Modifikation

2.4 Sulfatträgeroptimierung

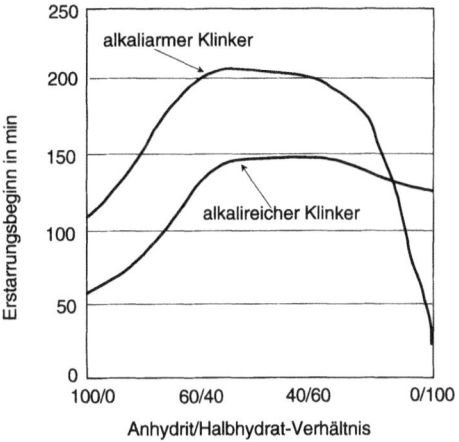

Abb. 2.4.4:
Beispiel für den Einfluß der Sulfatträgerart auf den optimalen SO_3-Gehalt zweier Zemente

Der Abbinderegler wird dem Zement bei der Mahlung zugegeben. Durch die Mahlung in Kugelmühlen wird Gips ($CaSO_4 \cdot 2H_2O$) ganz oder teilweise zu Halbhydrat ($CaSO_4 \cdot 0{,}5H_2O$) entwässert. Diese Phasen und Anhydrit besitzen eine unterschiedliche Reaktionsgeschwindigkeit. Die Reaktionsfähigkeit des Sulfatträgers wird vorwiegend durch seine Löslichkeit bestimmt. Halbhydrat geht ca. 3- bis 4-mal schneller als Anhydrit in Lösung (Tabelle 2.4.1). Je nach Reaktivität des C_3A kann eine Anpassung des Sulfatträgers erfolgen (Abbildung 2.4.4). Im allgemeinen wird ein Abbinderegler mit dem Verhältnis Gips/Anhydrit = 1:1 verwendet.

Tab. 2.4.1: Löslichkeiten verschiedener Calciumsulfate bei 25 °C

Calciumsulfat	Formel	Löslichkeit in g/l
Gips	$CaSO_4 \cdot 2\,H_2O$	2,4
Halbhydrat	$CaSO_4 \cdot 0{,}5\,H_2O$	6
löslicher Anhydrit III	$CaSO_4$	6
natürlicher Anhydrit II	$CaSO_4$	2,1

Die Entwässerung des Gipses in der Kugelmühle ist weitestgehend von der dort herrschenden Atmosphäre und der Verweildauer abhängig. Im allgemeinen liegen die Mühlentemperaturen im Bereich um 100 °C und entsprechen somit dem Entwässerungsbereich von Dihydrat zu Halbhydrat. Geringe Veränderungen im Produktionsprozeß (Änderungen im C_3A- oder Alkaligehalt, unterschiedlich lange Lagerung der Zementklinker auf der Halde vor der Vermahlung) können somit starke Auswirkungen auf das Erstarrungsverhalten der Zemente zeigen. Soll ein zu starkes Entwässern verhindert werden (siehe auch falsches Erstarren), wird in der Kugelmühle durch Wassereindüsung gekühlt (die Bindung von Wasserdampf kann die Reaktionsfähigkeit des Zementklinkers vermindern). Bei Temperaturen unter 100 °C erfolgt die Entwässerung deutlich langsamer. Nach SPRUNG wird Gips bei Mahlguttemperaturen über 100 °C auch bei erhöhtem Feuchtigkeitsgehalt der Mühlenatmosphäre vollständig zu Halbhydrat zersetzt. Die Anteile an Gips und Halbhydrat sind also extrem von den jeweiligen Produktionsbedingungen abhängig und müssen für jeden Zement neu bestimmt werden.

Für jeden Zement gibt es entsprechend seiner Zusammensetzung einen optimalen SO_3-Gehalt. Die folgenden Formeln wurden entwickelt, um das Optimum bezüglich der normgerechten Erstarrung und der Druckfestigkeitsentwicklung zu ermitteln. Sie sagen nichts über die Dauerhaftigkeit aus.

Optimaler SO_3-Gehalt:

- nach HASKELL:
  $SO_{3,opt} = 0{,}0933\ C_3A + 1{,}7105\ Na_2O + 0{,}9406\ K_2O + 1{,}228$ \hfill (in %)

- nach OST und LERCH:
  $SO_{3,opt} = 0{,}5560\ \overline{N} + 0{,}0017659\ A_o - 0{,}1072\ Fe_2O_3 - 3{,}6004$ \hfill (in %)

- nach JAWED und SKALNY:
  $SO_{3,opt} = 0{,}789 + 0{,}1149\ C_3A + 1{,}872\ \overline{N}$ \hfill (in %)

Darin bedeuten:

$SO_{3,opt}$	optimaler Sulfatgehalt, in %
A_o	die spezifische Oberfläche nach BLAINE, in cm^2/g
C_3A	der nach Bogue berechnete C_3A-Gehalt, in %
$\overline{N}$	das Natriumoxidäquivalent ($\overline{N} = Na_2O + 0{,}658\ K_2O$), in %
Na_2O, Fe_2O_3	Oxidgehalte aus der chemischen Analyse, in %

Beispiel: CEM I 42,5 R

- aus der chemischen Analyse:
  $Al_2O_3 = 4{,}7\%$
  $Fe_2O_3 = 2{,}5\%$
  $Na_2O = 0{,}22\%$
  $K_2O = 1{,}31\%$

- aus der Berechnung nach BOGUE:
  $C_3A = 8{,}23\%$

- Natriumäquivalent
  $\overline{N} = 1{,}08\%$

- spezifische Oberfläche
  $A_o = 4620\ cm^2/g$

2.4 Sulfatträgeroptimierung

Berechnung des optimalen SO_3-Gehalts:

* nach HASKELL:
  $SO_{3,opt} = 0{,}0933\ C_3A + 1{,}7105\ Na_2O + 0{,}9406\ K_2O + 1{,}228$
  $SO_{3,opt} = 0{,}0933 \cdot 8{,}23 + 1{,}7105 \cdot 0{,}22 + 0{,}9406 \cdot 1{,}31 + 1{,}228$
  $SO_{3,opt} = \mathbf{3{,}60\%}$

* nach OST und LERCH:
  $SO_{3,opt} = 0{,}5560 + 0{,}0017659\ A_o - 0{,}1072\ Fe_2O_3 - 3{,}6004$
  $SO_{3,opt} = 0{,}5560 \cdot 1{,}08 + 0{,}0017659 \cdot 4620 - 0{,}1072 \cdot 2{,}5 - 3{,}6004$
  $SO_{3,opt} = \mathbf{4{,}89\%} \Rightarrow$ über der Normgrenze!

* nach JAWED und SKALNY:
  $SO_{3,opt} = 0{,}789 + 0{,}1149\ C_3A + 1{,}872\ \overline{N}$
  $SO_{3,opt} = 0{,}789 + 0{,}1149 \cdot 8{,}23 + 1{,}872 \cdot 1{,}08$
  $SO_{3,opt} = \mathbf{3{,}76\%}$

Die geringen zur Erstarrungsregelung zugesetzten Sulfatmengen werden i.d.R. in den ersten Stunden der Hydratation umgesetzt, so daß keine Treiberscheinungen auftreten.

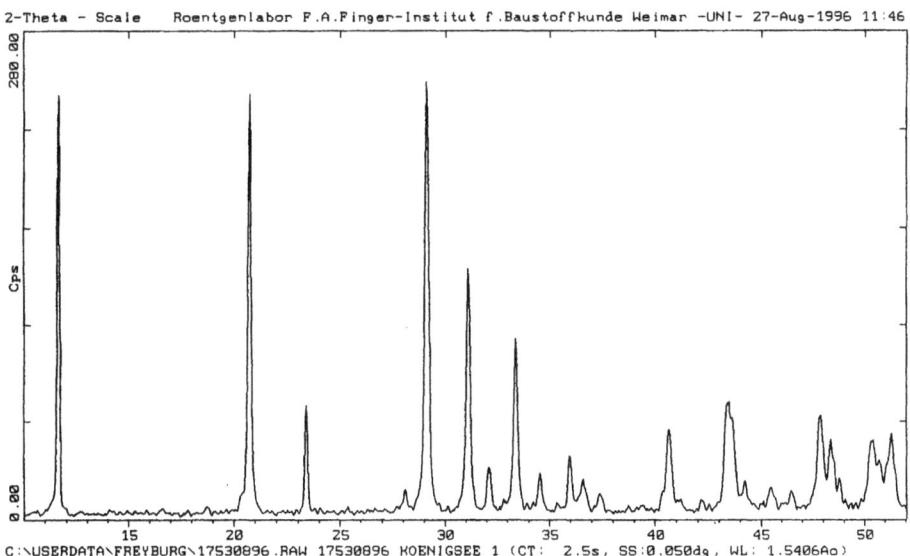

Abb. 2.4.5: Röntgenogramm von Gips

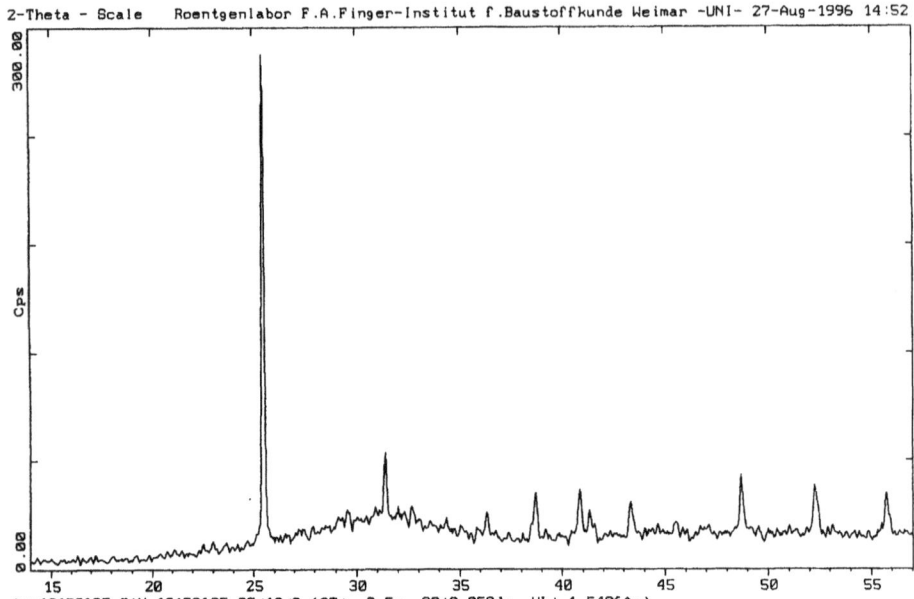

Abb. 2.4.6: Röntgenogramm von Anhydrit (synth.)

2.4.1 Literatur

LOCHER, F.W.; RICHARTZ, W.; SPRUNG, S.
Erstarren von Zement Teil 1: Reaktion und Gefügeentwicklung, in: Zement-Kalk-Gips 29 (1976) H.10, S. 435 - 442

LOCHER, F.W.; RICHARTZ, W.; SPRUNG, S.
Erstarren von Zement Teil 2: Einfluß des Calciumsulfatzusatzes, in: Zement-Kalk-Gips 33 (1980)H. 6, S. 271 - 277

LOCHER, F.W.; RICHARTZ, W.; SPRUNG, S.; SYLLA, H.-M.
Erstarren von Zement Teil 3: Einfluß der Klinkerherstellung, in: Zement-Kalk-Gips 35 (1982) H.12, S. 669–676

SPRUNG, S.
Einfluß der Mühlenatmosphäre auf das Erstarren und die Festigkeit von Zement, in: Zement-Kalk-Gips 27 (1974)H.5, S. 259–267

WOLTHER, H.
Einfluß der Calciumsulfatformen und der Mischdauer auf das Ansteifen und Erstarren des Zementes in: Zement-Kalk-Gips 42 (1989) H.7, S. 373–375

2.5 Zumahlstoffe

Neben Zementklinker werden zur Zementherstellung eine Reihe weiterer Stoffe verwendet, deren Spektrum von dem latent hydraulischen Hüttensand über die puzzolanisch reagierenden Stoffe natürlichen oder industriellen Ursprungs bis hin zu den inerten Stoffen reicht:
- latent-hydraulische Stoffe:
  - granulierte Hochofenschlacke (= Hüttensand HÜS)
- puzzolanische Stoffe:
  - natürliche Puzzolane
    - Aschen und Gesteine vulkanischen Ursprungs
  - künstliche Puzzolane
    - Flugaschen (Steinkohlenflugasche SFA, Braunkohlenflugasche BFA)
    - Silicastaub (Microsilica)
    - gebrannter gemahlener Ton
    - Ölschieferasche (nicht brennbare Rückstände der Ölschieferverbrennung)
- inerte Stoffe:
  - Gesteinsmehle
    - Kalksteinmehl
    - Augitporphyrit (Diorit-Gruppe)

Latent-hydraulische Stoffe zeichnen sich durch ihre Fähigkeit aus, bei entsprechender Anregung (sulfatisch oder alkalisch) hydraulische Eigenschaften zu entwickeln.

Puzzolanische Stoffe reagieren beim Anmachen (mit Portlandzement) mit $Ca(OH)_2$ in wässriger Lösung unter Bildung von C-S-H-Phasen.
Sie erhärten nicht selbst. Entscheidend ist das Vorhandensein reaktionsfähiger Kieselsäure.

Sowohl latent-hydraulische als auch puzzolanische Stoffe reagieren, abgesehen von hochreaktiven Puzzolanen wie die Silikastäube, generell langsamer als der Portlandzementklinker. Dementsprechend verlangsamen sie insbesondere auch die Hydratationswärmeentwicklung, wenn sie als Zumahlstoff den Portlandzementklinker teilweise ersetzen. Daher eignen sie sich besonders für massige Bauteile, in denen die Hydratationswärme zu thermischen Spannungen führen kann.

Inerte Stoffe nehmen nicht oder nur im geringen Maße an den Hydratationsreaktionen teil.

Ihre Wirkungsweise ist vorwiegend gefügetechnischer Natur und beruht im wesentlichen auf einer Ergänzung der Korngrößenzusammensetzung des Zements. Als Zumahlstoff können sie die sonst entstehenden Hohlräume zwischen den Klinkerpartikeln ausfüllen und damit das Gefüge stabilisieren. Sie werden daher auch als Füller bezeichnet.

2.5.1 Latent-hydraulische Stoffe

Der wichtigste latent-hydraulische Stoff ist der Hüttensand (HÜS), d.h. die granulierte Hochofenschlacke (latent – abgeleitet vom lateinischen „latens" = verborgen; latent-hydraulisch = schlummerndes hydraulisches Erhärtungsvermögen). Die hydraulischen Eigenschaften der Hochofenschlacken wurden bereits 1862 von E. LANGEN entdeckt.

Hochofenschlacke entsteht bei der Roheisenerzeugung im Hochofen (Abbildung 2.5.1) aus den Nebenbestandteilen des Eisenerzes, der Koksasche und dem Kalkstein bzw. Dolomit, die dem Versatz (*Möller*) zugegeben werden, um die gewünschte Schlackenzusammensetzung und den gewünschten Schmelzpunkt der Schlacke zu erreichen. Aufgrund des gravierenden Dichteunterschiedes schwimmt die Schlackenschmelze auf der Metallschmelze und wird als glühendflüssige, 1350–1600 °C heiße Schmelze durch den Schlackenstich abgezogen.

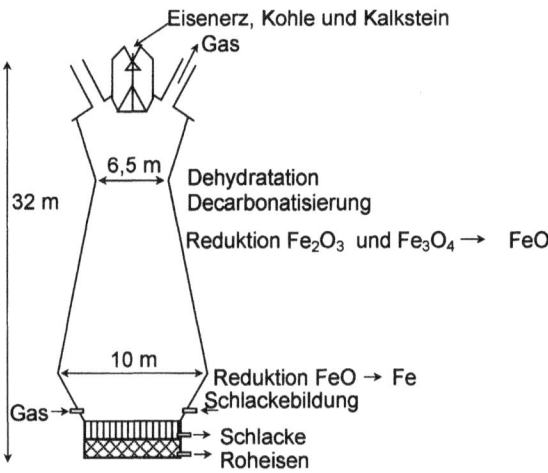

Abb. 2.5.1: Hochofen (nach REGOURD)

Zur Herstellung eines für den Einsatz in Zement geeigneten Hüttensandes ist ein sehr schnelles Abkühlen der Schlackenschmelze auf Temperaturen < 800 °C erforderlich. Dies erfolgt durch Granulation (vom lateinischen „granum" = das Korn abgeleitet) der flüssigen Schlacke in Wasser. Bei den heute gebräuchlichen Granulationsverfahren wird das Wasser durch Hochdruckdüsen auf die flüssige Schlacke gesprüht und diese dadurch fein zerteilt (granuliert). Hierfür werden große Wassermengen benötigt und der so hergestellte Hüttensand hat einen Wassergehalt bis zu 30 M.-%.

2.5 Zumahlstoffe

Hochofenschlacke ist eine Kalk-Tonerde-Silikatschmelze, die hauptsächlich CaO, SiO_2 und Al_2O_3 enthält. Ihre Zusamensetzung ist ähnlich der des Portlandzementes. Sie ist jedoch kalkärmer.

Hauptbestandteile sind:
- CaO mit 30 bis 50 M.-% (gegenüber PZ mit ca. 60 bis 70% CaO),
- SiO_2 mit 27 bis 40 M.-%,
- Al_2O_3 mit 5 bis 15 M.-% und
- MgO mit 1 bis 10 M.-%.

Der Anteil ihrer Bestandteile hängt von der Art des zu erschmelzenden Eisens und damit dessen Zusammensetzung und dem Anteil der Ausgangsstoffe (Gangart der Erze und Kalk) ab. Bei schneller Abkühlung der flüssigen Schlacke entsteht ein sandartiger glasiger Stoff, der vor allem bei einem CaO-Gehalt > 40 M.-% latent hydraulisch ist.

Die oxidische Zusammensetzung der glasigen Hüttensande entspricht in etwa der der Melilithe. Letztere sind Mischkristalle zwischen Gehlenit (C_2AS) und Akermanit (C_2MS_2).

Das CaO-SiO_2-Verhältnis deutscher Hüttensande liegt zwischen 0,7 und 1,4 (siehe Abbildung 2.5.2). Im Ausland werden auch Hochofenschlacken mit höherem CaO-Gehalt verwendet, die dann schon als schwach hydraulisch bezeichnet werden können.

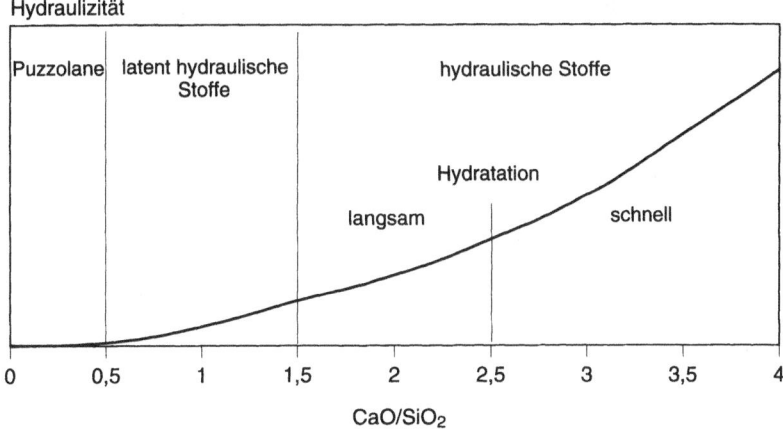

Abb. 2.5.2: Abhängigkeit der Hydraulizität vom CaO/SiO_2-Verhältnis (nach WESCHE)

Die hydraulische Reaktivität wird durch ihre chemische Zusammensetzung und Basizität sowie ihren Glasgehalt bestimmt. Mit zunehmendem Gehalt an Calciumoxid und Magnesiumoxid steigt das hydraulische Erhärtungsvermögen. Höhere Gehalte an Aluminiumoxid erhöhen insbesondere die Anfangsfestigkeit. Dies gilt ausschließlich für den in glasiger Form vorliegenden Anteil des Hüttensandes. Zur Beurteilung des Hüttensandes kann z.B. der Basengrad (Maß für die Basenstärke) herangezogen werden (LOCHER).

$$\text{Basengrad} = \frac{\text{CaO} + \text{Al}_2\text{O}_3}{\text{SiO}_2}$$

Es existieren verschiedene Kennwerte zur Beurteilung der chemischen Zusammensetzung von Hüttensanden:

$$F_1 = \frac{\text{CaO}}{\text{SiO}_2} \quad \begin{cases} F_1 < 1 = \text{saurer Hüttensand} \\ F_1 > 1 = \text{basischer Hüttensand} \end{cases}$$

$$F_2 = \frac{\text{CaO} + \text{MgO}}{\text{SiO}_2} \quad F_2 > 1 \text{ nach DIN 1164-1 (Okt. 94) gefordert}$$

$$F_3 = \frac{\text{CaO} + \text{CaS} + 0{,}5\text{MgO} + \text{Al}_2\text{O}_3}{\text{SiO}_2} \quad \begin{cases} F_3 < 1{,}5 = \text{mäßige hydr. Eigenschaften} \\ F_3 > 1{,}9 = \text{sehr gute hydr. Eigenschaften} \end{cases}$$

Durch alkalische Anregung, die der Portlandzementklinker liefert, kann HÜS im technisch nutzbaren Zeitraum hydraulisch erhärten. Er bildet dabei im wesentlichen die gleichen Hydratationsprodukte wie der Portlandzement. Es bestehen Unterschiede im CaO/SiO$_2$-Verhältnis der Calciumsilicathydrate. Bei der Hydratation des Portlandzements entstehen kalkreichere Calciumsilicathydrate mit C/S-Verhältnissen deutlich über 1,5. Hüttensandreiche Hochofenzemente (CEM III) liefern im allgemeinen Calciumsilicathydrate mit C/S-Verhältnissen < 1,5.

Da die latent-hydraulischen Eigenschaften des Hüttensandes vom glasigen Zustand abhängen, sind möglichst hohe Glasgehalte anzustreben. Die glasig erstarrte Schlacke ist im Prinzip eine unterkühlte, eingefrorene Schmelze. Ursache für die Hydraulizität des Hüttensandes mit zunehmendem Glasgehalt ist der höhere Energiegehalt des metastabilen, glasigen Zustands gegenüber dem entsprechenden kristallinen Zustand. Der Glasgehalt deutscher Hüttensande ist in der Regel > 95%, meist nahe 100% [SCHIESSL/SMOLCZYK/REGOURD/KÜHL].

Nach der europäischen Norm EN 197 können Hüttensande bei folgenden Zementen eingesetzt werden (Tabelle 2.5.1):

Tab. 2.5.1: Einsatz von Hüttensanden bei Zementen nach EN 197

Zementart			HÜS-Anteil in %
Hauptart	Benennung	Kurzzeichen	
CEM II	Portlandhüttenzement	CEM II/A-S	6 ... 20
		CEM II/B-S	21 ... 35
CEM III	Hochofenzement	CEM III/A	36 ... 65
		CEM III/B	66 ... 80
		CEM III/C	81 ... 95
CEM V	Kompositzement	CEM V/A	18 ... 30[1]
		CEM V/B	31 ... 50[1]

[1] Zusammensetzung mit Anteilen von HÜS und Flugaschen und/oder natürlichen Puzzolanen; diese Zemente wurden bisher nicht in die deutsche DIN 1164 aufgenommen. Ebenfalls nicht in DIN 1164 ist der CEM III/C enthalten.

2.5.2 Puzzolanische Stoffe

Im Gegensatz zu den basischen Hüttensanden haben die sauren Puzzolane keine unmittelbaren hydraulischen Eigenschaften. Dazu fehlt ihnen insbesondere der für die Hydratationsreaktionen notwendige Kalk.

Abgeleitet ist das Wort „Puzzolan" nach einer schon im Altertum wichtigen Fundgegend von Vulkanerden, dem Ort Puteoli am Fuße des Vesuv bei Neapel, dem heutigen Pozzuoli. Vulkanerde wurde bereits in der frührömischen Bautechnik als Baustoff verwendet.

Zu den Puzzolanen werden alle natürlichen und künstlichen silicatischen Stoffe gezählt, die als wesentliches Merkmal reaktionsfähige Kieselsäure enthalten. Infolgedessen können sie mit dem bei der Hydratation der Klinkerkomponente frei werdenden und in Lösung gehenden Calciumhydroxid festigkeitsbildendes Calciumsilicathydrat bilden.

Beispielhaftes Reaktionsprinzip:

$$C + S + H \rightarrow C-S-H$$

Calciumhydroxid   Siliciumdioxid   Wasser   Calciumsilicathydrat

$CA(OH)_2$ SiO_2 H_2O

Die Puzzolane enthalten meist außerdem reaktionsfähiges Aluminiumoxid, welches mit dem gelösten Calciumhydroxid Calciumaluminathydrate bilden kann. Die Eigenschaft aller Puzzolane ist somit ein mehr oder minder hoher Bedarf bzw. Verbrauch an Calciumhydroxid zur hydraulischen Erhärtung (LOCHER).

Um die **Puzzolanität** eines Stoffes (gemäß DIN EN 196 Teil 5) zu beurteilen, wird der gemahlene Stoff dem Zement beigemischt. Das Filtrat der wässrigen Aufschlämmung hinsichtlich seiner Hydroxylionen-Konzentration (OH^-) und Calciumoxid-Konzentration (CaO) wird naßchemisch mittels Titration untersucht.

Die Formeln zur Bestimmung der Konzentration sind folgende:

– Bestimmung der Hydroxylionen-Konzentration

$$OH^- = 2 \cdot V_3 \cdot f_2 \quad \text{in mmol/l } OH^-/l$$

dabei bedeuten:

V_3 = Verbrauch an 0,1 mol/l Salzsäure-Lösung bei der Titration
f_2 = Faktor der 0,1 mol/l Salzsäure-Lösung

– Bestimmung der Calciumoxid-Konzentration

$$CaO = 0,5 \cdot V_4 \cdot f_1$$

dabei bedeuten:

V_4 = Verbrauch an EDTE-Lösung (Ethylendiamintetraessigsäure) bei der Titration
f_1 = Faktor der EDTE-Lösung

Beispiel
Ein gebrannter Ton (GT) wurde auf eine spezifische Oberfläche von 5370 cm²/g aufgemahlen und in Anteilen von 15, 20, 30 und 50 M.-% als Zementersatz verwendet. Die sich in der Tabelle 2.5.2 ergebenden Mittel der Konzentration an Hydroxylionen und an Calciumoxid legen einen Punkt in Abbildung 2.5.3 fest, der die Löslichkeit von Calciumoxid in Abhängigkeit vom Hydroxylionen-Gehalt in der Lösung bei einer Temperatur von 40 °C angibt. Der Mittelwert ergibt sich aus zwei Einzelwerten je Probe. Er ist auf eine Dezimale anzugeben.

Tab. 2.5.2: Ergebnisse der Puzzolanitätsprüfung nach DIN EN 196 Teil 5

Gemahlene Stoffe/Zement	OH⁻ in mmol/l	CaO in mmol/l	Puzzolanität
15% GT/85% Zement	80,8	4,2	bestanden
20% GT/80% Zement	79,4	3,8	bestanden
30% GT/70% Zement	70,1	4,4	bestanden
50% GT/50% Zement	65,2	4,2	bestanden

Die Prüfung der Puzzolanität gilt als bestanden, wenn die ermittelten Werte unterhalb der Sättigungskurve liegen. Die Konzentration an gelöstem Calciumhydroxid ist geringer als die Sättigungskonzentration. Von den untersuchten Gemischen bestanden alle Proben die Prüfung.

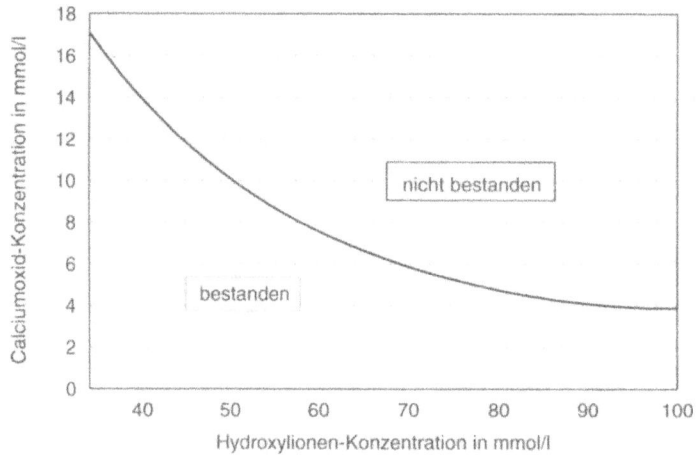

Abb. 2.5.3: Diagramm zur Beurteilung der Puzzolanität nach DIN EN 196 Teil 5

2.5.2.1 Traß

Zu den im Zement eingesetzten natürlichen Puzzolanen zählen in erster Linie die vulkanischen Tuffe, ähnliche vulkanische Gesteine und Phonolithe. Traß ist feingemahlener, saurer vulkanischer Tuff mit 50 bis 70% reaktionsfähigem SiO_2 und mehr als 50% Glasgehalt, der wahrscheinlich dadurch entstand, daß dieAscheströme in Wasser abgeschreckt wurden. Der Glasgehalt ist wie beim Hüttensand für die Reaktionsfähigkeit maßgebend, da diese auf dem Bestreben der Stoffe beruht, aus dem instabilen, ungeordneten amorphen in den stabilen, geordneten kristallinen Zustand überzugehen. Von den vulkanischen Tuffen hat insbesondere der Traß Bedeutung als Zumahlstoff.

Ursache für die Reaktionsfähigkeit der Trasse mit Calciumhydroxid zur Bildung erhärtungsfähiger Hydratationsprodukte ist in erster Linie deren Glasgehalt. Ebenso tragen in geringem Maße aber auch die Mineralien Quarz, Feldspat, Leucit, Analcim und Kaolin zur Hydratationsreaktion bei. Der dazu erforderliche Kalkbedarf beträgt nach 90 Tagen Hydratation für rheinische Trasse zwischen 27 und 37 M.-% bezogen auf den Traß. In Gegenwart von Calciumsulfat erhöht sich das Kalkbindungsvermögen.

Die gebildeten Hydratationsprodukte sind im wesentlichen die gleichen, die auch bei der Hydratation von Portlandzement beobachtet werden. Die in Verbindung mit Traß entstandenen Calciumsilicathydrate weisen allerdings ein geringeres C/S-Verhältnis auf als die des Portlandzementes (LOCHER).

Betone mit Branntkalk und Traß als Bindemittel aus der Römerzeit wiesen bei Festigkeitsprüfungen nach ca. 2000 Jahren Druckfestigkeiten bis 40 N/mm^2 auf.

Lavamehl enthält gegenüber Traß weniger SiO_2, aber deutlich mehr CaO und MgO.

2.5.2.2 Flugasche

Zu den für die Zementherstellung verwendeten künstlichen Puzzolanen zählen in erster Linie Flugaschen und SiO_2-Stäube. Flugaschen werden darüber hinaus bei der Betonherstellung als Zusatzstoff zugesetzt.

Die in Wärmekraftwerken meist eingesetzte Steinkohle enthält im Durchschnitt 80 ... 95% Kohlenstoff, 5 ... 20% mineralische Stoffe und 0,5 ... 2% Schwefel.

Flugaschen entstehen als Anfallstoff bei der Verbrennung von Kohle in Wärmekraftwerken. Die Kohle wird staubfein gemahlen und mit vorgewärmter Luft über Brenner in den Feuerraum des Kessels eingeblasen. Je nach Bauart des Feuerraumes wird zwischen Trockenfeuerung und Schmelzkammerfeuerung unterschieden.

Tab. 2.5.3: Herstellung von Steinkohlenflugasche

Verfahren	Feuerraumtemperatur	Produkte / Filter	Produkte / Kesselboden
Trockenfeuerung	1100 °C bis 1300 °C	Steinkohlenflugasche	Kesselsand
Schmelzkammerfeuerung	1500 °C bis 1700 °C	Steinkohlenflugasche	Schmelzkammergranulat

Der größere Teil der geschmolzenen Kohlenebenbestandteile (85 ... 90% bei Trockenfeuerung) wird mit dem Rauchgasstrom mitgerissen und an mehrstufigen Elektrofiltern (Abbildung 2.5.4) als Steinkohlenflugasche (SFA) mit Korngrößen von einigen µm bis wenigen 100 µm sowie mit spezifischen Oberflächen zwischen etwa 2000 und 6000 cm²/g nach BLAINE abgeschieden. In einer modernen Feuerung mit einer Leistung von 700 MW können in Abhängigkeit vom Aschegehalt der verfeuerten Kohle täglich bis zu 1000 t SFA hergestellt werden.

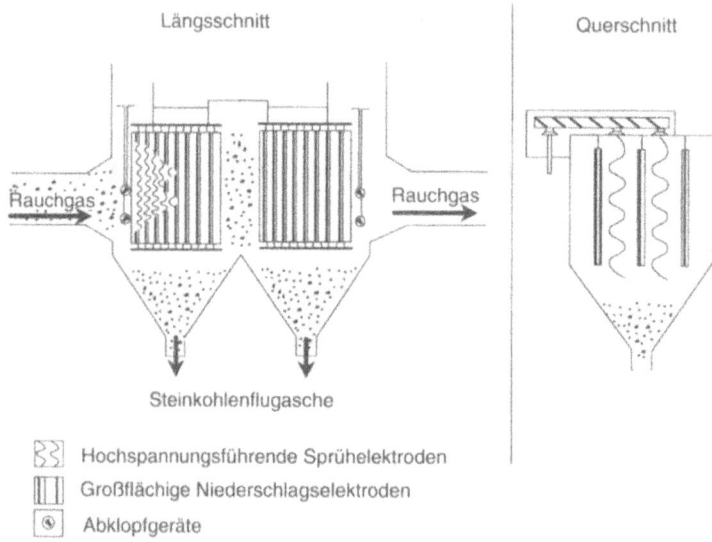

Abb. 2.5.4: Elektrofilter für die SFA-Gewinnung

Steinkohlenflugaschen bestehen im allgemeinen überwiegend aus kugelförmigen, meist glasig erstarrten Partikeln (Abbildung 2.5.5) und zeichnen sich durch einen hohen Kieselsäure- und Aluminiumoxidgehalt aus. Als wesentliche Bestandteile enthalten sie (SFA aus dem Saar/Ruhr-Gebiet):

- 40 ... 55% SiO_2
- 23 ... 35% Al_2O_3
- 5 ... 17% Fe_2O_3
- 1 ... 8% CaO
- 0,8 ... 4,8% MgO
- 1,5 ... 5,5% K_2O
- 0,1 ... 3,5% Na_2O
- 0,5 ... 1,3% TiO_2
- 0,1 ... 2,0% SO_3

Die Korngrößenverteilungen von SFA zeigen einen charakteristischen Kurvenverlauf, der sich durch eine mittlere Verteilungskurve beschreiben läßt. Es handelt sich um eine relativ breite Verteilung im Korngrößenbereich von 0,1 bis 400 µm. Der mittlere Verlauf der Korngrößenverteilung und die Breite der Verteilung von SFA ist in Abbildung 2.5.6 dargestellt.

2.5 Zumahlstoffe

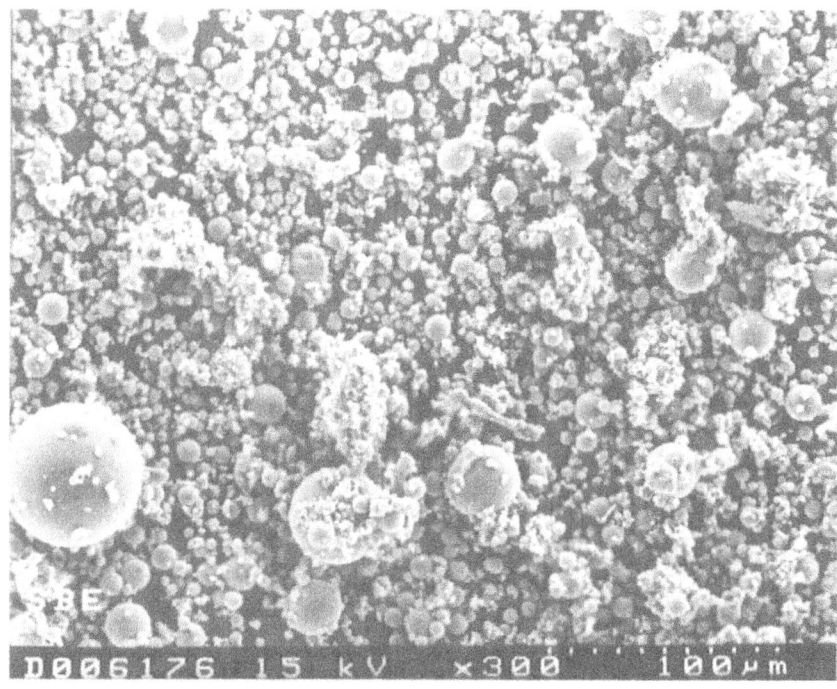

Abb. 2.5.5a: REM-Aufnahme von SFA in 300facher Vergrößerung

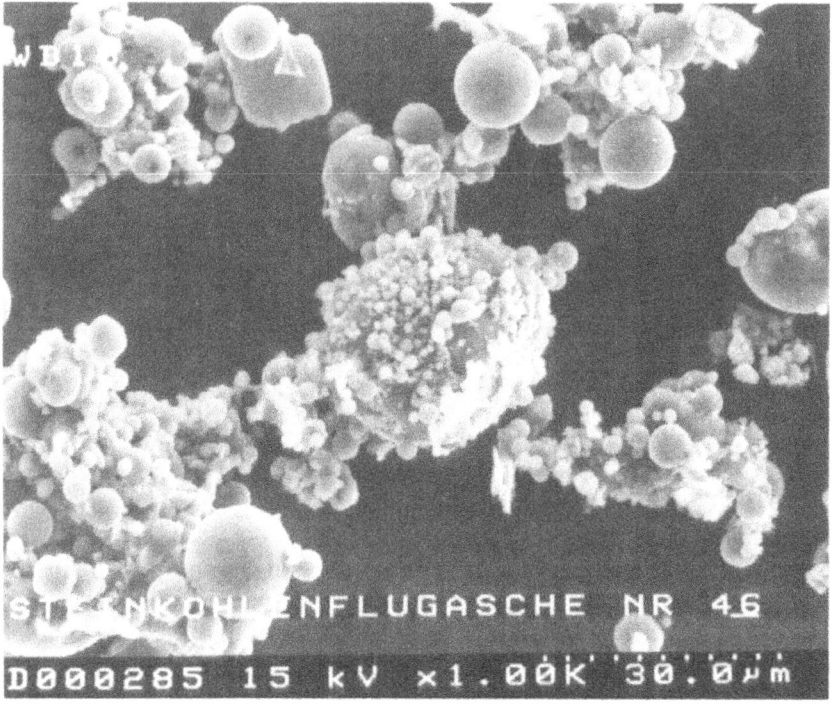

Abb. 2.5.5b: REM-Aufnahme von SFA in 1000facher Vergrößerung

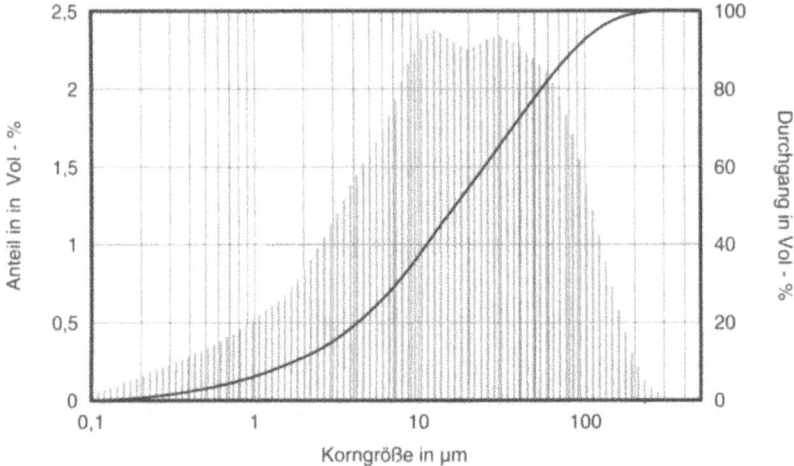

Abb. 2.5.6: Mittlere Korngrößenverteilung von SFA, Mittelwert aus 8 Aschen

SFA ist damit meist feiner als der gemahlene Portlandzement-Klinker und wirkt als Füller in den feinsten Zwickeln der Matrix zwischen den feinen Zementen und Zuschlagpartikeln (Abbildung 2.5.7). Durch die Ausfüllung von Zwickeln wird die Raumausfüllung durch Feststoff verbessert und damit die Festigkeit gefördert.

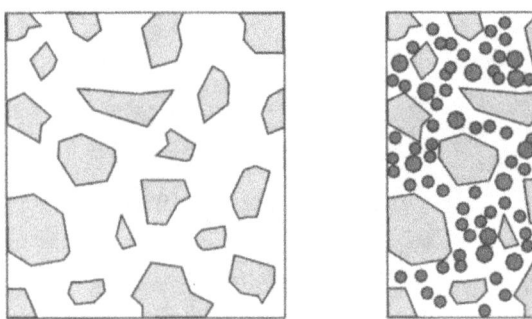

Abb. 2.5.7: Korngemenge ohne (links) und mit (rechts) Flugasche

Der für die Reaktivität wesentliche Glasgehalt wird mit 80% angegeben. Je nach Feuerungsart variieren jedoch die Glasgehalte in erheblichem Maße.

Die Glasgehalte von Flugaschen aus Trockenfeuerungen (Feuerungstemperatur = 1100 ... 1300 °C) sind mit 70% deutlich niedriger als die der Flugaschen aus Schmelzfeuerungen (Feuerungstemperatur = 1500 ... 1700 °C), für die bis zu 95% ermittelt wurden. Werden Flugaschen aus Anlagen mit Wirbelschichtfeuerung nicht berücksichtigt, so beruht die puzzolanische Reaktivität der Flugasche vornehmlich auf ihrem Gehalt an Glas. Im wesentlichen ist nur dieses fähig, mit dem Calciumhydroxid, das bei der Hydratation des Klinkeranteils frei wird, im Flugaschezement unter Bildung von Calciumsilicathydrat zu reagieren und damit aktiv zur Festigkeitsbildung beizutragen. Das C/S-Verhältnis des gebildeten C-S-H ist erheblich geringer als beim reinen Portlandzement. Dementsprechend steigt mit zunehmendem Glasgehalt der Flugasche das Kalkbindungsvermögen an. Ähnlich wie beim Traß fördert auch bei der Flugasche ein Sulfatzusatz die Kalkbindung (LOCHER).

Braunkohlenflugaschen (BFA) können bis zu 45% CaO enthalten, das zum Teil als freies, also ungelöschtes CaO vorliegt. Wegen des hohen CaO-Gehaltes werden BFA nicht zu den Puzzolanen gezählt. BFA kann außerdem bis zu 30% SO_3 enthalten. Da aber freier Kalk und SO_3 zum Treiben führen können und BFA außerdem in ihrer Zusammensetzung stärker schwanken als SFA, sind in Deutschland als Zumahl- und Zusatzstoffe bisher nur SFA zugelassen (WESCHE). Neue Untersuchungen haben jedoch gezeigt, daß Braunkohlenflugaschen ebenso wie die Steinkohlenflugaschen den Zement teilweise im Beton ersetzen können. Daß dies bei entsprechender Aschequalität völlig unproblematisch ist, zeigen die mehr als 1 Mill. t/a produzierten Zementes PZ 9/45 in der DDR, der ca. 22% Braunkohlenflugasche Hagenwerder – eine puzzolanisch wirkende Braunkohlenflugasche – enthielt.

In Deutschland wurde 1978 vom Institut für Bautechnik in Berlin erstmalig die Zulassung für Flugaschezemente erteilt. Ende 1982 wurde mit der Herstellung von Flugaschezement begonnen.

Die europäische Norm EN 197 berücksichtigt drei verschiedene Sorten von Zementen, die Puzzolane enthalten können:

- Portlandkompositzement mit Flugaschegehalt   0 ... 28 M.-%
- Portlandflugaschezement mit Flugaschegehalt   10 ... 28 M.-%
- Puzzolanzement mit Flugasche   bis 40 M.-%

Die Flugaschen solcher Zemente müssen mindestens zu 2/3 glasige Partikel enthalten und der Masseanteil an reaktionsfähigem CaO muß < 5% sein. Der Glühverlust darf höchstens 5% betragen.

2.5.2.3 Ölschiefer

Aus bituminösem kalkhaltigem Schiefer, dem sogenannten Ölschiefer, kann durch Brennen bei ca. 800 °C ein selbständig hydraulisch erhärtendes Bindemittel hergestellt werden. Das hydraulische Erhärtungsvermögen des Ölschieferabbrandes beruht vorwiegend auf dem Vorhandensein von Dicalciumsilicat und Monocalciumaluminat im Brennprodukt. Daneben tritt auch reaktionsfähiges SiO_2 auf, so daß Ölschieferabbrand neben den hydraulischen auch puzzolanische Eigenschaften aufweist. In Deutschland werden Ölschieferabbrände vor allem auf der Basis von Ölschiefern der schwäbischen Alb gewonnen. Der dort anstehende Posidonienschiefer des unteren, schwarzen Jura hat folgende Zusammensetzung:

11% organische Substanz
27% Tonsubstanz
12% freie Kieselsäure
41% Calciumcarbonat sowie
 9% $CaSO_4$ und FeS_2.

Für den Einsatz als Zumahlstoff zum Portlandzementklinker muß der gebrannte Schiefer eine 28-Tage-Druckfestigkeit von mindestens 25 N/mm² nach DIN EN 196-1 erreichen.

In großem Maßstab wird gebrannter Ölschiefer zur Herstellung von Zumahlstoffzementen in Estland verwendet.

2.5.2.4 Silicastaub

Silicastaub wird auch als Silica, Microsilica, Siliciumdioxid-Staub und silica fume (SF) bezeichnet. Silicastaub ist ein sehr reaktives Puzzolan und wirksamer Füller, der für die Herstellung von Betonen mit besonderen Eigenschaften (z.B. hohe Festigkeit und Dichtigkeit) verwendet wird.

Silicastaub, der im wesentlichen aus sehr feinkörniger amorpher Kieselsäure SiO_2 besteht, fällt bei der Gewinnung von Silicium und Siliciumlegierungen im elektrischen Lichtbogenofen in der Abgasreinigung an. Ausgangsstoffe dieses Prozesses sind Quarz, Kohle, Eisenerz und gegebenenfalls Erze anderer Metalle, die als Legierungsbestandteil in Betracht kommen. Dabei wird Quarz mit Kohlenstoff in Anwesenheit von Eisenschrott reduziert und eine Si-Fe-Legierung gebildet. Abbildung 2.5.8 zeigt dazu schematisch den Prozeßablauf.

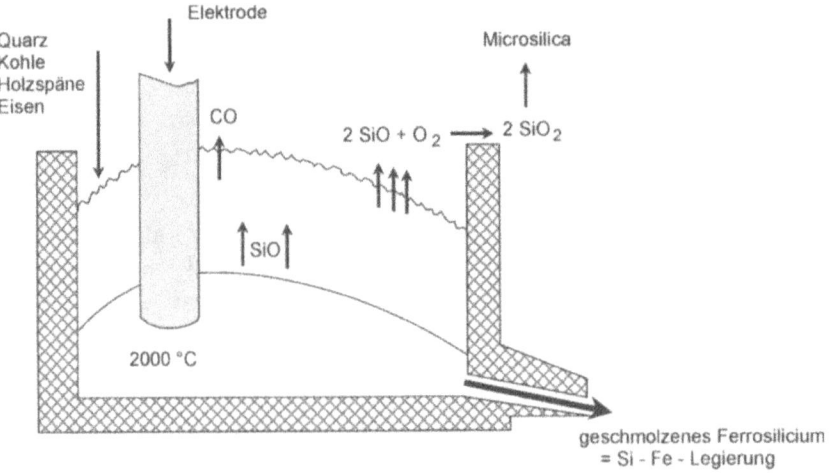

Abb. 2.5.8: Schematischer Prozeßablauf zum Anfall von Microsilica

Es entsteht dampfförmiges Siliciummonoxid SiO, das an Luft zu Siliciumdioxid oxidiert und in Form sehr kleiner Kugeln kondensiert.

Die chemische Zusammensetzung des Silicastaubes kann je nach Legierungsbestandteilen in weiten Grenzen variieren. Der Siliciumdioxidgehalt liegt im allgemeinen zwischen etwa 80 und 98 M.-%. Bei der Herstellung von Calcium-Silicium- und Mangan-Silicium-Legierungen kann der Siliciumdioxidgehalt wesentlich niedriger sein. Silicastaub besteht aus glasigen und kugelförmigen Partikeln, die etwa 0,1 bis 0,2 µm groß sind. Wird er auf 1100 °C erhitzt, so bildet sich Cristobalit. Die nach BET durch Stickstoffadsorption bestimmte massebezogene Oberfläche liegt zwischen 8000 und 24000 cm²/g. Diese extrem hohe Feinheit

2.5 Zumahlstoffe

und die dementsprechend hohe puzzolanische Reaktivität ist eine Folge der Entstehung durch Kondensation aus einem Dampf. In Verbindung mit Portlandzementklinker reagieren im Verlauf der Zementhydratation die gleichmäßig im Zwischenraum zwischen den Zementkörnern verteilten Partikel des Silicastaubes mit Calciumhydroxid und bilden Calciumsilicathydrat, das wie auch bei der Flugasche und dem Traß deutlich calciumärmer ist als das bei der Hydratation von Portlandzement entstehende Calciumsilicathydrat (LOCHER).

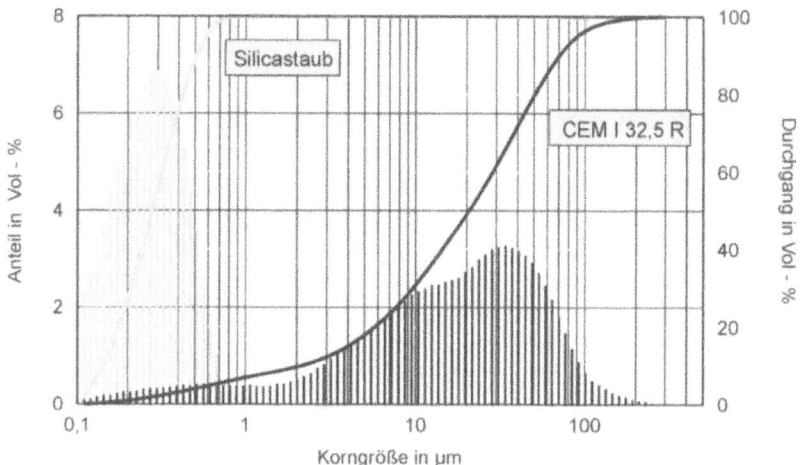

Abb. 2.5.9: Korngrößenverteilung von Silicastaub und CEM I 32,5 R

Silicastaub wird vor allem in den USA, Kanada und Norwegen hergestellt und wird als Pulver oder wäßrige Suspension (slurry) geliefert.
Silicastaub kann folgende Zusammensetzung haben (Analyse FIB):

SiO_2	93 ... 96 %
Al_2O_3	0,1 ... 1,5 %
CaO	0,1 ... 0,5 %
Fe_2O_3	0,1 ... 0,5 %
MgO	0,5 ... 0,6 %
K_2O	1,0 ... 1,2 %
Na_2O	0,1 ... 0,3 %
Glühverlust	1,4 ... 2,1 %

In der europäischen Norm EN 197 gibt es einen Portlandsilicastaubzement mit einem Silicastaubanteil von 6 bis 10 M.-%. Außerdem können Silicastäube in Kompositzementen verwendet werden. In der deutschen DIN 1164 sind diese Zemente allerdings nicht enthalten.

2.5.3 Inerte Stoffe

Zumahlstoffe wie Kalksteine und Quarzmehle werden als inert oder quasiinert bezeichnet (abgeleitet vom lateinischen „inertia" = Untätigkeit, Trägheit). Bei der Zementhydratation reagieren sie nicht oder nur im geringen Maß mit den Zementbestandteilen.

Der Füller im Zement hat in erster Linie die Aufgabe, Zwischenräume in der Packung der Zementpartikel auszufüllen. Als Füller kommen alle Gesteinsmehle in Betracht, die DIN 4226 entsprechen. Wegen der Mahlkosten werden aber heute nur Mehle aus leicht mahlbaren Kalksteinen bzw. Kreide verwendet. Der Kalkstein ist besonders wirkungsvoll, weil er wesentlich leichter mahlbar ist als der Klinker, infolgedessen eine breitere Korngrößenverteilung liefert, sich bei gemeinsamem Mahlen in den feineren Kornklassen anreichert und dann das Lückenvolumen zwischen den Klinkerpartikeln vermindert. Das Calciumcarbonat beteiligt sich in geringem Maße an den Hydratationsreaktionen des Zements. In Gegenwart von Wasser reagieren Calciumcarbonat und Tricalciumaluminat und bilden Monoaluminatcarbonathydrat ($3\,CaO \cdot Al_2O_3 \cdot CaCO_3 \cdot 11\,H_2O$). Darüber hinaus fördert das Calciumcarbonat die Hydratationsreaktionen, insbesondere die Bildung von Ettringit. Diese chemischen Reaktionen sind für die Eigenschaften des Kalksteins als Zumahlstoff jedoch nur von untergeordneter Bedeutung.

Nach der europäischen Norm EN 197 können Kalksteinmehle im Portlandkalksteinzement mit Anteilen von 6 bis 35 M.-% verwendet werden.

2.5.4 Bewertung der Hydraulizität von Zumahlstoffen

Die Hydraulizität von Zumahlstoffen kann durch einen Vergleich der 28-Tage-Druckfestigkeit einer Mischung aus Zumahlstoff und Portlandzement mit der einer Mischung aus Quarzsand und Portlandzement bewertet werden. Daraus können dann entsprechende Kennzahlen gebildet werden.

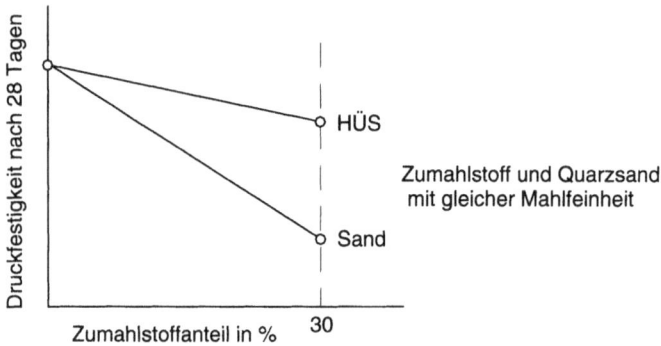

Abb. 2.5.10: Bewertung der Hydraulizität durch Vergleich mit einer Portlandzement-Quarzsand-Mischung

2.5 Zumahlstoffe

Hydraulische Hauptkennzahl HK

$$HK = \frac{\beta_{70PZ/30ZM} - \beta_{70PZ/30Sand}}{\beta_{100PZ} - \beta_{70PZ/30Sand}} \cdot 100$$

$\beta = \beta_{D,28}$ (in N/mm²);

berechtigte Annahme: Quarzsand ist inert bis zu 28 Tagen

Hydraulische Nebenkennzahl NK

$$NK = \frac{\beta_{30PZ/70ZM} - \beta_{30PZ/70Sand}}{\beta_{100PZ} - \beta_{30PZ/70Sand}} \cdot 100$$

Zumahlstoff	Hydraulische Hauptkennzahl HK	Hydraulische Nebenkennzahl NK
aktive Zumahlstoffe z.B. HÜS, Kraftwerksaschen	≥ 30	≥ 10
schwach aktive Zumahlstoffe z.B. Kupferschlacke	10 ... 30	5 ... 10
inerte Zumahlstoffe z.B. Quarzsand, Gesteinsmehle	< 10	< 5

Beispiel
Die 28-Tage-Festigkeiten betragen bei

    100% PZ   = 55 N/mm²
    70% PZ + 30% HÜS   = 48 N/mm²
    70% PZ + 30% Quarzmehl = 38 N/mm²

$$HK = \frac{48-38}{55-38} \cdot 100 = \frac{10}{17} \cdot 100 = 59$$

2.5.5 Wirkung von Zumahlstoffen

Kalkstein, Steinkohlenflugasche, Hüttensand
Durch die gezielte, genau dosierte Zumahlung von ausgewähltem Kalkstein, geeigneter Steinkohlenflugasche oder Hüttensand zum Portlandzementklinker kann die *Korngrößenverteilung* des Zementes im feinen Bereich durch den leichter mahlbaren Kalkstein oder durch die feinen Partikel der Flugasche bzw. des Hüttensandes verbessert werden.

Stark vereinfacht kann man sich vorstellen, daß die Zumahlstoffe im Frischbeton einen Teil des Wassers aus den Hohlräumen zwischen den gröberen Zementkörnern verdrängen, das dann als zusätzliches „Gleitmittel" zur Verfügung steht. Die *Konsistenz* des Zementleims, des Mörtels oder Betons wird weicher.

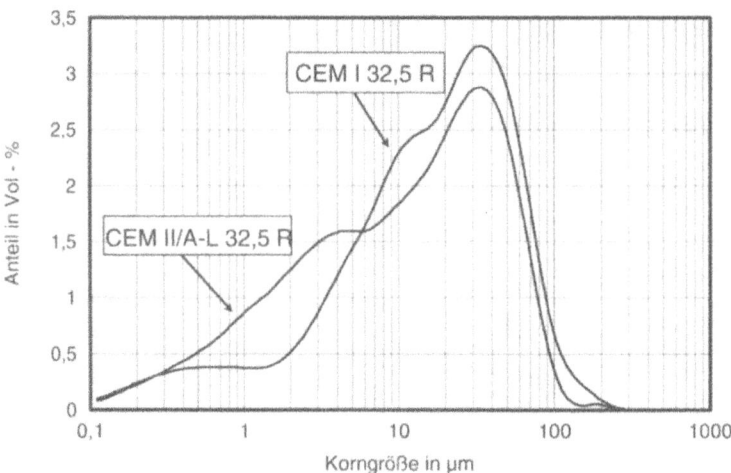

Abb. 2.5.11: Korngrößenverteilung eines Portlandzementes CEM I 32,5 R und eines Portlandkalksteinzementes CEM II/A-L 32,5 R

Latent hydraulische oder puzzolanisch wirkende Zumahlstoffe können zusätzlich einen chemisch/mineralogischen Beitrag zur *Zement- und Betonfestigkeit* leisten. Bei Kalkstein wirken sich Zumahlmengen zwischen 5 und 10 Gew.-% in der Regel nicht auf die Festigkeit aus.

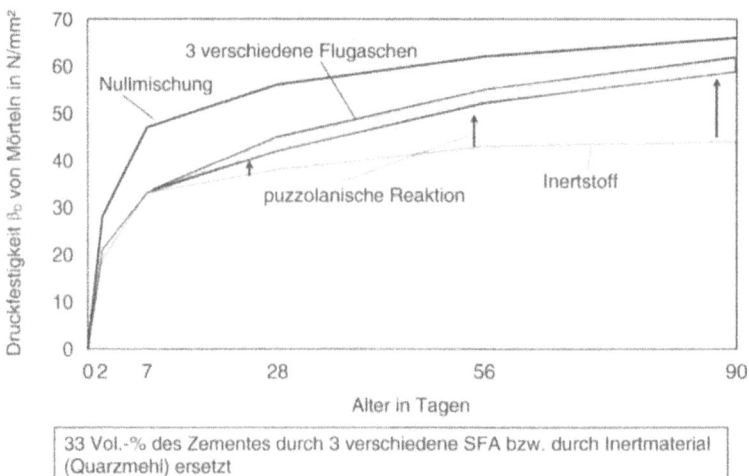

Abb. 2.5.12: Entwicklung der puzzolanischen Reaktion, dargestellt durch den Festigkeitsverlauf (nach SCHIESSL)

Das *Erstarren* der Zumahlstoffe und die *Erhärtung* können je nach Art und Menge des Zumahlstoffs etwas langsamer verlaufen. Zum Teil ist das mit einer deutlich niedrigeren Hydratationswärmeentwicklung verbunden, z.B. beim Flugaschehüttenzement. Die mit diesen Zementen hergestellten Betone erfordern eine längere Nachbehandlungsdauer.

2.5.6 Qualitätsmerkmale für Zumahlstoffe

Die Anforderungen, die an geeignete Zumahlstoffe im Zement bzw. Beton gestellt werden sind u. a.:

- Homogenität/Gleichmäßigkeit,
- Raumbeständigkeit,
- hohe Reaktivität,
- günstige Korngrößenverteilung,
- gute Mahlbarkeit,
- Frostwiderstand.

Grundsätzlich gilt, daß die Zumahlstoffe ein vergleichbares Anforderungsprofil wie der Klinker aufweisen sollen. So müssen Zumahlstoffe in hoher Gleichmäßigkeit vorliegen, damit der hergestellte Zement ebenfalls gleichmäßige Eigenschaften erreicht. Bei stärkeren Schwankungen in der chemischen Zusammensetzung oder in anderen Eigenschaften kann eine Homogenisierung des Zumahlstoffes in einem Mischbett oder Homogenisiersilo erforderlich sein. Die Raumbeständigkeit und der Frostwiderstand des hergestellten Zementes dürfen nicht nachteilig beeinflußt werden. Die latent-hydraulischen Zumahlstoffe sollen eine möglichst hohe hydraulische Reaktivität besitzen und maßgeblich zur Festigkeitsbildung beitragen. Liegen Zumahlstoffe bereits im Anlieferungszustand in hoher Feinheit vor, so kann das die hydraulischen Eigenschaften sowie die wirtschaftliche Verwertung günstig beeinflussen. Das gilt auch für Zumahlstoffe mit einer guten Mahlfeinheit. Die Anforderungen an geeignete Zumahlstoffe sind in vielen Ländern über Normen oder Zulassungen geregelt. In Deutschland wurde für die qualitative Bewertung der Zumahlstoffe ein umfassender Prüf- und Anforderungskatalog erarbeitet. In den Tabellen 2.5.4 und 2.5.5 sind diese Kriterien genannt.

In Deutschland müssen Steinkohlenflugaschen als Zumahlstoff „prüfzeichenfähig" sein, d.h. sie müssen durch das Deutsche Institut für Bautechnik Berlin durch ein Prüfzeichen zur Verarbeitung freigegeben sein.

Tab. 2.5.4: Beurteilungskriterien und Anforderungen für die Qualitätsbewertung von Kalkstein für Portlandkalksteinzement (nach SPRING und SIEBEL)

Bestandteil	Einheit	Gehalt
Calcit	M.-%	≥ 75
MgO	M.-%	≤ 5
Tonige Bestandteile Blauwert in g Methylenblau pro 100 g Kalksteinmehl	g	$\leq 1{,}20$
Organische Bestandteile TOC[1)]	M.-%	$\leq 0{,}20$

[1)] TOC = Total Organic Carbon

Tab. 2.5.5: Beurteilungskriterien und Anforderungen für die Qualitätsbewertung von Steinkohlenflugasche und Flugaschehüttenzement (nach Schmidt)

Bestandteil	Höchstmenge M.-%	Menge M.-%
Magnesiumoxid MgO_{ges}	5,0	
Freikalk CaO_{frei}	1,5	
Sulfat SO_3	3,0	
Gesamtalkali (Na_2O-Äqu.)	4,0	
Chlorid Cl	0,1	
Glühverlust	5,0	
Rückstand 0,2 mm		≤ 3,0
Kornanteil < 0,040 mm		≥ 50 (MW ± 10)
Kornanteil < 0,020 mm		≥ 30 (MW ± 15)

2.5.7 Zumahlstoffzemente im Beton

Die Leistungsfähigkeit eines Zementes im Beton kann in der Regel anhand seiner
♦ Verarbeitungseigenschaften
♦ der im Beton erreichten Festigkeit und
♦ der Dauerhaftigkeitskennwerte

beurteilt werden.

Nach Untersuchungen an Portlandkalksteinzementen (PKZ) und Flugasche-Hüttenzementen (FAHZ) wurden dazu folgende Aussagen getroffen (Schmidt):
♦ Der Wasseranspruch und die Neigung zum Bluten von Betonen mit PKZ und FAHZ sind z. T. deutlich geringer als bei Verwendung von reinen Portlandzementen.
♦ Bei gleicher Normenfestigkeit der Zemente ist die 28-Tage-Festigkeit von Betonen mit PKZ und FAHZ bei sonst gleicher Betonzusammensetzung in der Regel nicht niedriger als bei Verwendung von Portlandzement. Sie kann größer sein, wenn der Wasseranspruch des Zumahlstoffzementes niedriger ist und wenn das bei der Betonherstellung durch eine Verminderung des Wassergehaltes und des w/z-Wertes berücksichtigt wird.
♦ Die wesentlichen Dauerhaftigkeitskennwerte – Karbonatisierung, Wassereindringtiefe, Frostwiderstand – sonst gleich zusammengesetzter Betone mit PKZ und FAHZ unterscheiden sich praktisch nicht von denen vergleichbarer Betone mit Portlandzement oder mit Hochofenzement.
♦ Einige Untersuchungen deuten darauf hin, daß Betone mit PKZ oder FAHZ einen höheren Widerstand gegen Sulfatangriff und gegen eindringendes Chlorid aufweisen können als gleich zusammengesetzte Betone mit Portlandzement, ohne allerdings den Widerstand gegen Sulfatangriff von Zementen mit hohem Sulfatwiderstand (HS) zu erreichen.

♦ Puzzolane und latent-hydraulische Stoffe reduzieren die Gefahr einer Alkali-Kieselsäure-Reaktion bei Verwendung AKR-empfindlicher Zuschlagstoffe deutlich.

2.5.8 Literatur

ASIM, M. E.
Die Verarbeitung von Hochofenschlacken zu Zumahlstoffzementen, in: Zement-Kalk-Gips 45 (1992) H.10, S.519–528

DIN 1164-1 (Okt. 94)

HERMANN, K.
Zusatzstoffe, in: Cementbulletin 63 (1995) H. 4, S.2–8

KÜHL, H.
Zement-Chemie. Bd. 3 – Die Erhärtung und die Verarbeitung der hydraulischen Bindemittel, 3. überarb. u. erw. Aufl., Berlin: Verlag Technik 1961

LOCHER, CHR.H.
Zum Einfluß verschiedener Zumahlstoffe auf das Gefüge von erhärtetem Zementstein in Mörteln und Betonen, Rheinisch-Westfälische Technische Hochschule Aachen. Dissertation 1988

REGOURD, M.
Slags and slag cement, in: Concrete Technology and Design. Bd.3. Cement Replacement Materials, Glasgow, London: Surrey University Press 1986

SCHIESSL, P.
Wirkung von Steinkohlenflugaschen in Beton, in: Beton 40 (1990) H. 12, S. 519–523

SCHIESSL, P.
Vorstudie zu den Wirkungsmechanismen bei der Hydratation von HOZ, Forschungsbericht F 547 vom 10.06.1996 am Institut für Bauforschung der Rheinisch-Westfälischen Technischen Hochschule Aachen

SCHMIDT, M.
Zement mit Zumahlstoffen, in: Zement-Kalk-Gips 45 (1992) H.2, S. 64–69

SMOLCZYK, H.G.
SUB-Theme III-1: Slag structure and identification of slags, 7th International Congress on the Chemistry of Cement. Vol. 1. Stockholm 1980

SPRUNG, S.; SIEBEL, E.
Beurteilung der Eignung von Kalkstein zur Herstellung von Portlandkalksteinzement (PKZ), in: Zement-Kalk-Gips 44 (1991) H.1, S. 1–11

WESCHE, K.
Baustoffe für tragende Bauteile. Band 2: Beton, Mauerwerk, 3. völlig neubearbeitete und erw. Aufl., Wiesbaden, Berlin: Bauverlag 1993

2.6 Zementmahlung

Die Mahlung des Klinkers zu Zement ist eine der grundlegenden und zugleich letzten technologischen Operationen im Prozeß der Zementherstellung. Ziel der Mahlung ist es, unter Berücksichtigung angestrebter Kornverteilungen die spezifische Oberfläche des Mahlgutes so weit zu vergrößern, daß für den nachfolgenden Verarbeitungsprozeß eine ausreichende Reaktionsfähigkeit gewährleistet ist.

Die mittlere Korngröße der zu mahlenden Klinker liegt zwischen 10 und 20 mm mit z.T. sehr breitem Kornspektrum. Nach der Mahlung liegt ein Korngrößenbereich zwischen 0 und 100 µm vor.

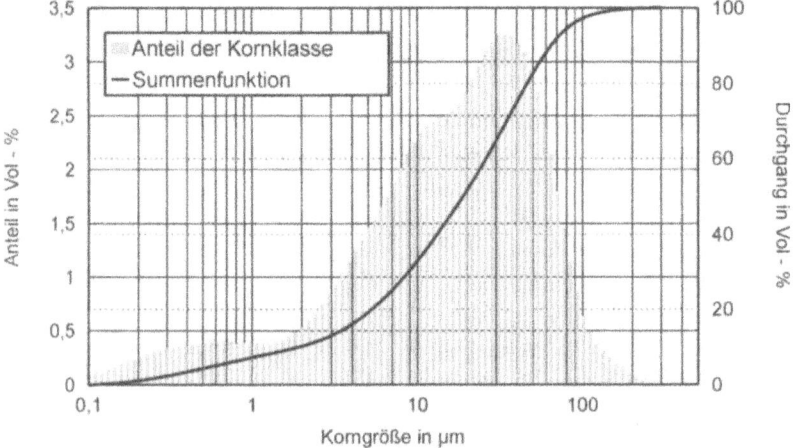

Abb. 2.6.1: Korngrößenverteilung eines CEM I 32,5 R

Maßgebend für die Festigkeitsentwicklung eines normalen Zementes ist die Kornfraktion von 3...30 µm. Die Kornfraktion < 3 µm trägt nur zur Anfangsfestigkeit bei und die Fraktion > 60 µm hydratisiert sehr langsam und hat auf die 28-Tage-Festigkeit nur geringen Einfluß.

Der Prozeß der Klinkermahlung ist ein sehr energieintensiver Verfahrensschritt der Zementherstellung. Diesem Umstand entsprechend wird der Suche nach energiearmen Mahlverfahren große Aufmerksamkeit geschenkt. In der Tabelle 2.6.1 ist der Elektroenergiebedarf der einzelnen Verfahrensschritte bei der Zementherstellung dargestellt.

Tab. 2.6.1: Elektroenergiebedarf bei der Zementherstellung (nach ELLERBROCK & MATHIAK)

Verfahrensschritte	Elektroenergiebedarf in %
Tagebau- und Mischbettbetrieb	5
Rohstoffmahlung	24
Rohmehlhomogenisierung	6
Brennen und Kühlen des Klinkers	22
Klinkermahlung	38
Fördern, Verpacken, Verladen	5

Mahlbarkeit

Die Mahlbarkeit kann definiert werden als der Arbeitsbedarf einer Labormühle für das Mahlen einer Probe von einer bestimmten Ausgangskörnung auf eine bestimmte Endfeinheit.

Die Mahlbarkeit eines Klinkers wird durch dessen chemische und mineralogische Zusammensetzung beeinflußt:

- steigender Silikatmodul
  (das Verhältnis von SiO_2 zu $Al_2O_3 + Fe_2O_3$) → Mahlbarkeit nimmt ab,
- steigender C_3S-Gehalt → verbesserte Mahlbarkeit,
- steigender C_2S-Gehalt → Mahlbarkeit nimmt ab.

Mit zunehmender Feuchtigkeit des Klinkers wird dessen Mahlbarkeit erschwert.

Hüttensand ist schwerer mahlbar als Klinker, liegt also bei gemeinsamer Mahlung in gröberer Fraktion vor. Deshalb wird heute der Hüttensand häufig getrennt aufgemahlen.

Mahlhilfsmittel können die Mahlbarkeit verbessern, indem sie die Bildung von Agglomeraten verhindern bzw. die Dispergierung des Mahlgutes fördern. Mahlhilfsmittel sind oberflächenaktive organische Substanzen (z.B. Glycole und Amine), die dem Mahlgut in Mengen von 0,01 bis 0,1%, bezogen auf die Klinkermasse, zugegeben werden. Eine Klinkermahlung mit Propylenglycol erzeugt etwa 800 cm^2/g mehr Oberfläche im Vergleich zur Mahlung ohne Mahlhilfe bei gleichem Energieaufwand. Mahlhilfsmittel können Nebenwirkungen auf die Zementeigenschaften haben. Die Anfangsfestigkeiten der Zemente können z.B. dadurch herabgesetzt werden. Triethanolamin als Mahlhilfsmittel kann zur Verkürzung der Erstarrungszeiten führen.

Mahlfeinheit

Ein Stoff kann unter sonst gleichen Bedingungen um so schneller reagieren, je größer seine massenbezogene Oberfläche (spezifische Oberfläche A_0 in cm^2/g) ist, d.h. ein und derselbe Klinker ergibt eine um so höhere Festigkeit, je feiner er gemahlen wird.

Tab. 2.6.2: Anhaltswerte für die Mahlfeinheit von Zementen (nach KNÖFFEL/in LABAHN)

Zementart	$R_{90\mu m}$ in %	A_0 in cm^2/g
CEM I 32,5	< 10	2400...4000
CEM I 42,5	< 6	2800...4500
CEM I 52,5	< 1	4000...6000
CEM II /A-P	< 4	3000...5500
CEM III 32,5	< 6	3000...4000
CEM III 42,5	< 3	3300...4500

Nach dem Weg des Materials unterscheidet man beim Mahlvorgang:
- die **Durchlaufmahlung**, wobei das Mahlgut die Mühle nur einmal passiert. Diese Mahlart wird auch als offener Kreislauf bezeichnet.
- die **Umlaufmahlung**, wobei das vom Feinkorn mechanisch oder pneumatisch getrennte Grobkorn zwecks Zerkleinerung auf die erforderliche Korngröße zurückgeschickt wird und so die Mühle zwei- oder mehrmals passiert. Diese Mahlart wird als geschlossener Kreislauf bezeichnet.

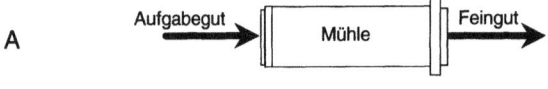

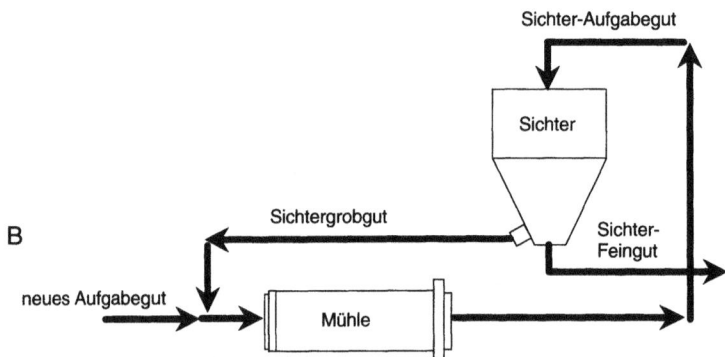

Abb. 2.6.2: Schematische Darstellung des offenen Mahlkreislaufs (A) und des geschlossenen Mahlkreislaufs (B)

2.6.1 Sichter

Beim Mahlen im geschlossenen Kreislauf ist es erforderlich, in einem separaten Trennaggregat, meist dem Sichter, die Fertiggutanteile aus dem Mühlenaustragsgut auszuscheiden und aus dem Mahlkreislauf abzuführen. An den Sichter werden dabei die Forderungen gestellt, durch eine hohe Trennschärfe die Mahlanlage wirtschaftlich betreiben zu können und einen möglichst gleichmäßigen Kornaufbau des Fertigutes zu gewährleisten. Allen Sichtern ist gemeinsam, daß sie nach dem gleichen Prinzip arbeiten:

Die Materialpartikel werden den Wechselwirkungen zwischen der Schwerkraft, der variablen Schleppkraft eines Luftstromes und einer ebenfalls zu beeinflussenden Zentrifugalkraft ausgesetzt.

Obwohl im Trennprinzip vergleichbar, unterscheiden sich die Sichter in ihren Bauformen. Der in der Zementindustrie am weitesten verbreitete Windsichter ist der Streu-Windsichter (s. Abbildung 2.6.3).

2.6 Zementmahlung

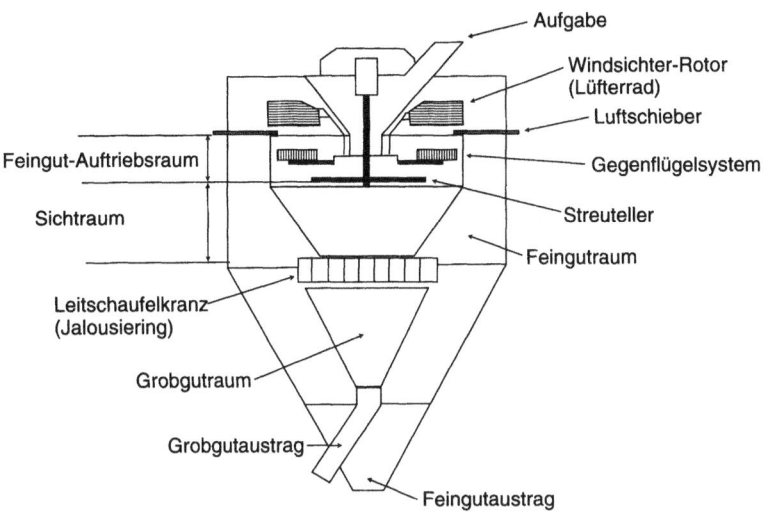

Abb. 2.6.3: Schematische Darstellung eines Streu-Windsichters

Im Streu-Windsichter wird das Aufgabegut mit Hilfe eines Streutellers in den Sichtraum eingestreut. Für die Speisung des Sichters mit Mahlgut gibt es die verschiedensten konstruktiven Lösungen. Die meisten Streu-Windsichter erzeugen die Strömung der Luft im Sichter selbst. Sichter dieser Bauart bestehen im wesentlichen aus dem äußeren Gehäuse, dem inneren Sichtraumgehäuse, das durch einen Leitschaufelkranz (Jalousiering) von dem Grobgutauslauf getrennt ist, dem Streuteller und Gegenflügelsystem sowie dem Windsichter-Rotor (Lüfterrad).

Die Leistung eines Windsichters wird durch die Feingutmenge beurteilt, die in das Windsichter-Grobgut übergeht bzw. noch im Grobgut vorhanden ist.

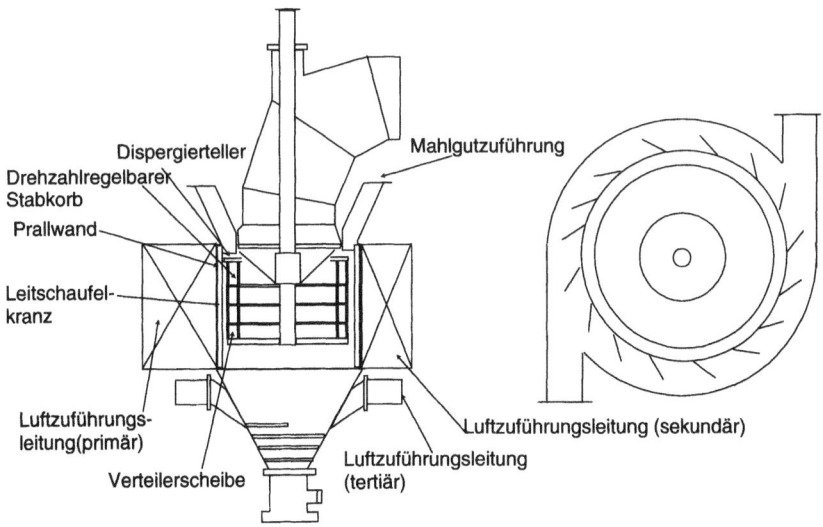

Abb. 2.6.4.: Schematische Darstellung des O-SEPA-Sichters

In der Zementindustrie werden heute überwiegend verschiedene Arten sogenannter Hochleistungs-Sichter verwendet, die eine sehr scharfe Sichtung erlauben und die auch zur Sichtung von sehr feinen bzw. ultrafeinen Materialien geeignet sind. Repräsentativ für den Hochleistungssichter ist der O-SEPA-Sichter (Abbildung 2.6.4). Bei diesem Sichter kann die bei der Sichtung angestrebte Trennkorngröße durch eine Veränderung der Drehzahl des rotierenden Stabkorbes eingestellt werden. Ebenso kann die Korngrößenverteilung des Fertigproduktes durch eine entsprechende Wahl der Betriebsparameter in einem verhältnismäßig großen Bereich beeinflußt werden.

2.6.2 Mahltechnik

Kugelmühle
Kugelmühlen sind Schwerkraftmühlen, in denen Mahlkörper und Mahlgut (Klinker) in rotierenden Trommeln bewegt werden. Kugelmühlen können als Ein- oder Mehrkammermühlen konstruiert sein (Abbildung 2.6.5). Optimal sind die Mühlenrohre dimensioniert, wenn das Verhältnis von Länge zu Durchmesser bei Einkammermühlen 1,5, bei Zweikammermühlen 3 und bei Dreikammermühlen 4,5 beträgt.

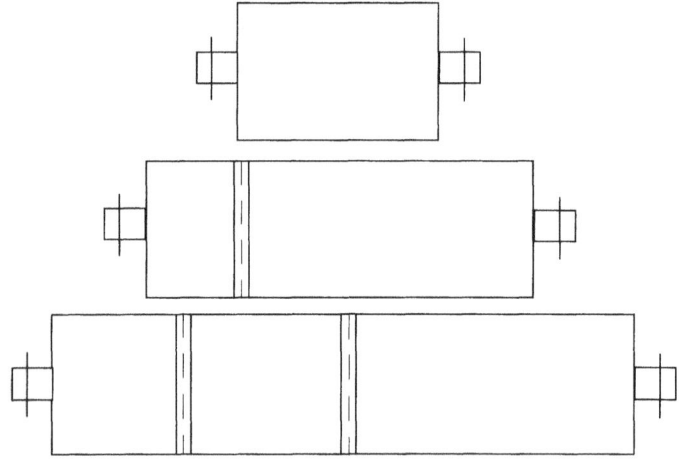

Abb. 2.6.5: Ein-, Zwei- und Dreikammermühle

Die Teilung der Mühlenzylinder erfolgt durch spezielle Trennwände, wobei jede Mühlenkammer im Mahlprozeß eine bestimmte Aufgabe zu erfüllen hat (Grobmahlung, Feinmahlung). Die mit Schlitzöffnungen versehenen Trennwände sollen den Durchgang von Mahlgut-Überkorn in die nächste Mahlkammer verhindern.

2.6 Zementmahlung

Für die Leistung der Mühlen gelten folgende Einflußgrößen:

♦ optimale, dem Mühlendurchmesser entsprechende Drehzahl,
♦ Menge und Art der Mahlkörper,
♦ Größe des Mahlraumes,
♦ Mahlbarkeit des Gutes,
♦ das L/D-Verhältnis,
♦ die Art der Mühlenpanzerung.

Energieaufwand beim Mahlen in Kugelmühlen
In Anlagen mit Kugelmühlen wird der Energieaufwand zum Mahlen in starkem Maße vom Mahlkörperfüllungsgrad, der Ausbildung der Panzerung sowie von der dem gewünschten Zerkleinerungsfortschritt entsprechenden Mahlkörperklassierung in der Feinmahlkammer beeinflußt. So kann bei einer ungenügenden Mahlkörperklassierung in der Feinmahlkammer der Zerkleinerungsfortschritt deutlich abnehmen und demzufolge der massebezogene Energieverbrauch zum Mahlen um bis zu 20% ansteigen.

Auch die Temperatur im Mahlraum spielt für den Energieaufwand eine große Rolle. Bei höheren Mahlguttemperaturen besteht die Gefahr, daß der Zerkleinerungsfortschritt durch Agglomeratbildung, Anbackungen und Verpelzungen (Wiederverfestigung fein gemahlenen Materials an der Mahlkörperoberfläche) vermindert wird. Dadurch kann die Durchsatzleistung stark abnehmen und der massebezogene Energieaufwand entsprechend ansteigen. Deshalb kann es zweckmäßig sein, den Zement während des Mahlens oder im Mahlkreislauf zu kühlen.

Am Mühlenaustrag werden Zementtemperaturen von 80 ... 100 °C gemessen. Durch diese hohe Temperatur wird in der Mühle und z. T. noch im Silo der als Abbinderegler zugesetzte Gips ganz oder teilweise zu Halbhydrat entwässert.

Von besonderer Bedeutung sowohl für die Energieausnutzung beim Mahlen als auch für den Verschleiß der Mühleneinbauten ist die geeignete Ausfüllung der Zwischenräume zwischen den Mahlkörpern mit Mahlgut, d.h. der Mahlgutfüllungsgrad in den Mahlkammern. Bei optimaler Einstellung liegt das Masseverhältnis von Mahlgut zu Mahlkörpern in der Grobmahlkammer bei etwa 0,17 bis 0,19 und in der Feinmahlkammer bei etwa 0,08 bis 0,10.

Gutbett-Walzenmühlen
Der Wirkungsgrad der Zerkleinerung in Kugelmühlen ist vergleichsweise sehr gering. Gegenüber der Reib- und Schlagbeanspruchung des Mahlgutes in Kugelmühlen ist die Hochdruckbeanspruchung in einem Gutbett mit einer wesentlich größeren Energieausnutzung verbunden.

Die Druckbeanspruchung eines Mahlgutbetts läßt sich technisch bei Drücken von mehr als 50 MPa bis zu 400 MPa und mit hohen Beanspruchungsgeschwindigkeiten in Gutbett-Walzenmühlen (auch Rollenpresse genannt) verwirklichen. Sie werden seit 1985 in der Zementindustrie eingesetzt. Entscheidend wurde diese Entwicklung von SCHÖNERT/Clausthal geprägt.

Das Mahlgut wird in einem Spalt zwischen zwei sich gegensinnig drehenden Mahlwalzen (Abbildung 2.6.6) mit Umfangsgeschwindigkeiten von etwa 1,0 bis 1,8 m/s zu sogenannten Schülpen mit Feststoff-Volumenanteilen von über 70% gepreßt, die in Abhängigkeit vom Zerkleinerungsverhalten des Mahlgutes und der aufgewendeten Drücke bis zu etwa 40% Feingutanteil (< 90 µm) enthalten.

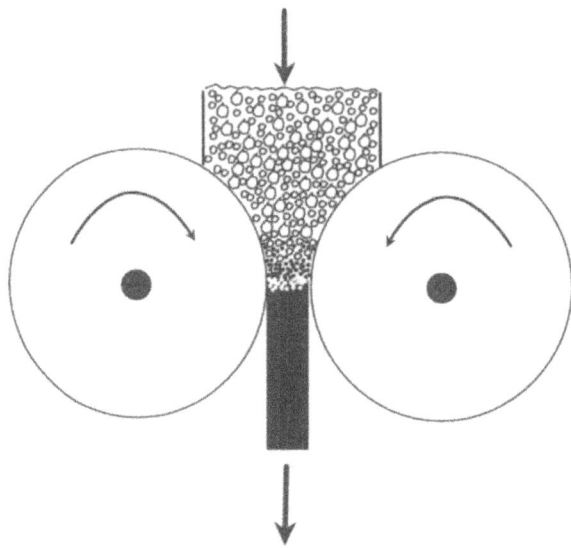

Abb. 2.6.6: Prinzipielle Darstellung der Hochdruckzerkleinerung in einer Gutbett-Walzenmühle (nach ELLERBROCK)

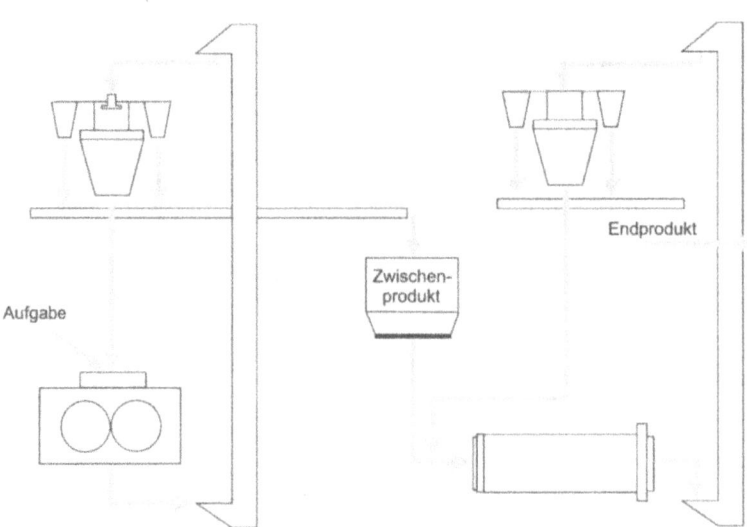

Abb. 2.6.7: Teilfertigmahlung (Kombimahlung) mit Gutbett-Walzenmühle und nachgeschalteter Kugelmühle (nach VON SEEBACH et al.)

2.6 Zementmahlung

Das Feingut muß durch Deglomeration der Schülpen gewonnen werden. Daneben enthalten die Schülpen gröbere Körner mit zahlreichen Anrissen und Schwachstellen, die den Energieaufwand erheblich vermindern. Gutbettwalzenmühlen werden in bestehende und neue Mahlanlagen mit Kugelmühlen integriert, wenn der Durchsatz der Anlage deutlich erhöht und der Energieaufwand verringert werden soll (siehe Abbildung 2.6.7). Sie kann aber auch ohne nachgeschaltete Kugelmühle für die Feinmahlung des Zementes verwendet werden (siehe Abbildung 2.6.8). Die erste Gutbett-Walzenmühle in der technologischen Schaltung als Fertigmühle wurde 1995 in Belgien in Betrieb genommen.

Die erste Teilfertigmahlanlage mit Gutbett-Walzenmühle und nachgeschalteter Kugelmühle entsprechend der Abbildung 2.6.7 wurde 1989 in Korea in Betrieb genommen. Die Arbeitsergebnisse dieser Anlage sind in Tabelle 2.6.3 aufgeführt.

Tab. 2.6.3: Arbeitsergebnisse einer Teilfertigmahlanlage mit Gutbett-Walzenmühle und nachgeschalteter Kugelmühle (nach VON SEEBACH et al.)

Technologische Parameter	Kugelmühle allein	Gutbett-Walzenmühle und Kugelmühle
Durchsatz in t/h bei einer Mahlfeinheit von 3150 cm^2/g	90	189,6
Spezifischer Energieverbrauch in kWh/t	32,5	22,8
Relativer Energieverbrauch in %	100	70,2

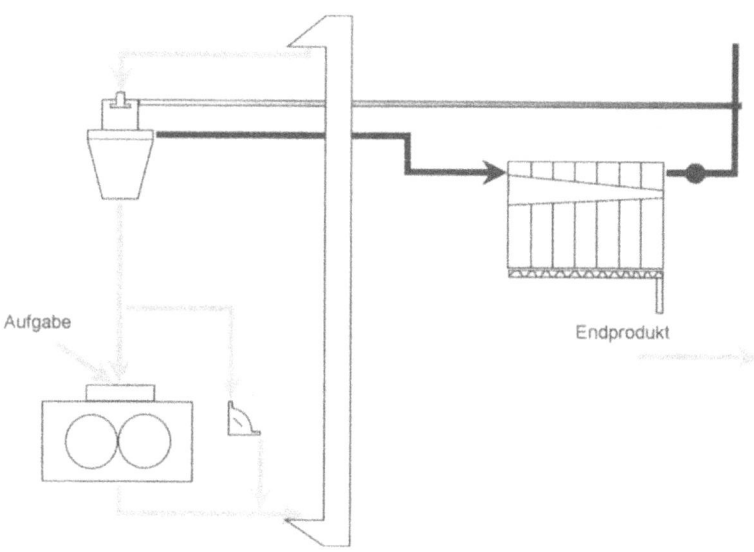

Abb. 2.6.8: Fertigmahlsystem mit Gutbett-Walzenmühle (nach VON SEEBACH et al.)

Die Ergebnisse in der Tabelle 2.6.3 zeigen, daß sich durch Kombination von Gutbett-Walzenmühle und Kugelmühle der Durchsatz der Mahlanlage gegenüber der Kugelmühlenmahlung auf 190 t/h, d.h. auf 210% gesteigert werden konnte. Dabei wurde der Klinker in der ersten Stufe des Mahlprozesses in der Gutbett-Walzenmühle bis zu einer Mahlfeinheit von 2100 cm²/g gemahlen und in der zweiten Stufe in der Kugelmühle bis zur Mahlfeinheit von 3150 cm²/g. Der spezifische Energieverbrauch lag bei der kombinierten Mahlung um ca. 10 kWh/t niedriger im Vergleich zum Mahlen in der Kugelmühle, was einer Verringerung des spezifischen Energieverbrauchs um 30% entspricht.

Die Wirtschaftlichkeit eines Fertigmahlsystems mit Gutbett-Walzenmühle im Vergleich zu einer Kugelmühle zeigt die Tabelle 2.6.4

Tab. 2.6.4: Arbeitsergebnisse einer Fertigmahlanlage mit Gutbett-Walzenmühle und nachgeschalteter Kugelmühle (nach VON SEEBACH et al.)

Technologische Parameter	Kugelmühle allein	Gutbett-Walzenmühle allein
Durchsatz in t/h bei einer Mahlfeinheit von 3150 cm²/g	90	124,5
Spezifischer Energieverbrauch in kWh/t	32,5	14,6
Relativer Energieverbrauch in %	100	45

Die Ergebnisse in der Tabelle 2.6.4 zeigen, daß bei der Fertigmahlung in einer Gutbett-Walzenmühle der Durchsatz der Mahlanlage gegenüber der Kugelmühlenmahlung auf 124,5 t/h, d.h. auf 138% gesteigert werden konnte. Der spezifische Energieverbrauch lag bei der Fertigmahlung um ca. 18 kWh/t niedriger im Vergleich zum Mahlen in der Kugelmühle, was einer Verringerung des spezifischen Energieverbrauchs um 55% entspricht.

Einfluß des Zerkleinerungsverfahrens mit der Gutbett-Walzenmühle auf die Zementeigenschaften

Die Gebrauchseigenschaften von Portlandzement, der mit der Gutbett-Walzenmühle fertiggemahlen wird, unterscheidet sich je nach der Reaktionsfähigkeit des Klinkers mehr oder weniger stark von denen der Zemente aus Kugelmühlen. Bei gleicher massebezogener Oberfläche ist die Normdruckfestigkeit etwas höher, jedoch kann der Wasserbedarf zur Erzielung der Normensteife, bezogen auf die Werte von Kugelmühlenzementen, je nach der Reaktivität des verwendeten Klinkers um bis zu 25% relativ ansteigen und die Erstarrungszeit kann sich auf wenige Minuten verkürzen. Der erhöhte Wasseranspruch von Walzenmühlen-Zementen ist zu einem großen Teil auf die engere Korngrößenverteilung zurückzuführen (Abbildung 2.6.9).

Um den Wasseranspruch von in Gutbett-Walzenmühlen feingemahlenen Zementen wirksam zu senken, muß in erster Linie deren Korngrößenverteilung verändert werden. Durch Bauart und Betriebsweise des Sichters einer Mahlanlage kann die Breite der Korngrößenverteilung nur in engen Grenzen beeinflußt werden.

2.6 Zementmahlung

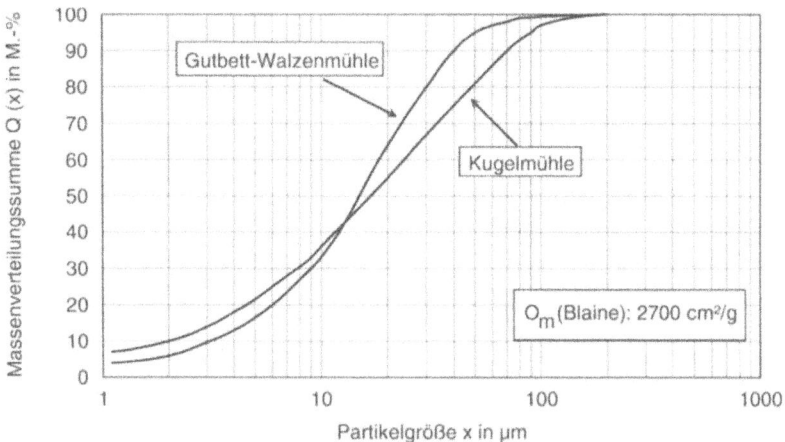

Abb. 2.6.9: Korngrößenverteilungen eines Gutbett-Walzenmühlen- und eines Kugelmühlenzementes der gleichen massebezogenen Oberfläche von 2700 cm²/g nach BLAINE (nach VDZ-Tätigkeitsbericht 1993–1996)

Wälzmühlen

Wälzmühlen (auch Walzenmühlen oder Rollenmühlen genannt) werden wegen ihres hohen Entwicklungsstandes bereits seit langer Zeit in großem Umfang vor allem zur Rohmaterialmahlung eingesetzt.

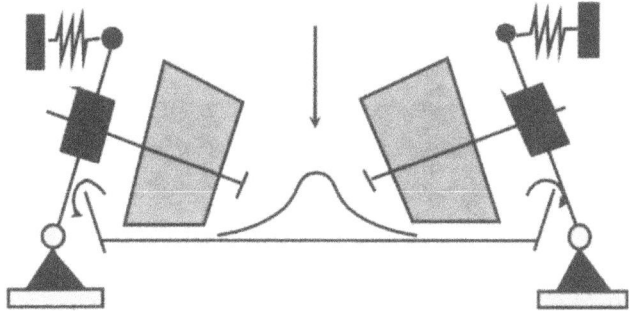

Abb. 2.6.10: Prinzipielle Darstellung einer Wälzmühle

Das Arbeitsprinzip der Wälzmühlen beruht darauf, daß auf einem horizontal rotierenden Mahlteller oder einer Mahlschüssel zwei bis vier Mahlwalzen, deren Achsen in Schwinghebeln befestigt sind, abrollen. Bei kleineren Mühlen sind diese Hebel durch Stahlfederung verbunden (Federkraftmühle), während bei größeren Einheiten der Mahldruck, d.h. die Anpressung der Mahlwalzen auf das Mahlgut hydropneumatisch erzeugt wird. Die Zerkleinerungsleistung der Wälzmühlen hängt von den Einstellgrößen und Betriebsbedingungen, wie Umfangsgeschwindigkeit des Mahltellers, Gestaltung der Mahlrollen und des Mahltellers, Mahlbettdicke und Anpreßdruck der Mahlrollen, sowie von den Mahlguteigenschaften, insbesondere der Mahlbarkeit und der Korngrößenverteilung des Mahlgutes, ab.

Wälzmühlen sind bei der Klinkermahlung auch in größten Baugrößen mechanisch zuverlässig. Außer der Zuverlässigkeit sind die kompakte Bauweise und die einfache wirtschaftliche Betriebsführung wesentliche Vorteile dieses Mühlentyps.

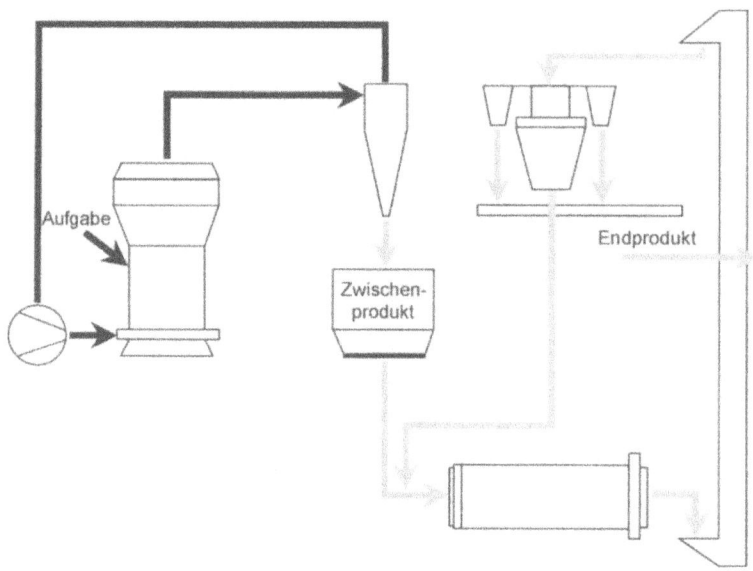

Abb. 2.6.11: Teilfertigmahlung (Kombimahlung) mit Wälzmühle und nachgeschalteter Kugelmühle (nach von Seebach et al.)

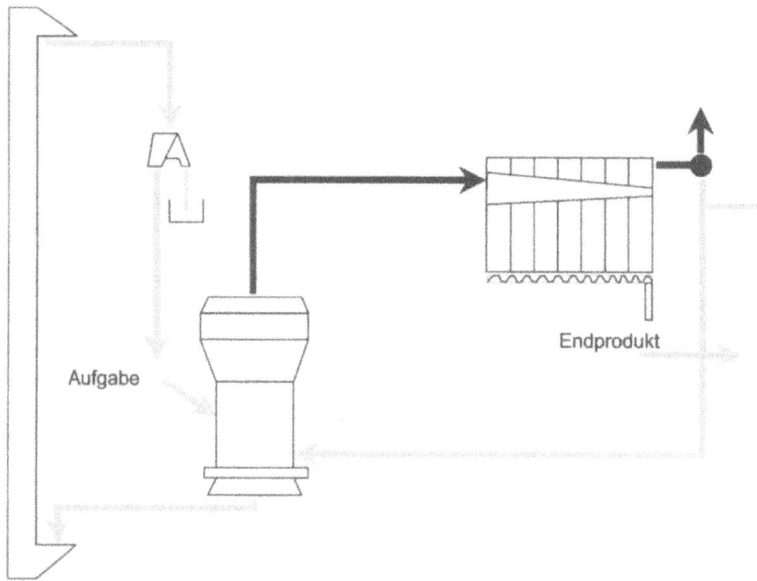

Abb. 2.6.12: Fertigmahlsystem mit Wälzmühle (nach von Seebach et al.)

2.6 Zementmahlung

Wälzmühlen werden bei der Klinkermahlung meist einer Kugelmühle vorgeschaltet (siehe Abbildung 2.6.11). Im Vergleich zur Mahlung in Kugelmühlen werden dabei Durchsatzsteigerungen bis zu 60% und Energieeinsparungen bis zu 20% möglich. Die Zementeigenschaften werden bei Anwendung der Wälzmühle als Vormühle nicht beeinflußt.

Wälzmühlen können auch zur Fertigmahlung von Zement verwendet werden (Abbildung 2.6.12). Dabei kann der Energieverbrauch im Vergleich zu einer Mahlanlage mit Kugelmühle und Sichter um bis zu 30% verringert werden.

Walzen-Rohrmühle

Die Walzen-Rohrmühle (auch Horizontal-Rollenmühle, „HOROMILL"-HOrizontal ROller MILL genannt) wurde erstmals 1993 vorgestellt. Sie soll die hohe Zuverlässigkeit einer Mahlanlage mit Kugelmühle und die guten Produkteigenschaften mit der hohen Energieausnutzung und der Flexibilität eines Mahlsystems mit Gutbett-Walzenmühle verbinden.

Die Mühle besteht aus einem waagerecht gelagerten Mühlenrohr mit einem Durchmesser/Länge-Verhältnis von etwa 1,0. Im unteren Bereich des Mühlenrohrs wird eine zylindrische Mahlwalze an die Innenwand des sich drehenden Mühlenrohrs gepreßt. Das Mahlgut wird zwischen Mühlenrohr und Mahlwalze vorwiegend durch Druck zerkleinert (Abbildung 2.6.13).

Der Anpreßdruck der Mahlwalze ist deutlich geringer als bei Gutbett-Walzenmühlen, der Druck in der Mahlzone demgegenüber erheblich höher. Die Mühle arbeitet im geschlossenen Kreislauf mit einem Sichter. Gegenüber dem Mahlen in einer optimierten Kugelmühle kann eine Energieeinsparung von etwa 40% erreicht werden.

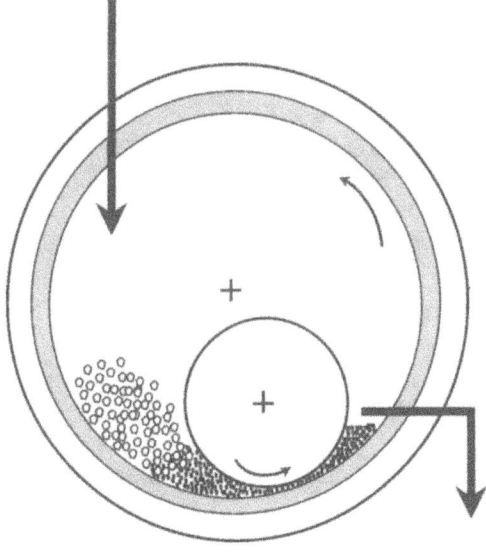

Abb. 2.6.13:
Schematische Darstellung des Aufbaus der Walzen-Rohrmühle „HOROMILL" (nach Buzzi)

Vergleich der Wirtschaftlichkeit

In der Abbildung 2.6.14 wird die Wirtschaftlichkeit unterschiedlicher Mahlanlagen anhand des Energieverbrauchs zur Herstellung eines Zementes mit einer spezifischen Oberfläche von 3000 cm^2/g verglichen. Als Basis dieses Vergleiches wurde das Ergebnis einer hocheffektiven Zwei-Kammer-Kugelmühle mit 1 definiert. Bei dem Vergleich wird nur der Energieverbrauch für die Mühle verglichen. Zusätzlich benötigte Energie für Förderanlagen, Entstauber und auch Sichter werden dabei nicht berücksichtigt.

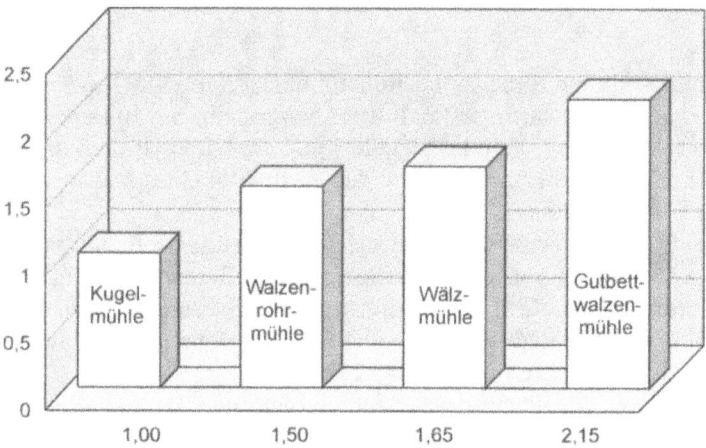

Abb. 2.6.14: Wirtschaftlichkeitsvergleich verschiedener Zementmühlen (nach VON SEEBACH et al.)

2.6.3 Literatur

ATZL, R.
Umbau einer Rohmahlanlage auf die Technologie der Kombimahlung unter Einsatz einer Gutbett-Walzenmühle, in: Zement-Kalk-Gips, 48 (1995) H. 2, S. 72–75

BRUNDIEK, H.
Die Loesche-Mühle für die Zerkleinerung von Zementklinker und Zumahlstoffen in der Praxis, in: Verfahrenstechnik der Zementherstellung – VDZ-Kongreß 1993, Wiesbaden, Berlin: Bauverlag 1995. S. 689–696

BUZZI, S.
BHG-Mühlen – ein neues Mahlverfahren, in: Verfahrenstechnik der Zementherstellung – VDZ-Kongreß 1993, Wiesbaden, Berlin: Bauverlag 1995. S. 697–700

CORDONNIER, A.
The Horomill – a new finish grinding mill, in: Zement-Kalk-Gips, 47 (1994) H.11, S. 643–647

DUDA, W. H.
Cement-data-book, Band 1 – Internationale Verfahrenstechniken der Zementindustrie, Wiesbaden, Berlin: Bauverlag 1985

ELLERBROCK, H.-G.
Gutbett-Walzenmühlen, in: Verfahrenstechnik der Zementherstellung – VDZ-Kongreß 1993, Wiesbaden, Berlin: Bauverlag 1995. S. 648–659

ELLERBROCK, H.-G.; MATHIAK, H.
Zerkleinerungstechnik und Energiewirtschaft, in: Zement-Kalk-Gips, 47 (1994) H. 9, S. 524–534

LABAHN, O.
Ratgeber für Zementingenieure, Wiesbaden, Berlin: Bauverlag 1982

ODLER, I.; CHEN, Y.
Einfluß des Zerkleinerungsverfahrens auf die Eigenschaften von Zement, in: Zement-Kalk-Gips, 40 (1995) H. 9, S. 496–500

ONUMA, E.; ITO, M.
Sichter in Mahlkreisläufen, in: Verfahrenstechnik der Zementherstellung – VDZ-Kongreß 1993, Wiesbaden, Berlin: Bauverlag 1995. S. 660–672

SCHNATZ, R.; ELLERBROCK, H.-G.; SPRUNG, S.
Beeinflussung der Verarbeitungseigenschaften von Zement bei der Fertigmahlung mit der Gutbett-Walzenmühle, in: Zement-Kalk-Gips 48 (1995) H. 2, S. 63–71

SEEBACH, VON H.M.; NEUMANN, E.; LOHNHERR, L.
State-of-the-art of energy-efficient grinding systems, in: Zement-Kalk-Gips, 49 (1996) H. 2, S. 61–67

2.7 Zementarten nach DIN 1164

In der am 1. Januar 1995 in Deutschland eingeführten neuen Zementnorm DIN 1164-1 (Ausgabe Oktober 1994) erfolgt die Einordung und Kennzeichnung der Zemente analog zur Europäischen Zementnorm EN 197-1.

Diese DIN beinhaltet allerdings nicht alle in der Europäischen Norm erfaßten Zemente, weil für eine Reihe der dort genannten europäischen „Normzemente" wichtige Leistungsanforderungen, die für den Markt in Deutschland gelten, nicht in ausreichendem Maße erfüllt sind. Die Zementarten CEM IV (Puzzolanzement) und CEM V (Kompositzement) wurden deshalb vorerst nicht in die DIN 1164 übernommen.

Definition für Zement nach DIN 1164:
Zement ist ein feingemahlenes hydraulisches Bindemittel für Mörtel und Beton, welches – mit Wasser angemacht – sowohl an der Luft als auch unter Wasser selbständig durch Hydratation erhärtet. Der entstehende Zementstein ist wasser- und raumbeständig.

Bei den Zementarten wird grundsätzlich unterschieden in:
- Portlandzemente (Kurzzeichen CEM I)
- Portlandkompositzemente (Kurzzeichen CEM II)
- Hochofenzemente (Kurzzeichen CEM III)

Innerhalb der Hauptarten CEM II und CEM III sind je nach Zusammensetzung der Hauptbestandteile weitere unterschiedliche Benennungen für einzelne Zementarten vorgesehen.

Die Zemente werden nach 3 Festigkeitsklassen eingeteilt (Mindestdruckfestigkeit nach 28 Tagen in N/mm^2):

- 32,5
- 42,5
- 52,5

Die **Hauptbestandteile** der genormten Zemente sind:

Portlandzementklinker (K): stückiges Produkt, welches beim Brennen (mindestens bis zur Sinterung) eines genau festgelegten Rohstoffgemisches (Kalkstein/Ton/Quarzsand) entsteht. Das Rohstoffgemisch kann als Rohmehl, Paste oder Rohschlamm vorliegen, muß fein aufgeteilt, innig gemischt und dadurch homogen sein.

Hüttensand (S): schnell gekühlte, granulierte Hochofenschlacke aus einer Schmelze mit bestimmter, geeigneter Zusammensetzung.

Natürliches Puzzolan (P): gemahlener Stoff vulkanischen Ursprungs (z.B. Traß nach DIN 51043 aus vulkanischem Tuffgestein) oder Sedimentgestein mit geeigneter chemisch-mineralogischer Zusammensetzung.

Kieselsäurereiche Flugasche (V): feinkörniger, hauptsächlich aus kugeligen, glasigen Partikeln bestehender Staub mit puzzolanischen Eigenschaften und bestimmten Zusammensetzungen, welcher durch die elektrostatische oder mechanische Abscheidung von staubartigen Partikeln aus Rauchgasen von Feuerungen gewonnen wird, die mit feingemahlener Steinkohle befeuert werden.

Gebrannter Schiefer (T): hydraulisch reagierendes Feinmehl mit puzzolanischen Eigenschaften, das beim Brennen von Schiefermaterial (Ölschiefer) gewonnen wird.

Kalkstein (L): als Kalksteinmehl mit definierten Eigenschaften für die Zementherstellung.

Nebenbestandteile: können genormten Zementen mit Massenanteilen ≤ 5% zugegeben werden (z.B. Füller).

Calciumsulfat ist Bestandteil des Zementes und wird in geringen Mengen zur Regelung des Erstarrungsverhaltens zugegeben. Das Calciumsulfat kann in Form von Gips, Halbhydrat oder Anhydrit oder als Mischung aus diesen zugegeben werden und aus natürlichen Vorkommen oder industriellen Verfahren stammen (z.B. REA-Gips: Gips aus Rauchgasentschwefelungsanlagen).

Zementzusatzmittel sind Bestandteile zur Verbesserung der Herstellung oder der Eigenschaften von Zement, die im Sinne der Norm weder Haupt- noch Nebenbestandteile sind, und i.a. mit Massenanteilen ≤ 1% (bezogen auf den Zement) zugegeben werden (z.B. Mahlhilfsmittel).

2.7 Zementarten nach DIN 1164

Tab. 2.7.1: Zementarten und deren Zusammensetzung in M.-% nach DIN 1164-1

Zementart	Benennung	Kurzzeichen	Hauptbestandteile							Nebenbestandteile
			Portlandzementklinker	Hüttensand	natürliches Puzzolan	kieselsäurereiche Flugasche	gebrannter Schiefer	Kalkstein	
			K	S	P	V	T	L	
CEM I	Portlandzement	CEM I	95...100	–	–	–	–	–	0...5
CEM II	Portlandhüttenzement	CEM II/A-S	80...94	6...20	–	–	–	–	0...5
		CEM II/B-S	65...79	21...35	–	–	–	–	0...5
	Portlandpuzzolanzement	CEM II/A-P	80...94	–	6...20	–	–	–	0...5
		CEM II/B-P	65...79	–	21...35	–	–	–	0...5
	Portlandflugaschezement	CEM II/A-V	80...94	–	–	6...20	–	–	0...5
	Portlandölschieferzement	CEM II/A-T	80...94	–	–	–	6...20	–	0...5
		CEM II/B-T	65...79	–	–	–	21...35	–	0...5
	Portlandkalksteinzement	CEM II/A-L	80...94	–	–	–	–	6...20	0...5
	Portlandflugaschehüttenzement	CEM II/B-SV	65...79	10...20	–	10...20	–	–	0...5
CEM III	Hochofenzement	CEM III/A	35...64	36...65	–	–	–	–	0...5
		CEM III/B	20...34	66...80	–	–	–	–	0...5

Die in der Tabelle angegebenen M.-% beziehen sich auf die aufgeführten Haupt- und Nebenbestandteile des Zements ohne Calciumsulfat und Zementzusatzmittel.

Erläuterung der Kurzzeichen aus Tabelle 2.7.1:

CEM I Portlandzement
CEM II Portlandkompositzement
   /A mit 80...94 % Portlandzement-Klinker
   /B mit 65...79 % Portlandzement-Klinker
     -S Hüttensand (S für blastfurnace slag)
     -P natürliches Puzzolan (P für natürliches Puzzolan)
     -V kiesesäurereiche Flugasche (V für Cendre volantes)
     -T gebrannter Schiefer (T für burnt shale)
     -L Kalkstein (L für Limestone)
CEM III Hochofenzement
   /A mit 35...64 % Portlandzement-Klinker
   /B mit 20...34 % Portlandzement-Klinker

Normbezeichnung

Die Normbezeichnung der Zemente muß mindestens enthalten:
- Benennung nach Tabelle 2.7.1
- Angabe der Norm
- Kurzzeichen für die Zementart nach Tabelle 2.7.1
- Zahlenwert für die Festigkeitsklasse nach Tabelle 2.7.2

Zement mit hoher Anfangsfestigkeit wird zusätzlich der Buchstabe **R** (rapid) angefügt.

Zemente mit besonderen Eigenschaften erhalten zusätzlich die folgenden Kennbuchstaben:

NW für Zement mit niedriger Hydratationswärme
HS für Zement mit hohem Sulfatwiderstand
NA für Zement mit niedrigem wirksamen Alkaligehalt

Beispiele

1. Bezeichnung eines Portlandzementes der Festigkeitsklasse 42,5 mit hoher Anfangsfestigkeit
   Portlandzement DIN 1164 - CEM I 42,5 R

2. Bezeichnung eines Portlandkalksteinzementes mit 6 bis 20% Kalkstein der Festigkeitsklasse 32,5 mit hoher Anfangsfestigkeit
   Portlandkalksteinzement DIN 1164 - CEM II/A-L 32,5 R

3. Bezeichnung eines Hochofenzementes mit 66 bis 80% Hüttensand der Festigkeitsklasse 32,5 mit üblicher Anfangsfestigkeit, niedriger Hydratationswärme und hohem Sulfatwiderstand
   Hochofenzement DIN 1164 - CEM III/B 32,5 - NW/HS

Neben den Normbezeichnungen gibt es in den Markennamen einiger Zemente Kennzeichen als Hinweise für die Einsatzmöglichkeiten, z.B.:

-st-	Straßenbauzement	besonders für die Herstellung von Fahrbahndecken geeignet
-pe-	hydrophobierter Spezialzement	ermöglicht bei schwierigen Bodenverhältnissen (schluffhaltige Böden, Einkornsande) eine dauerhafte Verfestigung
-se-	Tunnelzement, Spritzbetonzement	für die Verwendung im Tunnelbau und zur Hang- und Grubensicherung im Tiefbau bzw. zur Spritzbetonherstellung, vor allem dort, wo keine beschleunigenden Zusätze erlaubt sind
-ft-	Zement für die Betonfertigteilindustrie	Zement, der in der Fertigteilindustrie sehr kurze Ausschalfristen ermöglicht

2.7 Zementarten nach DIN 1164

-dw- und -sw-	weißer Portlandzement	Zement mit heller, weißer Farbe für besondere gestalterische Aufgaben
-sb-	Spritzbetonzement	besonders für die Spritzbetonherstellung (beschleunigt und nicht beschleunigt) hinsichtlich des Erstarrungsverhaltens optimierter Zement
HT		hydraulisches Bindemittel, bestehend aus Portlandzement-Klinker, Hüttensand und Calciumsulfat. Zur Herstellung hydraulisch gebundener Tragschichten (HGT) und zur Bodenverbesserung bzw. -verfestigung

Normanforderungen an Zemente

Normfestigkeit. Normgemäß wird in die Festigkeitsklassen nach Tabelle 2.7.2 unterteilt. Als Kennzahl der Festigkeitsklasse gilt die 28-Tage-Druckfestigkeit, bestimmt nach DIN EN 196-1.

Anfangsfestigkeit. Die Anfangsdruckfestigkeit der Zemente – bestimmt nach 2 oder 7 Tagen nach DIN EN 196-1 – muß den Anforderungen von Tabelle 2.7.2 genügen. Für jede der 3 Normfestigkeitsklassen sind 2 Klassen für die Anfangsfestigkeit definiert; eine Klasse mit üblicher Anfangsfestigkeit und eine Klasse mit hoher Anfangsfestigkeit (gekennzeichnet mit dem Zusatzbuchstaben R).

Erstarrungszeiten. Beim Beton ist das Erstarren durch den Übergang des grünen Betons zum nicht verarbeitbaren jungen Beton gekennzeichnet. Als Erstarrungsbeginn wird der Zeitpunkt bezeichnet, an dem normgerecht hergestelltes Wasser-Zement-Gemisch ein bestimmtes Maß des Ansteifens erreicht. Die nach DIN EN 196-3 zu ermittelnden Erstarrungszeiten müssen für alle Zementarten die in Tabelle 2.7.2 vorgegebenen Anforderungen der verschiedenen Festigkeitsklassen erfüllen.

Raumbeständigkeit. Für die Herstellung von dauerhaftem Beton muß Zement raumbeständig sein, d.h. ein bestimmtes Dehnungsmaß darf nicht überschritten werden. Für alle Zementarten und Festigkeitsklassen muß das nach DIN EN 196-3 ermittelte Dehnungsmaß die Anforderungen von Tabelle 2.7.2 erfüllen.

Chemische Anforderungen

In der Tabelle 2.7.3 sind für die genormten Zemente mit Festigkeitsklassen nach Spalte 4 in der Spalte 5 jeweils Anforderungen zugeordnet, welche für bestimmte Eigenschaften (Spalte 1) bei Prüfung nach den in Spalte 2 angegebenen Normen eingehalten werden müssen.

Tab. 2.7.2: Mechanische und physikalische Anforderungen an genormte Zemente

Festig-keits-klasse	Druckfestigkeit in N/mm²			Erstarrungs-beginn	Erstarrungs-ende	Dehnungs-maß
	Anfangsfestigkeit		Normfestigkeit			
	2 Tage	7 Tage	28 Tage	min	h	mm
32,5	–	≥ 16	≥ 32,5 ≤ 52,5	≥ 60	≤ 12	≤ 10
32,5 R	≥ 10	–				
42,5	≥ 10	–	≥ 42,5 ≤ 62,5			
42,5 R	≥ 20	–				
52,5	≥ 20	–	≥ 52,5 –	≥ 45		
52,5 R	≥ 30	–				

Tab. 2.7.3: Chemische Anforderungen an genormte Zemente

Eigenschaft	Prüfung nach	Zementart	Festigkeits-klasse	Anforderungen [M-%]
Glühverlust	DIN EN 196-2	CEM I CEM III	alle	≤ 5,0
Unlöslicher Rückstand	DIN EN 196-2	CEM I CEM III	alle	≤ 5,0
Sulfatgehalt (als SO$_3$)	DIN EN 196-2	CEM I CEM II[1)]	32,5 32,5 R 42,5	≤ 3,5
			42,5 R 52,5 52,5 R	≤ 4,0
		CEM III	alle	
Chloridgehalt	DIN EN 196-21	alle	alle	≤ 0,10

[1)] Diese Angabe gilt für alle Zementarten CEM II/A und CEM II/B einschließlich Portlandkompositzemente mit nur einem Hauptbestandteil, z.B. CEM II/A-S außer CEM II/B-T, der in allen Festigkeitsklassen bis 4,5% SO$_3$ enthalten darf.

Zemente mit besonderen Eigenschaften

1. Zemente mit niedriger Hydratationswärme (NW)
NW-Zemente entwickeln beim Abbindevorgang von Zement und Wasser relativ wenig Wärme und sind daher besonders zur Herstellung massiger Betonbauteile geeignet, um die Gefahr von Rißbildungen durch Temperaturspannungen zu vermindern. Zemente mit hoher Hydratationswärme werden für Betone mit hoher Frühfestigkeit und zum Betonieren bei kühler Witterung verwendet. Die Hydratationswärme verschiedener Zemente zeigt Tabelle 2.7.4.

Die für einen NW-Zement nach DIN 1164-1 zulässige Hydratationswärmeentwicklung nach Tabelle 2.7.4 ist mit dem sogenannten „Lösungswärmeverfahren" nach DIN 1164-8 zu ermitteln.

2.7 Zementarten nach DIN 1164

Tab. 2.7.4: Anhaltswerte der Hydratationswärme verschiedener Zemente

Festigkeits-klasse	Festigkeits- und Wärmeentwicklung	Hydratationswärme bei 18–21 °C gemessen im Lösungskalorimeter im Alter von Tagen [J/g]			
		1	3	7	28
32,5	langsam	60...175	125...250	150...300	200...375
32,5 R 42,5	normal	125...200	200...335	275...375	300...425
42,5 R 52,5 52,5 R	schnell	200...275	300...350	325...375	375...425

Tab. 2.7.5: Normanforderungen an NW-Zemente

Zementart	Benennung	Anforderung
CEM I CEM II CEM II	Zement-NW	Lösungswärme in den ersten 7 Tagen ≤ 270 J/g Zement

Untersuchungen zur Hydratationswärmeentwicklung mit dem sogenannten „Adiabatischen Kalorimeter" führen i.a. zu aussagefähigeren Ergebnissen für bautechnische Fragestellungen, bedürfen jedoch eines höheren gerätetechnischen Aufwandes, entsprechen aber im Gegensatz zum Lösungskalorimeter dem technischen Stand am Ende des 20. Jahrhunderts. Typische Ergebnisse derartiger Hydratationswärmemessungen sind in der Abbildung 2.7.1 dargestellt.

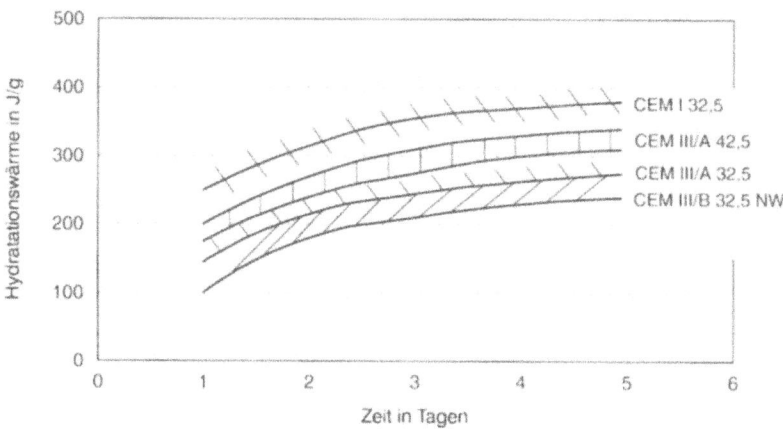

Abb. 2.7.1: Hydratationswärmeentwicklung verschiedener Zemente bei Messung mit dem „Adiabatischen Kalorimeter"

2. Zemente mit hohem Sulfatwiderstand (HS)

Der Einsatz von HS-Zementen wird zur Vermeidung schädlicher Treiberscheinungen im Beton erforderlich, wenn der Beton stark angreifenden Wässern oder Böden gemäß DIN 4030 ausgesetzt ist. Nach DIN 1045, Abschnitt 6.5.7.5, sind bei Wasser mit > 600 mg SO_4^{2-} /l bzw. Böden mit > 3000 mg SO_4^{2-} /kg stets HS-Zemente zu verwenden.

Tab. 2.7.6: Normanforderungen an HS-Zemente

Zementart	Benennung	Anforderung
CEM I	Portlandzement-HS	Gehalt an $C_3A \leq 3$ M.-%
		Gehalt an $Al_2O_3 \leq 5$ M.-%
CEM III	Hochofenzement-HS	Zusammensetzung CEM III/B d.h. $\geq 66\%$ HÜS

Nach der europäischen Betonnorm EN 206 wird Beton, der chemischem Angriff ausgesetzt ist, drei Expositionsklassen zugeteilt:

XA1   chemisch schwach angreifende Umgebung
XA2   chemisch mäßig angreifende Umgebung
XA3   chemisch stark angreifende Umgebung

Für den Sulfatangriff ergeben sich dabei folgende Werte (Tabelle 2.7.7):

Tab. 2.7.7: Expositionsklassen für Betone bei Sulfatangriff nach EN 206

	Prüfmethode	XA1	XA2	XA3
SO_4^{-2} mg/l in Wasser	EN 196-2	$\geq 200 ... \leq 600$	$> 600 ... \leq 3000$	$> 3000 ... \leq 6000$
SO_4^{-2} mg/kg im Boden insgesamt	EN 196-2	$\geq 2000 ... 3000^{1)}$	$> 3000^{1)} ... \leq 12000$	$> 12000 ... \leq 24000$

[1] Wenn aufgrund von Trocken/Feucht-Wechseln oder kapillarem Saugen eine Gefahr der Anreicherung von Sulfationen im Beton gegeben ist, ist der Wert 3000 mg/kg durch 2000 mg/kg zu ersetzen

3. Zemente mit niedrigem wirksamen Alkaligehalt (NA)
Aufgrund der in bestimmtem Bereichen insbesondere in Norddeutschland vorkommenden Zuschläge mit alkaliempfindlichen Bestandteilen ist in den damit herzustellenden Betonen der „wirksame Alkaligehalt" zu beschränken. Letzterer wird i.a. maßgeblich vom Zement in den Beton eingetragen. Er kann daher durch die Verwendung von speziellen Zementen mit niedrigem wirksamen Alkaligehalt sowie insgesamt durch Begrenzung des Zementgehaltes im Beton deutlich vermindert werden.

Nach DIN 1164-1 als NA-Zemente eingestufte Zementarten sowie zugehörige Anforderungen sind in der Tabelle 2.7.8 aufgeführt.

Aus der Tabelle 2.7.8 ist erkennbar, daß u.a. vermehrter Hüttensandgehalt die Wirksamkeit der Alkalien im Zement vermindert.

2.7 Zementarten nach DIN 1164

Tab. 2.7.8: Normanforderungen an NA-Zemente

Zementart	Benennung	Anforderung	
		Hüttensand-gehalt in M.-%	Gesamtalkaligehalt in M.-% als Na_2O-Äquivalent
CEM I	Portlandzement-NA	–	≤ 0,60
CEM II	Portlandkompositzement-NA		
CEM III/A		< 50	≤ 0,60
CEM III/A	Hochofenzement-NA	50...65	≤ 1,10
CEM III/B		≥ 66	≤ 2,00

Kennfarben für Zementfestigkeitsklassen

Die Kennfarbe der Säcke bzw. der Aufdrucke erfolgt nach DIN 1164 gemäß Angaben in Tabelle 2.7.9.

Tab. 2.7.9: Kennfarben für die Zementfestigkeitsklassen

Festigkeits-klasse	Sackfarbe	Farbe des Aufdrucks
32,5	hellbraun	schwarz
32,5 R	hellbraun	rot
42,5	grün	schwarz
42,5 R	grün	rot
52,5	rot	schwarz
52,5 R	rot	weiß

Überwachung (Güteüberwachung) bzw. Übereinstimmungsnachweis

Die Einhaltung der geforderten Zusammensetzungen und Eigenschaften von genormten Zementen ist durch den Hersteller („**Eigenüberwachung**") und durch eine Überwachungsgemeinschaft oder eine anerkannte Prüfstelle („**Fremdüberwachung**") nachzuweisen.

Nicht genormte Bezeichnungen für Zemente mit besonderen Eigenschaften
(hierbei handelt es sich um genormte Portlandzemente)

Weißzemente sind eisenoxidarme Zemente, die aus besonderen Rohstoffen und in speziellen Verfahren hergestellt werden. Sie ergeben einen hellen, gut einfärbbaren Beton, der insbesondere bei Sichtbeton Anwendung findet.

Hydrophobierte Zemente sind wasserabstoßend eingestellte Zemente, die erst mit Wasser reagieren, wenn das Zementkorn durch Reibung mit dem Zuschlag (oder dem Boden) aufgeschlossen wird. Sie werden hauptsächlich bei der Bodenverbesserung und Bodenverfestigung mit Zement oder für hydraulisch gebundene Tragschichten eingesetzt und sind gegen Witterungsfeuchtigkeit (Regen) weitestgehend unempfindlich.

Zemente für Fahrbahndecken aus Beton werden teilweise auch als „Straßenbauzemente" bezeichnet und entsprechen den spezifischen Anforderungen der ZTV Beton-StB und dem Rundschreiben des Bundesministeriums für Verkehr (Nr.20/1993). Neben Portlandzement dürfen in Abstimmung mit dem Auftraggeber auch Portlandhütten-, Portlandölschiefer-, Portlandkalkstein- und Hochofenzement verwendet werden. Die Zemente müssen mindestens der Festigkeitsklasse 32,5, Hochofenzement mindestens der Festigkeitsklasse 42,5 entsprechen. Diese Zemente müssen zusätzliche Anforderungen an den Erstarrungsbeginn (außer CEM I 42,5 R), an den Wasseranspruch, die Frühfestigkeit und die Mahlfeinheit erfüllen.

Zemente für Fertigteile sind u.a. durch eine schnelle Festigkeitsentwicklung, hohe Hydratationswärme und niedrigen Alkaligehalt gekennzeichnet. Verwendet werden die Portlandzemente CEM I 42,5 R, CEM I 42,5 R-NA, CEM I 52,5 R und CEM I 52,5 R-NA

Sonstige Zementeigenschaften und ihre Bedeutung
Mahlfeinheit
Die Mahlfeinheit von Zementen wird nach ihren spezifischen Oberflächen beurteilt, die gemäß DIN EN 196-6 mit Luftdurchlässigkeitsmessungen ermittelt werden („Blaine-Wert" in cm^2/g). Zunehmend kommt für die Beurteilung von Mahlfeinheiten oder Kornverteilungen auch das Verfahren der Lasergranulometrie zum Einsatz.

Farbe des Zementes (Helligkeit)
Der Helligkeitsgrad eines Zementes wird von den verwendeten Rohstoffen, dem Herstellungsverfahren und der Mahlfeinheit bestimmt und ist **nicht** genormt. Feingemahlene Zemente desselben Werkes sind in der Regel heller als gröbere Zemente. Aus der Zementfarbe ergeben sich keine direkten Rückschlüsse auf die zu erwartenden Zementeigenschaften.

Dichte und Schüttdichte
Richtwerte für die **(Rein-)Dichte** verschiedener Zementarten sind in der Tabelle 2.7.10 angegeben. Hinsichtlich der **Schüttdichte** gelten – für alle Zementarten – folgende Anhaltswerte:

  lose eingelaufen → etwa 0,9 bis 1,2 kg/dm^3
  eingerüttelt (teilweise entlüftet) → etwa 1,2 bis 1,9 kg/dm^3

Nacherhärtung
Die Nacherhärtung von Beton auch nach dem 28. Tag wird – außer durch die Betonzusammensetzung und weiteren Einflußgrößen (Nachbehandlung, Zementart usw.) – auch von der Zementfestigkeitsklasse bestimmt. In der Tabelle 2.7.11 sind diesbezügliche Richtwerte für die zu erwartende Nacherhärtung enthalten.

2.7 Zementarten nach DIN 1164

Zementlagerung

Da Zemente wegen ihrer hygroskopischen Eigenschaften grundsätzlich feuchtigkeitsempfindlich sind, ist die Lagerungsdauer insbesondere bei Sackzement begrenzt, um Agglomerationserscheinungen und vermindertes Erhärtungsvermögen zu vermeiden. Zemente mit großer Mahlfeinheit (CEM I 52,5 R) sind feuchtigkeitsempfindlicher als Zemente mit niedriger Mahlfeinheit (CEM I 32,5). Bei schnell erhärtenden Zementen kann die Anfangsfestigkeit durch Feuchteanreicherung deutlich gemindert werden.

Tab. 2.7.10: Dichte verschiedener Zementarten (Reindichte)

Zementart	Kurzzeichen	Dichte [kg/dm^3]
Portlandzement	CEM I	3,10
Portlandzement	CEM I-HS	3,20
Portlandhüttenzement	CEM II/A-S CEM II/B-S	3,05
Portlandpuzzolanzement	CEM II/A-P CEM II/B-P	2,90
Portlandölschieferzement	CEM II/A-P CEM II/B-P	3,05
Portlandkalksteinzement	CEM II/A-L	3,05
Portlandflugaschezement	CEM II/A-V	2,98
Portlandflugaschehüttenzement	CEM II/R-SV	2,95
Hochofenzement	CEM III/A CEM III/B	3,00

Tab. 2.7.11: Richtwerte für die Betondruckfestigkeit in Abhängigkeit von Zementfestigkeitsklasse und Lagerungstemperatur

Zementfestigkeitsklasse	ständige Lagerung bei	Entwicklung der Druckfestigkeiten in % nach				
		3 Tagen	7 Tagen	28 Tagen[1]	90 Tagen	180 Tagen
32,5	+5 °C +20 °C	10...20 30...40	20...40 50...65	60...75 100	[2] 110...125	[2] 115...130
32,5 R; 42,5	+5 °C +20 °C	20...40 50...60	40...60 65...80	75...90 100	[2] 105...115	[2] 110...120
42,5 R; 52,5; 52,5 R	+5 °C +20 °C	40...60 70...80	60...80 80...90	90...105 100	[2] 100...105	[2] 105...110

[1] Die 28-Tage-Druckfestigkeit bei ständiger 20 °C-Lagerung entspricht 100%
[2] Für eine ständige Lagerung bei 5 °C liegen keine Werte vor

Typische Anwendungsgebiete und besondere Eigenschaften verschiedener Zemente enthalten die Tabellen 2.7.12 und 2.7.13.

Tab. 2.7.12: Typische Anwendungsgebiete und Eigenschaften verschiedener Zemente

Festigkeits-klasse	Zemenart	Typische Eigenschaften			Typische Anwendungsgebiete
		Anfangs-festigkeit	Hydratations-wärmeentwicklung	Nacher-härtung	
32,5	CEM III	niedrig	gering	gut	massige Bauteile übliche Betonarten
32,5 R	CEM I CEM II/A-S CEM II/B-S	normal	normal	normal	für alle üblichen Betonarten
42,5	CEM III	normal	normal	gut	für alle üblichen Betonarten
42,5 R	CEM I CEM II/A-S CEM II/B-S	hoch	hoch	normal	Hochfester Beton Spannbeton Fertigteile
52,5 R	CEM I	sehr hoch	sehr hoch	gering	Schlanke Bauteile Kurze Ausschalfristen Betonieren im Winter

2.7 Zementarten nach DIN 1164

Zementbe-zeichnung	zusätzliche Anfor-derungen	Bestand-teile	Eigenschaften	Anwendung
Portlandzement				
CEM I 52,5 R		PZ-Klinker, Sulfatträger	sehr hohe Frühfestig-keit, sehr hohe Hydratations-wärme, geringe Nacherhärtung	≥ B45 frühhochfester Beton, Betonieren bei kalter Witte-rung, Spannbeton mit so-fortigem oder nachträgli-chem Verbund, Betonfertig-teile, Betonwaren.
			Beispiel: Spezifische Oberfläche 5580 cm^2/g Erstarrungsbeginn nach 2 h und 23 min Erstarrungsende nach 3 h und 23 min $\beta_{D,2}$ = 40–45 N/mm^2 im Durchschnitt WA = 30–32% im Durchschnitt	
CEM I 52,5 R -ft- (Spezialzement)		PZ-Klinker, Sulfatträger	sehr hohe Frühfestig-keit, sehr hohe Hydratations-wärme, geringe Nacherhärtung	≤ B45, hohe Frühfestigkeiten verkürzen die Ausschal-fristen, deshalb besonders für die Betonfertigteilindu-strie geeignet.

Beispiel: Druckfestigkeit in N/mm^2 über Hydratationszeit in d: 49 (2 d), 60 (7 d), 67 (28 d).

| CEM I 52,5 -sw- (Spezialzement) | Fe_2O_3 < 0,5 Gew.-% | Weißzementklinker, Sulfatträger | weißer Portlandzement für erhöhte Festigkeitsanforderungen mit sehr heller weißer Farbe, und guten Verarbeitungseigenschaften | *Beispiel:*
Fe_2O_3 = 0,26%
Spezifische Oberfläche 3975 cm²/g
Hellbezugswert Y: 84,3
Erstarrungsbeginn nach 1 h und 22 min
Erstarrungsende nach 3 h und 16 min
$\beta_{D,2}$ = 30–36 N/mm² im Durchschnitt
WA = 26–32% im Durchschnitt
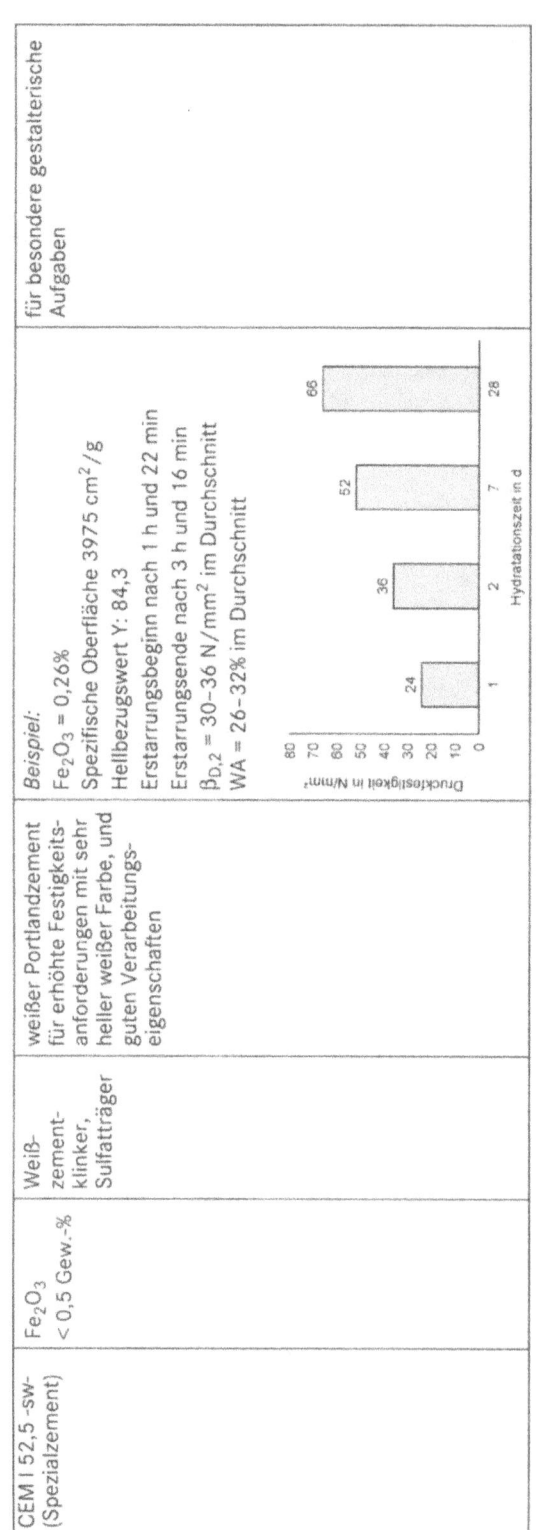 | für besondere gestalterische Aufgaben |

2.7 Zementarten nach DIN 1164

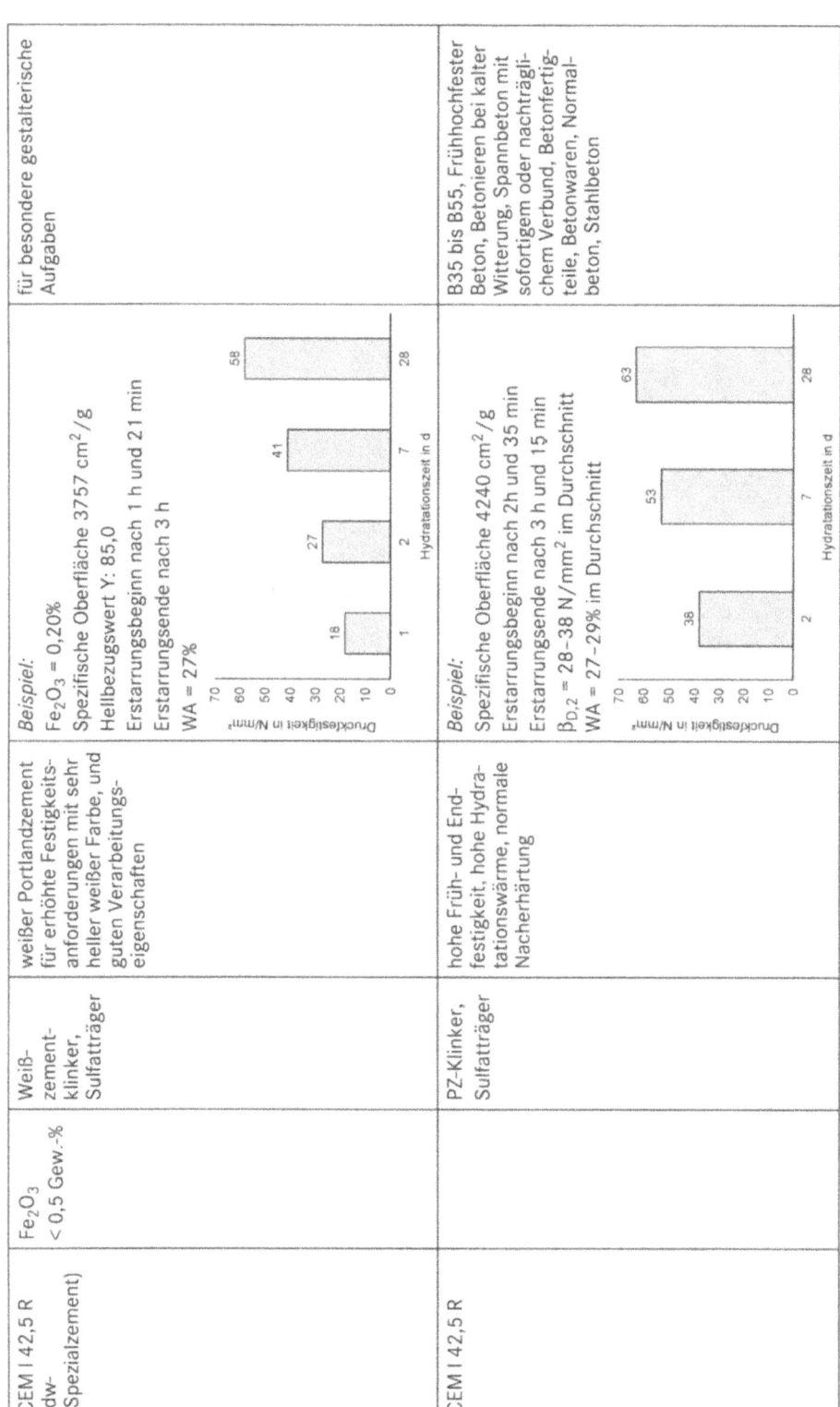

CEM I 42,5 R -dw- (Spezialzement)	Fe_2O_3 < 0,5 Gew.-%	Weißzementklinker, Sulfatträger	weißer Portlandzement für erhöhte Festigkeitsanforderungen mit sehr heller weißer Farbe, und guten Verarbeitungseigenschaften	*Beispiel:* $Fe_2O_3 = 0{,}20\%$ Spezifische Oberfläche 3757 cm²/g Hellbezugswert Y: 85,0 Erstarrungsbeginn nach 1 h und 21 min Erstarrungsende nach 3 h WA = 27%	für besondere gestalterische Aufgaben
CEM I 42,5 R		PZ-Klinker, Sulfatträger	hohe Früh- und Endfestigkeit, hohe Hydratationswärme, normale Nacherhärtung	*Beispiel:* Spezifische Oberfläche 4240 cm²/g Erstarrungsbeginn nach 2h und 35 min Erstarrungsende nach 3 h und 15 min $\beta_{D,2} = 28\text{–}38$ N/mm² im Durchschnitt WA = 27–29% im Durchschnitt	B35 bis B55, Frühhochfester Beton, Betonieren bei kalter Witterung, Spannbeton mit sofortigem oder nachträglichem Verbund, Betonfertigteile, Betonwaren, Normalbeton, Stahlbeton

CEM I 42,5 R-HS	C_3A ≤ 3,0 Gew.-%, Al_2O_3 ≤ 5,0 Gew.-%	PZ-Klinker, Sulfatträger	hoher Sulfatwiderstand, normale Hydratationswärme, hohe Frühfestigkeit, gute Nacherhärtung, etwas geringeres Chloridbindevermögen	*Beispiel:* Al_2O_3 = 4,1 % Spezifische Oberfläche 4320 cm²/g Erstarrungsbeginn nach 2 h und 48 min Erstarrungsende nach 3 h und 23 min WA = 28%	B35 bis B55, Betonieren bei kalter Witterung, Beton bei Angriff sulfathaltiger Wässer, Böden und Gase nach DIN 4030, Spannbeton mit sofortigem oder nachträglichem Verbund, Betonrohre nach DIN 4032 und Stahlbetonrohre nach DIN 4035
CEM I 42,5 R-HS NA	C_3A ≤ 3,0 Gew.-%, Al_2O_3 ≤ 5,0 Gew.-% Gesamtalkaligehalt ≤ 0,6% Na_2O-Äquivalent	PZ-Klinker, Sulfatträger	hoher Sulfatwiderstand, niedriger wirksamer Alkaligehalt, normale Hydratationswärme, hohe Frühfestigkeit, gute Nacherhärtung	*Beispiel:* Al_2O_3 = 3,7 % Na_2O-Äqu. = 0,45% Spezifische Oberfläche 4040 cm²/g Erstarrungsbeginn nach 4 h und 42 min Erstarrungsende nach 5 h und 22 min WA = 26%	B35 bis B55, Betonieren bei kalter Witterung, Beton bei Angriff sulfathaltiger Wässer, Böden und Gase nach DIN 4030, Beton mit alkalihaltigem Zuschlag, Spannbeton mit sofortigem oder nachträglichem Verbund, Betonrohre nach DIN 4032 und Stahlbetonrohre nach DIN 4035

2.7 Zementarten nach DIN 1164

CEM I 42,5 R -Einpreßzement (Spezialzement)	PZ-Klinker, Sulfatträger	günstige rheologische Eigenschaften des Zementleims	–	Verpressung von Spannkanälen für den nachträglichen Verbund
CEM I 42,5 R -se- (Spezialzement)	PZ-Klinker mit optimiertem Sulfatgehalt, meist < 1%	schnell erstarrender Zement, entspricht mit Ausnahmen den Erstarrungszeiten der DIN 1164	–	Spritzbeton zur Vortriebssicherung im Tunnelbau, Böschungssicherung im Tiefbau
CEM I 32,5 R	PZ-Klinker, Sulfatträger	normale Hydratationswärme, normale Frühfestigkeit, normale Nacherhärtung	*Beispiel:* Spezifische Oberfläche 3040 cm^2/g Erstarrungsbeginn nach 2 h und 16 min Erstarrungsende nach 2 h und 45 min $\beta_{D,2}$ = 20–26 N/mm^2 im Durchschnitt WA = 25–27% im Durchschnitt	bis B35; Standardzement für Industrie und Handwerk, Spannbeton mit sofortigem und nachträglichem Verbund, Industriefußböden, Estrich, Betonwaren, Mörtel

Zement	Zusammensetzung	Eigenschaften	Beispiel	Anwendung
CEM I 32,5 R -st- (Spezialzement)	PZ-Klinker, Sulfatträger	günstiges Abbindeverhalten, geringe Frühfestigkeit, gute Endfestigkeit, niedrige Hydratationswärme	*Beispiel:* Spezifische Oberfläche ≤ 3500 cm²/g Erstarrungsbeginn ≥ 2 h $\beta_{D,2}$ ≤ 29 N/mm², WA ≤ 28 M.-%,	Spezialzement für den Straßenbau, insbesondere für Fahrbahndecken, Spannbeton mit sofortigem und nachträglichem Verbund
CEM I 32,5 R-HS	PZ-Klinker, Sulfatträger	hoher Sulfatwiderstand, geringe Hydratationswärme, höhere Frühfestigkeit, gute Nacherhärtung	C_3A ≤ 3,0 Gew.-%, Al_2O_3 ≤ 5,0 Gew.-%	*Beispiel:* Al_2O_3 = 4,0 % Spezifische Oberfläche 3010 cm²/g Erstarrungsbeginn nach 4 h Erstarrungsende nach 4 h und 45 min [Säulendiagramm Druckfestigkeit in N/mm² über Hydratationszeit in d: 2 d → 22; 7 d → 36; 28 d → 48]	B25 bis B35, Frühhochfester Beton, Betonieren bei kalter Witterung, Beton bei Angriff sulfathaltiger Wässer, Böden und Gase nach DIN 4030, Spannbeton mit sofortigem oder nachträglichem Verbund
CEM I 32,5 HS	PZ-Klinker, Sulfatträger	hoher Sulfatwiderstand, niedrige Hydratationswärme, langsame Festigkeitsentwicklung, gute Nacherhärtung	C_3A ≤ 3,0 Gew.-%, Al_2O_3 ≤ 5,0 Gew.-%	*Beispiel:* WA = 25–28% im Durchschnitt	B25 bis B35, Beton bei Angriff sulfathaltiger Wässer, Böden und Gase nach DIN 4030, Spannbeton mit sofortigem oder nachträglichem Verbund

2.7 Zementarten nach DIN 1164

| CEM I 32,5 NW/HS | PZ-Klinker, Sulfatträger | niedrige Hydratationswärme, hoher Sulfatwiderstand, langsame Festigkeitsentwicklung, hohe Nacherhärtung | C_3A ≤ 3,0 Gew.-%, Al_2O_3 ≤ 5,0 Gew.-%, Hydratationswärme ≤ 270 J/g | *Beispiel:* Al_2O_3 = 4,4% Spezifische Oberfläche 2954 cm^2/g Erstarrungsbeginn nach 3 h Erstarrungsende nach 4 h und 20 min [Druckfestigkeit in N/mm²: 20 (2 d), 27 (7 d), 42 (28 d); Hydratationszeit in d] | B25 bis B35, Beton für massige Bauteile, Beton bei Angriff sulfathaltiger Wässer, Böden und Gase nach DIN 4030, Spannbeton mit sofortigem oder nachträglichem Verbund |

Portlandhüttenzement

CEM II / A-S 52,5 R	PZ-Klinker, Hüttensand, Sulfatträger	hohe Früh- und Endfestigkeit, geringe Neigung zum „Bluten", gute Verarbeitungseigenschaften (Glätten)	≥ B45, Betone mit hohem Festigkeitszuwachs z. B. Spannbeton mit frühen Umspannfestigkeiten, Betonfertigteile mit hohen Abhebefestigkeiten, Spannbeton mit sofortigem oder nachträglichem Verbund
		Beispiel: Spezifische Oberfläche 5210 cm²/g, Erstarrungsbeginn nach 1 h und 52 min, Erstarrungsende nach 2 h und 27 min — Druckfestigkeit in N/mm²: 44 (2 d), 55 (7 d), 65 (28 d); Hydratationszeit in d	
CEM II / A-S 42,5 R	PZ-Klinker, Hüttensand, Sulfatträger	normale Hydratationswärme, hohe Frühfestigkeit, gute Nacherhärtung	B35 bis B55, Frühhochfester Beton, Betonfertigteile, Betonwaren, Betonieren bei kühler Witterung; Spannbeton mit sofortigem oder nachträglichem Verbund
CEM II / A-S 32,5 R	PZ-Klinker, Hüttensand, Sulfatträger	normale Hydratationswärme, normale Frühfestigkeit, normale Nacherhärtung	bis B35, Spannbeton mit sofortigem oder nachträglichem Verbund
CEM II / B-S 32,5 (42,5)	PZ-Klinker, Hüttensand, Sulfatträger	normale Hydratationswärme, normale Frühfestigkeit, gute Nacherhärtung	bis B35 im Hoch- und Tiefbau

2.7 Zementarten nach DIN 1164

Portlandpuzzolanzement

CEM II / A-P		PZ-Klinker, Trass, Sulfatträger		B15 bis B35 mit einer guten Nachbehandlung, gutverarbeitbare, dichte und sehr widerstandsfähige Mörtel
CEM II / B-P 32,5		PZ-Klinker, Trass, Sulfatträger	niedrige Hydratationswärmeentwicklung, hoher Widerstand gegen chem. Angriff, sehr gute Nacherhärtung, große Wasserundurchlässigkeit, gutes Wasserrückhaltevermögen, geringe Ausblühneigung	bis B35 mit einer guten Nachbehandlung, gutverarbeitbare, dichte und sehr widerstandsfähige Mörtel, Anwendung besonders bei der Gefahr von Kalkausblühungen und Verfärbungen bei Naturwerksteinbelägen
CEM II / B-P 32,5 NW/HS	C_3A ≤ 3,0 Gew.-%, Al_2O_3 ≤ 5,0 Gew.-%,		*Beispiel:* Spezifische Oberfläche >3000 cm²/g Hydratationswärme nach 7d 250 J/g (vgl. CEM I 32,5 ca. 350 J/g), nach 28 d 275 J/g (Vgl. CEM I 32,5 ca. 375 J/g)	

Portlandflugaschezement

CEM II / A-V 32,5 R	PZ-Klinker, Flugasche Sulfatträger	normale Hydratationswärme, normale Frühfestigkeit, normale Nacherhärtung, schnellere Carbonatisierung	bis B35, Spannbeton mit nachträglichem Verbund

Portlandölschieferzement

CEM II / A-T 42,5 R	PZ-Klinker, gebrannter Ölschiefer	rotbrauner Farbton, hohe Früh- und Endfestigkeit, ein dem PZ ähnliches Verhalten	B35 bis B55, Spannbeton mit sofortigem und nachträglichem Verbund, Sichtbeton, Spritzbeton
CEM II / B-T 42,5 R	PZ-Klinker, gebrannter Ölschiefer	rotbrauner Farbton, hohe Früh- und Endfestigkeit, gutes Wasserrückhaltevermögen, ein dem PZ ähnliches Verhalten	B35 bis B55, Spannbeton mit sofortigem und nachträglichem Verbund, Sichtbeton, Betonwaren, Natursteinersatz, Spritzbeton- und mörtel (geringer Rückprall)

Beispiel:
Spezifische Oberfläche 5232 cm^2/g
Erstarrungsbeginn nach 2 h und 22 min
Erstarrungsende nach 3 h und 16 min
WA = 34% im Durchschnitt

2.7 Zementarten nach DIN 1164

CEM II / B-T 32,5 R	PZ-Klinker, gebrannter Ölschiefer	rotbrauner Farbton, normale Früh- und Endfestigkeit, gutes Wasserrückhaltevermögen, verminderte Hydratationswärmeentwicklung	*Beispiel:* Spezifische Oberfläche 3855 cm^2/g Erstarrungsbeginn nach 3 h Erstarrungsende nach 4 h und 16 min WA = 29% im Durchschnitt	bis B35, Spannbeton mit sofortigem und nachträglichem Verbund, Sichtbeton, Betonwaren, Natursteinersatz, Altbausanierung

Druckfestigkeit in N/mm²: 24 (nach 2 d), 49 (nach 28 d)
Hydratationszeit in d

Portlandkalksteinzement

| CEM II A-L 32,5 R | PZ-Klinker, Kalkstein, Sulfatträger | normale Festigkeitsentwicklung, normale Hydratationswärme, gutes Wasserrückhaltevermögen, geringe Neigung zum „Bluten" | *Beispiel:* Spezifische Oberfläche 3710 cm²/g Erstarrungsbeginn nach 2 h und 30 min Erstarrungsende nach 2 h und 58 min WA = 29% im Durchschnitt $\beta_{D,2}$ = 25 N/mm² im Durchschnitt

[Balkendiagramm: Druckfestigkeit in N/mm² über Hydratationszeit in d: 27 (2 d), 36 (7 d), 45 (28 d)] | bis B35, Spannbeton mit sofortigem und nachträglichem Verbund, Sichtbeton, Fahrbahndecken, Estrich, Putz- und Mauermörtel |

Portlandflugaschehüttenzement

| CEM II / B-SV | PZ-Klinker, Flugasche Hüttensand, Sulfatträger | normale Frühfestigkeit, Nacherhärtung und Hydratationswärme | – | Spannbeton mit nachträglichem Verbund |

2.7 Zementarten nach DIN 1164

Hochofenzement				
CEM III / A 32,5	Hydratationswärme ≤ 270 J/g	PZ-Klinker, Hüttensand, Sulfatträger	niedrige Hydratationswärme, langsame Festigkeitsentwicklung, hohe Nacherhärtung, ohne Nachbehandlung schnelle Carbonatisierung	bis B45 für massige Bauteile, Spannbeton mit nachträglichem Verbund, Beton mit alkalihaltigem Zuschlag
CEM III / A 32,5 NW				
CEM III A 32,5 NW NA				
CEM III / B 32,5 NW - HS/NA	Hydratationswärme ≤ 270 J/g, Gesamtalkaligehalt ≤ 2,0 % Na₂O-Äquivalent, Hüttensandgehalt ≥ 66 M.-%	PZ-Klinker, Hüttensand, Sulfatträger	niedrige Hydratationswärme, hoher Sulfatwiderstand, niedriger wirksamer Alkaligehalt, langsame Festigkeitsentwicklung, hohe Nacherhärtung. (Nachbehandlung!)	bis B45, für massige Bauteile z.B. Verkehrs-, Tief- und Wasserbauten sowie Tunnelbauten, Beton bei Angriff sulfathaltiger Wässer, Böden und Gase nach DIN 4030, Beton mit alkalihaltigem Zuschlag, Spannbeton mit nachträglichem Verbund
CEM III / B 32,5 NW - HS				*Beispiel:* Al₂O₃ = 9,0% Na₂O-Äqu. = 0,62 Spezifische Oberfläche 4 180 cm²/g Erstarrungsbeginn nach 4 h und 34 min Erstarrungsende nach 5 h und 45 min

2.8 Spezialzemente

2.8.1 Weißzemente

Das für gestalterische Zwecke oft unerwünschte „betongrau" des Betons wird neben der Färbung der Zuschläge im wesentlichen durch die dunkelgraue Farbe des Portlandzement-Klinkers hervorgerufen. Dieser Farbton wird durch dunkles schiefergraues Fe_2O_3 und grünblaues MgO verursacht. Eine Alternative bilden Weißzemente.

Weißzemente sind hydraulische Bindemittel, deren Eisengehalt auf 0,5% Fe_2O_3 beschränkt ist, um durch eine einheitliche Weißfärbung besondere gestalterische Möglichkeiten zu erschließen.

Weißzement entsteht aus einem Klinker, der nach einer von der normalen Zementproduktion abweichenden Technologie hergestellt wird. Bereits bei der Auswahl der Rohmaterialkomponenten dürfen bestimmte Gehalte an färbenden Oxiden nicht überschritten werden:

Fe_2O_3 < 0,4%   (in Ausnahmen bis 0,5%)
Mn_2O_3 < 0,02% (in Ausnahmen bis 0,04%)
Cr_2O_3 < 0,01%
MgO < 3%

Für die Rohmaterialmischungen sollte der Kalkstandard (nach KÜHL) 90 bis 95, der Silikatmodul 3,5 bis 5 und der Tonerdemodul 14 bis 18 betragen. Durch den hohen Anteil an silikatischen Rohmehlkomponenten wird die Sintertemperatur deutlich erhöht. Deshalb werden teilweise Sinterhilfsmittel (Mineralisatoren) wie Flußspat CaF_2, Kryolith Na_3AlF_6, Calciumchlorid $CaCl_2$ und Kaliumchlorid KCl eingesetzt.

Um Verunreinigungen des Brenngutes durch Kohleasche zu vermeiden, wird Erdgas oder Schweröl als Brennstoff genutzt. Dabei wird ein reduzierender Brennprozeß angestrebt, um die Oxidation von II-wertigem zu III-wertigem Eisen ($FeO \rightarrow Fe_2O_3$) zu verhindern und III-wertiges zu II-wertigem Eisen zu reduzieren. Praktisch ist das aber nicht immer an jeder Stelle im Drehrohrofen möglich.

Die Kühlung eines Weißzementklinkers muß sehr schnell erfolgen, damit restliches Eisen als FeO erhalten wird. Außerdem führt eine zu langsame Kühlung auf unter 1400 °C zu einer Verringerung des Alitgehaltes und somit zu einem Absinken der Zementfestigkeit. Meist erfolgt die Kühlung durch Abschrecken des Klinkers in Wasser.

Zur Vermeidung von Verschmutzungen werden Weißzementklinker in der Regel in Klinkersilos gelagert.

2.8 Spezialzemente

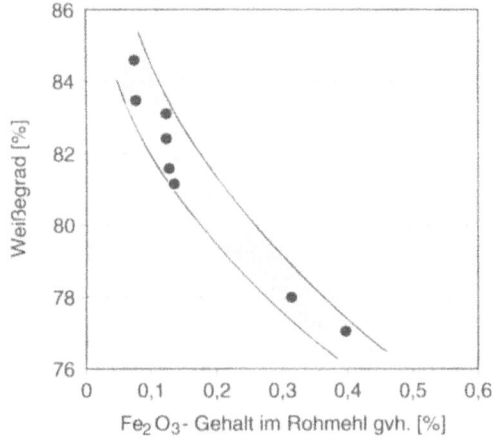

Abb. 2.8.1:
Einfluß des Fe_2O_3-Gehaltes im Rohmehl auf den Weißegrad des Klinkers (nach KUPPER und WIEMER)

Der vor der Mahlung zugesetzte Abbinderegler darf prozentual höchstens ebensoviel färbende Oxide wie der gemahlene Klinker enthalten. Bei der Mahlung, sowohl der Rohmischung als auch des Klinkers, sollten die Mahlplatten und -kugeln aus keramischen Werkstoffen bestehen. Die spezifische Oberfläche des aufgemahlenen Zementes hat einen wesentlichen Einfluß auf den Weißegrad. Zemente mit größeren Oberflächen erscheinen deutlich heller (Abbildung 2.8.2)

Um eine höhere Weißheit zu erreichen, können dem Zement sogenannte „Aufheller" (z.B. Titanoxid) zugegeben werden. Bei Verwendung von Titanoxid wirken sich erst Zusätze von über 1% deutlich auf die Helligkeit aus. (Abbildung 2.8.3). Die Zugabe von Titanoxid findet nur bei bestimmten Erfordernissen Anwendung, da sich der Zusatz negativ auf die Zementeigenschaften auswirkt (KUPPER).

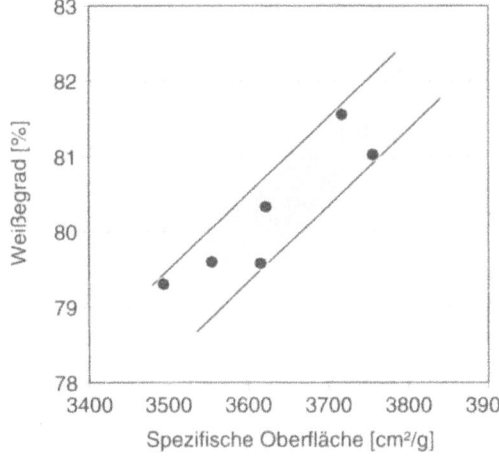

Abb. 2.8.2:
Einfluß der spezifischen Oberfläche des Zementes auf dessen Weißegrad (nach KUPPER und WIEMER)

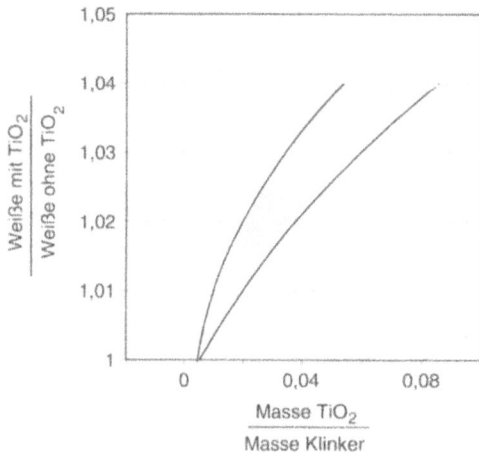

Abb. 2.8.3:
Einfluß des Zusatzes von TiO_2 zum Klinker auf den Weißegrad (nach KUPPER und SCHMID-MEIL)

Der Weißzementklinker enthält kein $C_2(A, F)$ dafür wesentlich mehr C_3A als normaler Portlandzement-Klinker (Abbildung 2.8.4).

Die Hydratation des Weißzementes verläuft ähnlich der des Portlandzementes. Aufgrund des hohen Silikatmoduls und damit hohen Alitanteils zeigen Weißzemente im allgemeinen eine schnelle und hohe Festigkeitsentwicklung (Abbildung 2.8.5).

Infolge des hohen Energieverbrauches und der aufwendigen technischen Ausstattung ist Weißzement deutlich teurer als normaler Portlandzement.

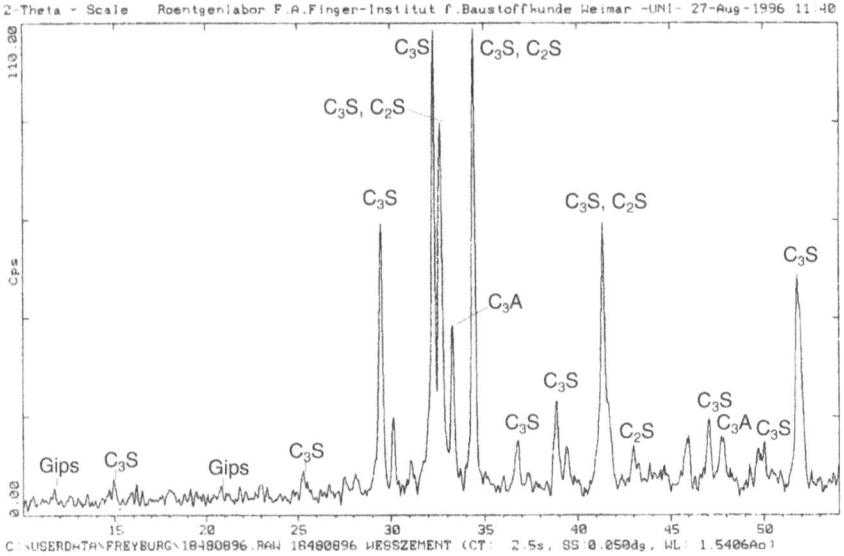

Abb. 2.8.4: Röntgenogramm eines Weißzementes

2.8 Spezialzemente

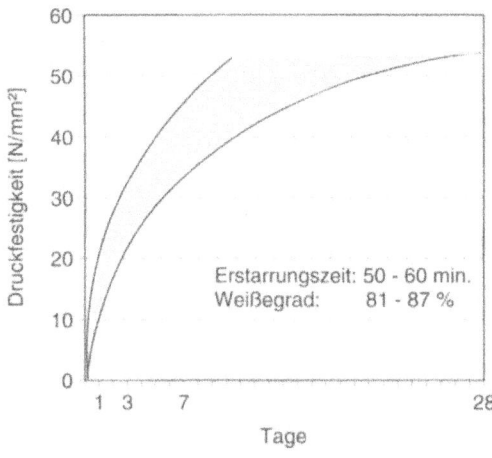

Abb. 2.8.5: Festigkeitsentwicklung von Weißzement (nach KUPPER und WIEMER)

Die Beurteilung der Qualität eines Weißzementes erfolgt anhand einer sogenannten Weißegradmessung. Diese fotometrische Messung beinhaltet einen Vergleich zwischen der Remission diffusen Lichtes an einer Zementprobe und einem Weißestandard. Als Standard werden z.B. Bariumsulfat, dessen Remissionswert gleich 99% gesetzt wird, oder Magnesiumoxid, dessen Remissionswert gleich 100% gesetzt wird, verwendet. Moderne Geräte gestatten das direkte Ablesen von international genormten Farbkennungen. Für Zement ist der Wert für die Helligkeit L bzw. die „Weiße" wichtig. Abbildung 2.8.6 zeigt die Helligkeitswerte für verschiedene genormte Zemente.

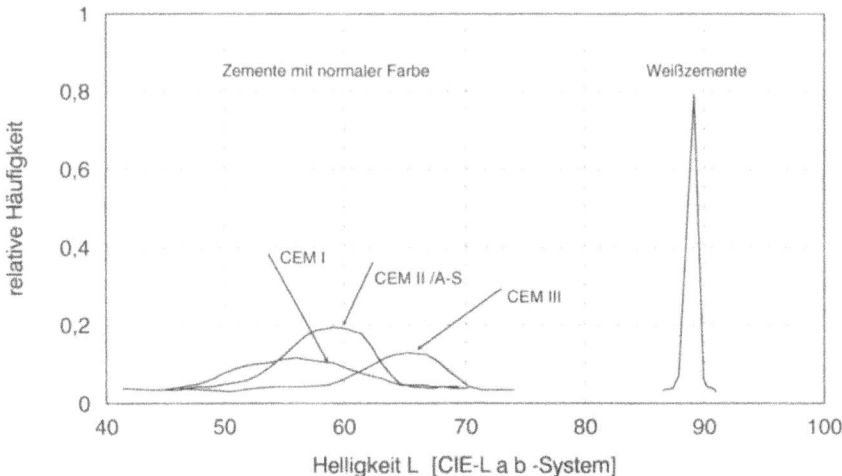

Abb. 2.8.6: Helligkeit verschiedener Zemente im CIE-L a b -Farbsystem (nach KUPPER u. SCHMID-MEIL)

Weißzemente werden oft genutzt, um farbige Mörtel und Betone herzustellen. Zu diesem Zweck werden dem Weißzement Farbpigmente auf der Basis von Eisen-, Chrom- oder Kobaltoxid zugegeben (s. Tabelle 2.8.1). Dabei können bereits Pigmentmengen von 0,1 bis 0,5% genügen. Mehr als 5% Farbpigmente (auf das Zementgewicht bezogen) sollten aus technologischen Gründen nicht verwendet werden. Allerdings wurde nachgewiesen, daß sich bei einer bis zu 10%igen Farbpigmentzugabe keine Festigkeitseinbußen und Schwindbeeinflussungen ergeben (HEUFERS). Für die Herstellung eines weißen oder farbigen Mörtels oder Betons ist neben der Anwendung von Weißzement eine sinnvolle Auswahl der Zuschläge von entscheidender Bedeutung für den optischen Eindruck des geplanten Bauwerkes.

Tab. 2.8.1: Farbeigenschaften verschiedener Pigmente

Eisenoxid Eisenoxihydrat	gelb, orange, rot, braun, schwarz
Chromoxid Chromoxihydrat	grün
Manganoxid	blau
Ruß	schwarz

Abb. 2.8.7:
Architektursäule des Bildhauers Schiefelbein vor dem Kanzleramt der Bauhaus-Universität in Weimar, hergestellt mit Dyckerhoff-Weiß

In Weimar zeigt die Architektursäule vor dem Kanzleramt der Bauhaus-Universität die gestalterischen Möglichkeiten bei der Anwendung von Weißzementbeton (Abbildung 2.8.7). Die Betonrezeptur ist in Tabelle 2.8.2 zu ersehen.

Tab. 2.8.2: Betonrezeptur für die Architektursäule

Ausgangsstoffe	Bezeichnung	Anteil
Zement	CEM I 42,5 R (PZ 45F)	400 kg/m^3
Wasser		200 kg/m^3
Zuschlag	Carrara-Splitt weiß 0 ... 2 mm	240 kg/m^3
	Carrara-Splitt weiß 2 ... 5 mm	1055 kg/m^3
	Carrara-Splitt weiß 5 ... 8 mm	555 kg/m^3
Zusatzmittel	Betonverflüssiger	12 kg/m^3
Zusatzstoff	Pigment Titanoxid	1 kg/m^3

2.8.2 Tonerdezement

Die besonderen Eigenschaften des von J. BIED erfundenen (Patent 1908) und 1920 beschriebenen Tonerdezements beruhen auf dem hohen Gehalt an Al_2O_3. Er bewirkt die hohe Druckfestigkeit schon nach einem Tag und ist die Voraussetzung für die Feuerbeständigkeit, ist aber auch die Ursache dafür, daß seine Anwendung im üblichen Betonbau z.Z. beschränkt ist. In Deutschland ist Tonerdezement seit 1962 für tragende Bauteile aus Beton, Stahlbeton und Spannbeton nicht mehr zugelassen und wird gegenwärtig nur als Bindemittel für feuerfesten Mörtel und Beton verwendet. Tonerdezement wird auch als Calciumaluminatzement bezeichnet (englisch: *high alumina cement* HAC oder *calcium aluminate cement* CAC).

Man unterscheidet zwei Kategorien von Tonerdezement (BENSTEDT):
- den Tonerdezement 1. Art,
  ein Zement mit dunkler, grauer Farbe, das „Normalprodukt", das in einem großen Temperaturbereich angewendet wird und
- den Tonerdezement 2. Art,
  ein weißes Produkt, das vorrangig für feuerfeste und dekorative Zwecke verwendet wird.

Die chemische Zusammensetzung dieser Produkte ist weitgehend identisch, wobei das weiße Produkt mehr Aluminium und das graue Produkt mehr eisenhaltige Phasen enthält.

Tonerdezement wird aus einer Mischung von Calciumcarbonat (gewöhnlich Kalkstein) und Bauxit bei Temperaturen von 1500 ... 1600 °C hergestellt. Die Schmelze (Schmelzzement) wird relativ langsam gekühlt und der Klinker anschließend bis zu einer spezifischen Oberfläche von etwa ≥ 2250 cm^2/g gemahlen. Für weißen Tonerdezement werden ausgesuchte reine Rohstoffe verwendet.

Typische Zusammensetzungen von kommerziell hergestellten Tonerdezementen zeigt Tabelle 2.8.3.

Tab. 2.8.3: Zusammensetzungen von Tonerdezementen (nach TAYLOR)

Zementtyp	Al_2O_3 [%]	CaO [%]	FeO + Fe_2O_3 [%]	FeO [%]	SiO_2 [%]	TiO_2 [%]	MgO [%]	K_2O + Na_2O [%]	SO_3 [%]
Zement Fondu	38-40	37-39	15-8	3-6	3-5	2-4	< 1,5	< 0,4	< 0,2
40% Aluminium	40-45	42-48	< 10	< 5	5-8	≅ 2	< 1,5	< 0,4	0,2
50% Aluminium	49-55	34-39	< 3,5	< 1,5	4-6	≅ 2	≅ 1	< 0,4	0,3
50% Aluminium (Fe gering)	50-55	36-38	< 2	< 1	4-6	≅ 2	≅ 1	< 0,4	< 0,3
70% Aluminium	69-72	27-29	< 0,3	< 0,2	< 0,8	< 0,1	0,3	< 0,5	< 0,3
80% Aluminium	79-82	17-20	< 0,25	< 0,2	< 0,4	< 0,1	< 0,2	< 0,7	< 0,2

Zur Kennzeichnung der Mineralphasen-Beziehungen werden die Tonerdezemente in das 3-Stoff-System CaO-Al_2O_3-SiO_2 eingeordnet (siehe Abbildung 2.8.8).

Aus der Lage des Tonerdezement-Feldes und den entsprechenden Konjugationsdreiecken ergeben sich folgende Kombinationen der einzelnen Phasen:

- CA - $C_{12}A_7$ - C_2S (Tonerdezement 1. Art)
- CA - CA_2 - C_2AS (Tonerdezement 2. Art)
- CA - C_2S - C_2AS (unerwünscht, da hydraulisch weniger aktiv)

Man erkennt, daß sich Tonerdezemente um das Monocalciumaluminat CA gruppieren, das den Hauptbestandteil des Tonerdezementes darstellt. Mit zunehmendem Al_2O_3-Gehalt verschiebt sich das Tonerdezement-Gebiet in das CA_2-Feld.

Geringe Mengen an SiO_2 bilden entweder Dicalciumsilicat C_2S oder werden Bestandteil des Gehlenits C_2AS bzw. einer Mischkristallphase, der durch das Hinzutreten von MgO erweiterten Melilithgruppe (= Mischkristalle mit den Endgliedern Gehlenit C_2AS und Akermanit C_2MS_2).

Eisenoxid kann das Al_2O_3 in den Aluminaten vertreten oder die Mischkristallbildung fördern.

Die Hauptklinkerphasen von Tonerdezementen sind in der Rangfolge ihrer Anteile folgende:

CA	Monocalciumaluminat
CA_2	Calciumdialuminat
C_2AS	Gehlenit
$C_{12}A_7$	Mayenit
C_2S	Larnit, Belit
C_4AF	Brownmillerit
CT	Perowskit ($CaO \cdot TiO_2$)
C_3A	Tricalciumaluminat

2.8 Spezialzemente

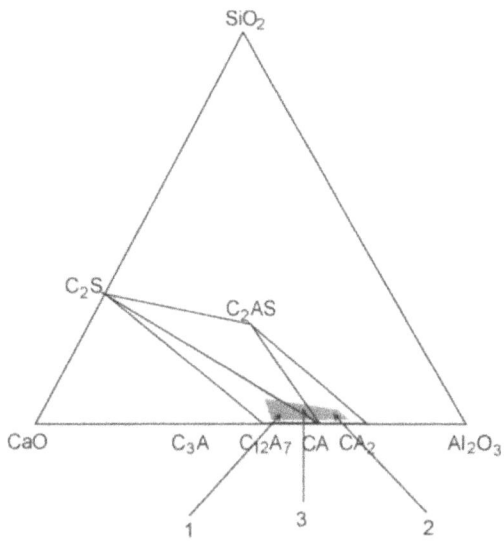

▬▬ Bereich des Tonerdezementes

Abb. 2.8.8: Die Lage von Tonerdezementen im 3-Stoff-System $CaO-Al_2O_3-SiO_2$

Ein hoher CA-Gehalt ist für die schnelle Festigkeitsentwicklung verantwortlich (20 ... 60 N/mm² nach einem Tag). Im Tonerdezement 1. Art ist gewöhnlich 60 ... 70% CA vorhanden. CA kann bedeutende Mengen anderer Komponenten in sein Gitter einbauen. Die Anwesenheit von $C_{12}A_7$ bewirkt eine höhere Hydratationsgeschwindigkeit sowie einen höheren Hydratationsgrad von CA. $C_{12}A_7$ ist gewöhnlich in Anteilen von 2 ... 5% vorhanden. Diese Phase ist selten in reiner Form anzutreffen; in seinem Gitter sind oft Fe_2O_3, FeO und MgO eingebaut (TALABER). Dieses Aluminat reagiert schnell mit Wasser und spielt eine wichtige Rolle bei der schnellen Erhärtung der Tonerdezemente. In Tonerdezement 2. Art beträgt der Anteil an CA < 60 ... 70% (BENSTED). Ebenfalls vorhanden ist CA_2. CA_2 reagiert bei normaler Temperatur mit Wasser weniger intensiv als $C_{12}A_7$ oder CA. Alle anderen beim Tonerdezement 1. Art auftretenden Phasen sind nicht oder nur in geringen Anteilen vorhanden.

Die Phasen des Tonerdezementes sind viel schwieriger als beim Portlandzement zu bestimmen, da dort nicht die Bogue-Berechnung angewandt werden kann. Röntgendiffraktometrie und Lichtmikroskopie sind die wichtigsten Methoden zur Bestimmung der Phasen im Tonerdezement.

Hydratation

Die Hydratation des Tonerdezementes ist mit einer starken Wärmeentwicklung (550 ... 670 J/g nach 3 Tagen im Vergleich zu Portlandzement mit 300 ... 350 J/g) verbunden und führt schon nach wenigen Stunden zu einer hohen Festigkeit. Hydraulisch sind im wesentlichen CA, $C_{12}A_7$, $C_2(A,F)$ und C_2S.

Die wichtigsten Hydratationsprodukte sind zu Beginn der Hydratation:
- CAH_{10}, das bei niedrigen Temperaturen,
- C_2AH_8 und AH_3, die bei mittleren Temperaturen sowie
- C_3AH_6 und AH_3, die bei höheren Temperaturen gebildet werden (TAYLOR).

Die Haupthydratationsreaktionen können wie folgt zusammengefaßt werden (BENSTED):

$$CA + 10H \xrightarrow{\text{unter etwa 15 °C}} CAH_{10}$$

$$2CA + 11H \xrightarrow{25 \text{ °C}+} C_2AH_8 + AH_3$$

Von 15 ... 25 °C wird eine Mischung aus CAH_{10} und C_2AH_8 gebildet, wobei sich mit Temperaturanstieg die Anteile von C_2AH_8 erhöhen.

$$3CA + 12H \xrightarrow{>60 \text{ °C}} C_3AH_6 + 2AH_3$$

$$C_{12}A_7 + 51H \longrightarrow 6C_2AH_8 + AH_3$$

CAH_{10} und C_2AH_8 sind metastabile hexagonale Phasen, die sich mit der Zeit zu stabileren und weniger dichten kubischen Hydrogranaten C_3AH_6 umwandeln. Diese Kristall-Transformation ist als „Umwandlung" bekannt:

$$3CAH_{10} \longrightarrow C_3AH_6 + 2AH_3 + 18H$$

$$3C_2AH_8 \longrightarrow 2C_3AH_6 + AH_3 + 9H$$

Die Umwandlung von CAH_{10} und C_2AH_8 – die für die Festigkeit verantwortlichen Phasen im erhärteten Tonerdezement – zu C_3AH_6 ist mit einer Erhöhung der Porosität der Struktur und der Freisetzung von Wasser verbunden und ist die Ursache einer deutlichen Verschlechterung der Festigkeitseigenschaften!

Die metastabilen hexagonalen Hydrate enthalten mehr Wasser als die stabilen kubischen. Folglich wird bei der Umwandlung Wasser frei. Dabei ist es wichtig, daß der w/z-Wert nur für die Hydratation des Zementes in der kubischen Struktur bemessen wird. Wenn die Lagerungsbedingungen anfänglich zu hexagonalen Hydraten führen, kann das bei der späteren Umwandlung frei werdende Wasser durch die Hydratation des noch nicht hydratisierten Restzementkorns gebunden werden. In diesem Fall wird es keinen Anstieg der Porosität und keine mit der Freisetzung von Wasser verbundene Festigkeitsabnahme geben. Der für die Hydratation von Tonerdezement in kubischer Form benötigte w/z-Faktor beträgt etwa 0,35. Zahlreiche Arbeiten haben gezeigt, daß ein w/z-Faktor von 0,4 eine brauchbare Grenze ist, die gewährleistet, daß bei der Umwandlung die Druckfestigkeit des Betons nicht unter 40 N/mm² absinkt.(MATHIEU et al.).

Bei hohen w/z-Werten kann zu Beginn mehr Zement hydratisieren und der Einfluß der Umwandlung auf Porosität und Festigkeit ist entsprechen größer und die Carbonatisierung kann ebenfalls früher stattfinden (TAYLOR).

Dauerhaftigkeit

Seit etwa 1930 ist die „Umwandlung" von CAH_{10} bzw. C_2AH_8 zu C_3AH_6 als Ursache für die Zerstörung von Tonerdezement-Betonen bekannt. Seit dieser Zeit werden eine Vielzahl von Untersuchungen zu dieser Problematik durchgeführt, die schließlich in vielen Ländern zu einem Anwendungsverbot von Tonerdezement für Stahl- und Spannbetonbauteilen führten. Bei den betonschädigenden Umwandlungen spielen eine Rolle:

- das w/z-Verhältnis,
- die Temperatur,
- die Methoden der Nachbehandlung,
- Alkalien,
- CO_2 und
- die Umgebungsbedingungen.

Der schädigende Festigkeitsverlust tritt ein, wenn der w/z-Wert $\geq 0{,}4$ ist. Bei einem w/z-Wert $\leq 0{,}4$ treten keine negativen Auswirkungen auf die Langzeitfestigkeit ein. Das Verhalten von Tonerdezementbeton ist nach heutigen Erkenntnissen auch hinsichtlich seiner Langzeitfestigkeit nach den Umwandlungsprozessen vorhersehbar (COLLINS und GUTT). Verhalten und Langzeitfestigkeit sind abhängig von der Porosität, die wiederum vom w/z-Wert abhängt. Folglich ist die Einhaltung des w/z-Wertes $< 0{,}4$ der Garant zur Minimierung von großen Poren und stellt gleichzeitig sicher, daß eine ausreichende Druckfestigkeit der Konstruktionen vorhanden ist.

Beton mit Tonerdezement und einem niedrigen w/z-Wert besitzt eine hohe Beständigkeit gegenüber Sulfatlösungen, Seewasser oder verdünnten Säuren mit pH-Werten > 4, einschließlich natürlichen Wassers, in dem CO_2 gelöst ist. Bei Untersuchungen konnte festgestellt werden, daß z.B. ein vollständig umgewandelter Tonerdezement-Beton, der über eine Zeitraum von 18 Jahren einem sulfathaltigen Grundwasser ausgesetzt war, nur bis in eine Tiefe von 5 mm mit Ettringitkristallen versehen war (TAYLOR). Diese hohe Beständigkeit gegenüber Sulfatangriff ist auf die Bildung einer Schutzschicht aus AH_3 zurückzuführen. Kalksteinmehlzusätze erhöhen die Widerstandsfähigkeit gegenüber Sulfaten durch die Bildung von $C_3(A,F)C\bar{C}H_{11}$.

Im Gegensatz zu der guten Sulfatbeständigkeit ist Tonerdezement-Beton gegenüber Alkalihydroxidlösungen nur wenig beständig, vermutlich, weil das Aluminiumhydroxid aufgelöst wird (TAYLOR).

Carbonatisierung

CO_2 reagiert mit allen Calciumhydroaluminaten. Die Intensität der CO_2-Einwirkung ist dabei von der Porosität des Zementsteins oder Betons abhängig. Bei porösem Beton ist die Wirkung von CO_2 erheblich größer als bei dichtem Beton. Bei Vorhandensein von Feuchtigkeit wird die Wirkung noch bedeutend verstärkt. Dabei laufen folgende Reaktionen ab:

$$C_3AH_6 + 3CO_2 \longrightarrow 3CaCO_3 + AH_3 + 3H$$

$CaCO_3$ und $Al_2O_3 \cdot 3H_2O$ sind die stabilen Endprodukte. Das System kann ein Gleichgewicht erreichen und nach dem Erreichen liegen im erhärteten Zement $CaCO_3$ in Form von Calcit und $Al_2O_3 \cdot 3H_2O$ in der Form von Gibbsit (in amorpher Form möglich) vor. Die wichtigsten Reaktionsprozesse bei der Carbonatisierung laufen wie folgt ab:

$$C_3AH_6 + 3CO_2 \longrightarrow 3CaCO_3 + AH_3 + 3H$$

$$C_2AH_8 + 0{,}5CO_2 \longrightarrow 0{,}5C_3A \cdot CaCO_3 \cdot H_{12} + 0{,}5AH_3 + 0{,}5H$$

$$C_4AH_{13} + CO_2 \longrightarrow C_3A \cdot CaCO_3 \cdot H_{12} + AH_3 + 9H$$

$$C_3A \cdot CaCO_3 \cdot H_{12} + 3CO_2 \longrightarrow 4CaCO_3 + AH_3 + 9H$$

Der Prozeß führt am Ende zur völligen Zersetzung der Calciumhydroaluminate und der Bildung von Produkten ($CaCO_3$, $Al_2O_3 \cdot 3H_2O$), die im geologischen Sinn stabil sind.

Anwendungen

Feuerfestmaterial

Tonerdezement wird in Abhängigkeit von der Anwendungstemperatur mit feuerfesten Zuschlägen (u.a. Vermikulit, Schamotte, gesinterter Bauxit, Korund, Chromit) zur Herstellung von feuerfestem Beton verwendet. Dieser Beton wird gemischt und eingebracht wie normaler Beton. Für Anwendungen im höchsten Temperaturbereich (bis zu 1800 °C) ist weißer Tonerdezement geeignet, der mit reinen Aluminiumoxidzuschlägen hergestellt wird. Während des Erhitzens wird von den Hydratationsprodukten CAH_{10}, C_2AH_{10} und C_2AH_8 die Umwandlung zu C_3AH_6 durchgemacht und es erfolgt die Dehydratation. Der Beton durchläuft dazu ein Festigkeitsminimum zwischen 600 ... 1200 °C.

Die Klassifizierung von hydraulisch gebundenen Tonerdezement-Betonen kann nach folgender Eingruppierung erfolgen, wobei der Trend ähnlich wie im Bereich konventioneller hochfester Betone zur Minimierung der Zementmenge und zum Einsatz reaktiver hochdisperser SiO_2- und Al_2O_3-Träger geht (HAVRANEV):

- HCC High Cement Castable $> 6\%$ Tonerdezement (15 ... 25 üblich),
- LCC Low Cement Castable   3 ... 6% Tonerdezement,
- ULCC Ultra Low Cement Castable $< 3\%$ Tonerdezement,
- NCC Non Cement Castable   0% Tonerdezement (Kieselsolbindung).

Entscheidender Nachteil der HCC-Konditionierungen ist, daß aufgrund der Bildung wasserreicher Hydratphasen ein relativ hoher Wasseranspruch besteht und die bei thermischer Beanspruchung einsetzende Dehydratation hohe Porenraumanteile freisetzt.

Mit den zementarmen Feuerbetonen und der Zugabe reaktiver Stoffe wird die Zielstellung verfolgt, das Festigkeitsminimum zwischen 600 und 1200 °C durch stabilere Mineralphasen und früher einsetzende keramische Bindung einzugrenzen. Bei höheren Temperaturen beginnt die Reaktion mit den Zuschlägen und es kommt zu der keramischen Bindung, die die Festigkeit und den Abriebwiderstand erhöht. Das gebildete Material hängt von der Zusammensetzung der Zemente und der Zuschläge ab. Gewöhnlich sind Calciumaluminate wie CA_6 und CA_2 und Magnesiumaluminate (Spinell) anzutreffen.

Bohrlochzemente

Tonerdezement wird gewöhnlich als Bohrlochzement für hohe und niedrige Temperaturen verwendet. Bei der Anwendung muß der Festigkeitsverlust berücksichtigt werden. Die Haupthydrate werden bei Temperaturen über 100 °C gebildet und sind dichte kubische Hydrogranate C_3AH_6, welche graduell bei 225 °C ihr Wasser verlieren und die Rekristallisation zu den Phasen CaO und $C_{12}A_7$ erfolgt bei Temperaturen zwischen 550 und 950 °C. Die Druckfestigkeit fällt zu einem Minimum bei Temperaturen von 950 ... 1050 °C ab. Im höheren Temperaturbereich steigt die Druckfestigkeit als Folge des Zwischenwachstums von $C_{12}A_7$-Kristallen zur Bildung eines keramischen Verbundes wieder stark an.

Mischungen mit anderen Stoffen

Tonerdezement kann mit Hüttensand, Gips, Kalkstein, Portlandzement oder Silicastaub gemischt werden. Silicastaub kann die Geschwindigkeit der Umwandlung reduzieren. Dem Festigkeitsverlust kann präventiv durch die Zugabe fein gemahlenen Calcits zum Zement begegnet werden. Über die Wirkung bestehen unterschiedliche Ansichten (TAYLOR). Verschiedene Kombinationen von Tonerdezement mit Gips, Portlandzement und in einigen Fällen Calciumhydroxid werden gewöhnlich verwendet, um frühhochfeste Zemente herzustellen. Einige derartiger Mischungen zeigen auch expansives Verhalten. Eine einfache, schnell abbindende Mischung kann enthalten:

- 15 ... 20% Portlandzement,
- 10 ... 30% Tonerdezement,
- 10 ... 25% Calciumhydroxid,
- 40 ... 60% Sand.

Grundlagen für eine sichere Verwendung

Tonerdezement ist ein normales Konstruktionsmaterial, das sich durch rasches Erhärten und hohen Widerstand gegenüber Korrosion auszeichnet. Trotz verschiedener Schadensfälle mit Konstruktionen aus Tonerdezementbeton in den 70er Jahren, ergeben sich keine Probleme mit ihm, wenn die entsprechenden Maßnahmen konsequent angewendet werden. Diese beinhalten folgendes:

- Für die Herstellung eines Tonerdezementbetons guter Qualität ist es zwingend erforderlich, daß das w/z-Verhältnis nicht den Wert von 0,4 überschreitet. Als zusätzliche Sicherheitsmaßnahme gegenüber der alkalischen Hydrolyse sollten nur Zuschläge und Sand verwendet werden, die keine löslichen Alkalien enthalten.
- Wichtig ist eine gute Nachbehandlung (Feuchthalten zur Vorbeugung gegenüber Austrocknung)

Werden diese Bedingungen eingehalten, ist Tonerdezement-Beton, wie die Erfahrungen zeigen, ein zuverlässiger Baustoff.

Bis auf Spannbetonelemente sind diese Vorschriften bei allen Konstruktionen anwendbar, die unter Verwendung von Tonerdezement hergestellt werden, speziell, wo Eigenschaften wie hoher Widerstand gegenüber chemischen Angriff oder hohe Frühfestigkeit gefragt sind. In diesen Fällen können die wesentlich höheren Kosten für Tonerdezement gegenüber Portlandzement oder Hochofenzement gerechtfertigt sein. Untersuchungen zu den Langzeiteigenschaften von Tonerdezement-Beton haben eindeutig gezeigt, daß unter Berücksichtigung des Festigkeitsverlustes infolge der Umwandlungsprozesse durchaus sichere Konstruktionen projektiert und hergestellt werden können. Die Abbildung 2.8.9 zeigt die Festigkeitsentwicklung von Tonerdezement-Betonen unterschiedlicher w/z-Werte über einen Zeitraum von 20 Jahren. In diesem Zusammenhang wird nochmals auf die Einhaltung eines w/z-Wertes ≤ 0,4 hingewiesen, der sozusagen lebenswichtig für einen Beton mit guten Langzeiteigenschaften hinsichtlich der Festigkeit ist.

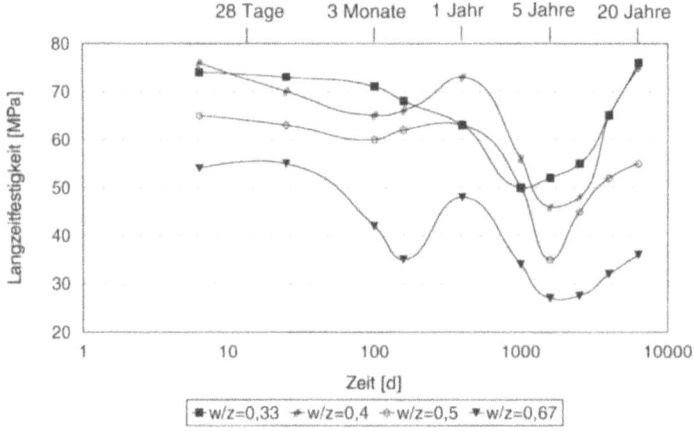

Abb. 2.8.9: Langzeitfestigkeit von TZ-Betonen mit verschiedenen w/z-Werten (nach BENSTED)

2.8.3 Tiefbohrzement (*oil well cement, gas well cement*)

Für Bohrarbeiten zur Gewinnung von Erdöl und Erdgas wird Tiefbohrzement für die Zementschlämme verwendet, die nach dem Erhärten die niedergebrachte Verrohrung
- gegen das Gebirge abschließen,
- öl- und gasführende Horizonte gegeneinander und gegen wasserführende Schichten absperren und
- die Verrohrung in ihrer Lage fixieren

soll. Diese Anforderungen können nur erfüllt werden, wenn der Zement einen un-

2.8 Spezialzemente

durchlässigen Verbund zwischen den Rohren und dem Gebirge schafft und ausreichende Druck- und Haftscherfestigkeit aufweist.

In Deutschland sind Tiefbohrzemente nicht genormt. Alle Tiefbohrzemente, die bei der Erdöl- und Erdgasgewinnung eingesetzt werden lassen sich nach
- chemisch-mineralogischer Zusammensetzung,
- Festigkeitseigenschaften,
- Anwendungstemperatur,
- Dichte der Zementschlämme,
- Beständigkeit gegen Korrosion und
- Verformungsgrad beim Erhärten des Zementsteins

charakterisieren.

Chemisch-mineralogische Zusammensetzung
→ Portlandzemente ohne Zusatzstoffe,
→ Portlandzemente mit mineralischen Zusatzstoffen bis 20 M.-%,
→ Portlandzemente mit mineralischen Zusatzstoffen von 20 ... 80 M.-%,
→ Tonerdeschmelzzemente,
→ Klinkerfreie Zemente.

Festigkeitseigenschaften
→ entsprechend der Festigkeitsklassen nach DIN EN 196,
→ zusätzlich wird die Festigkeit bei 75 °C und 120 °C nach 3 und 6 Monaten geprüft.

Anwendungstemperatur
→ für niedrige Temperatur   < 15 °C,
→ für Normaltemperatur   15 ... 50 °C,
→ für erhöhte Temperatur   50 ... 100 °C,
→ für hohe Temperatur   100 ... 150 °C,
→ für sehr hohe Temperatur   150 ... 250 °C,
→ für extrem hohe Temperatur   > 250 °C.

Dichte der Zementschlämme
→ leicht   < 1400 kg/m^3,
→ weniger leicht   1400 ... 1650 kg/m^3,
→ normal   1650 ... 1950 kg/m^3,
→ schwer   1950 ... 2300 kg/m^3,
→ sehr schwer   > 2300 kg/m^3.

Beständigkeit gegen Korrosion
→ sulfatbeständige Zemente,
→ säurebeständige Zemente,
→ Zemente mit Beständigkeit gegen magnesiumsalzhaltige Lösungen,

Verformungsgrad bei Erhärten
→ ohne spezielle Anforderungen,
→ mit Quellmaß bis 0,1% nach 3 d (sog. schwindfreie Zemente),
→ mit Quellmaß > 0,1% nach 3 d (Quellzemente).

Die extremen physikalisch-chemischen Randbedingungen in Tiefbohrungen (hoher Druck, hohe Temperatur, aggressive Medien) und die Beanspruchung der Zementschlämme während des Verpumpens (Scherung des Zementschlammes) beeinflussen in vielfacher Hinsicht die Eigenschaften der eingesetzten Zemente.

Die Zementierung einer Verrohrung wird nur durch die besonderen Eigenschaften des Zementes ermöglicht, die sich wesentlich von denen anderer Materialien unterscheiden. Von der fließfähigen, verpumpbaren Phase unmittelbar nach dem Anmachen über Erstarren, Erhärten bis zum Verbleiben im Zwischenraum zwischen Rohr und Gebirge finden ständig Veränderungen der stofflichen Eigenschaften des Zementes statt. Diese bilden einerseits die Voraussetzungen zur erfolgreichen Zementierung der Verrohrung, führen andererseits zu besonderen Problemen, wie z.B. Undichtigkeiten. Deshalb werden bei der Zementierung von tieferen Bohrungen Additive zugesetzt, die durch chemische und/oder physikalische Wechselwirkungen eine Hydratation der Klinkermineralien zeitweilig blockieren bzw. verzögern.

In den USA sind die Tiefbohrzemente durch das amerikanische Erdölinstitut (API) in einem Standard in 9 Klassen festgelegt (Tabelle 2.8.4). Bevorzugt werden Zemente mit einem niedrigen C_3A-Gehalt und grober Mahlung.

Tab. 2.8.4: Tiefbohrzemente nach API-Standard

Klassifikation	Zusammensetzung	Anwendung
API Klasse A-C	Zemente mit niedrigem C_3A-Gehalt ohne Verzögerer; Klasse C ist sulfatbeständig	für Bohrlochtiefen bis zu 1830 m und Temperaturen im Bereich von 27...77 °C
API Klasse D, E	Zemente mit niedrigem C_3A-Gehalt mit Verzögerer	für Bohrlochtiefen von 1830 ... 4260 m und Temperaturen im Bereich von 77 ... 143 °C
API Klasse F	Zement mit niedrigem C_3A-Gehalt mit Verzögerer	für Bohrlochtiefen von 3048 ... 4877 m und Temperaturen im Bereich von 110 ... 160 °C
API Klasse G, H	grob gemahlener Portlandzement (ASTM Typ II und V) ohne Verzögerer	für Temperaturen im Bereich von 27 ... 93 °C
API Klasse J	β-C_2S-Zemente mit feinem Siliciumsand	für Bohrlochtiefen über 6100 m und Temperaturen im Bereich > 177 °C

2.8.4 Quellzement

Die Quellzemente sowie die daraus hergestellten Betone besitzen eine fast 100-jährige Entwicklungsgeschichte. Der Gedanke, das Schwinden von Zement und Beton durch Erhöhung des Gipszusatzes zu erhöhen, hat A. GUTTMANN als erster in seinem Patent von 1920 ausgesprochen. In den USA wurde, zurückgehend auf Untersuchungen von A. KLEIN, ab Mitte der 60er Jahre ein Quellzement auf der Basis von C_4A_3 (Quellzement Typ K) hergestellt. Gegenwärtig sind international

2.8 Spezialzemente

mehr als 70 verschiedene Quellzementsorten bekannt. In Deutschland sind Quellzemente noch nicht genormt.

Bei der Erhärtung der Quellzemente treten wie auch bei den Portlandzementen alle bekannten Schwindarten auf. Der Absolutwert des Schwindmaßes ist bei den Quellzementen dem der Portlandzemente vergleichbar. Aus diesem Grunde ist theoretisch und praktisch ein konstant bleibendes Volumen bei der Hydratation der Quellzemente nicht zu erreichen. Deshalb sind die international üblichen Begriffe wie „schwindfreier", „schwindarmer" oder „schwindungskompensierter" Zement nicht korrekt. Eine prinzipielle Frage ist, welche verbleibende Rest-Volumenänderung der erhärtete Quellzement bzw. -beton nach dem Schwindvorgang aufweist (Abbildung 2.810).

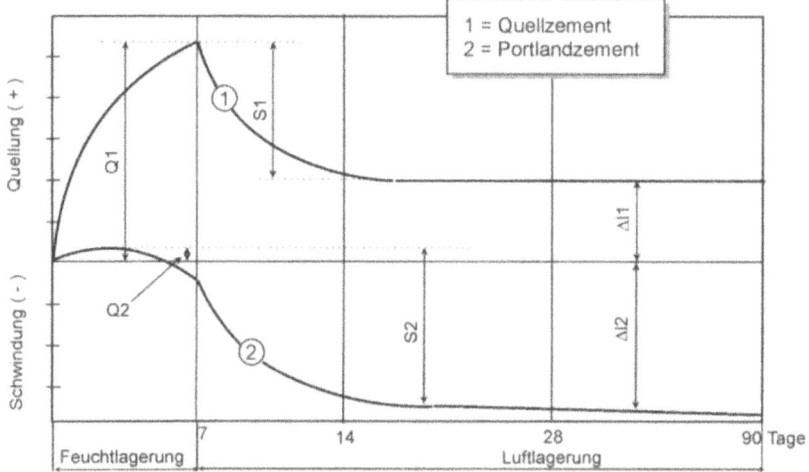

Abb. 2.8.10: Volumenänderung von Portland- und Quellzementen bei der Erhärtung

Aus diesem Grunde wird von CHARTSCHENKO folgende neue Definition der Quellzemente vorgeschlagen:

Die Quellzemente sind diejenigen anorganische Bindemittel, die eine zeitlich und räumlich gesteuerte Volumenzunahme aufweisen, um nach dem Schwindvorgang gezielt einen konstanten Quelleffekt als stabilen Zustand zu erreichen

Auf Grund des gegenwärtigen Wissensstandes über Quellzemente beinhaltet eine neue Klassifikation der Quellzemente, die 72 Quellzementtypen umfaßt, eine Einteilung nach
* Wirkungsweise,
* Herstellungsverfahren und
* Anwendungsbedingungen.

Nach dieser Klassifikation ist es somit möglich, den für ein spezielles Anwendungsgebiet optimal einsetzbaren Zement auswählen zu können (Tabelle 2.8.5).

Tab. 2.8.5: Allgemeine Klassifikation der Quellzemente (nach CHARTSCHENKO)

Definition	Gruppe		Kennzeichnung
	Deutsch	Englisch	
Nach Wirkungsweise	Ettringitbildung $C_3A + 3C\bar{S} \cdot H_2 + H_{26} = C_3A \cdot 3C\bar{S} \cdot H_{32}$	Ettringit-formation	E
	Ca-hydroxidbildung $CaO + H_2O = Ca(OH)_2$	Calciumhydroxid-formation	C
	Mg-hydroxidbildung $MgO + H_2O = Mg(OH)_2$	Magnesiumhydroxid-formation	M
	Ca- und Mg-hydroxidbildung	Calcium- and Magnesium-hydroxid-formation	CM
	Ettringit- und Ca-hydroxidbildung	Ettringit- and Calciumhydroxid-formation	EC
	Wasserstoffbildung $2Al + 3Ca(OH)_2 + 6H_2O = 3CaOAl_2O_3 \cdot 6H_2O + H_2 \uparrow$	Hydrogen-formation	H
Nach Herstellungsverfahren	Spezialklinker	Specialclinker	S
	Handelsübliche Produkte	Shop products	Sh
	Im Zementwerk	Cement plant	CP
	Auf der Baustelle	Application place	A
Nach Anwendungsbedingungen	Freie Erhärtung	Free expansion	F
	Vorzugsweise mechanische Behinderung des Quellvorgangs	Preferably restrained expansion	P
	Obligatorische mechanische Behinderung gegen Quellvorgang	Obligatory restrained expansion	O

Die stabilsten Eigenschaften weisen Quellzemente auf Basis von Ca-Aluminatsulfat bzw. Ettringit auf. Wesentliche technologische Vorteile gegenüber den in der Zementindustrie hergestellten Quellzementen zeigen diejenigen Zemente, die direkt auf der Baustelle oder im Betonwerk durch Vermischen von handelsüblichem Portlandzement mit einer Quellkomponente hergestellt werden.

Der Komplex der Einflußfaktoren auf die Eigenschaften der Quellzemente auf Ettringitbasis kann in einem phänomenologischen Modell („Quellzement-Baum") dargestellt werden. Hierbei werden die Einflußgrößen auf die Eigenschaften und damit vor allem auf den Quellvorgang als „innere" und „äußere" Faktoren behandelt (Abbildung 2.8.11).

2.8 Spezialzemente

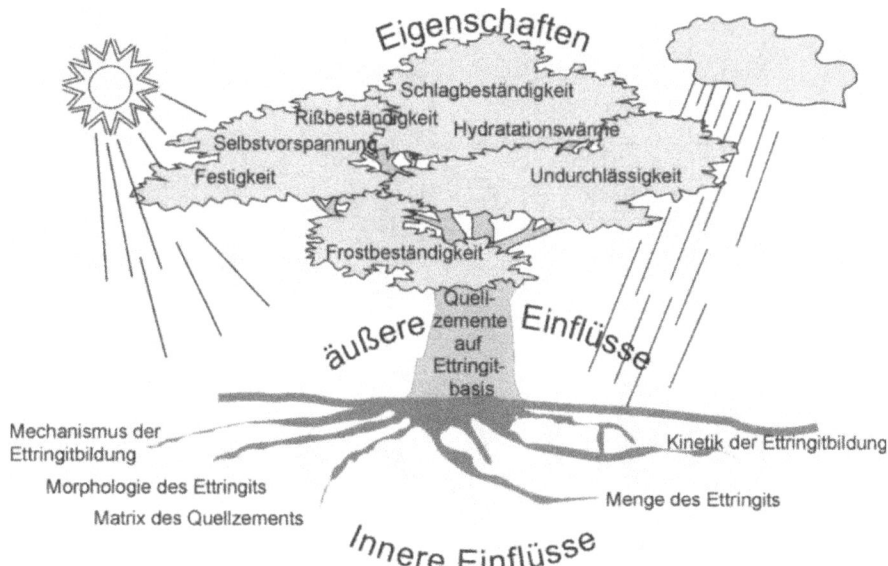

Abb. 2.8.11: Phänomenologisches Modell der Quellzemente – „Quellzementbaum" (nach CHARTSCHENKO)

Zu den Einflußfaktoren auf die Strukturbildungsprozesse bei der Erhärtung der Quellzemente gehören die sog. äußeren Faktoren wie Temperatur, Feuchtigkeit, mechanische Behinderung der Volumenausdehnung beim Quellvorgang, während zu den sog. inneren Einflußfaktoren die Kinetik der Ettringitbildung, die Menge des gebildeten Ettringits, der Mechanismus der Ettringitbildung, die Morphologie des Ettringits und die Eigenschaften der Matrix des Quellzementes zählen. Durch die Steuerung des Hydratationsprozesses der Quellzemente kann man eine gezielte Volumenzunahme im Bereich von ca. 0,5 bis 200 mm/m nach der Schwindentwicklung erhalten, um die Eigenschaften des Quellbetons zu verbessern (Abbildung 2.8.12).

Der Hydratationsprozeß bei der Erhärtung der Quellzemente hängt nicht nur von der Temperatur, sondern auch vom Temperaturprogramm bzw. der Vorlagerungszeit, der Aufheizung, der Temperatur des isothermen Abschnittes und der Abkühlgeschwindigkeit ab. Dabei wurde festgestellt, daß sich der Quellzement relativ intensiv sogar bei Temperaturen bis etwa −5 °C verfestigt. Im Bereich niedrigerer Temperaturen oberhalb des Gefrierpunktes ist das erreichbare Quellmaß größer als bei Raumtemperatur oder bei Wärmebehandlung (Abbildung 2.8.13).

Der Einfluß des mechanischen Behinderungsgrades der Volumendehnung auf die Eigenschaften des Quellbetons hängt vom Quellpotential des Zementes ab.

Unter dem Begriff „Quellpotential" ist das maximal erreichbare Quellmaß bei unbehinderter Verfestigung des Quellzements zu verstehen.

Abb. 2.8.12: Quellzemente mit zeitlich und räumlich gesteuerte Volumenzunahme bezogen auf Portlandzement (1: Portlandzement; 2 bis 10: verschiedene QZ-Typen mit steuerbaren Quelleffekt bis 200 mm/m)

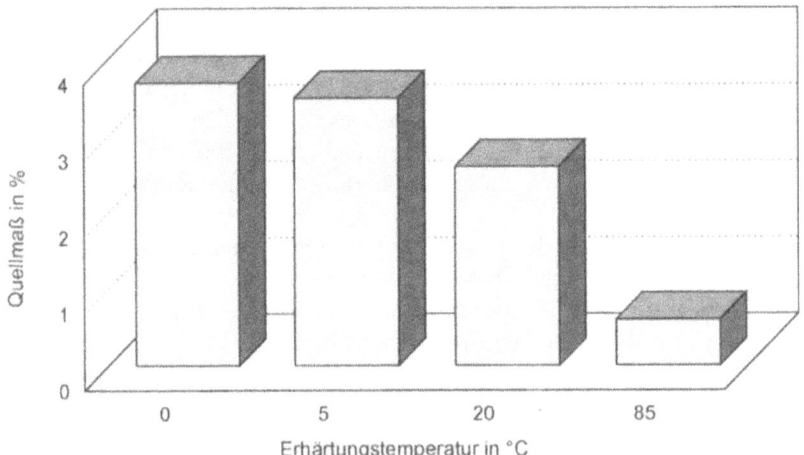

Abb. 2.8.13: Quellmaß nach Erhärtung von Quellzementen auf Ettringitbasis bei unterschiedlicher Temperatur

Bei einem Quellpotential bis 1,5% spielt der Behinderungsgrad keine wesentliche Rolle, bei einem Quellpotential bis 2,5% ist die einaxiale und mit mehr als 2,5% die zwei- oder dreiaxiale Behinderung erforderlich (Abbildung 2.8.14).

2.8 Spezialzemente

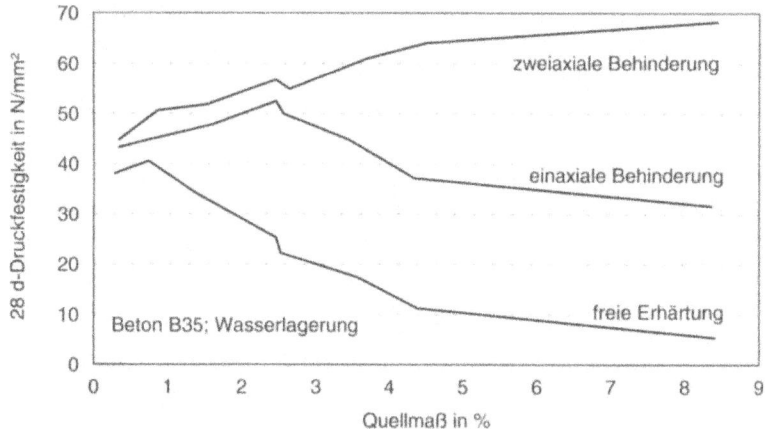

Abb. 2.8.14: Druckfestigkeit in Abhängigkeit vom Quellpotential

Die Rißbildungsgefahr bei Austrocknung der Quellbetone im frühen Stadium des Erhärtungsprozesses ist größer als bei der Austrocknung der Portlandzemente. Um die potentiellen Eigenschaften des Quellzementes zu realisieren, ist eine Feuchtbehandlung während des Erhärtungsprozesses erforderlich. Die Feuchtbehandlung soll mindestens bis zum Erreichen von 50% der Normfestigkeit erfolgen. Bei konservierter Lagerung oder Feuchtlagerung bei ca. 100% rel. Feuchte kann auf eine Wasserlagerung verzichtet werden (Abbildung 2.8.15).

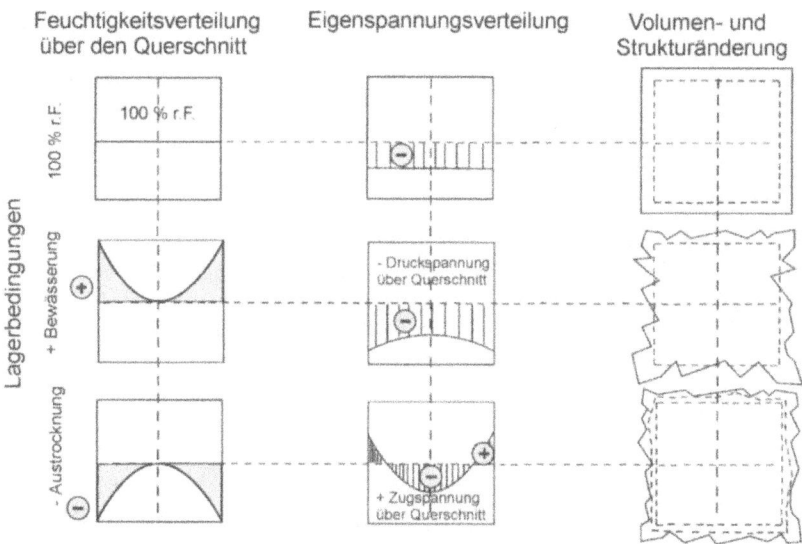

Abb. 2.8.15: Einfluß von Feuchtbedingungen auf die Eigenspannung, Volumen- und Strukturänderung von Quellzementen

Zur Herstellung eines Bindemittels mit einem zeitlich und räumlich steuerbaren Quellvorgang ist es wichtig, die Geschwindigkeit der Verfestigung der Quellzementmatrix und der Ettringitbildung aufeinander abzustimmen. Die Geschwindigkeit der Ettringitbildung nimmt proportional mit der Vergrößerung des Molverhältnisses der Oxide CaO und Al_2O_3 zu und ist von der Modifikation der Ca-Sulfatkomponente praktisch unabhängig. Die Abstimmung zwischen der Festigkeitsentwicklung der Matrix und der Ettringitbildung bei der Hydratation der Quellkomponenten kann sowohl durch die richtige und zielsichere Auswahl aller Bestandteile als auch durch die Änderung ihrer Mahlfeinheit erreicht werden. Dabei besitzt das Masseverhältnis zwischen den Calciumaluminat- und Calciumsulfatkomponenten auf die Größe des Quelleffektes einen starken Einfluß. Der Sulfatgehalt soll nicht geringer sein, als für das stöchiometrische Verhältnis zur Ettringitbildung erforderlich ist. Bei gleichem Quellkomponentenanteil ändert sich der Quelleffekt in Abhängigkeit von der Aktivität der Portlandzementmatrix. Bei relativ langsamer Verfestigung und deshalb besserer Verformbarkeit der Quellzementmatrix ist eine maximale Volumenvergrößerung mit geringem Quelldruck erreichbar.

Der Kristallisationsmechanismus des Ettringits und die Morphologie des gebildeten Ettringits haben einen wesentlichen Einfluß auf den Strukturbildungsprozeß und die Eigenschaften des Quellzementes. Die OH-Konzentration in der Reaktionslösung bzw. im wäßrigen Medium während der Hydratation spielt die wichtigste Rolle bei der Bildung des Ettringits in bezug auf dessen Morphologie. Verändert man die Konzentration der OH-Ionen, d.h. den pH-Wert, in der Reaktionslösung durch die Zugabe unterschiedlicher mineralischer Zusatzstoffe, so kann man aktiv und gezielt den Kristallisationsprozeß des Ettringits, die Herausbildung der entsprechenden Kristallform desselben und damit in Verbindung schließlich die Eigenschaften der Quellzemente beeinflussen (Abbildung 2.8.16).

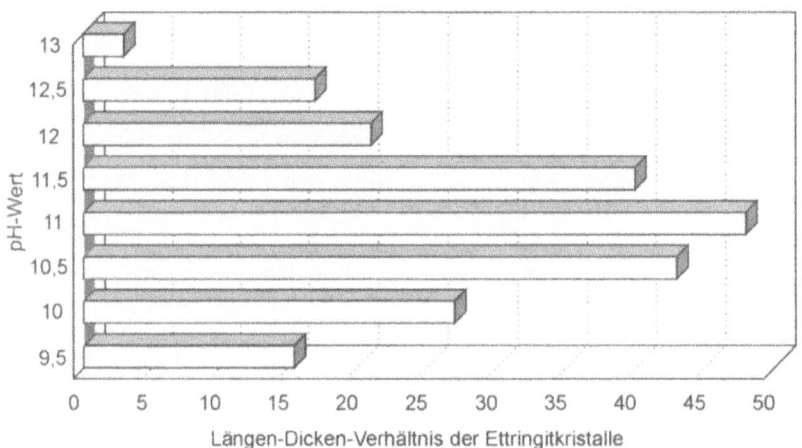

Abb. 2.8.16: Änderung des Ettringithabitus in Abhängigkeit vom pH-Wert in der Reaktionslösung

2.8 Spezialzemente

Die physikalisch-mechanischen Charakteristika der Quellzemente und -betone korrelieren eng mit dem Verhältnis der Verfestigungsgeschwindigkeit und der Geschwindigkeit der Volumenvergrößerung während der aktiven Strukturbildung bei der Erhärtung der Quellzemente. Dieses Verhältnis kann man als Gütekoeffizient „Kq" für die Definition von Quellzementen verwenden. Der Koeffizient Kq ist wie folgt definiert:

$$Kq = \frac{V_d}{V_e} = \frac{\frac{\beta_w - \beta_1}{\beta_1}}{\frac{L_w - L_1}{L_1}}$$

Darin bedeuten:

$V_d =$ Verfestigungsgeschwindigkeit; d.h. Festigkeitszuwachs infolge hydrothermaler Behandlung in 24 h;

$V_e =$ Quellgeschwindigkeit; d.h. lineare Längenänderung bei hydrothermaler Behandlung in 24 h;

$\beta_1; L_1 =$ Druckfestigkeit bzw. Länge der Zementprismen nach 24 h Erhärtung in der Form mit Folienabdeckung bei 22 °C;

$\beta_w; L_w =$ die entsprechenden Werte nach der Hydrothermalbehandlung bei 35 °C während 24 h.

Um den Koeffizienten Kq zu bestimmen, muß wie folgt vorgegangen werden:

I Nach dem Einbringen in die Form: 24 h Erhärtung in der Form /Schalung bei 22 °C und mit Folienabdeckung;

II Entformen/Ausschalen der Prismen (40 x 40 x 160 mm³): Bestimmung der Druckfestigkeiten und der Prüfkörperlänge;

III Nach dem Entformen die Wärmebehandlung der Prismen 24 h unter Wasser bei 35 °C;

IV Nach Abkühlung der Prüfkörper auf 22 C: Bestimmung der Druckfestigkeiten und der Längenänderung.

Die Anwendung von Quellzementen in der Baupraxis erfolgt aus folgenden Gründen:

- Undurchlässigkeit und Dauerhaftigkeit der Beton- und Stahlbetonkonstruktionen werden erhöht, die Beständigkeit gegen Rißbildung wird durch andere Maßnahmen gewährleistet ($Kq > 100$).
- Die Dichtigkeit der Struktur wird vergrößert, es wird außerdem durch die beim Quellprozeß einhergehende Dehnung der Bewehrung eine Betondruckspannung in alle Richtungen hervorgerufen. Es wird nicht nur eine höhere Undurchlässigkeit und Beständigkeit gegen Rißbildung erzielt, sondern durch die Quellung des Betons wird eine zusätzliche Spannung der Bewehrung gewährleistet, die bei der Projektierung der Stahlbetonkonstruktionen berücksichtigt wird ($10 < Kq < 100$).
- Berücksichtigt man die hohe Quellenergie bei der Erhärtung von Quellzementen, muß man unbedingt eine Möglichkeit zur Behinderung des Quellvorganges vorsehen. Effektivstes Anwendungsgebiet für solche Quellzemente kann z.B.

die Fugenabdichtung, eine vollständige Ausfüllung von Hohlräumen und kraftschlüssige Verbindung zwischen den Bauelementen sein ($Kq < 10$).

Bei der Betonprojektierung auf der Basis von Quellzementen darf man nicht nur von üblichen technischen Daten bzw. Größen wie Druckfestigkeit, Konsistenz, Dauerhaftigkeit ausgehen, sondern muß auch das erforderliche Quellmaß, Quelldruck, Verhältnis zwischen den Festigkeitseigenschaften bei freier Erhärtung und bei der Behinderung der Volumendehnung beim Quellvorgang berücksichtigen.

Wegen des höheren Wasseranspruchs der Quellzemente ist der w/z-Wert für die Quellbetone je nach deren Eigenschaften um 5 bis 15% höher als bei gleichfesten Normalbetonen. Bei einem w/z-Wert $< 0{,}35$ soll der erhärtende Quellbeton in den ersten 3 bis 7 Tagen intensiv feuchtbehandelt werden.

Der effektive minimale Quellzementgehalt im Beton beträgt 240 bis 260 kg/m^3, aber der optimale Gehalt hängt wesentlich von der Kornverteilung bzw. der Sieblinie der Zuschläge ab. Während des aktiven Quellvorganges bis zu 7 Tagen steigen die Festigkeiten des Quellbetons langsamer als bei Normalbeton. Nach Abschluß des Quellvorganges verfestigt sich der Quellbeton relativ intensiv bis zu 6 Monaten weiter. Hierbei nimmt die Festigkeit um 30 bis 60% zu. Die Festigkeit des Quellbetons, der bei mechanischer Behinderung der Volumendehnung während des Quellvorganges erhärtete, ist um 10 bis 70% höher als bei unbehinderter (freier) Erhärtung. Er weist eine höhere Beständigkeit gegen Rißbildung auf.

Die Sulfatbeständigkeit der Quellbetone hängt von der Sulfatbeständigkeit der Portlandzementmatrix des Quellzementes ab. Durch die Ausbildung einer dichteren Struktur des Zementsteins kann für Quellbetone je nach den Quellzementeigenschaften und den Erhärtungsbedingungen die Undurchlässigkeit um mehr als das 10^3-fache höher sein, als bei Normalbeton.

In verschiedenen Ländern wurden bisher Quellzemente mit Erfolg an folgenden Objekten eingesetzt:
- Autobahnen, Straßen, Rollfelder der Flughäfen,
- monolithische Fußböden und Estriche,
- fugenlose unbeschichtete Betondachelemente,
- Verfugen von Beton- und Stahlbetonelementen,
- Brückenbauwerke,
- Schwimmbassins,
- Tribünen,
- Tunnelbau,
- selbstvorgespannte Benzintanks aus Stahlbeton,
- Stahlbetonrohre (drucklos und druckbelastet),
- Herstellung von vorgefertigten Raumzellen mit höherer Beständigkeit gegen Rißbildung.

2.8.5 Schnellzemente

Schnellzemente (*Rapid Hardening Cements* oder *Regulated Set Cements*) sind Spezialzemente und sind durch eine sehr schnelle Festigkeitsentwicklung, d.h. durch eine sehr kurze Erstarrungszeit und eine hohe Anfangsfestigkeit gekennzeichnet. Schnellzemente können bereits innerhalb weniger Minuten oder Stunden hohe Festigkeiten erreichen. Schnellzemente sind nicht genormt, aber jeder Zement könnte als Schnellzement bezeichnet werden, der einen Erstarrungsbeginn von weniger als einer Stunde aufweist.

In der Praxis wird nur ein Zement, der nach 2 Stunden eine Mörteldruckfestigkeit von > 4 N/mm² erreicht, als Schnellzement bezeichnet.

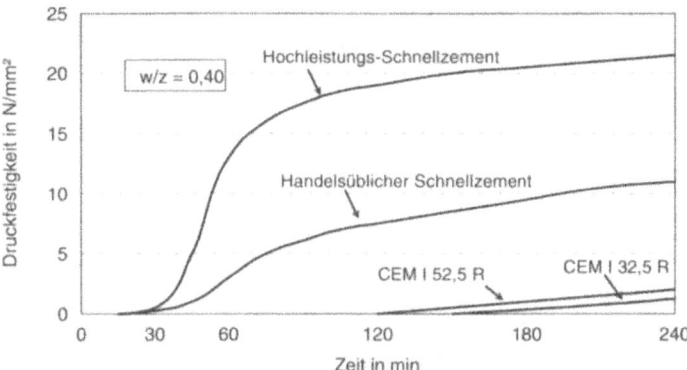

Abb. 2.8.17: Druckfestigkeitsentwicklung von Schnellzementen im Vergleich zu Portlandzementen innerhalb der ersten 4 Stunden

Die Notwendigkeit, Schnellzemente zu entwickeln, erwuchs aus den ständig wachsenden und vielfältigen Anforderungen an Mörtel und Beton, die mit einem Zement normaler Zusammensetzung nicht oder nur unzulänglich erfüllt werden können. Nachfolgend eine Auswahl möglicher Anwendungen:

- Betonschnellinstandsetzung
  Reparaturmörtel u.a. für den Betonfertigteil-, Straßen- und Flugplatzbau
  Vorteile: z.B. schnelle Verkehrsfreigabe
- Betonfertigteilproduktion
  Vorteile: z.B. kürzere Taktzeiten, keine Wärmebehandlung (Energieeinsparung, weniger Form- und Schalungsmaterial)
- Ankermörtel für den Tiefbau
  Vorteile: z.B. früheres Vorspannen möglich, kürzere Taktzeiten

Schnellzement-Typen

Schnellzemente lassen sich nach der Art der Haupt- oder Basiskomponenten einteilen. Dabei kann ein Schnellzement entweder aus

- einer Hauptkomponente (Einkomponentensystem) oder
- mehreren Hauptkomponenten (Mehrkomponentensystem)

bestehen. Haupt- oder Basiskomponenten sind charakteristische Stoffsysteme, deren Anteil im Schnellzement die entscheidende Rolle zum Erreichen der erforderlichen oder gewünschten Frühfestigkeitskriterien spielen.

Als Hauptkomponenten mit ausreichend hohen Hydratationsgeschwindigkeiten kommen für Schnellzemente in Betracht:

- Ca-Silicate, d.h. Portlandzemente bzw. Klinker (mit hohem Alit-Anteil),
- Ca-Aluminate, d.h. Tonerdezemente bzw. -Klinker,
- Ca-Aluminatsulfat ($C_4A_3\bar{S}$) in C_2S-$C_4A_3\bar{S}$)-Klinker oder Zement,
- Ca-Aluminatfluorid ($C_{11}A_7F$) in C_3S-$C_{11}A_7F$-Klinker oder -Zement.

Schnellzemente auf Basis einer Hauptkomponente

Portlandzement

Frühhochfeste Portlandzemente zeigen bereits im Alter von einigen Stunden oder Tagen hohe Festigkeiten. Hierzu zählen z.B. die Zemente CEM I 42,5 R und CEM I 52,5 R nach DIN 1164-1, deren Festigkeiten nach sechs bis zwölf Stunden so hoch ist, daß Mörtelprismen bereits zu dieser Zeit ausgeschalt werden können.

Der erste frühhochfeste Zement wurde 1912 in Österreich hergestellt. Mit zunehmender Weiterentwicklung der Zemente wurden immer höhere Frühhochfestigkeiten erzielt. Dies wurde insbesondere durch

- die Erhöhung des C_3S-Gehaltes des Klinkers,
- die Erhöhung des C_3A-Gehaltes des Klinkers,
- der Erhöhung der Mahlfeinheit des Klinkers sowie
- mit Hilfe von anorganischen und organischen Zusätzen

erreicht.

In Deutschland wurden verschiedene Hochleistungs-Schnellzemente auf Portlandzementbasis entwickelt (SCHMIDT). Diese werden vorrangig bei der Instandsetzung von stark frequentierten Verkehrsflächen eingesetzt, wo Sperrzeiten und die damit verbundenen Verkehrsbeeinträchtigungen möglichst gering bleiben sollen. Die dafür verwendeten Zemente müssen eine ausreichend lange Verarbeitbarkeit und nach der Verarbeitung eine möglichst schnelle und zuverlässige Festigkeitsentwicklung aufweisen.

Tonerdezement

Die Hauptphase des Tonerdezements ist Monocalciumaluminat CA. In kalkärmeren Tonerdezementen tritt außerdem das Calciumdialuminat CA_2 und in kalkreicheren Tonerdezementen die Klinkerphase $C_{12}A_7$ auf. Das Silicat liegt entweder als Dicalciumsilicat C_2S oder Gehlenit C_2AS vor. Das Eisenoxid bildet ebenso wie im Portlandzementklinker Calciumaluminatferrit $C_2(A,F)$.

2.8 Spezialzemente

Die Festigkeit des Tonerdezements beträgt nach einem Tag bereits bis zu 80 N/mm², während die eines frühhochfesten Portlandzementes CEM I 52,5 R zwischen 25 und 30 N/mm² liegt. Für diese Frühhochfestigkeit ist das Hydrat CAH_{10} verantwortlich, das durch Hydratation unterhalb von 23 °C aus CA, der wichtigsten Phase des Tonerdezementes, entsteht. Die anderen Hydratationsprodukte sind C_2AH_8, C_2ASH_8 und Aluminiumhydroxid AH_3. Über 23 °C entsteht jedoch entweder schon sofort oder später aus dem CAH_{10} das kubische C_3AH_6 mit geringerer Festigkeit. Dieser Übergang wird durch den Einfluß feuchter Wärme beschleunigt und ist mit einem erheblichen Festigkeitsverlust verbunden (siehe auch Kapitel 2.8.2 Tonerdezement).

Calciumaluminatsulfatzement
Calciumaluminatsulfatzemente bestehen aus den Hauptklinkerphasen Calciumaluminatsulfat $C_4A_3\bar{S}$, Belit β-C_2S und Ferrit $C_2(A,F)$.

Die auf der Basis von Calciumaluminatsulfat $C_4A_3\bar{S}$ entwickelten Spezialzemente zeichnen sich alle durch hohe Frühfestigkeiten und Expansion bzw. Schwindungskompensation aus, die durch die schnelle Bildung von Ettringit in hohem Ausmaße bedingt werden. Durch die Kombination der $C_4A_3\bar{S}$- und C_2S-Phase werden einerseits eine hohe Frühfestigkeit und andererseits eine gute Nacherhärtung erreicht. Als Hydratationsprodukte werden Ettringit, Monosulfat, AH_3, C-S-H-Gel und CH gebildet.

Calciumaluminatfluoridzement
Unter dem Namen „Regulated Set Cement" (USA) bzw. „Jet Cement" (Japan) sind Schnellzemente bekannt, bei denen durch CaF_2-Zugabe zur Rohmischung anstelle von Tricalciumaluminat ein kalkärmeres Aluminat entsteht – das Fluoraluminat $C_{11}A_7 \cdot CaF_2$ –, das dem $C_{12}A_7$ ganz nahe verwandt ist.

Dieser Zement besteht zu rund 50 - 70 M.-% aus Alit, zu 20 M.-% aus Fluoraluminat und zu 10 - 15 M.-% aus Gips. Die Erstarrung und Erhärtung dieses Zementes in den ersten Stunden ist vor allem durch Ettringit bedingt. Anschließend geht der Alit in Tobermorit über, wobei die Geschwindigkeit der Alithydratation gegenüber normalem Portlandzement etwa verdoppelt wird. Wegen der in großem Ausmaß stattfindenden schnellen Bildung von Ettringit im Zementstein entwickelt dieser Zement nach 2 Stunden schon eine Druckfestigkeit von etwa 4 N/mm² und nach 28 Tagen von etwa 45 N/mm². Die weitere Hydratation des Calciumsilicates führt zur Bildung der C-S-H-Phase und erhöht so im weiteren Zeitverlauf die Festigkeit.

Schnellzemente auf Basis mehrerer Hauptkomponenten
Portlandzement/Tonerdezement - Mischungen
Vermischt man Tonerdezement mit Portlandzement, so erhält man einen sogenannten „Schnellbinder". Dafür ist die rasche Reaktion des Kalkhydrates mit dem Tonerdehydrat verantwortlich, wobei das Ausmaß der Abbindezeitverkürzung vom Mischungsverhältnis abhängt.

Derartige Schnellbinder erhält man im allgemeinen dann, wenn das eine Bindemittel mehr als 20 M.-% des anderen Bindemittels enthält. Die Endfestigkeiten der Schnellbinder liegen in der Regel unter jenen der unvermischten Zemente. Da sowohl die Portlandzemente als auch die Tonerdezemente – abhängig von ihrem Herkunftsgebiet und ihrer Herstellung – unterschiedlich in ihrer Beschaffenheit sind, sind zum Erreichen der gewünschten Eigenschaften umfangreiche Vorversuche erforderlich.

Das alleinige Mischen von Portlandzement und Tonerdezement ergibt noch keinen Schnellzement (BALSEVICS). Es ist notwendig, diesen Gemischen zur Steigerung der Frühhochfestigkeit noch Zusätze beizumischen, die einen positiven Einfluß auf die Anfangsfestigkeit ausüben, ohne jedoch die nachträgliche Festigkeitssteigerung zu beeinflussen. Die Zugabe von Sulfat und Calciumcarbonat zu Portlandzement/Tonerdezement-Mischungen begünstigt die Reaktion des Calciumaluminats mit Wasser und bewirkt eine deutliche Erhöhung der Frühfestigkeiten.

Ein auf dieser Erkenntnis optimierter Schnellzement hatte folgende Zusammensetzung (BALSEVICS):

Portlandzementklinker	76 M.-%
Tonerdezement	14 M.-%
$CaSO_4$	6 M.-%
$CaCO_3$	3 M.-%
Na_2SO_4	1 M.-%

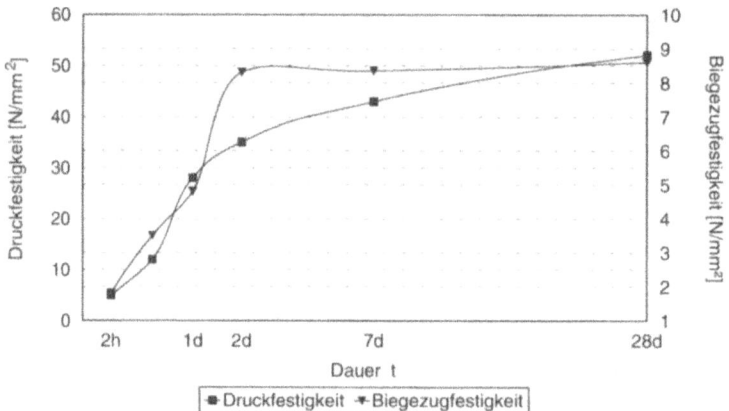

Abb. 2.8.18: Biegezug- und Druckfestigkeiten eines Schnellzementes auf Portlandzement/Tonerdezement-Basis (nach BALSEVICS)

In Deutschland wurde 1979 vom Institut für Bautechnik, Berlin einem Schnellzement mit der Bezeichnung Z 35 SF eine allgemeine bauaufsichtliche Zulassung erteilt. Dieser Schnellzement wird durch werkmäßiges Mischen von Portlandzement, Tonerdeschmelzzement und Zusätzen hergestellt, wobei der Anteil anTonerdeschmelzzement etwa 18% beträgt.

2.8 Spezialzemente

Portlandzement/Microzement-Mischungen

Einen typischen Verlauf der Festigkeitsentwicklung einer Mischung aus frühhochfestem Portlandzement und Microzement zeigt die Abbildung 2.8.19. Dieses schnellhärtende hydraulische Bindemittel wird insbesondere für Reparaturzwecke eingesetzt.

Dabei sind 4 Phasen der Erhärtung charakteristisch:
1. 0 ... 30 min: Verzögerung der Hydratation, um eine noch technisch relativ sichere Verarbeitung zu gewährleisten; wird durch Zusatz von < 0,5% organischer Erstarrungsverzögerer erreicht, z.B. einer hohen Fließmitteldosierung (Ligninsulfonat)
2. 30 ... 60 min: schneller Festigkeitsanstieg, bewirkt durch den Anteil an Microzement (max. Korngröße z.B. < 10 μm), den Feinstanteil des CEM I 52,5 R sowie einen geringen Anteil (< 1,5%) an Alkalicarbonaten, z.B. Na_2CO_3 als Erhärtungsbeschleuniger; dadurch nach 4 h bereits $\beta_D \geq 20$ N/mm²
3. 1 ... 8 h: Induktionsperiode für frühhochfesten Portlandzement mit geringem Festigkeitsanstieg
4. ≥ 8 h weiterer kontinuierlicher Festigkeitszuwachs auf $\beta_D > 60$ N/mm² durch den Portlandzementanteil

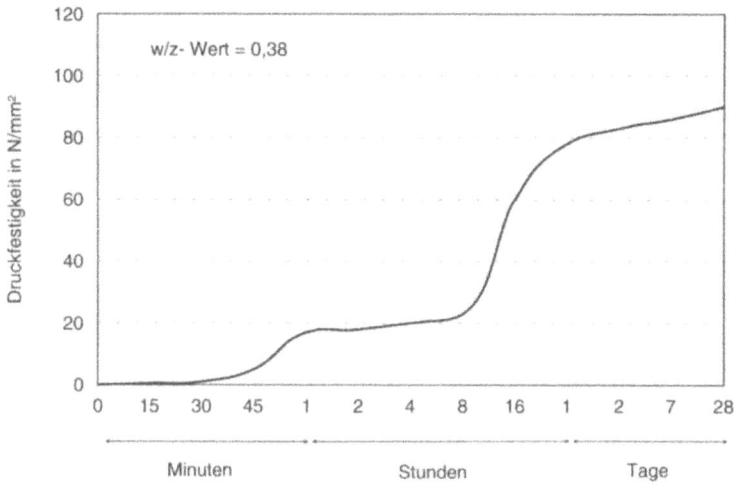

Abb. 2.8.19: Druckfestigkeitsentwicklung eines Schnellzementes aus einer Mischung von Portlandzement und Microzement (nach SCHMIDT)

Beton auf der Basis derartiger Hochleistungs-Schnellzemente wird u.a. bei der Instandsetzung von Verkehrsflächen – Autobahnen, Start- und Landebahnen auf Flughäfen – eingesetzt, wo Sperrzeiten von oft nur 6 Stunden möglich sind. Solche Reparaturbetone, die als werksgemischte Trockenfertigbetone auf die Baustelle geliefert werden, müssen deshalb nach 4 Stunden Festigkeiten von 15 bis 20 N/mm² erreichen. Die Biegezugfestigkeit erreicht nach 2 Stunden bereits 2 N/mm².

Der Frost-Tausalz-Widerstand derartiger hochfester Betone ist auch ohne Zusatz von LP-Mitteln aufgrund der sehr dichten Struktur hervorragend: ca. 250 g/m² Abwitterung nach dem CDF-Prüfverfahren (1500 g/m² ist das Abnahmekriterium nach 28 FTW).

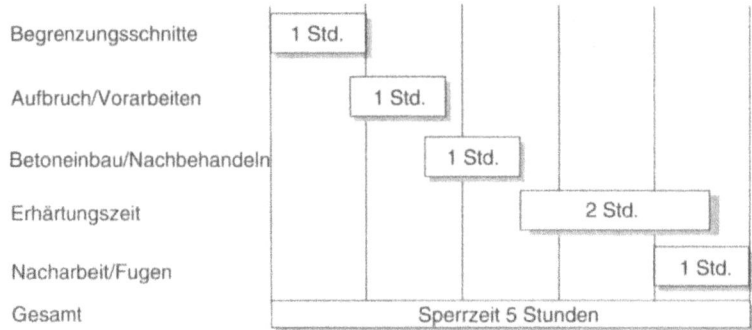

Abb. 2.8.20: Zeitbedarf für die Erneuerung von Fahrbahnplatten mit Hochleistungsreparaturbeton (nach SCHMIDT)

2.8.6 Sulfathüttenzement

Sulfathüttenzement (SHZ) ist ein hüttensandreicher Zement, bei dem die latenthydraulischen Eigenschaften des Hüttensandes (HÜS) sulfatisch geweckt werden. Die Möglichkeit der sulfatischen Anregung von HÜS wurde 1908 von H. KÜHL entdeckt und als Patent „Verfahren zur Herstellung von Zement aus Hochofenschlacke" am 23.12.1908 angemeldet.

In Deutschland wurde SHZ früher als Gipsschlackenzement bezeichnet und war ab 1937 als Normenzement zugelassen. Besondere Bedeutung erlangte der SHZ in den Nachkriegsjahren, da er fast ohne jeglichen Brennprozeß herzustellen ist und in dieser Zeit ein enormer Mangel an Brennstoffen herrschte.

Seit den 70er Jahren ist der SHZ bauamtlich nicht mehr zugelassen und ist kein Normenzement mehr. Eine Ursache dafür war, daß HÜS in der gewünschten Zusammensetzung (hoher Al_2O_3-Gehalt) nicht mehr anfiel. Dazu kam, daß der SHZ mit dem Absanden abgebundener Betonoberflächen bei unzureichender Nachbehandlung eine ungünstige Eigenschaft aufweist.

Obwohl SHZ nicht mehr in den Normen enthalten ist und nicht mehr industriell hergestellt wird, wird hier dieser Zement kurz behandelt, da bei möglichen Sanierungen von Bauwerken aus SHZ-Beton, die Kenntnis über diesen Zement notwendig ist.

SHZ besteht zu 75–85% aus hochbasischem Hüttensand, 12–18% Anhydrit (Sulfatträger) und 1–5% Portlandzement-Klinker.

2.8 Spezialzemente

Entscheidend für die Eignung des HÜS ist sein Al_2O_3-Gehalt, der nach der alten SHZ-DIN 4210 mindestens 13 M.-%, günstiger aber (15 M.-% betragen sollte. Weiterhin forderte die DIN 4210

$$\frac{CaO + MgO + Al_2O_3}{SiO_2} \geq 1{,}6$$

Um die sulfatische Anregung zur vollen Auswirkung kommen zu lassen, ist eine gewisse Alkalität notwendig. Der sich bei der Erhärtung des SHZ einstellende pH-Wert hat eine entscheidende Bedeutung. Der Zusatz von Portlandzement-Klinker in den geringen Anteilen von 1–5% dient dazu, einen für die Ettringitbildung ($C_3A \cdot 3C\overline{S} \cdot H_{32}$) optimalen pH-Wert von 11,5–12 einzustellen. Ettringit spielt für die Erhärtung von SHZ eine wichtige Rolle. Deshalb wird auch die besondere Forderung an den Al_2O_3-Gehalt des HÜS gestellt. Ein zu geringer Al_2O_3-Gehalt würde die Ettringitbildung behindern. Rechnerisch werden für die Bildung von Ettringit bei einem $CaSO_4$-Zusatz von 12% zwar nur 3% Al_2O_3 verbraucht, aber Untersuchungen von D'ANS und EICK führten zu dem Ergebnis, daß wesentlich höhere Al_2O_3-Gehalte ($\geq 13\%$) notwendig sind, um eine Verkrustung der Kornoberflächen mit sauren Gelen zu vermeiden, die zu Reaktionshemmungen führen würden.

Im Gegensatz zum Hochofenzement ist beim SHZ der Hüttensand in Verbindung mit dem Anhydrit der alleinige Träger der hydraulischen Eigenschaften.

Für die Entwicklung der Anfangsfestigkeit ist die Bildung von Ettringit entscheidend. Da diese im plastischen Zustand abläuft, führt sie nicht zu einer Volumenexpansion und damit nicht zu Schäden im Beton. Im späteren Stadium wird die Festigkeitsentwicklung von der Bildung der C-S-H-Phasen, dem hauptsächlichen Hydratationsprodukt, bestimmt. Als weitere Hydratationsprodukte neben C-S-H-Phasen und Ettringit werden Monosulfat ($C_3A \cdot C\overline{S} \cdot H_{12}$), C-A-H-Phasen und $Al(OH)_3$ gebildet (STARK, TSUMURA).

Aufgrund seiner besonderen Zusammensetzung entwickelt der SHZ bei der Hydratation nur eine geringe Wärme von 160 bis 210 J/g (KÜHL). Portlandzement weist dagegen Hydratationswärmen von 350 bis 550 J/g auf (s. Abbildung 2.8.21). Für Massenbeton, insbesondere beim Bau von Staumauern, stellt die geringe Wärmeentwicklung des SHZ eine außerordentlich günstige Eigenschaft dar, da eine thermisch bedingte Rißbildung kaum zu befürchten ist. Die Schwindneigung von SHZ wird, wegen der Volumenzunahme durch die Ettringitbildung, als gering angegeben, wobei dies nur für durchfeuchteten Beton gilt.

Eine entscheidende Bedeutung für die Qualität der oberflächennahen Betonschicht des SHZ-Betons hat die Nachbehandlung. Vorzeitiges Austrocknen hemmt die Hydratation, insbesondere die Bildung des Ettringits, und kann zum Absanden der Oberfläche führen. Ursache ist der relativ hohe Bedarf an chemisch gebundenem Wasser. Ettringit enthält 46% chemisch gebundenes Wasser. Deshalb wird SHZ-Beton im allgemeinen mit einem w/z-Wert > 0,5 hergestellt und z.T. bis zu 3 Wochen nachbehandelt.

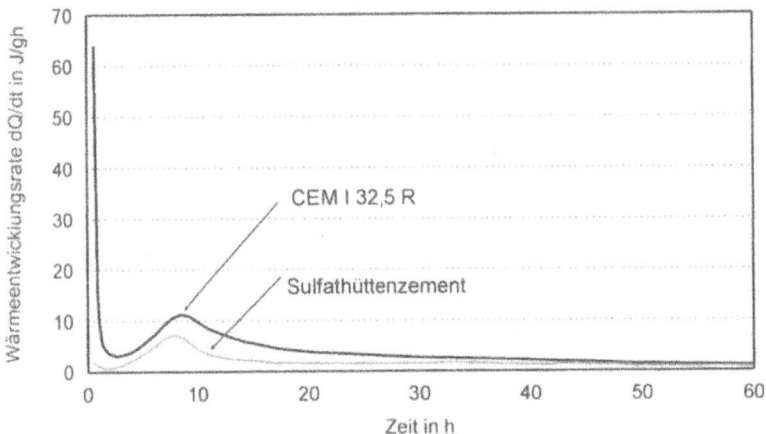

Abb. 2.8.21: Vergleich der Hydratationswärmeentwicklung von Portlandzement und Sulfathüttenzement in Abhängigkeit von der Zeit

Bei guter Nachbehandlung bildet SHZ-Beton ein sehr dichtes Gefüge aus. Positiv ist die hohe Widerstandsfähigkeit gegenüber aggressiven Salzen und Lösungen.

SHZ hat nur eine begrenzte Lagerbeständigkeit. Lagerdauern bis zu 3 Monaten sind möglich. Danach kann es vorkommen, daß der Portlandzement-Anteil im SHZ mit der Luftfeuchtigkeit oder dem CO_2 der Luft reagiert. Da dann der für die Ettringitbildung günstige pH-Wert-Bereich nicht mehr eingestellt werden kann, können Verzögerungen in der Anfangserhärtung auftreten.

Die Festigkeit, insbesondere die Frühfestigkeit, von SHZ-Betonen ist abhängig vom Anteil der Portlandzement-Komponente (s. Abbildung 2.8.22), der Sulfatdosierung und dem Al_2O_3-Gehalt des Hüttensandes. Im allgemeinen werden zum Portlandzement vergleichbare Festigkeiten erreicht. Positiv ist das gute Nacherhärtungsvermögen von SHZ (trotz hoher HÜS-Gehalte). Bei einer höheren Mahlfeinheit des HÜS als bei der früheren SHZ-Herstellung üblich, d.h. bei einer spezifischen Oberfläche von ca. 4500 cm^2/g kann bei einem guten HÜS auf einen Portlandzement-Zusatz verzichtet werden, da das für die Ettringitbildung erforderliche alkalische Milieu durch die Feinstanteile des HÜS erreicht wird.

Ein Nachteil von SHZ ist seine starke Carbonatisierungsneigung. Unter trokkenen Nutzungsbedingungen ist die Carbonatisierungsgeschwindigkeit von SHZ-Beton viel höher als die von Portlandzement-Beton. Im SHZ carbonatisiert vorrangig Ettringit. Dies ist mit einer deutlichen Gefügevergröberung und nachfolgendem Festigkeitsverlust verbunden und muß als eine Ursache für das Absanden von Betonoberflächen von SHZ-Betonen angesehen werden.

Anwendung fand SHZ-Beton bei der Herstellung von Wasserbauwerken, wie Staumauern, Wasserbehältern, Schleusen, Becken, aber auch bei Brücken, Fundamenten, Stützen und Decken.

2.8 Spezialzemente

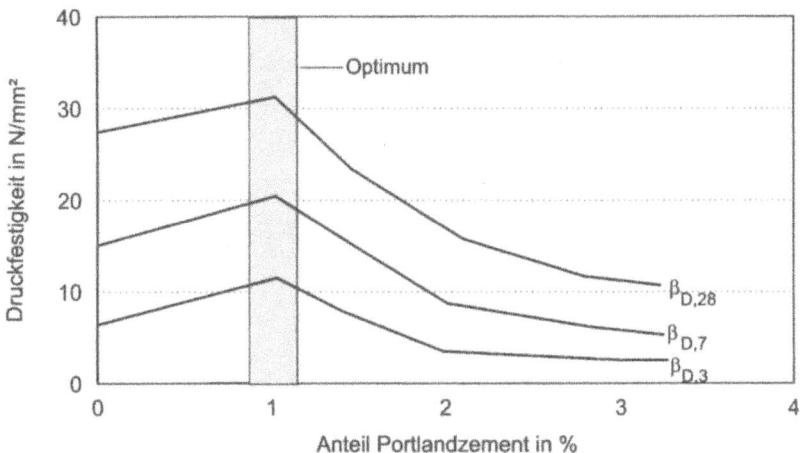

Abb. 2.8.22: Normfestigkeit von SHZ-Mörtel in Abhängigkeit vom Portlandzement-Anteil (nach KÄMPFE)

Eine sachgerechte Sanierung von Bauwerken, bei denen SHZ verwendet wurde, ist mit Portlandzement nicht möglich, da es wegen des hohen Sulfatgehaltes des SHZ an den Kontaktflächen zum Sulfattreiben kommen kann (STARK, SCHLEICHER).

2.8.7 Aktiver Belitzement

Aktiver Belit-Zement (ABZ) ist ein Zement, bei dem Belit als Hauptklinkermineral an die Stelle des Alits tritt. Der Belitgehalt beim ABZ liegt bei ≥ 50%, wobei etwa die Hälfte in der hydraulisch besonders aktiven α'-Modifikation vorliegt. Durch thermische und chemische Aktivierung wird der Belit so beeinflußt, daß er in seinem Festigkeitsverhalten und seinen bautechnischen Eigenschaften einem Portlandzement entspricht.

Die Entwicklung eines aktiven Belit-Zementes verfolgt in erster Linie das Ziel, den spezifischen Energiebedarf für den Zementklinkerbrand durch Veränderung der stofflichen Basis gegenüber Portlandzement-Klinker zu senken. Die Senkung des Energiebedarfs beträgt ca. 10 ... 14% und resultiert zum einen aus der Verringerung des theoretischen Wärmeaufwands durch Senkung des Kalkstandards von KSt I = 95 ... 98 auf Werte von 80 ... 82 (Abbildung 2.8.23). Zum anderen vermindert sich der Wärmeaufwand bei der ABZ-Produktion, weil die notwendige maximale Brenntemperatur um mindestens 100 K niedriger ist als beim Portlandzement-Klinkerbrand.

Darüber hinaus gestattet die ABZ-Produktion die Verwendung von Kalkstein – bzw. Kalkmergelvorkommen mit einem niedrigeren $CaCO_3$-Gehalt als bei der PZ-Herstellung. Lagerstätten, die bislang für die Zementproduktion nicht ausgebeutet werden können, da sie die Herstellung eines alitreichen Klinkers nicht zulassen, sind für die ABZ-Produktion abbauwürdig.

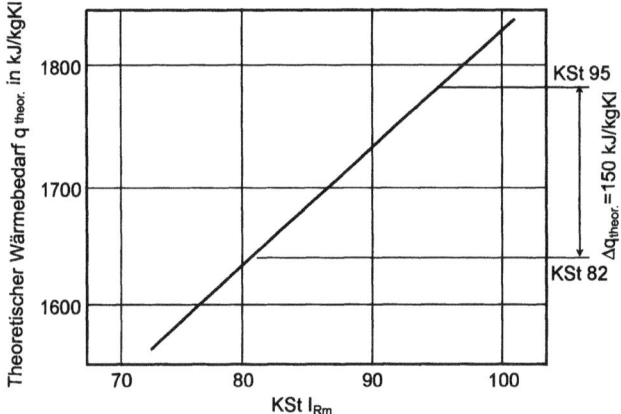

Abb. 2.8.23: Theoretischer Wärmebedarf $q_{theor.}$ als Funktion des Kalkstandards KSt I

Belitreiche Zemente für den Wasserbau sind seit langem als sogenannte „Low Heat Cements" bekannt. Für einen derartigen LH-Zement mit 55% C_2S sind folgende Druckfestigkeitswerte charakteristisch:

- $R_{D,7}$ = 7,5 N/mm^2
- $R_{D,28}$ = 21,0 N/mm^2
- $R_{D,90}$ = 54,5 N/mm^2

Aus diesen Festigkeitswerten sowie dem in Abbildung 2.8.24 gezeigten Kurvenverlauf $R_D = f(\tau)$ für C_3S-reichen und C_2S-reichen Zement ist das typische Merkmal belitreicher Zemente erkennbar:

- sehr niedrige Frühfestigkeiten ($R_{D,3} \leq 5$ N/mm^2) und
- hohe Festigkeiten nach > 90 Tagen.

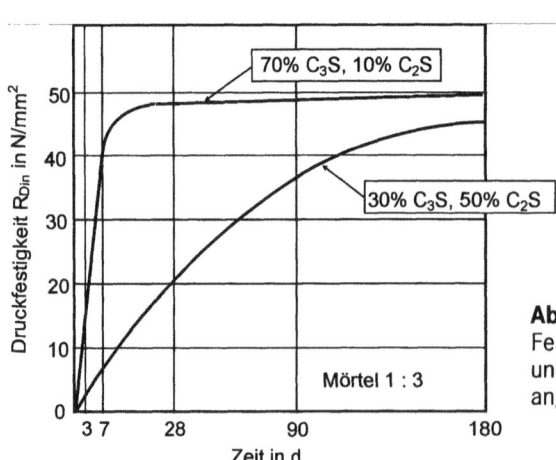

Abb. 2.8.24: Festigkeitsentwicklung von C_3S-reichen und C_2S-reichen Zementen (Literaturangabe in STARK)

2.8 Spezialzemente

Wegen der genannten Merkmale galt der Belit als prinzipiell hydratationsträges Klinkermineral, das nur zur Spätfestigkeit beiträgt.

Diese Beurteilung begann sich zu wandeln, nachdem einerseits die hydraulische Aktivität der 4 C_2S-Modifikationen γ-, β-, α'- und α-C_2S eingehender untersucht wurde und andererseits der Gitterzustand bzw. Fehlordnungsgrad der Klinkermineralien als Einflußgröße auf deren Hydratationsvermögen erkannt wurde.

Hydraulische Aktivität der C_2S-Phasen

Von den 4 C_2S-Modifikationen weist das γ-C_2S praktisch keine hydraulischen Eigenschaften auf. Die hydraulische Aktivität von β-, α'- und α-C_2S ist eine Funktion von Art und Menge der Fremdionen, die in das Kristallgitter eingebaut werden sowie der thermischen Behandlung. Die Hochtemperaturmodifikationen α'- und α-C_2S sind ohne Stabilisatoren (z.B. B^{3+}, K^+, Na^+, Fe^{3+} usw.), also allein durch Abschrecken nach dem Brennen nicht herzustellen. Die Wirkung von stabilisierenden Zusätzen kann wie folgt zusammengefaßt werden:

♦ Der zur Stabilisierung notwendige Gehalt an Fremdoxiden nimmt in Richtung $\beta \rightarrow \alpha' \rightarrow \alpha$-$C_2S$ zu. Die hydraulische Aktivität der C_2S-Modifikationen steigt in der gleichen Reihenfolge. Mit zunehmendem Gehalt an Fremdoxiden erhöht sich der Unordnungsgrad des Kristallgitters und damit in der Regel auch die hydraulische Aktivität.
♦ Bei entsprechendem Gehalt an Fremdoxiden wie Na_2O, K_2O, Fe_2O_3, Al_2O_3 sowie rascher Abkühlung ab Brenntemperatur wird ein gegenüber β-C_2S reaktionsfähigeres α- bzw. α'-C_2S erhalten.
♦ Bei langsamer Kühlung findet eine Ausscheidung der im C_2S gelösten Fremdoxide sowie die Umwandlung $\rightarrow \alpha' \rightarrow \beta$-$C_2S$ statt.

Hydraulische Aktivität von belitreichen Zementen

Bei den ab 1972 in Weimar durchgeführten Untersuchungen zur Herstellung eines hydraulisch aktiven Belitzementes wurde davon ausgegangen, daß durch eine gezielte Erhöhung des Unordnungsgrades des Kristallgitters bzw. durch Erhöhung der Anzahl an Fehlstellen die hydraulische Aktivität des Klinkerminerals Belit entscheidend verbessert werden kann. Dabei wurde erwartet, daß die Hochtemperaturmodifikationen des Belits (α'-, α-C_2S) aufgrund des höheren Gehaltes an Fremdoxiden auch stärker fehlgeordnet und damit hydraulisch aktiver sind.

Die Untersuchungen erbrachten den Nachweis der Existenz eines hydraulisch aktiven Belit-Zementes. Aus einem technischen Rohmehl mit einem Kalkstandard nach KÜHL von KSt_{Rm} I = 80 (im Vergleich dazu Portland-Zement-Rohmehl mit KSt_{Rm} I ≥ 95) kann durch Brennen bei θ_{max} = 1350 °C und Abschrecken des Klinkers im Temperaturbereich 1300 ... 900 °C ein aktiver Belit-Klinker hergestellt werden. Aus diesem Klinker mit einem Belitgehalt von etwa 50% sowie 23% Alit und 20% Zwischenmasse kann bei Mahlung auf 3200 cm^2/g und 6% Gips-/Anhydritzugabe ein Zement mit 28-Tage-Festigkeiten von $R_{D,28}$ ≥ 50 N/mm^2 und 3-Tage-Festigkeiten von $R_{D,3}$ = 14 ... 16 N/mm^2 erzeugt werden.

Die
- **Aufheizgeschwindigkeit** ($\Delta\theta/\Delta\tau$) des Rohmehls auf die Brenntemperatur θ_{max}, die
- **Haltezeit** τ_B bei θ_{max} sowie die
- **maximale Brenntemperatur** θ_{max}

sind für die erreichbaren Zementfestigkeiten von **untergeordneter Bedeutung**:

- $R_D \neq f(\Delta\theta/\Delta\tau)_A$ $10 \leq (\Delta\theta/\Delta\tau)_A \leq 1000$ K/min
- $R_D \neq f(\tau_B)$ $\tau_B \geq 10$ min
- $R_D \neq f(\theta_{max})$ $1300 \leq \theta_{max} \leq 1500$ °C

Als **entscheidende Einflußgröße** auf die Zementfestigkeit hat sich der
- **Abkühlgradient** $(\Delta\theta/\Delta\tau)_K$

im Hochtemperaturbereich von 1300 ... 900 °C erwiesen (Abbildung 2.8.25).

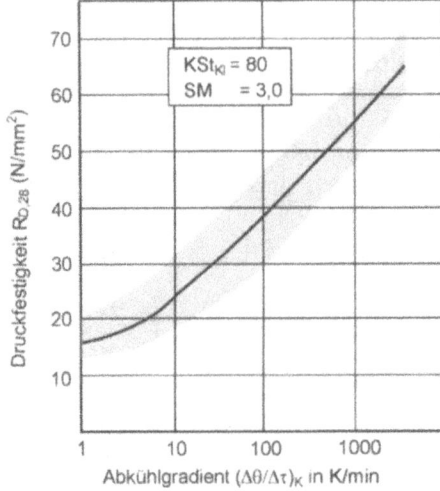

Abb. 2.8.25:
Abhängigkeit der 28-d-Druckfestigkeit $R_{D,28}$ vom Abkühlgradienten $(\Delta\theta/\Delta\tau)_K$ (nach STARK und MÜLLER)

Während bei den heute üblichen Kalkstandardwerten KSt I $\geq$ 95 die Kühlgeschwindigkeit nahezu belanglos für die resultierende Zementfestigkeit ist (Abbildung 2.8.26), kann durch hohe Kühlgeschwindigkeiten im Bereich der Belit-Zemente (KSt I $\leq$ 82) ein beträchtlicher Festigkeitsgewinn gegenüber langsamer Kühlung erzielt werden:

- $R_D \approx (\Delta\theta/\Delta\tau)_K$

Beispielsweise beträgt der Festigkeitsgewinn bei Kühlung mit 1000 K/min gegenüber Kühlung mit praxisähnlichen Abkühlgradiente von 20 K/min etwa $\Delta R_{D,28} = 30$ N/mm².

2.8 Spezialzemente

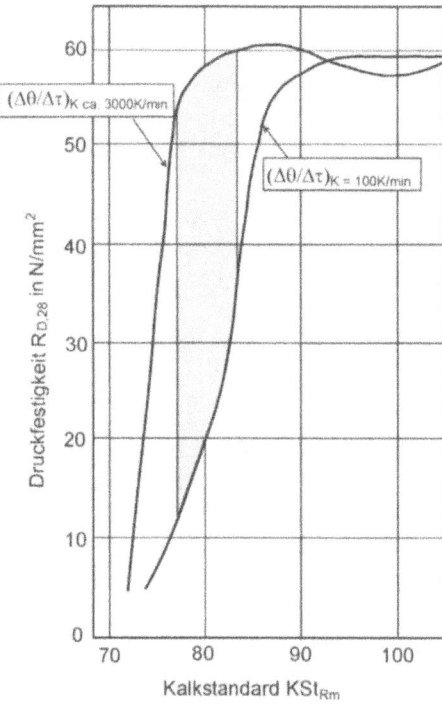

Abb. 2.8.26:
Abhängigkeit der 28-d-Druckfestigkeit $R_{D,28}$ vom Kalkstandard KSt_{Rm} I für schnelle und langsame Abkühlung (nach STARK und MÜLLER)

Da aktive Klinker bei schneller Kühlung entstehen, ist zu erwarten, daß in ihnen die Zusammensetzung, die bei der Klinkerbrandtemperatur vorliegt, eingefroren wird. In den bei langsamer Kühlung entstehenden inaktiven Klinkern kann sich dagegen während der Kühlung immer wieder ein Gleichgewicht einstellen. Die Fremdoxidgehalte liegen bei schneller Kühlung höher als bei langsamer.

Die für die 28-Tage-Festigkeiten sehr deutliche Aktivierung des Belits durch hohe Abkühlgradienten wurde für die 3-d-Festigkeiten in diesem hohen Maße nicht erreicht. Eine Anhebung des Silikatmoduls auf Werte von 2,8 ... 3,0 ist aufgrund der sehr guten Brennbarkeit des Belit-Rohmehles möglich und führt zu einer Steigerung der Frühfestigkeiten des aktiven Belit-Zementes.

Für das Erreichen ausreichender Frühfestigkeiten ist ein Gehalt an in den Klinkermineralien eingebautem K_2O, also nicht sulfatisch gebundenem K_2O, von etwa 0,8 ... 1,5% anzustreben.

Eine chemische Aktivierung des Belits durch Sulfat- oder Fluorgipszusätze zum Rohmehl ist im Kalkstandardbereich ≥ 78 nicht erfolgversprechend.

Mahlbarkeit

Generell ist die Mahlbarkeit eines Klinkers um so schlechter, je höher dessen Belitgehalt ist. Insbesondere die höhere Agglomerationsneigung des Belit-Zementes wird als Ursache für den höheren Mahlaufwand und damit höheren Energiebedarf angesehen.

2.8.8 Feinstzemente

Für die Bereiche der Betonsanierung und Geotechnik wurden in den letzten Jahren durch die Entwicklung von Feinstzementen, auch microfeine Zemente genannt, die Anwendungsmöglichkeiten von Injektionsmaßnahmen mit hydraulisch abbindenden Füllgütern erheblich erweitert.

Feinstzemente sind sehr feinkörnige hydraulische Bindemittel, die durch ihre chemisch-mineralogische Zusammensetzung sowie stetige und eng abgestufte Kornverteilungen charakterisiert sind.

Zusammensetzung

Feinstzemente bestehen im allgemeinen aus den üblichen Zementrohstoffen, wie z.B. Portlandzementklinker, Hüttensand und Abbindereglern (z.B. Gips). Ihre Herstellung erfolgt in Zementwerken durch eine speziell entwickelte Verfahrenstechnik. Diese erlaubt die Herstellung von Zusammensetzungen aus den aufbereiteten Ausgangskomponenten auf Portlandzement- oder Hüttensandbasis für spezielle Anwendungsfälle.

Hinsichtlich der Ausgangsbasis haben sich neben Feinstzementen auf Portlandzementbasis solche auf Hüttensandbasis als günstig erwiesen. Feinstzemente mit speziell ausgesuchten Hüttensanden mit einem Anteil > 65% können z.B. in Fällen eingesetzt werden, wo mit Sulfatangriff zu rechnen ist.

Unterschiede zwischen Feinstzementen und Normenzementen

Das wesentlichste Merkmal von Feinstzementen zur Abgrenzung gegenüber Normalzementen nach DIN 1164 ist die vergleichsweise hohe Feinheit bei gleichzeitiger Begrenzung ihres Größtkorns. Die Tabelle 2.8.6 enthält verschiedene Kenngrößen, durch die sich Feinstzemente von Normenzementen unterscheiden.

Tab. 2.8.6.: Kenngrößen von Normen- und Feinstzement (nach SCHMIDT, KÜHLING)

Kenngröße		Normenzement		Feinstzemente	
		CEM I 32,5 R	CEM I 52,5 R	Feinstzement A	Feinstzement B
Spez. Oberfläche	cm²/g	2700 ... 3300	5400 ... 5700	11000 ... 12000	15000 ... 16000
Dichte	kg/dm³	3,10 ... 3,20	3,10 ... 3,20	ca. 3,00	ca. 3,16
Schüttdichte	kg/dm³	0,90 ... 1,20	0,90 ... 1,20	ca. 0,70	ca. 0,70
Korngrößenverteilung:					
Anteil < 2 µm	Gew.-%	10 ... 12	17 ... 22	30 ... 35	45 ... 50
< 16 µm	Gew.-%	41 ... 50	75 ... 85	95 ... 98	100
< 32 µm	Gew.-%	62 ... 75	96 ... 99	100	100

2.8 Spezialzemente

Unterschiede zwischen Normenzement und Feinstzement werden am deutlichsten bei der spezifischen Oberfläche erkennbar. Danach sind Feinstzemente bis zu 3mal feiner als Normenzemente. Die Dichte ist nahezu gleich, und die Schüttdichte beim Feinstzement ist im Durchschnitt mit ca. 0,70 kg/dm^3 deutlich geringer als beim Normenzement.

Die entscheidende Kenngröße des Feinstzementes ist aber nicht die spezifische Oberfläche, sondern **entscheidend ist die Korngrößenverteilung**. Um ein gutes Penetrationsvermögen, z.B. in Felsklüften, Böden oder in feinen Bauwerksrissen zu erzielen, dürfen nur geringe Mengen von Sperrkorn („grobe" Zementkörner) im Injektionsleim vorhanden sein. Diese würden sonst das Eindringen des Zementleimes bremsen oder verhindern. Als Richtwerte können hierbei die Durchgangswerte bei 16 µm (0,016 mm) betrachtet werden. Bei den Feinstzementen sollte der Durchgangswert > 95 Gew.-% betragen. Für die Bauwerkssanierung sollte der Wert sogar bei 100% liegen. Die Feinstzemente müssen weiterhin eine stete Korngrößenverteilung aufweisen. In der Abbildung 2.8.27 ist die Kornverteilung von Normenzementen und Feinstzementen ersichtlich.

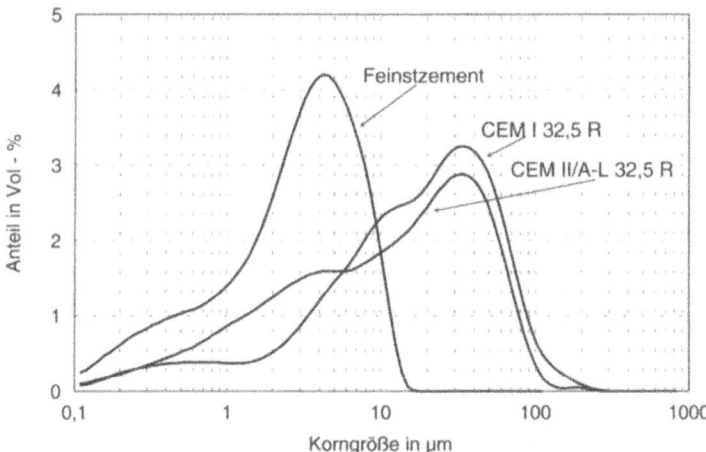

Abb. 2.8.27: Vergleich der Korngrößenverteilung eines Feinstzementes mit einem CEM I 32,5 R und einem CEM II/A-L 32,5 R

Anwendungen

Feinstzemente haben zwei Hauptanwendungsgebiete:

♦ Geotechnik (Bodenverfestigung)und
♦ Betoninstandsetzung (Füllen von Rissen).

Darüber hinaus gibt es Überlegungen, Feinstzemente anstelle von mineralischen Zusatzstoffen (Microsilica oder Flugasche) zur Verbesserung der Dauerhaftigkeit von Hochleistungsbetonen einzusetzen.

Geotechnik

Durch den Einsatz von Feinstzementen wurden die Anwendungsbereiche von zementgebundenen Injektionssystemen in der Geotechnik erweitert. Aus der Darstellung der Anwendungsgrenzen von Injektionsmitteln in Abhängigkeit von der Korngröße des zu injizierenden Bodens der Abbildung 2.8.28 ist zu entnehmen, daß mit üblichen Zementen nur Fein- und Mittelkiese sowie Grobsande injiziert werden können. Mit Suspensionen aus Feinstbindemitteln können aber auch der Porenraum von Mittel- und Feinsanden verfüllt werden. Das Ziel einer Injektionsmaßnahme in Lockergestein ist neben der Bodenabdichtung durch Verringerung der Wasserdurchlässigkeit die Erhöhung der Tragfähigkeit des Bodens, um so z.B. standsicherheitsgefährdete Bauwerke durch Verfestigungen des Bodens unterhalb der Fundamente zu sichern oder beim Herstellen von Injektionssohlen für Baugruben. Weiterhin ist es möglich, Dichtungsschleier im Dammbau herzustellen, zur Verhinderung von Wasserum- und -unterläufigkeiten im Dammbereich. Im Felsbau wird Feinstzement zum Verfüllen von engen Felsklüften bzw. Rissen eingesetzt.

Böden, die überwiegend aus Sanden bestehen, waren bisher ausschließlich mit Wasserglaslösungen injizierbar. Da diese Lösungen wegen möglicher Schadstoffauslagerungen größtenteils verboten sind, bietet sich die Feinstzementinjektion an.

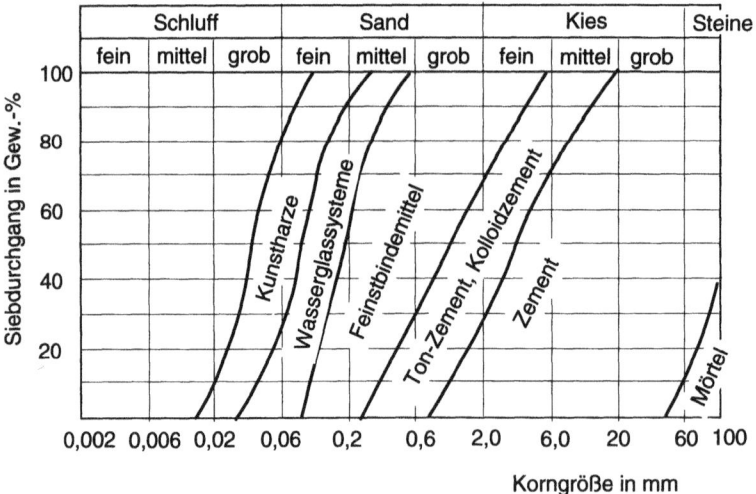

Abb. 2.8.28: Anwendungsgrenzen von Injektionsmitteln für Lockergesteinsinjektionen

Betoninstandsetzung

Die Rißsanierung im Beton- und Mauerwerksbau wurde früher weitgehend durch chemische Injektionsmaterialien realisiert (Epoxidharzinjektionen). Heute können Zementsuspensionen aus Feinstzementen als Füllgut zum Schließen und Abdichten von Rissen sowie kraftschlüssigen Verbinden von Rißufern beliebiger Feuchte eingesetzt werden. Zu den Einsatzgebieten zählen u.a. die Sanierung von Staumauern und Abwasserkanälen.

2.8 Spezialzemente

Wirtschaftlicher Vergleich von traditionellen Injektionsmitteln mit Feinstzement

Der Einsatz von Feinstzement hat gegenüber den bisher verwendeten Injektionsmitteln Wasserglas und Kunstharz drei wesentliche Vorteile:

♦ technisch einfaches Verfahren,
♦ preislich günstiger,
♦ umweltverträglicher.

Die Tabelle 2.8.7 enthält einen relativen Preisvergleich traditioneller Injektionsmittel mit Feinstzement.

Tab. 2.8.7: Preisrelation je Gewichtsanteil des unverpreßten Injektionsmittels (nach KÜHLING)

Injektionsmittel	rel. Kosten je kg unverpreßtes Injektionsmaterial
Normzement	1
Feinstzement	
Spez. Oberfläche ≥ 8.000 cm²/g	5
Spez. Oberfläche ≥ 12.000 cm²/g	10
Wasserglas	5 ... 15
Kunstharz	bis 30

Feinstzemente in Hochleistungsbetonen

Die derzeit üblichen Zusatzstoffe wie Flugaschen und Microsilica können die Gefügeausbildung von Hochleistungsbetonen unter besonderen Bedingungen negativ beeinflussen und sich somit auch negativ auf die Dauerhaftigkeit dieser Betone auswirken. Die Verwertung von Feinstzementen als Zusatzstoff kann dieses Risiko ausschließen.

Vorteile der Feinstzemente:

♦ bestehen i.a. aus den üblichen Zementrohstoffen:
  – Portlandzementklinker,
  – Hüttensand,
  – Abbinderegler Gips, Anhydrit.
  In der Tabelle 2.8.8 ist die chemische Zusammensetzung von zwei Feinstzementen dargestellt.
♦ feinkörnige, hydraulische Bindemittel, die durch stetige und eng abgestufte Kornverteilungen charakterisiert sind (Tabelle 2.8.9).
♦ können gezielt nach ihrer Zusammensetzung (auf Portlandzement-/Hüttensandbasis) und Feinheit eingesetzt werden.

Feinstzemente können durch separate Mahlung und Sichten im Hochleistungssichter (Abbildung 2.8.29) oder durch Sichten aus normalen Zementen (Abbildung 2.8.30) hergestellt werden.

Tab. 2.8.8: Chemische Zusammensetzung von Feinstzementen (hergestellt durch Feinstmahlung)

	Feinstzement auf Portlandzementbasis [%]	Feinstzement auf Hüttensandbasis [%]
SiO_2	21,7	31,7
Al_2O_3	4,1	11,4
Fe_2O_3	1,6	0,6
CaO	65,8	44,3
MgO	0,8	7,0
K_2O	0,83	0,37
Na_2O	0,26	0,25
SO_3	2,4	0,9

Tab. 2.8.9: Vergleich der mittleren Korngröße und der spezifischen Oberfläche (BET-Verfahren) von Zement, Feinstzement und Microsilica

	Mittlere Korngröße [µm]	Spezifische Oberfläche [m²/g]
CEM I 42,5 R-HS	13,2	1,0
Feinstzement auf Hüttensandbasis:		
– Standard	7,9	1,5
– Fein	5,0	2,3
– Ultrafein	3,1	3,0
– Extrafein	1,9	3,3
Microsilica	0,15 ... 0,2	20 ... 22

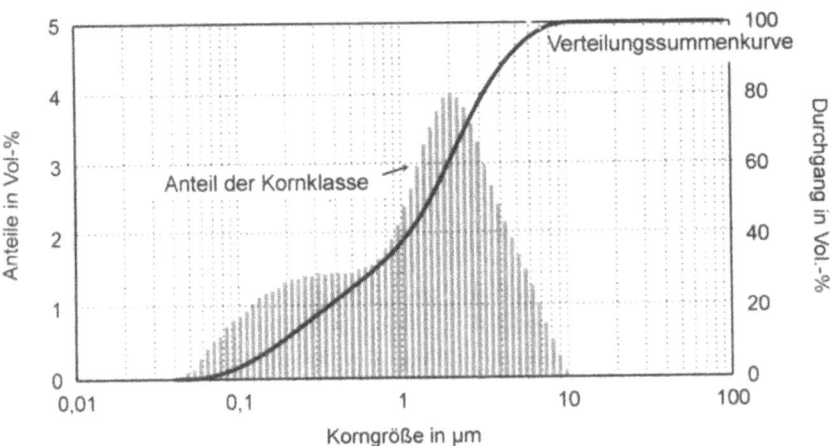

Abb. 2.8.29: Korngrößenverteilung eines durch Feinstmahlung hergestellten Feinstzementes (Mahlfeinheitheit Extrafein) auf Portlandzementbasis

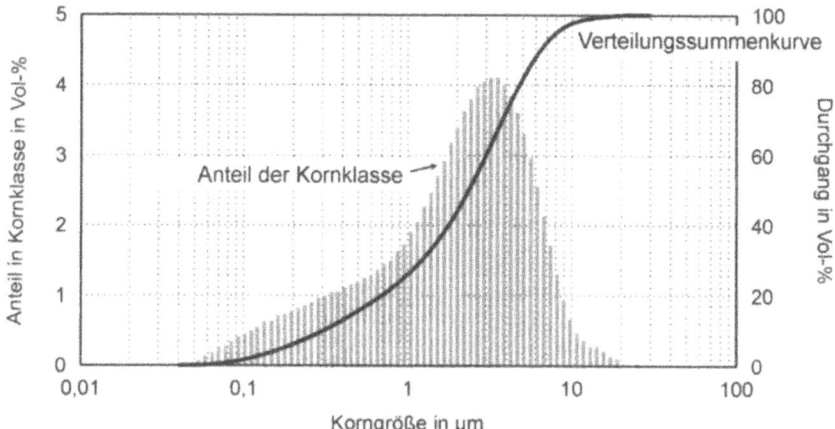

Abb. 2.8.30: Korngrößenverteilung eines durch Heraussichten hergestellten Feinstzementes

Untersuchungen am F. A. Finger-Institut für Baustoffkunde ergaben, daß

* ein Austausch von Microsilica durch Feinstzemente, besonders auf der Basis von Hüttensand, bei konstantem Wasser- und Fließmittelgehalt die Frischbetonkonsistenz und das Mikrogefüge des Zementsteins (Struktur von nichthydratisierten Teilchen, Porositätskennwerte) verbesserte,
* im Vergleich zu Beton ohne Zusatzstoffe ein teilweiser Austausch von Zement durch Feinstzemente, je nach Art, Menge und Feinheit einen Festigkeitszuwachs ergab, der einer Microsilicazugabe vergleichbar war,
* durch Zugabe von Feinstzementen zu Hochleistungsbetonen es möglich ist, deren Dauerhaftigkeitskennwerte, insbesondere den Frost-Tausalz-Widerstand, positiv zu beeinflussen.

2.8.9 Alinitzement

Alinitzement ist ein hydraulisches Bindemittel, hergestellt durch geeignete Aufmahlung des nach der Niedertemperatursynthese (NTS) erhaltenen Alinitzementklinkers.

Alinitzement wurde großtechnisch in Usbekistan im Naßverfahren hergestellt. Ein entsprechendes Patent wurde von NUDELMAN 1977 in der UdSSR angemeldet. Dieser Zement enthält als Hauptklinkermineral Alinit anstelle des Alits. Weitere Klinkerminerale sind Belit, Tetracalciumaluminatferrit, Tricalciumaluminat oder $Ca_{11}A_7 \cdot CaCl_2$.

Ziel war es, den hohen Energieverbrauch – bedingt durch das Naßverfahren – zu reduzieren. Durch Zugabe von $CaCl_2$ konnte das Hauptklinkermineral Alinit in einer Salzschmelze bereits bei Temperaturen von 1000 ... 1100 °C erhalten werden. Dadurch reduzierte sich der spezifische Wärmeverbrauch für den Klinkerbrennprozeß um ca. ein Drittel. Der dabei erhaltene Klinker ist nicht so hart und daher besser mahlbar.

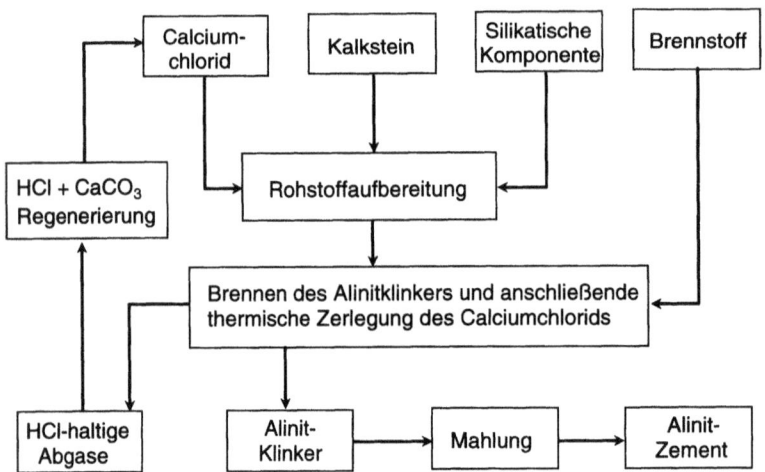

Abb. 2.8.31: Das NTS-Verfahren mit CaCl$_2$-Regenerierung zur Herstellung von Alinitzement (nach Nudelman)

Mit dem Ziel der Verwertung der Rückstände aus der Rauchgasreinigung von Müllverbrennungsanlagen wurde in Deutschland ein Halbtrockenverfahren zur Herstellung eines Alinitzementes entwickelt. Dabei werden Rückstände aus Müllverbrennungsanlagen mit anderen Reststoffen sowie – falls erforderlich – mit einem Korrekturstoff (Kalksteinmehl) im erforderlichen Verhältnis miteinander vermischt und nach Wasserzugabe granuliert. Das Brennen erfolgt je nach gewünschter Klinkerqualität bei 950 ... 1150 °C. Die Klinkerverweildauer im Ofen beträgt über eine Stunde. Dabei wird das in den Rauchgasreinigungsrückständen vorhandene leicht lösliche Calciumchlorid durch Einbindung in die silikatische Matrix des Alinits zu mehr als 50% in eine schwach lösliche Form überführt. Während des Brennprozesses ist aufgrund der hohen Temperatur und großen Verweilzeit des Materials mit einer vollständigen Zerstörung der Dioxine und Furane zu rechnen. Eine Rückbildung dieser Verbindungen im Abgasstrom kann durch „Abschrecken" der Gase (*quenching*) vermieden werden.

Nach VON LAMPE können für Alinit folgende Strukturformel:

$$Ca_{9,9}\ Mg_{0,8}\ \square_{0,3}\ [Si_{3,4}\ Al_{0,6}\ O_{16}]\ O_{1,9}\ Cl_{1,0}$$

(wobei $\square$ eine Lücke bedeutet) und Oxidformel:

$$2{,}76\ CaO \cdot SiO_2 \cdot 0{,}24\ MgO \cdot 0{,}09\ Al_2O_3 \cdot 0{,}15\ CaCl_2$$

angenommen werden.

Alinit ist folglich kein besonders fremdoxidreicher Alit, sondern ein von Alit verschiedenes Klinkermineral.

In einem Molekül Alinit sind somit mehr als 4 Masseprozent Chlorid enthalten, im Alinitzement ca. 2,5% Cl.

2.8 Spezialzemente

Einer breiten Anwendung des Alinitzementes stehen aber bisher entgegen:
* Auf Grund des hohen Chloridgehaltes kommt es bereits nach kurzen Zeiträumen zur Korrosion des Bewehrungsstahles im Stahlbeton.
* Beim Brennen des Klinkers in einer Salzschmelze im energiegünstigen Trockenverfahren ist der störungsfreie Betrieb der verschiedenen Vorwärmertypen ein ungelöstes Problem.

Alinitzementqualitäten

Brenntechnisch lassen sich weich-, mittel- und hartgebrannte Klinker herstellen. Mit steigendem Brenngrad sinkt der Gehalt an Freikalk und Chloriden.

Ein typischer Alinitbinder hat nach ROEDER und OBERSTE-PADTBERG folgenden Mineralbestand:

60 ... 65% Alinit,
15 ... 20% β-C$_2$S,
ca. 10% C$_{11}$A$_7 \cdot$ CaCl$_2$ und
ca. 5% C$_2$(A,F).

Darüberhinaus können noch Freikalk und Reste an CaCl$_2$ bis zu 5% enthalten sein.

Tab. 2.8.10: Freikalk- und Chloridgehalte unterschiedlicher Klinkerqualitäten

Element/Oxid		Klinkerqualität		
		hartgebrannt (1150 °C)	mittelgebrannt (1000 °C)	weichgebrannt (950 °C)
Cl	[%]	4,42	5,11	7,37
CaO$_{frei}$	[%]	0,78	3,32	5,35

Eigenschaften

Hinsichtlich der hydraulischen Aktivität ist der Alinit die aktivste Verbindung unter den bekannten Calciumsilikaten. Alinitzement zeichnet eine hohe Frühfestigkeit aus. Die Normfestigkeiten sind mit denen anderer handelsüblicher Zemente vergleichbar.

Alinitzement ist ein schnell abbindendes Bindemittel. Die Abbindezeiten können durch angepaßte Zusätze verzögert werden.

Tab. 2.8.11: Eigenschaften unterschiedlicher Zementqualitäten

Alinitzement-qualität	Freikalkgehalt [%]	Abbindezeiten [min]		Druckfestigkeit nach 28 Tagen [N/mm^2]
		Beginn	Ende	
weichgebrannt	3,5 ... 5,5	5	9	22,5
mittelgebrannt	2 ... 3,5	18	24	22,5
hartgebrannt	< 1	25	30	30,0

Betone aus Alinitzement sind nur in geringem Maße frostbeständig und haben eine erhöhte Schwindneigung. Die enthaltenen Chloride (bis 3,5%) führen zu einer intensiven Korrosion von Stahl.

Anwendungsmöglichkeiten

Alinitzement kann als Bindemittel in frühtragenden Bergbaumörteln eingesetzt werden. Die notwendige Druckfestigkeit von 5 N/mm^2 wird problemlos erreicht.

Es ist möglich, Alinitzement als Deponiebinder einzusetzen. So lassen sich beispielsweise unbehandelte Rückstände aus Müllverbrennungsanlagen in gewünschter Weise verfestigen.

Weitere Einsatzmöglichkeiten können sein:
- monolithische Kanalauskleidungen,
- Industriefußböden,
- Betonelemente (Verkürzung der Wärmebehandlungsdauer bis zu 50% möglich),
- Herstellung von Mauermörtel.

Wegen der Chloridkorrosion kann der Alinitzement keine Anwendung in stahlbewehrten Betonen finden.

2.8.10 Bariumzement

Unter der Bezeichnung Bariumzement versteht man einen Spezialzement, bei dem der Kalkstein der Ausgangsmischung zur Herstellung des Portlandzementes ganz oder teilweise durch eine Bariumkomponente ersetzt wird. Ebenso ist es möglich, einen Zement auf der Basis des Erdalkalimetalls Strontium herzustellen. Auf Grund besonderer Eigenschaften und der damit verbundenen speziellen Einsatzfelder werden diese Zemente auch als „Edelzement" bezeichnet. In Herstellung und Anwendung unterscheiden sich beide nicht gravierend, so daß im weiteren auf den in der Praxis bedeutsameren Bariumzement eingegangen wird.

Bereits im Jahre 1909 wurde ein Patent für ein Verfahren angemeldet, bei dem Bariumcarbonat anstelle des Calciumcarbonats in die Rohmischung eingeführt wird.

Barium- und Strontiumzemente sind wesentlich teurer als herkömmliche Zemente. Deshalb werden sie sehr begrenzt verwendet. Zur Zeit sind solche Zemente nur noch für den Strahlenschutz von praktischer Bedeutung.

Ausgangsstoffe

Die basischen Rohstoffe zur Herstellung der Bariumzemente sind carbonatische (Witherit = $BaCO_3$) und/oder sulfatische (Schwerspat = $BaSO_4$) Bariumverbindungen. Die Zersetzungstemperaturen sind gegenüber den analogen Calciumverbindungen erhöht. Die zu erwartetenden Brennschwierigkeiten werden aber

2.8 Spezialzemente

durch eine erhöhte Reaktionsfähigkeit mit den nichtbasischen Rohstoffen aufgehoben.

Als nichtbasische Rohstoffe kommen Tone, Mergel, Bauxite und Eisenerz in Betracht.

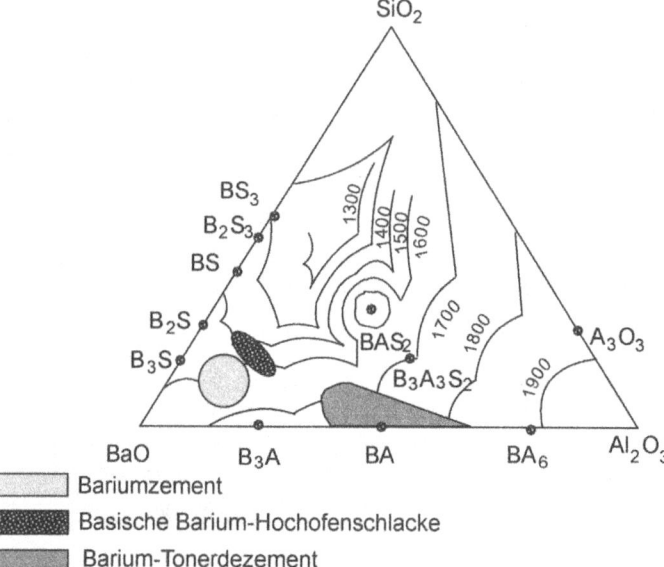

Abb. 2.8.32: Das Dreistoffsystem Bariumoxid-Tonerde-Kieselsäure (nach TOROPOW, GALACHOW und BONDAR-BRANISKI)

Brennen des Bariumzementklinkers

Im Ergebnis der Reaktion zwischen Bariumcarbonat und Kieselsäure, welche bei ungefähr 775 °C beginnt, entsteht das Dibariumsilikat (2 BaO · SiO$_2$). In Abhängigkeit vom Flußmittelgehalt (Fe$_2$O$_3$, MgO) entsteht bei Temperaturen um 1050 °C das Tribariumsilikat (3 BaO · SiO$_2$), in größeren Mengen aber erst nach der Zersetzung des Bariumcarbonates oberhalb 1250 °C. Bei Temperaturen über 1450 °C wird ein vollständiger Umsatz erreicht. Die entsprechenden Silikate des Bariums entstehen bei ca. 80 K (Belite) bzw. 180 K (Alite) niedrigeren Temperaturen als die analogen Calciumsilikate. Die Reaktion der Kieselsäure mit dem Bariumsulfat läuft im Vergleich zum Carbonat erst bei entsprechend höheren Temperaturen (um ca. 200 K höher) ab.

Klinkerminerale des Bariumzementes

Etwa die Hälfte des CaO im Portlandzement kann durch BaO ersetzt werden. Dabei wird das Calcium nicht nur in den Silikaten, sondern auch in den Aluminaten und Ferriten durch das Erdalkalimetall ersetzt.

Hydraulische Eigenschaften haben nur zwei Silikate des Bariums: das Dibariumsilikat 2 BaO · SiO$_2$ und das Tribariumsilikat 3 BaO · SiO$_2$. Es existieren in diesem System CaO-BaO-SiO$_2$ aber auch einige Calcium-Barium-Silikate, die auch bei Zimmertemperatur beständig sind und hydraulische Eigenschaften (als Orthosilikat z.B. 5 BaO · 3 CaO · 4 SiO$_2$) aufweisen.

$$5\,BaO \cdot 3CaO \cdot 4SiO_2 + 8H_2O \rightarrow 4(BaO \cdot SiO_2 \cdot H_2O) + Ba(OH)_2 + 3Ca(OH)_2$$

Es existieren drei **Bariumaluminate**:

$3\,BaO \cdot Al_2O_3$, $BaO \cdot Al_2O_3$ und $BaO \cdot 6Al_2O_3$.

Das Monobariumaluminat weist die besten hydraulischen Eigenschaften und die größten Festigkeiten auf. Die Bariumaluminate, insbesondere das Tribariumaluminat und das Monobariumaluminat, sind außerordentlich gut wasserlöslich. Aus diesem Grund sind Bariumtonerdezemente keine hydraulischen Bindemittel und können nur an der Luft erhärten.

Folgende **Bariumferrite** sind bekannt:

$BaO \cdot 6Fe_2O_3$, $BaO \cdot Fe_2O_3$ und $2\,BaO \cdot Fe_2O_3$.

Nur letztere Verbindung hat hydraulische Eigenschaften. Sie erhärtet langsam (Erstarrungszeit über 12 h) erreicht aber nach 28 d eine Druckfestigkeit von ca. 35 N/mm^2.

Das **Tetrabariumaluminatferrit** hat sehr gute hydraulische Eigenschaften. Es reagiert mit Wasser unter Bildung von Tribariumaluminathexahydrat und Bariumferritmonohydrat:

$$4\,BaO \cdot Al_2O_3 \cdot Fe_2O_3 + 7H_2O \rightarrow 3\,BaO \cdot Al_2O_3 \cdot 6H_2O + BaO \cdot Fe_2O_3 \cdot H_2O.$$

Alle Klinkermineralien des Bariumzementes sind in Analogie zum Calciumzement durch Fremdoxide stabilisiert: Bariumalit durch Al$_2$O$_3$, MgO bzw. Fe$_2$O$_3$; Bariumbelit durch Al$_2$O$_3$, Alkalioxide bzw. Fe$_2$O$_3$.

Aus dem Bariumzementklinker kann unter Zugabe von basischer Hochofenschlacke (15 ... 85%) ein zumahlstoffhaltiger Zement hergestellt werden.

Zur Regulierung der Erstarrungszeiten wird Gips zugegeben. So werden beim Bariumhüttenzement beispielsweise Bariumzementklinker, Hochofenschlacke und 5% Gips miteinander vermahlen.

Hydratation

$$3\,BaO \cdot SiO_2 + z\,H_2O \rightarrow BaO \cdot SiO_2 \cdot (z\text{-}2)\,H_2O + 2\,Ba(OH)_2$$

$$2\,BaO \cdot SiO_2 + n\,H_2O \rightarrow BaO \cdot SiO_2 \cdot (n\text{-}1)\,H_2O + Ba(OH)_2$$

Die Hydratation der Trialuminate des Bariums und des Calciums vollzieht sich gleichartig. Das Hydratationsprodukt des Tribariumaluminats hat im Gegensatz zur Calciumverbindung eine sehr große Löslichkeit.

Bei der Hydratation des Tetrabariumaluminatferrits entsteht lösliches Tribariumaluminathexahydrat und unlösliches Bariumferrit (BaO · Fe$_2$O$_3$ · z H$_2$O).

Bariumzemente haben eine viel größere Hydratationsgeschwindigkeit als Calciumzemente.

Eigenschaften

Betone und Mörtel auf der Basis von Bariumzement absorbieren Röntgenstrahlen und harte γ-Strahlung.

Aus Bariumzement hergestellte Betone und Mörtel sind besonders beständig gegenüber der Einwirkung chemisch aggressiver Stoffe (insbesonder Meerwasser und andere Sulfatlösungen). Nach BRANISKI nimmt bei Betonen auf der Basis von Bariumzement selbst nach 10-jähriger Einwirkung von Meerwasser noch die Druckfestigkeit zu. Dies trifft ebenso auf Bariumhüttenzemente und Bariumpuzzolanzemente zu. Bedingt ist dies durch vergeichsweise größere Aktivität des Bariumhydroxids gegenüber dem Calciumhydroxid und das dadurch verursachte frühere Einsetzen der puzzolanischen Reaktion.

Tab. 2.8.12: Druckfestigkeiten (in N/mm^2) von verschiedenen Bariumzementen, BAZ: Bariumzementklinker, HÜS: Hüttensand, (nach BRANISKI)

Verfestigungs-dauer	Zement 1 100% BAZ 0% HÜS	Zement 2 70% BAZ 30% HÜS	Zement 3 30% BAZ 70% HÜS
7 d	31	32	33
28 d	46	46	43
1 a	67	–	68
10 a	71	–	67

Silikatischer Bariumzement carbonatisiert innerhalb weniger Tage, da das reaktive Bariumhydroxid sich sehr rasch mit dem CO_2 der Luft umsetzt. Abgebundene Versuchskörper aus silikatischem Bariumzement sind nicht in jedem Fall wasserbeständig: bei zu kurzer vorheriger Lufterhärtung (weniger als 30 d) erfolgt keine Umwandlung des Bariumhydroxides in unlösliches Bariumcarbonat und ebenso bei Lagerung in sulfatfreien Wässern nach vorheriger Lufterhärtung.

Die stark alkalische Wirkung des Bariumhydroxides sichert einen wirkungsvollen Korrosionsschutz des Bewehrungsstahl in Mörtel und Betonen aus Barium- und Bariumsonderzementen.

Betone aus Bariumzementen entwickeln eine viel größere Haftfestigkeit am Stahl im Vergleich zu den Calciumzementen.

Anwendung

Silikatischer Bariumzement wird für Abschirmschwerbeton gegen ionisierende Strahlung eingesetzt. Diesem Beton wird Barytsand als feiner und Stahlabfälle als grober Zuschlag beigegeben. Dank des großen Absorptionskoefffizienten für Gamma- und Röntgenstrahlung verfügt das Element Barium und damit seine Betone über eine hohe biologische Schutzwirkung. Bei gleicher Schutzwirkung ist es möglich, durch einen vollwertigen Bariumschutzbeton (20% Bariumzement und 80% Schwerspatzuschläge) die Mindestdicke eines normalen Portlandzement-Betons auf ca. 1/10 zu reduzieren.

Bariumzemente können zur Herstellung von Feuerfestbetonen und -mörtel verwendet werden. Hierzu eignet sich der Bariumtonerdezement. Für solche Betone werden basische feuerfeste Zuschläge wie Magnesitstein- und Chrommagnesitsteinabfälle verwendet.

Betone aus Barium- und Bariumsonderzementen eignen sich für Meerwasserbauten, da sie den korrodierenden Angriffen des Meerwassers besser widerstehen.

Bei Anwendung üblicher Dichtungsmittel werden neue Bariumverbindungen gebildet, die die imprägnierte Oberfläche verdichten und gegen äußere Angriffe weniger empfindlich machen. Konzentrierte Magnesiumsilicofluoridlösung bewirkt gleichzeitig eine bedeutende Oberflächenhärtung (Zunahme der Härte von 3,5 auf 6 ... 7 nach MOHS). Ähnliches kann durch Wasserglas erreicht werden:

$$Ba(OH)_2 + Mg(SiF_6) \rightarrow Ba(SiF_6) + Mg(OH)_2$$

$$BaCO_3 + MgSiF_6 + H_2O \rightarrow Ba(SiF_6) + Mg(OH)_2 + H_2O$$

$$Ba(OH)_2 + Na_2O \cdot SiO_2 + H_2O \rightarrow BaO \cdot SiO_2 \cdot H_2O + 2\,NaOH$$

Der Betonschutz soll in diesen Fällen besser sein als beim Portlandzement-Beton, da die entsprechenden Bariumverbindungen wesentlich schwerer löslich sind.

Bariumzement hat wechselnde Abbindezeiten und eine hohe Anfangsfestigkeit.

Bariumhüttenzement und Bariumschlackenzement sind weitere Sonderzemente, die man durch Zumahlung von 15 ... 85% basischer Hochofenschlacke zu Bariumzementklinker und Gips erhält. Diese Zemente zeichnen sich durch gute Meerwasserbeständigkeit aus.

2.8.11 Literatur

Weißzement

EENBERGEN, A.F.P. VAN
Roentgenfluoreszenzanalyse zur Spurenbestimmung im Zementwerk, in: Zement-Kalk-Gips 44(1991) Nr. 5, S. 238–241

HEUFERS, H.
Sichtbeton mit weißem Zement, in: Betonwerk+Fertigteil-Technik 47(1981) Nr. 11, S. 663–672

HEUFERS, H.
50 Jahre Dyckerhoff Weiß, in: Betonwerk+Fertigteil-Technik 47 (1981) Nr. 4, S. 180–189

KEIL, F.
Zement - Herstellung und Eigenschaften, Berlin, Heidelberg, New York: Springer-Verlag 1971

KUPPER, D; SCHMID-MEIL, W.
Die Beeinflussung des Klinkerweißegrades durch verschiedene Kühlbedingungen und Feststoffzusätze bei der Weißzementherstellung, in: Zement-Kalk-Gips 40 (1987) Nr. 5, S. 238–242

KUPPER, D.; WIEMER, K.-H.
Moderne Technologie der Weißzementherstellung, in: Zement-Kalk-Gips 39 (1986) Nr. 10, S. 531–541

ROSSETTI, V.; MEDICI, F.
Inertization of toxic metals in cement matrices: effects on hydration, setting and hardening, in: Cement & Concrete Research 25 (1995) No. 6, S. 1147–1152

VEREIN DEUTSCHER ZEMENTWERKE E.V.
Forschungsinstitut der Zementindustrie, Tätigkeitsbericht 1993–1996, Düsseldorf: Beton-Verlag 1996

Tonerdezement

BENSTED, J.
High alumina cement – Present state of knowledge, in: Zement-Kalk-Gips 46(1993)Nr.9, S. 560–566

BLENKINSOP, R. D.; CURRELL, B. R.; MIDGLEY, H. G.; PARSONAGE, J. R.
The carbonation of high alumina cement, part I, in: Cement and Concrete Research 15(1985)No. 2, S. 276–284

BLENKINSOP, R. D.; CURRELL, B. R.; MIDGLEY, H. G.; PARSONAGE, J. R.
The carbonation of high alumina cement, part II, in: Cement and Concrete Research 15(1985)No. 3, S. 385–390

CHATTERJEE, A. K.
Special and new cements, in: 9th International Congress on the Chemistry of Cement, New Delhi, India, 1992, Congress Reports Vol. I, S.177–212

COLLINS, R. J.; GUTT, W.
Research on long-term properties of high alumina cement concrete, in: Magazine of Concrete Research 40(1988)No. 145, S. 195–208

HAVRANEK, P.
Neue Entwicklungen zu Feuerbetonen mit erhöhter Beständigkeit gegenüber Abrieb und thermischen Abplatzungen, in: V. Symposium Feuerbeton, Dresden 1987

MANGABHAI, R. J.
Calcium aluminate cements, Proceedings of the International Symposium held at Queen Mary and Westfield College, University of London, 9–11 July 1990, London, New York, Tokyo, Melbourne, Madras: E. & F.N. Spon 1990

MATHIEU, A.; LANGENFELD, M.; RAMMELSBERG, J.
Auskleidung von duktilen Gußrohren mit Tonerdeschmelzzementmörtel für den Abwassertransport, in: Korrespondenz Abwasser 34(1987)Nr. 10, S. 1027–1036

MOHAN, L.
Advances in some special and newer cements, in: Cement and concrete science & technology, Vol.1, Part I. Ed. by S.N. Ghosh, New Delhi: Rekha Printers Pvt. Ltd. 1991. S.253–313

Ruis de Gauna, A.; Trivinjo, F.; Vaskes, T.
Mechanizm karbonatizacii geksagidroaljuminata kal'cija v gidratirovannom glinozemistom cemente, in: 7. Mezhdunarodnyj kongress po chimii cementa, Moskva 1974, Dopolnitel. doklady, S. 149-153

Talaber, I.
Glinozemistye cementy, in: Mezhdunarodnyj kongress po chimii cementa, Moskva 1974, Osnobnyj doklady, S. 124-133

Taylor, H.F.W.
Cement Chemistry, 2nd edition, London: Thomas Telford Publishing 1997

Wierig, H.-J.
Carbonatisierungsfortschritt und Festigkeitsentwicklung von Betonen aus Tonerdezement, in: 10. Internationaler Kongreß der Beton- und Fertigteilindustrie, Jerusalem: BIBM-Ber. 10/1981. S. 115-150

Tiefbohrzement

Mehta, P.K.; Monteiro, P.J.M.
Concrete - Microstructure, Properties, and Materials, New York u.a.:The McGrow-Hill Companies, Inc. 1993

Quellzement

Chartschenko, I.
Theoretische Grundlagen zur Anwendung von Quellzementen in der Baupraxis, Habilitation Bauhaus-Universität Weimar. 1995

Guttmann, A.
Verfahren zur Herstellung schwindfreien Betons, DRP Nr.330 784 vom 29.01.1920, Deutschland

Klein, A.; Troxell, G.
Studies of Calcium Sulfoaluminate Admixture for Expansive Cements, in: American Society for Testing Materials, (1958) S. 986-1008

Michailow, V.V.
Quellzemente, Spannzemente und selbstgespannte Stahlbetonkonstruktionen, Moskau: Strojizdat 1974

Schnellzement

Balsevics, M.
Entwicklung und Eigenschaften von Schnellzementen, Dissertation. Technische Hochschule Aachen 1980

Kühling, G.
Feinstzemente – mikrofeine hydraulische Bindemittel, in: Tiefbau-, Ingenieurbau-, Straßenbau 32(1990) Nr. 11, S. 782-784

Schmidt, M.
Sonderzemente, in: 13. Internationale Baustofftagung ibausil, Weimar 1997, Hrsg.: F.A. Finger-Institut für Baustoffkunde, Tagungsband 1, S. 1-1071-1-1080

2.8 Spezialzemente

Wang, Jun-Feng
Entwicklung und Untersuchung von Schnellzementen und Mörteln, Dissertation. Philipps-Universität Marburg 1994

Volke, K.; Müller, W.; Riedel, K.
Mörtel- und betontechnische Untersuchungen an frühhochfestem Zement auf der Basis von Kalziumaluminatsulfat, in: Betontechnik 5(1984) S. 153-157

Sulfathüttenzement

D'Ans, J.; Eick, H.
Untersuchungen über das Abbinden hydraulischer Hochofenschlacken, in: Zement-Kalk-Gips 17(1994) Nr. 6, S. 449-459

Kämpfe, K.
Probleme der Herstellung von Sulfathüttenzement, Ingenieurabschlußarbeit 1962, Ingenieurschule Apolda

Kühl, H.
Verfahren zur Herstellung von Zement aus Hochofenschlacke, DRP Nr. 137 777 vom 23.12.1908

Kühl, H.
Zement-Chemie, Band 3: Die Erhärtung und die Verarbeitung der hydraulischen Bindemittel, Berlin: VEB Verlag Technik 1961

Schleicher, E.
Auswertung der Tagungen der Fachgruppe „Bauwesen", in: Silikattechnik 2(1951) Nr. 4, S. 116-119

Stark, J.
Sulfathüttenzement, in: Wissenschaftliche Zeitschrift HAB Weimar 4(1995) Nr. 6/7, S. 7-15

Tsumura, S.
Über die Reaktionsfähigkeit von Hochofenschlacken für Sulfathüttenzement, in: Zement-Kalk-Gips 22(1959) Nr. 9, S. 392-407

Aktiver Belitzement

Stark, J.
Entwicklungsstand von Belit-Zementen, in: Betontechnik 3(1982) Nr. 3, S. 72-80

Stark, J.; Müller, A.; Schrader, R.; Rümpler, K.; Dahm, B.; Rudolph, R.; Mielke, I.
Über aktiven Belit-Zement, in: Silikattechnik 30(1979) Nr. 12, S.357-362; 31(1980) Nr. 2, S. 50-52; 32(1981) Nr. 6, S. 168-171

Stark, J.; Müller, A.; Schrader, R.; Rümpler, K.
Existenzbedingungen von hydraulisch aktivem Belit-Zement, in: Zement-Kalk-Gips, 34(1981) Nr.9, S.476-481

Feinstzement

Budelmann, H.; Brandau, A.
Rißschließende und gefügeverfestigende Injektion mit Feinstzementsuspension, in: Wiss. Zeitschrift der Hochschule für Architektur und Bauwesen Weimar 40(1994) Nr. 5/6/7, S. 45-51

KÜHLING, G.
Feinstzemente – mikrofeine hydraulische Bindemittel, in: Tiefbau-, Ingenieurbau-, Straßenbau 32(1990) Nr. 11, S. 782–784

KÜHLING, G.
Rißverpressung mit Feinstzementen, in: Betonwerk+Fertigteil-Technik 58(1992) Nr. 3, S. 106–110

KÜHLING, G.; NOSKE, P.
Einsatzgebiete für feststoffreiche Feinstzement-Suspensionen, in: Wiss. Zeitschrift der Hochschule für Architektur und Bauwesen Weimar 40(1994) Nr. 5/6/7, S. 53–57

PERBIX, W.
Feinstzemente für Injektionen, in: 12. Internationale Baustofftagung ibausil 1994, Hrsg.: Hochschule für Architektur und Bauwesen Weimar – Universität –, Tagungsbericht Bd. 2, S.119–128

SCHMIDT, M.
Sonderzemente, in: 13. Internationale Baustofftagung ibausil 1997, Hrsg.: F.A. Finger-Institut für Baustoffkunde, Weimar 1997, Tagungsband 1, S. 1-1071–1-1080

Alinitzement

Alinitzement, die sinnvolle Verwertung der Rückstände aus Müllverbrennungsanlagen. Broschüre von Rheinische Kalksteinwerke Wülfrath und Wülfrather Zement GmbH. 12 S.

NUDELMAN, B.L.
Klinkerobrasovanie v rasplave chloristogo kalzija, in: Tagungsbericht 6. Zementchemie-kongreß, Band 1. - Moskau, 1976. - S. 217–222

ROEDER, A.; OBERSTE-PADTBERG, R.
Erzeugung von Alinitbindern aus Reststoffen, in: VDI Bildungswerk. - BW 899, München 1991, S. 1–19, München 1991

STARK, J., MÜLLER, A.
Internationale Entwicklungsrichtungen bei energiearmen Zementen (low energy cements), in: Tagungsbericht 10.ibausil, Band 1., Weimar, 1988, S.160–167

Bariumzement

BRANISKI, A.
Barium-Hüttenzemente, in: Silikattechnik 9(1958) H. 4., S. 161

BRANISKI, A.
Ähnlichkeiten und Verschiedenheiten der Calcium-, Strontium- und Bariumzemente, in: Zement-Kalk-Gips 14(1961) Nr. 1, S. 17–26

OSTERLOH, K.
Mörteltechnische Untersuchungen an Labor-Barium-Kompositzementen, Hochschule für Architektur und Bauwesen Weimar -Universität-, 1995. Diplomarbeit, 76 S.

2.9 Hydratation des Portlandzementes

Portlandzement besteht im wesentlichen aus den vier Hauptklinkermineralien C_3S, β-C_2S, C_3A und C_4AF, sowie aus einem Sulfatträger. Im folgenden werden die Reaktionen dieser Stoffe mit Wasser beschrieben und die Reaktionsprodukte charakterisiert. Es werden die Verfestigungsprozesse und Reaktionen der einzelnen Phasen beschrieben sowie eine Charakterisierung der Endprodukte vorgenommen. Dabei wird besonders auf die entstandenen Phasen, den Porenraum und die Einflußgrößen auf die Dauerhaftigkeit eingegangen.

2.9.1 Verfestigungsprozesse

Im Sinne der Baustoffbildung wird Verfestigung als ein Prozeß bezeichnet, bei dem ein fluides Medium in ein festes Medium übergeht bzw. ein weniger festes Medium in ein solches höherer Festigkeit umgewandelt wird. Die Verfestigungsvorgänge können in mehrere Teilprozesse untergliedert werden. Dabei spielen **chemische Umsetzungen** eine wichtige Rolle. Sie bestehen hauptsächlich aus Hydrolyse- und Hydratationsvorgängen. Einen weiteren Schwerpunkt bilden **Lösungs- und Kristallisationsvorgänge**. Im Gemisch der Ausgangsstoffe kommt es zur Bildung übersättigter Lösungen. Hierbei sind topochemische Prozesse von Bedeutung, bei denen Struktur und Morphologie der Ausgangsstoffe auf den Reaktionsablauf starken Einfluß nehmen. Aus ihnen werden bestimmte Formen gelförmiger und/oder kristalliner Hydratphasen gebildet. **Grenzflächenvorgänge** an den Phasengrenzen führen zur Bindung der einzelnen Bestandteile des erhärteten Systems und zu einem festen Gefüge. Ein gemeinsames Merkmal aller Verfestigungsprozesse bei der Reaktion des Portlandzements ist die Bildung von mehr oder weniger gut kristallisierten Hydratationsprodukten, welche in der Regel schwerer löslich sind als die Ausgangsstoffe.

2.9.2 Definitionen

a) Hydrolyse

Unter Hydrolyse versteht man die Reaktion einer chemischen Substanz mit im Wasser vorkommenden OH^-(Hydroxid-) bzw. H_3O^+-(Oxonium-)Ionen. Löst man das Salz AB einer starken Säure und einer starken Base in Wasser, so dissoziiert es vollständig und es liegen A^-, B^+, OH^- und H_3O^+ im Wasser nebeneinander vor. Es tritt keine Hydrolyse ein. Anders liegen die Verhältnisse, wenn man das Salz einer starken Säure und einer schwachen Base bzw. einer schwachen Säure und einer starken Base in Wasser löst. Es kommt zu einer Reaktion unter Bildung der jeweils korrespondierenden Base bzw. Säure. Da schwache Säuren und Basen im Wasser zumindest teilweise undissoziiert vorliegen, kommt es zu einer Verschiebung des Gleichgewichtes zwischen den Hydroxid- und Oxoniumionen. Der pH-Wert ändert sich und die Lösung reagiert sauer bzw. basisch, z.B.:

$$Ca_2SiO_4 + H_2O \rightarrow 2\,Ca^{2+} + SiO_4^{4-} + H_2O \rightarrow 2\,Ca^{2+} + H_4SiO_4 + 4\,OH^-$$

Die entstehende Kieselsäure ist eine sehr schwache Säure, die fast undissoziiert vorliegt. Das führt zu einem „Überschuß" an Hydroxidionen in der Lösung. Der pH-Wert wird $\gg 7$, die Lösung ist basisch.

b) Hydratation

Unter Hydratation versteht man allgemein die Anlagerung von Wasser an eine chemische Verbindung unter Bildung eines Hydrates, z.B.:

$$CaSO_4 \cdot \frac{1}{2} H_2O + \frac{3}{2} H_2O \rightarrow CaSO_4 \cdot 2\,H_2O$$

Dabei ist das Wasser verhältnismäßig schwach gebunden und kann reversibel aufgenommen werden. Bei der Zementhydratation wird der Begriff wesentlich weiter gefaßt.

Da die Reaktionen beim Mischen von Zement mit Wasser unter „Verbrauch" von Wasser ablaufen, bezeichnet man die Prozesse als Hydratation, unabhängig davon, in welcher Weise das Wasser reagiert und in welcher Form es gebunden wird.

Auch die in der Zementchemie übliche Schreibweise für die Hydratationsprodukte (z.B. $3\,CaO \cdot Al_2O_3 \cdot 6\,H_2O$) gibt nur die stöchiometrischen Verhältnisse wieder und sagt noch nichts über die Art der vorliegenden Bindungen aus.

c) Zementleim ist die Mischung von Wasser und Zement.

d) Zementstein nennt man die entstandene Matrix, die im Verlaufe der Hydratation aus der erstarrenden Mischung des Zementleims entsteht.

2.9.3 Verfestigungsarten

a) Hydratische Verfestigung

Unter hydratischer Erhärtung versteht man eine Reaktion von Bindemittel mit Wasser, die unter Verbrauch von Wasser zu einem festen Produkt führt. Dabei ist zu beachten, daß bei einem großen Überschuß an Wasser oder unter Wasser keine Verfestigung eintritt.

Beispiel: Reaktion von Halbhydrat zu Gips

$$CaSO_4 \cdot \frac{1}{2} H_2O + \frac{3}{2} H_2O \rightarrow CaSO_4 \cdot 2\,H_2O$$

b) Hydraulische Verfestigung

Eine Hydrolyse läuft ab, wenn die Ausgangsstoffe – z.B. $3\,CaO \cdot SiO_2 = C_3S$ – aus stärker basischen Kationen (z.B. Ca^{2+} und schwächer sauren Anionen (z.B. Si^{4-}) aufgebaut sind. Diese Ausgangsstoffe werden aufgespalten und Wasser wird fest eingebunden (Hydratation). Dabei werden OH^--Ionen freigesetzt und bewirken die basische Reaktion der Hydratationsprodukte. Das Wasser wird nicht einfach angelagert, sondern chemisch gebunden. Hydraulische Erhärtung kann auch unter Wasser stattfinden und die Produkte sind weitestgehend wasserfest.

Beispiel: Hydratation des C_3S

$$2\,(3\,CaO \cdot SiO_2) + 6\,H_2O \rightarrow 3\,CaO \cdot 2\,SiO_2 \cdot 3\,H_2O + 3\,Ca(OH)_2$$

$$| \qquad\qquad\qquad\qquad\qquad |$$
$$= C_3S \qquad\qquad\qquad\qquad = \text{C-S-H-Phase}$$

c) Carbonatische Verfestigung

CO_2 aus der Luft wird aufgenommen und chemisch gebunden.

Beispiel: Verfestigung von Kalkmörtel

$$Ca(OH)_2 + CO_2 + H_2O \rightarrow CaCO_3 + 2\,H_2O$$

Da das Angebot an CO_2 sehr gering ist (Luft enthält 0,037% CO_2) erstreckt sich die Reaktion über einen längeren Zeitraum und der Kalkmörtel bleibt längere Zeit basisch. Später reagiert das Reaktionsprodukt schwach basisch.

2.9.4 Klassische Theorien der Zementerhärtung

Zwei klassische Theorien beschreiben den Prozeß der Zementerhärtung zutreffend aber nicht hinreichend: die 1882 von Le Chatelier aufgestellte Kristalltheorie und die 1892 von Michaelis begründete Kolloidtheorie. Beide Wissenschaftler beschreiben zwei Perioden der Phasenentwicklung:

Tab. 2.9.1: Klassische Theorien der Zementerhärtung

	Kristalltheorie	Kolloidtheorie
1. Periode	Inlösunggehen von Klinkerbestandteilen. Dabei finden Hydrolyse und Hydratation statt. Es entsteht eine an Hydraten übersättigte Lösung.	Bildung einer kolloiden Grundmasse aus Ca-Silicathydraten, Ca-Aluminathydraten und Ca-Ferrithydraten. Es erfolgt eine Gelbildung.
2. Periode	Ausscheidung sich verfilzender, nadelförmiger Kristalle aus der übersättigten Lösung.	Schrumpfung dieser kolloiden Grundmasse (Hydrogel) infolge innerer Absaugung des Wassers durch noch nicht hydratisierten Zement.

2.9.5 Hydratation der Klinkermineralien

2.9.5.1 Hydraulische Aktivität der Calciumsilicate

Voraussetzung für die Eignung eines Ca-Silicates als Bindemittel ist die Ausbildung von dichten, verwachsenen („verfilzten") Hydratschichten.

Dabei ist die Gefügeausbildung der Hydratneubildungen von den Hydratationsbedingungen abhängig, d.h. u.a. von der OH^--Konzentration, dem Gleichgewicht $Ca^{2+} + 2\,OH^- \rightleftharpoons Ca(OH)_2$, der Temperatur usw.

Bei sonst gleichen Bedingungen ist die Reaktivität der Ca-Silicate an sich entscheidend.

Die hydraulische Aktivität nimmt mit dem CaO/SiO_2-Verhältnis, d.h. zunehmender Basizität, zu:

Quarz	Wollastonit	Rankinit	Dicalciumsilicat	Tricalciumsilicat	Calciumoxid
SiO_2	$CaO \cdot SiO_2$	$3\,CaO \cdot 2\,SiO_2$	$2\,CaO \cdot SiO_2$	$3\,CaO \cdot SiO_2$	CaO

Die Reaktionsfähigkeit nimmt in dieser Reihe von links nach rechts zu. Wenn man die Endglieder nicht berücksichtigt, nimmt auch die Festigkeit von CS zum C_3S zu.

Ursache für die unterschiedliche Reaktionsfähigkeit ist die zunehmende Triebkraft der Kondensation der Silicationen zu Polysilicaten. Das äußert sich auch in der Hydratationswärme:

$\Delta H_{298°} = -108{,}0$ kJ/mol für C_3S

$\Delta H_{298°} = -7{,}5$ kJ/mol für CS

Die für die Festigkeitsbildung erforderliche Kondensation kann z.B. durch Hydrolyse in einem basischen Medium oder durch hydrothermale Reaktionen, wie die Kalk-Kieselsäure-Reaktion bei der Kalksandsteinherstellung, erfolgen.

Ca-Silicate, die als Bindemittel in Frage kommen, sind die Monosilicate. Das sind Verbindungen mit dem unkondensierten, monomerem Silicat-Anion SiO_4^{4-}.

Was ist die Ursache der unterschiedlichen hydraulischen Aktivität der Ca-Silicate? Es gilt ja nicht nur die Aktivitätsfolge

$C_3S > C_2S \gg CS$

sondern auch innerhalb der C_2S-Modifikation gibt es gravierende Unterschiede:

$\alpha > \alpha' > \beta \gg \gamma$-$C_2S$

Nach JOST und ZIEMER ist das Auftreten von flächenverknüpften CaO-Polyedern ein Kriterium für die hydraulische Aktivität. Flächenverknüpfte Polyederstrukturen sind energiereicher als kantenverknüpfte Polyeder. Daher sind flächenverknüpfte Polyederstrukturen leichter hydrolytisch zu spalten.

2.9 Hydratation des Portlandzementes

Abweichungen der Realstruktur der Ca-Silicate von der Idealstruktur und ein hohes Maß an Gitterstörungen sind weitere Ursachen für eine hohe hydraulische Aktivität. Realstrukturdefekte resultieren u.a. aus dem Einbau von Fremdatomen bzw. von Fehlstellen im Kristallgitter und der Segregation, d.h. dem beginnenden Ausscheiden von Fremdatomen aus dem Kristallgitter.

Nach einer Hypothese von VON LAMPE könnte die Zahl der hinsichtlich Koordinationszahl und Koordinationsart unterschiedlichen CaO_x-Polyeder in den Ca-Silicaten die Ursache dafür sein, daß C_3S eine sehr hohe hydraulische Aktivität aufweist, während γ-C_2S praktisch inaktiv ist. Die Abbildung 2.9.1 zeigt Beispiele für verschiedene CaO_x-Polyeder.

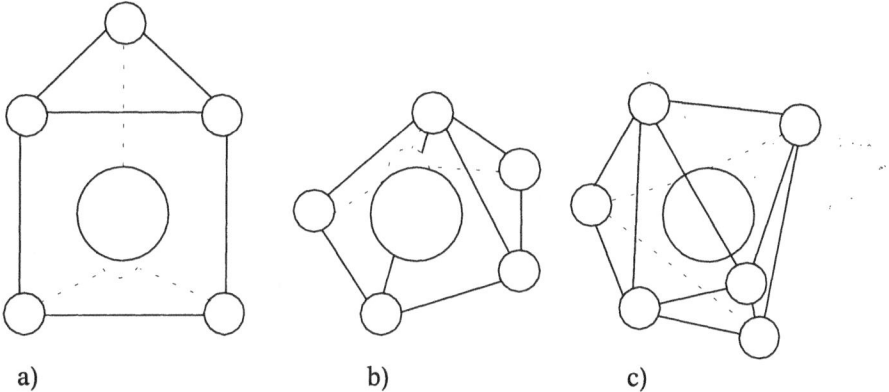

Abb. 2.9.1: CaO_6-Polyeder/Beispiele a) dreiseitige Prismen, b) fünfseitige Pyramiden, c) unregelmäßige Oktaeder

Unterschiede in den Polyederstrukturen lassen sich mit Hilfe der ^{43}Ca und ^{29}Si-NMR-Spektroskopie[1] feststellen. Die Ca- und Si-Isotope zeigen je nach ihrer chemischen Umgebung (Bindungen, Nachbaratome) unterschiedliches Verhalten im magnetischen Feld, was sich in Lage und Aufspaltung der Linien im NMR-Spektrum widerspiegelt.

Nach dieser Hypothese könnte also ein logischer Zusammenhang zwischen der Variabilität der CaO_x- und SiO_4-Polyeder, der chemischen Verschiebung in den ^{29}Si-NMR-Spektren und der hydraulischen Aktivität der Ca-Silicate bestehen.

Bei einem stark gestörten Kristallgitter haben die Wassermoleküle einen leichteren Zutritt in das Kristallinnere, was die höhere Reaktionsgeschwindigkeit erklärt. Das erklärt u.a. auch die hohe hydraulische Aktivität von α'-C_2S, das infolge hohen Fremdoxidgehaltes und sehr schneller Kühlung wesentlich schneller als β-C_2S reagiert.

---

[1] NMR-Spektroskopie – Kernmagnetische Resonanzspektroskopie, beruht auf der Übereinstimmung einer Anregungsfrequenz mit der Präzisionsfrequenz magnetischer Momente in einem starken Magnetfeld. Atome mit der gleichen chemischen Umgebung liefern Signale der selben Lage. Daran und an der Aufspaltung der Signale kann man erkennen, wie die untersuchten Atome gebunden sind und in welchem Mengenverhältnis die Atome mit unterschiedlicher Umgebung zueinander stehen.

2.9.5.2 Hydratation der silicatischen Phasen C_3S und β-C_2S

Bei der Hydratation der Calciumsilicate entstehen Calciumsilicathydrate variabler Zusammensetzung (C-S-H-Phasen). Deshalb können für die Reaktion von C_3S und β-C_2S nur allgemeine Formeln angegeben werden:

$$C_3S + (y+z)H \rightarrow C_xSH_y + zCH$$

Beispiel: $2C_3S + 6H \rightarrow C_3S_2H_3 + 3CH$

$$C_2S + (2-x+y)H \rightarrow C_xSH_y + (2-x)CH$$

Beispiel: $2C_2S + 4H \rightarrow C_3S_2H_3 + CH$

Portlandit (CH) liegt nach der Kristallisation aus der übersättigten Lösung als ein kristallines Material mit stöchiometrischer Zusammensetzung vor.

Bei den C-S-H-Phasen unterscheidet man je nach Zahlenwert von x und y in C-S-H(I) und C-S-H(II). $C_3S_2H_4$ gilt als durchschnittliche Zusammensetzung der C-S-H-Phasen bei Normalerhärtung. In den C-S-H-Phasen kommt es in geringem Maße zum Austausch von Si^{4+}- und Ca^{2+}- durch Al^{3+}-, Fe^{3+}- und Mg^{2+}-Ionen. Allgemein sind die bei der Hydratation entstehenden C-S-H-Phasen ein röntgenamorphes bzw. submikrokristallines Material mit variabler chemischer Zusammensetzung.

In der Literatur werden diese Produkte oft als „tobermoritähnliche Phasen" bezeichnet. Tobermorit ist ein natürliches Mineral und besitzt eine Schichtstruktur, in der der Schichtabstand unterschiedliche Werte annehmen kann. Je nach Wassermenge, welche in den Silicatschichten eingelagert ist, kann der Schichtabstand 1,4 ($C_5S_6H_9$), 1,1 ($C_5S_6H_5$) oder 0,9 ($C_5S_6H_2$) nm betragen. Eine weitere den C-S-H-Phasen nahestehende Verbindung ist Jennit ($C_9S_6H_{11}$). Es existieren verschiedene Typen von Calciumsilicathydraten als strukturelle Zwischenverbindungen von Tobermorit bzw. Jennit und C-S-H-Phasen. Zwei häufig beschriebene Phasen sind C-S-H(I) und C-S-H(II). Die C-S-H-Phasen bilden mit ca. 80% die Hauptbestandteile des Zementsteins und bestimmen dessen Eigenschaften maßgeblich. In C-S-H(I) soll das C/S-Verhältnis 0,8 bis 1,5 und in C-S-H(II) 1,0 bis 2,0 betragen Mit der Erhöhung des C/S-Verhältnisses soll außerdem die Kristallinität der Phasen abnehmen. In der Literatur gibt es sehr unterschiedliche Aussagen zur Gestalt der C-S-H-Phasen, teilweise wird C-S-H(I) plättchenförmig und C-S-H(II) als faserförmig beschrieben. Nach LOCHER und RICHARTZ entsprechen die Fasern Plättchen mit eingelagerten CH-Schichten.

Neuere Untersuchungen von MÖSER (FIB) am Environmental Scanning Electron Microscope[1] (ESEM) mit Feldemissionskathode konnten diese Ansicht nicht bestätigen. Es wurden spitznadelige Fasern, deren Spitzen sich ineinander

---

[1] Dieser Mikroskoptyp gestattet es, die Objekte vor dem Austrocknen bzw. der Dehydratation zu bewahren, so daß hochauflösende rasterelektronenmikroskopische Untersuchungen an Baustoffproben im originalen, unverfälschten und umweltbelassenen Zustand (statisch und dynamisch) durchgeführt werden können. Präparativ bedingte Artefakte und der Hochvakuumeinfluß im Probenraum, wie sie für das konventionelle Rasterelektronenmikroskop (REM) typisch sind, können ausgeschlossen werden.

2.9 Hydratation des Portlandzementes

verzahnen, beobachtet. Auf Grund dieses „Reißverschlußprinzips" wird die hohe Festigkeitsbildung des Betons durch die Hydratphasen des C_3S und C_2S erklärbar (Abbildungen 2.9.2a und 2.9.2b).

Abb. 2.9.2a: C_3S, 360 d hydratisiert: ESEM-Aufnahme von miteinander verzahnten spitznadeligen C-S-H-Fasern

Abb. 2.9.2b: β-C_2S, 360 d hydratisiert: ESEM-Aufnahme der spitznadeligen, bis 2 mm langen C-S-H-Phasen

An Hand der ESEM-Untersuchungen läßt sich die Hydratation von C_3S z.B. wie folgt darstellen:

Im Anfangsstadium der Hydratation wird eine Reaktionsschicht um die einzelnen Partikeln gebildet, die diese vollständig umhüllt (Abb. 2.9.3a). Die Dicke dieser anfangs enganliegenden Umhüllung liegt im Bereich zwischen 20 und 30 nm. Diese als Membran wirkende Schicht behindert den Stofftransport zwischen fester und flüssiger Phase, so daß die Reaktionsgeschwindigkeit stark reduziert wird (vgl. Tab. 2.9.2 und Abb. 2.9.8, Stadium 2). Im weiteren Verlauf der Hydratation kann beobachtet werden, daß die Reaktionsschicht ihre Morphologie und Ausdehnung beibehält, während die C_3S-Partikeln durch fortschreitende Lösungsprozesse an Volumen verlieren. Nach 30 Minuten Reaktionszeit erfolgt ein partielles Aufreißen der umhüllenden Schicht. Im Zeitraum zwischen 40 und 140 min Hydratationsdauer findet ein tiefgreifender Strukturwandel auf der C_3S-Kornoberfläche bzw. Reaktionsschicht statt. Die relativ glatte Reaktionsschicht hat sich in eine voluminöse, aus faden- bis folienartigen C-S-H-Phasen bestehende und eine waben- bis schwammartige Struktur zeigende Kornumhüllung mit großer spezifischer Oberfläche umgewandelt (Abb. 2.9.3b). Die voluminöse schwammartige Struktur bewirkt eine lockere Verzahnung zwischen den einzelnen C_3S-Partikeln. Außerdem kommt es in folge dieses Strukturwandels zu einem verstärkten Inlösunggehen von C_3S. Dieser Vorgang ist mit einer heterogenen Keimbildung von Calciumhydroxid in der C-S-H-Wabenstruktur (Abb. 2.9.3c, Tröpfchengröße um 500 nm) verbunden. Im weiteren Verlauf der Hydratation bilden sich kurze (Länge 200–300 nm) stumpfnadelige C-S-H-Faserbündel (Durchmesser um 50 µm) und bis zu 5 µm große dünnplattige CH-Kristalle (Abb. 2.9.3d). Der Hydratationsfortschritt zeigt sich hauptsächlich im eindimensionalem Wachstum und dem Übergang von der stumpf- zur spitznadeligen Form der C-S-H-Phasen (Abb. 2.9.3e und f). Die C-S-H-Phasen können bei etwa gleichbleibendem Durchmesser eine Länge von bis zu 1,5 µm erreichen. Der Durchmesser der Faserspitzen liegt bei < 10 nm (vgl. Abb.2.9.3g mit Abb. 2.9.4).

Durch die für die Abbildung im konventionellen REM nötigte leitfähige Oberflächenbeschichtung wird die Morphologie der spitznadeligen C-S-H-Phasen sehr stark beeinflußt (es entstehen noppenartige Strukturen), wie der Vergleich von Abbildung 2.9.3g mit 2.9.3h zeigt.

Neben C-S-H(I) und C-S-H(II) sowie Tobermorit und Jennit sind weitere C-S-H-Phasen bekannt:

$C_3S_2H_3$	Afwillit
C_4S_3H	Foshagit
$C_2S_3H_2$	Gyrolith
C_2SH	Hillebrandit
C_6S_6H	Xonotlith.

Auf ein Quarzkorn aufgewachsene ca. 5 µm lange schwertförmige Tobermoritkristalle, wie sie bei der hydrothermalen Erhärtung von Kalksandstein bzw. Silicatbeton entstehen, zeigt die Abbildung 2.9.4. Es handelt sich um sehr flache nur 20 nm dicke Objekte mit Kristallspitzen um 10 nm.

2.9 Hydratation des Portlandzementes

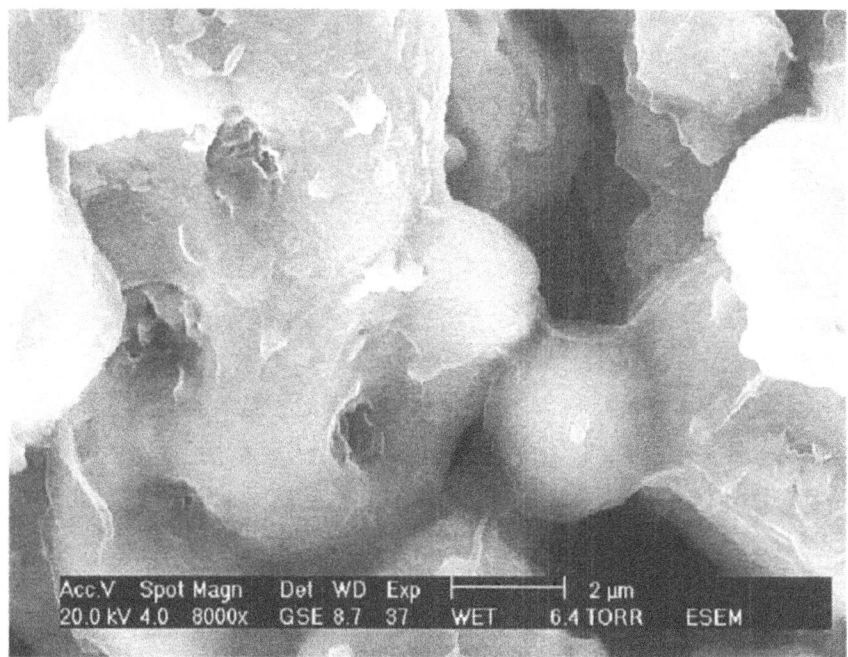

Abb. 2.9.3a: C_3S, 5 min hydratisiert: Ausbildung einer gelförmigen 20–30 nm dicken Reaktionsschicht um die Partikeln (ESEM-Aufnahme)

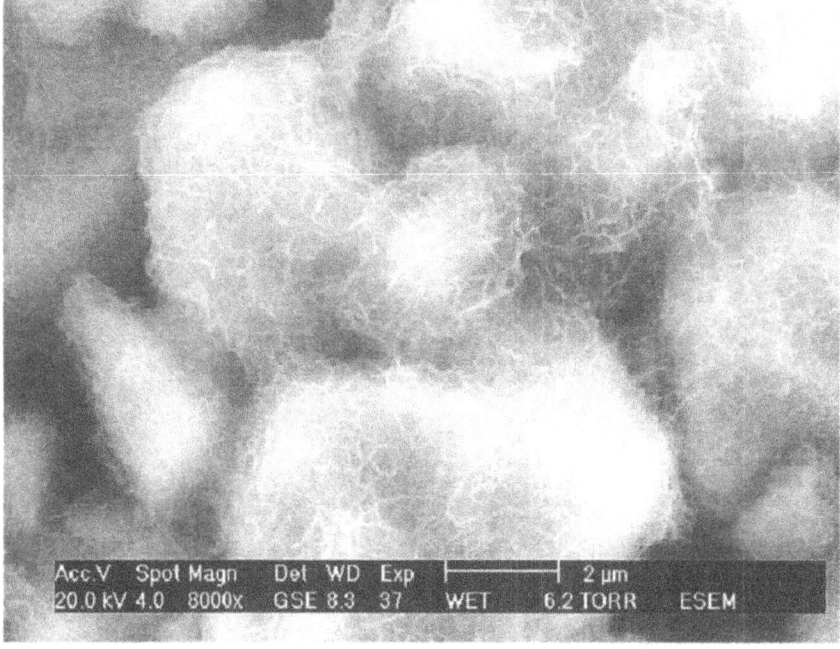

Abb. 2.9.3b: C_3S, 140 min hydratisiert: Ausbildung einer voluminösen (große spezifische Oberfläche), waben- bis schwammartigen Struktur aus ca. 20 nm dicken C-S-H-Folien

Abb. 2.9.3c: C_3S, 140 min hydratisiert: innerhalb der C-S-H-Wabenstruktur ist eine tropfenförmige heterogene CH-Keimbildung zu beobachten

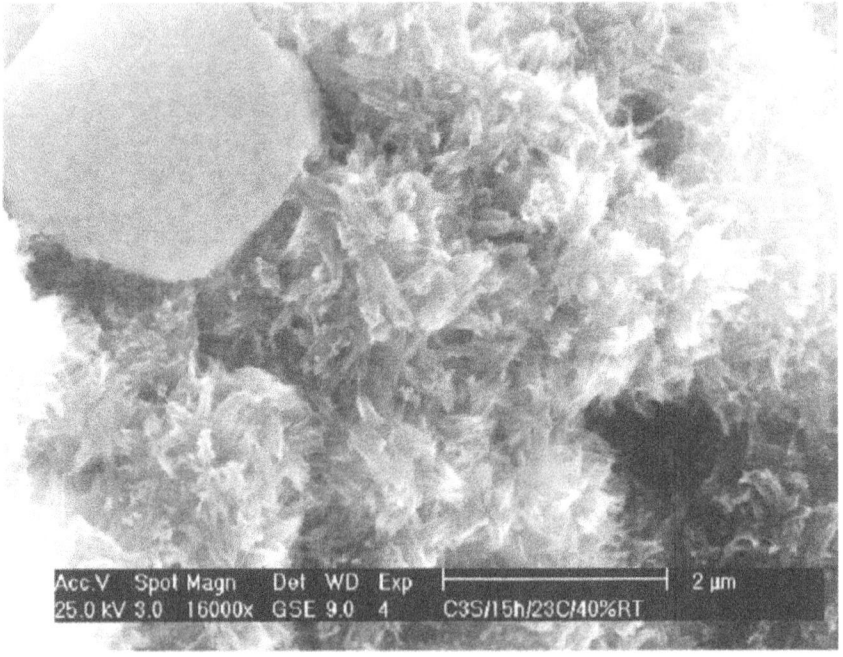

Abb. 2.9.3d: C_3S, 15 h hydratisiert: Ausbildung von stumpfnadeligen C-S-H-Phasen (Durchmesser um 50 nm, Länge bis 300 nm) und plattigen bis 2 µm großen CH-Kristallen

2.9 Hydratation des Portlandzementes

Abb. 2.9.3e: C_3S, 7 d hydratisiert: Übergang vom stumpf- zum spitznadeligen Habitus der C-S-H-Phasen und Längenwachstum bis 600 nm

Abb. 2.9.3f: C_3S, 56 d hydratisiert: der Hydratationsfortschritt zeigt sich hauptsächlich im eindimensionalen Wachstum der C-S-H-Phasen, die jetzt eine Länge von bis zu 1,2 µm besitzen

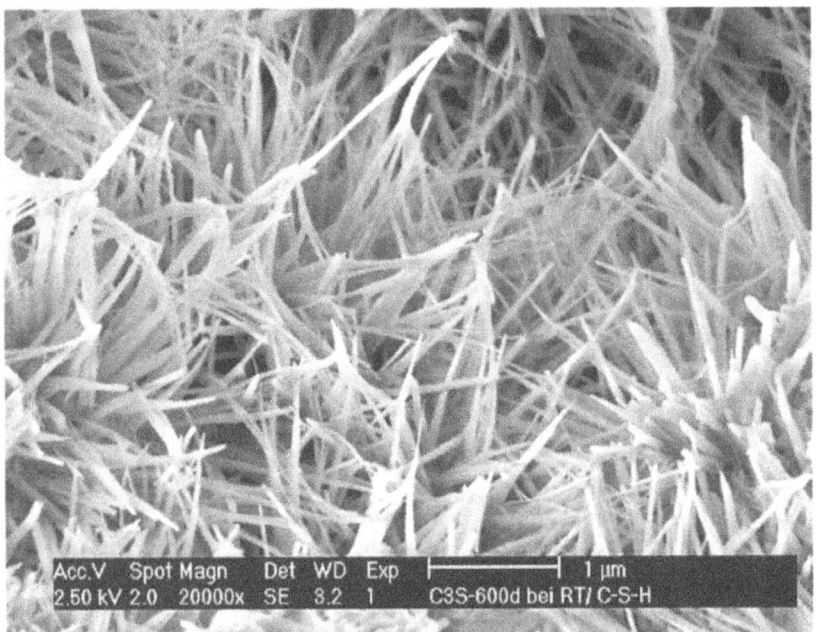

Abb. 2.9.3g: C_3S, 600 d hydratisiert: die Morphologie der C-S-H-Phasen ändert sich im Vergleich zur 56 d Probe nur noch unwesentlich. Durch die Abbildung bei 10-mal niedrigerer Anregungsenergie werden die Phasen jedoch nicht so stark durchstrahlt.

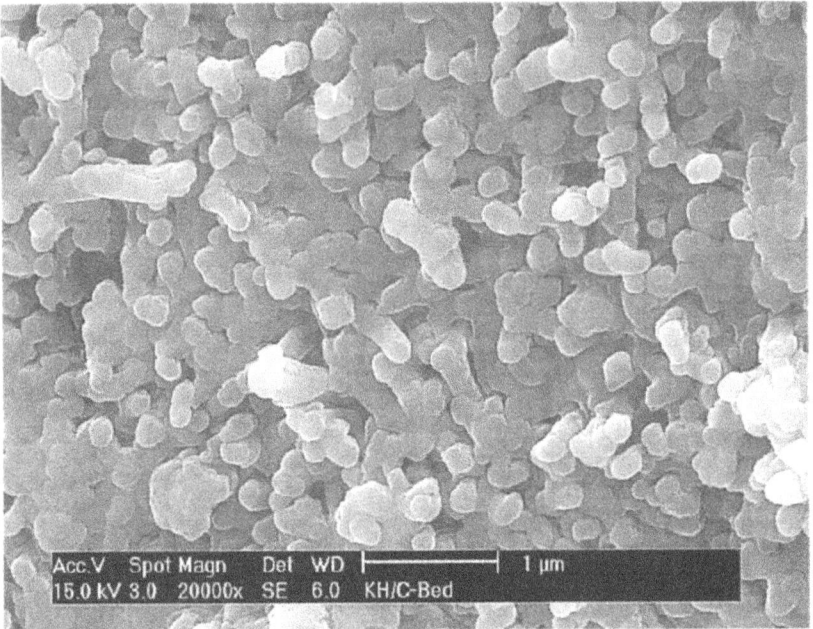

Abb. 2.9.3h: hydratisiertes C_3S: gleiches Präparat wie in Abb. f, mit einer ca. 30 nm dicken Beschichtung aus Kohlenstoff für das konventionelle Hochvakuum-REM

2.9 Hydratation des Portlandzementes

Abb. 2.9.4: Calciumsilicathydrat in Kalksandstein: auf Quarzkörper aufgewachsene schwertförmige Tobermoritkristalle (1,1-nm-Tobermorit [$C_5S_6H_5$], Kristalldicke: 20 nm, Spitzen: <10 nm)

Die Art der entstehenden C-S-H-Phasen hängt in erster Linie vom w/z-Wert ab. Je höher der w/z-Wert, desto kalkärmer sind die Hydrate. Im Verlauf der Hydratation, beim Übergang von C_3S und β-C_2S in die C-S-H-Phasen, nimmt das C/S-Verhältnis ab. Ursache dafür ist die fortschreitende Polymerisation der Silicationen. Die silicatischen Klinkerphasen mit monomeren Silicationen gehen in Silicathydrate mit polymeren Silicationen über (Abbildungen 2.9.5 und 2.9.6).

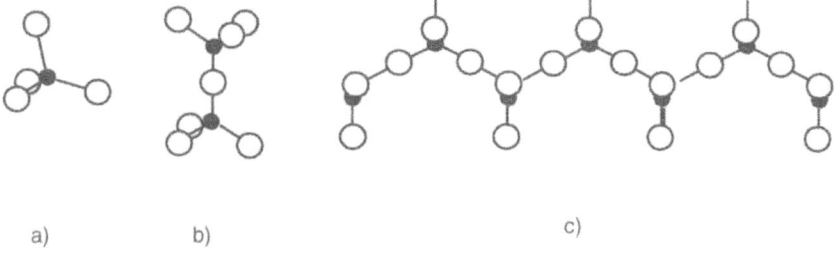

Abb. 2.9.5: a) Monomere Silicate (Silicium-Tetraeder), b) Dimere Silicate, c) Polymere Silicatketten

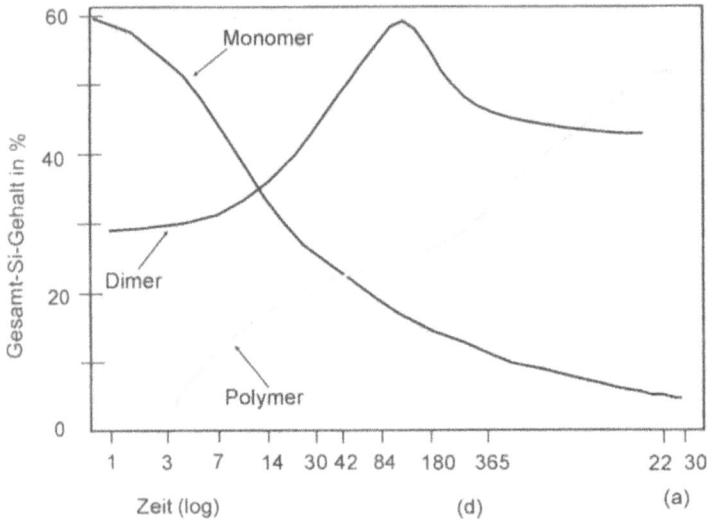

Abb. 2.9.6: Strukturentwicklung der C-S-H-Phasen (nach TAYLOR)

Aufgrund der geringen Phasengröße der bei der C_3S und β-C_2S Hydratation entstehenden Calciumsilikathydrate, können diese röntgenographisch nicht nachgewiesen werden (röntgenamorph). Man kann lediglich durch den Abbau der charakteristischen Röntgenpeaks der Ausgangssubstanzen den Hydratationsfortschritt beobachten. Das ebenfalls entstehende kristalline Calciumhydroxid läßt sich dagegen röntgenographisch gut nachweisen (Abbildung 2.9.7).

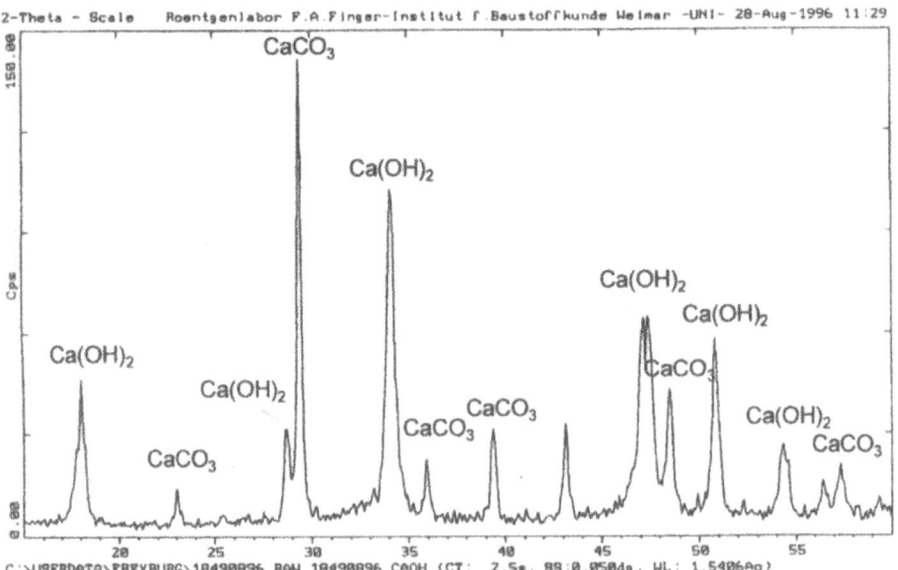

Abb. 2.9.7: Röntgenogramm von $Ca(OH)_2$ (Portlandit) und $CaCO_3$ (Calcit)

Durch diese sehr geringen Teilchengrößen weisen die C-S-H-Phasen eine sehr hohe spezifische Oberfläche auf (250 bis 300 m²/g nach BET). Innerhalb des C-S-H-Gefüges wirken Van der Waals-Kräfte (Massenanziehungskräfte).

Die große Feinheit der Hydratationsprodukte ist eine wesentliche Ursache der hohen Festigkeit des Zementsteins. Die geringe Kapillarporosität und hohe Gelporosität sind ausschlaggebend für die gute Dauerhaftigkeit des Zementsteins.

Der Reaktionsverlauf der C_3S-Hydratation kann in 5 Stadien eingeteilt werden (Tabelle 2.9.2 und Abbildung 2.9.8):

Tab. 2.9.2: Perioden der C_3S-Hydratation

Stadium	Reaktionskinetik	Chemische Prozesse	Einfluß auf die Betoneigenschaften
1 Anfangshydrolyse	chemisch kontrollierte, schnelle Reaktion	Beginn der Hydrolyse, Inlösunggehen von Ionen	Anstieg des pH-Wertes der wässrigen Lösung auf ≥ 12,3
2 Dormante Periode	keimbildungskontrolliert, langsame Reaktion	kontinuierliche Lösung von Ionen	bestimmt das erste Ansteifen
3 Accelerationsperiode	chemisch kontrollierte, schnelle Reaktion	Beginn der Bildung von Hydratationsprodukten	bestimmt das späte Ansteifen und die Erstarrungsentwicklung
4 Decelerationsperiode	chemisch und diffusionskontrollierte Reaktion	kontinuierliche Bildung von Hydratationsprodukten	bestimmt die Frühfestigkeitsentwicklung
5 Stetige Periode	diffusionskontrollierte Reaktion	langsame Bildung von Hydratationsprodukten	bestimmt die Endfestigkeitsentwicklung

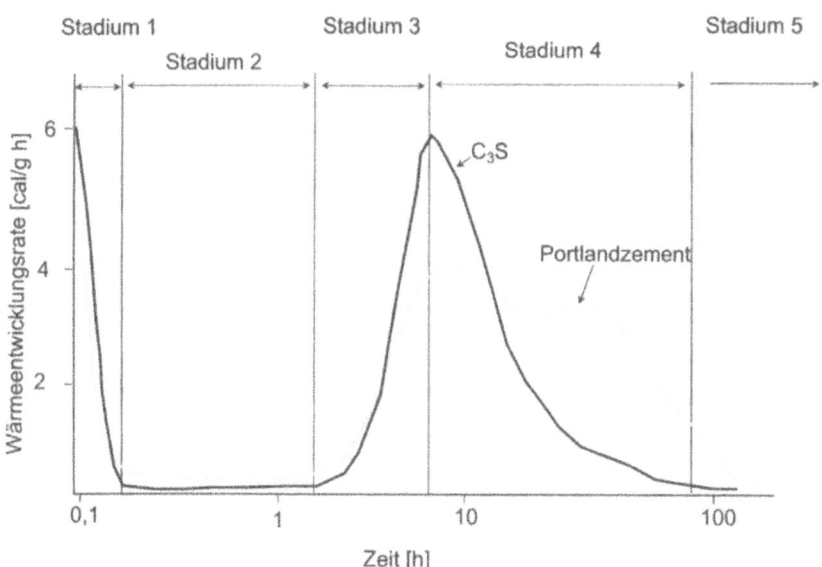

Abb. 2.9.8: Reaktionsablauf (anhand der Wärmeentwicklungssrate) und Hydratationsstadien des C_3S und des Portlandzements (nach MINDESS und YOUNG)

Die Reaktion des β-C_2S verläuft ähnlich der des C_3S, aber deutlich langsamer und mit einer geringeren $Ca(OH)_2$-Bildung. Die Morphologie der C-S-H-Phasen ist ebenfalls nahezu identisch (vgl. Abb. 2.9.2b mit 2.9.3g).

2.9.5.3 Hydratation des C_3A

C_3A hat die höchste Reaktionsgeschwindigkeit von allen Klinkermineralien. Die Hydratation verläuft in Abhängigkeit vom Sulfatangebot sehr unterschiedlich.

Ist **kein Sulfat** anwesend, hydratisiert C_3A sofort zu dünntafeligen Calciumaluminathydraten (Abbildungen 2.9.9 und 2.9.10). Diese überbrücken augenblicklich den wassergefüllten Porenraum durch Bildung eines kartenhausähnlichen Gefüges. Das Material verfestigt sich sofort.

$$2C_3A + 21H \rightarrow C_4AH_{13} + C_2AH_8$$

C_4AH_{13} und C_2AH_8 verhalten sich instabil und wandeln sich in stabiles C_3AH_6 um:

$$C_4AH_{13} + C_2AH_8 \rightarrow 2(C_3AH_6) + 9H$$

Durch die sofortige Verfestigung ist keine Verarbeitung des Materials möglich.

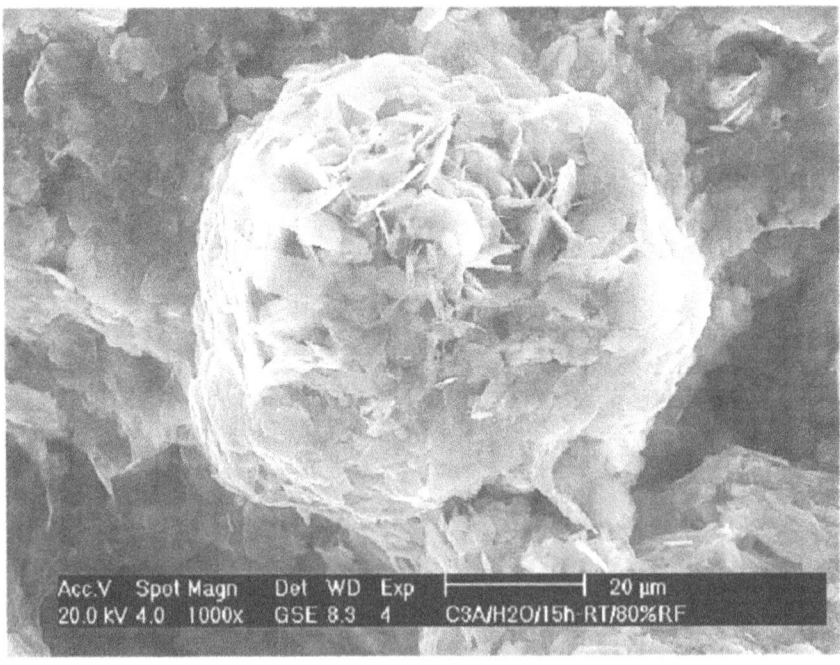

Abb. 2.9.9: C_3A Hydratation: auf ein C_3A-Korn aufgewachsene dünntafelige (d ≈ 50 nm) Calciumaluminathydratkristalle

2.9 Hydratation des Portlandzementes

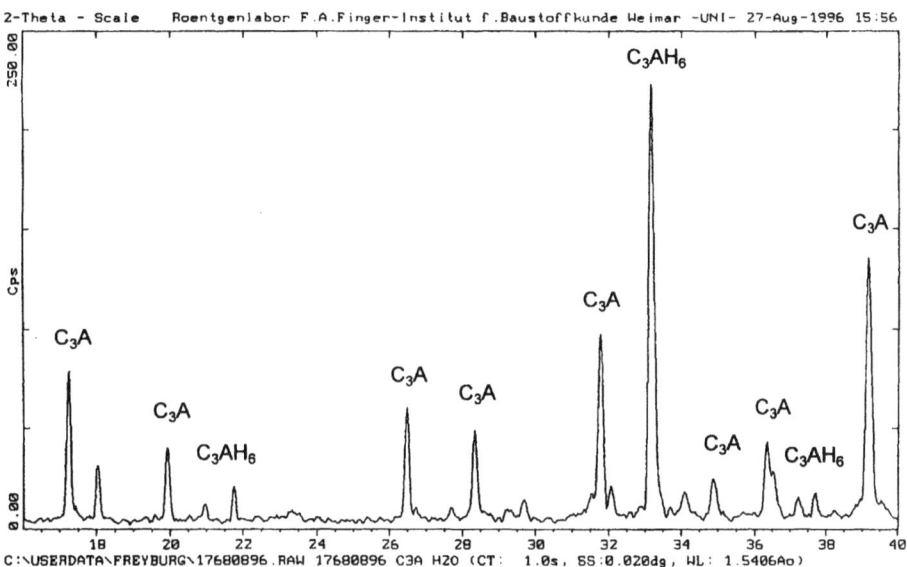

Abb. 2.9.10: Röntgenogramm von C_3A und C_3AH_6

Bei **SO₃-Zusatz** kommt es zu einer Erstarrungsverzögerung infolge anderer Gefügeentwicklung. Auf der Oberfläche der C_3A-Körner bildet sich eine Ettringithülle (Calciumaluminattrisulfat):

$$C_3A + 3C\bar{S}H_2 + 26H \rightarrow C_3A \cdot 3C\bar{S} \cdot H_{32}$$

Diese Hülle behindert den Transport von H_2O und SO_4^{2-} und die weitere Hydratation verläuft diffusionskontrolliert.

Ettringit (Abbildung 2.9.11) besteht aus 45,9% H_2O, 32,6% $CaSO_4$ (entsprechend 19,1% SO_3) und 21,5% C_3A. Es ist als primäres Hydratationsprodukt nur so lange stabil, wie ausreichend Sulfat zur Verfügung steht. Da das Sulfatangebot im Zement für eine vollständige Trisulfatbildung niemals ausreicht (bei 10% C_3A wären dafür 9% SO_3, bzw. 19% Gips erforderlich), werden Monosulfat und sulfatfreie Calciumaluminate gebildet. Sobald die SO_4^{2-}-Ionenkonzentration in der Lösung unter einen bestimmten Wert abfällt (abhängig von der Lösungszusammensetzung, insbesondere von der Alkalikonzentration), wird Ettringit instabil und wandelt sich in Monosulfat um (Abbildung 2.9.14). Während dieser Sekundärreaktion werden die primär gebildeten Ettringithüllen aufgebrochen, so daß das C_3A mit einer verminderten Sulfatmenge zu Monosulfat weiterreagieren kann:

$$C_3A \cdot 3C\bar{S} \cdot H_{32} + 2C_3A + 4H \rightarrow 3C_3A \cdot C\bar{S} \cdot H_{12}$$

Bei starkem Sulfatmangel kann stattdessen C_4AH_{13} und C_2AH_8 auftreten.

C_3A

$\downarrow$ Wasserzugabe

$2C_3A + 3C\overline{S}H_2 + 26H \rightarrow 2C_3A \cdot 3C\overline{S} \cdot H_{32}$

- Bildung von Ettringithüllen auf den Oberflächen der C_3A-Körner
- der Transport von H_2O und SO_4^{2-} wird erschwert $\rightarrow$ die weitere Reaktion verläuft diffusionskontrolliert

$\downarrow$ Absinken der SO_3-Konzentration der Porenlösung

$C_3A \cdot 3C\overline{S} \cdot H_{32} + 2C_3A + 4H \rightarrow 3C_3A \cdot C\overline{S} \cdot H_{12}$

- Einstellung eines Gleichgewichtes von Ettringit, Monosulfat und Calciumhydroxid
- Ettringit wird instabil und Monosulfat neu gebildet

Abb. 2.9.11a: Ettringit, 75 min hydratisiert: bei ausreichendem Sulfatangebot ist Ettringit sehr stabil und ändert seine Morphologie nicht, vergleiche mit Abb. 2.9.11b (ESEM-Aufnahme)

2.9 Hydratation des Portlandzementes

Abb. 2.9.11b: Ettringit, 360 d hydratisiert (ESEM-Aufnahme)

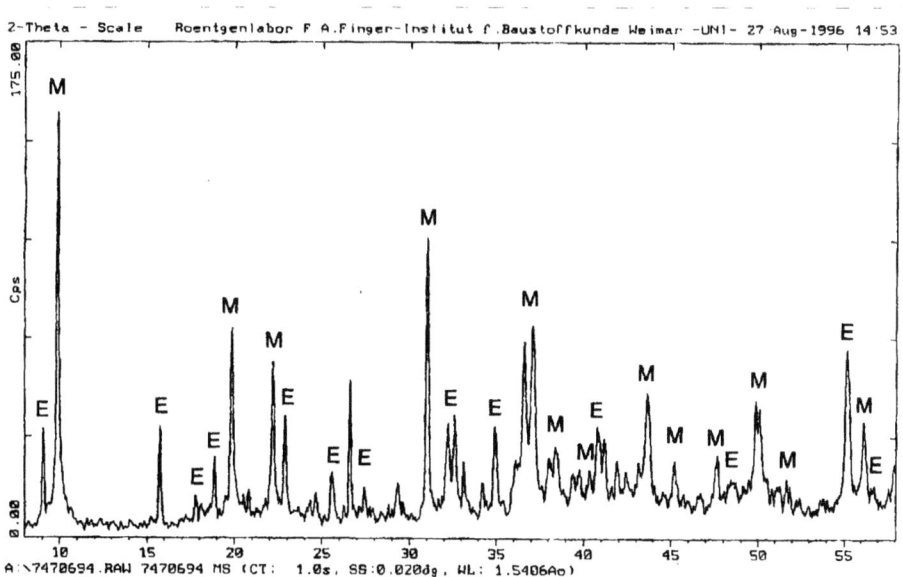

Abb. 2.9.12: Röntgenogramm von Ettringit (E) und Monosulfat (M)

Abb. 2.9.13a: C_3A-Halbhydrat-Mischung, nach 2 Minuten: nach dem Anmachen bildet sich sofort Ettringit (ESEM-Aufnahme)

Abb. 2.9.13b: C_3A-Halbhydrat-Mischung: nach 25 Minuten ist ein geringes Längenwachstum, kein Dickenwachstum zu beobachten (ESEM-Aufnahme)

2.9 Hydratation des Portlandzementes

Abb. 2.9.13c: C_3A-Halbhydrat-Mischung, nach 120 Minuten ist ein geringes Längenwachstum, kein Dickenwachstum zu beobachten (ESEM-Aufnahme)

Abb. 2.9.13d: C_3A-Halbhydrat-Mischung, nach ca. 270 Minuten entstehen durch Umkristallisation erste dünnplattige Monosulfatkristalle (ESEM-Aufnahme)

Abb. 2.9.13e: C_3A-Halbhydrat-Mischung, nach 24 Stunden sind deutlich ausgebildete hexagonale Monosulfatkristalle erkennbar (ESEM-Aufnahme)

Allgemein können in Abhängigkeit vom Gips-C_3A-Verhältnis die folgenden Hydratationsprodukte erwartet werden:

$C\bar{S} \cdot H_2/C_3A$	stabile Hydratationsprodukte
> 3,0	Trisulfat und Gips (führt zu Sulfattreiben)
3,0	Trisulfat
1,0 ... 3,0	Trisulfat und Monosulfat
1,0	Monosulfat
< 1,0	Monosulfat und C_4AH_{13}, C_2AH_8 bzw. $C_3A(C\bar{S},CH)H_{12}$
0	C_3AH_6

Die folgenden Beispiele zur Berechnung der zu erwartenden Hydratphase beruhen auf 2 Betrachtungsweisen:

1. In die Berechnung wird nur das Aluminat aus dem C_3A einbezogen
2. Zu dem C_3A wird der Anteil des Aluminats aus dem C_4AF zugerechnet (Aufsplittung $C_3A \rightleftarrows C_2F$)

Das Ergebnis bei der Berechnung kann sehr unterschiedlich ausfallen. Deshalb ist der berechnete theoretische Hydratphasenbestand aus dem aluminatischen Klinkerphasen – ebenso wie bei den silicatischen – stark von der Betrachtungsweise, bzw. von dessen Annahme abhängig.

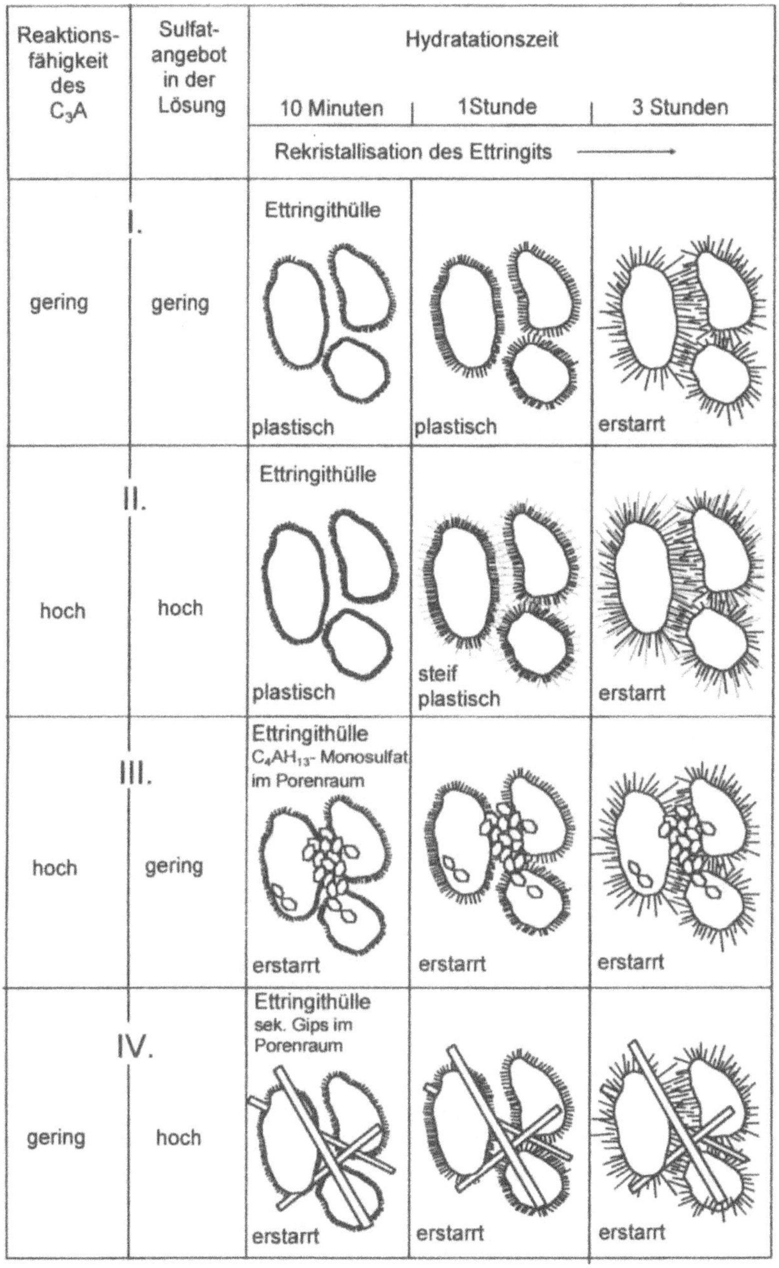

2.9 Hydratation des Portlandzementes

Reaktions-fähigkeit des C_3A	Sulfat-angebot in der Lösung	Hydratationszeit		
		10 Minuten	1 Stunde	3 Stunden
		Rekristallisation des Ettringits →		
gering	I. gering	Ettringithülle / plastisch	plastisch	erstarrt
hoch	II. hoch	Ettringithülle / plastisch	steif plastisch	erstarrt
hoch	III. gering	Ettringithülle C_4AH_{13}- Monosulfat im Porenraum / erstarrt	erstarrt	erstarrt
gering	IV. hoch	Ettringithülle sek. Gips im Porenraum / erstarrt	erstarrt	erstarrt

Abb. 2.9.14: Gefügeentwicklung beim Erstarren von Portlandzement in Abhängigkeit von der Reaktionsfähigkeit des C_3A und des Sulfatangebots (nach LOCHER, RICHARTZ, SPRUNG)

Beispiele:

Zement 1 (HS-Zement):
Al_2O_3 = 4,3%
Fe_2O_3 = 6,5%
C_3A = 0,4% (nach BOGUE)
C_4AF = 18,8% (nach BOGUE)
SO_3 = 2,3% → $C\bar{S}H_2$ = 4,9%

1. Berechnungsmöglichkeit → nur das C_3A wird in die Berechnung einbezogen:
$C\bar{S}H_2/C_3A$ = 12,25

2. Berechnungsmöglichkeit → C_4AF wird in C_3A und C_2F zerlegt und das derart berechnete C_3A wird dem nach BOGUE berechneten zugefügt:
C_2F = 11,1%
C_3A (aus dem C_4AF) = 10,4%

$C\bar{S}H_2/C_3A_{ges}$ = 0,47

Zement 2 (HS-Zement):
Al_2O_3 = 4,4%
Fe_2O_3 = 6,1%
C_3A = 1,3% (nach BOGUE)
C_4AF = 18,6% (nach BOGUE)
SO_3 = 2,1% → $C\bar{S}H_2$ = 4,5%

nach 1. Berechnungsmöglichkeit:
$C\bar{S}H_2/C_3A$ = 3,46

nach 2. Berechnungsmöglichkeit:
C_2F = 10,4%
C_3A (aus dem C_4AF) = 10,4%
$C\bar{S}H_2/C_3A_{ges}$ = 0,43

Zement 3:
Al_2O_3 = 4,7%
Fe_2O_3 = 2,5%
C_3A = 8,2% (nach BOGUE)
C_4AF = 7,6%
SO_3 = 3,0% → $C\bar{S}H_2$ = 6,45%

nach 1. Berechnungsmöglichkeit:
$C\bar{S}H_2/C_3A$ = 0,78

nach 2. Berechnungsmöglichkeit:
C_2F = 4,2%
C_3A (aus dem C_4AF) = 4,2%

$C\bar{S}H_2/C_3A_{ges}$ = 1,53

Zement 4:
Al_2O_3 = 6,9%
Fe_2O_3 = 2,7%
C_3A = 13,7% (nach BOGUE)
C_4AF = 8,2% (nach BOGUE)
SO_3 = 3,2% → $C\bar{S}H_2$ = 6,9%

nach 1. Berechnungsmöglichkeit:
$C\bar{S}H_2/C_3A$ = 0,5

nach 2. Berechnungsmöglichkeit:
C_2F = 4,6%
C_3A (aus dem C_4AF) = 4,6%

$C\bar{S}H_2/C_3A_{ges}$ = 1,5

Calciumaluminate bilden auch andere komplexe Verbindungen. Bei der normalen Hydratation wird mit $CaSO_4$ Ettringit bzw. Monosulfat gebildet. Wirkt Chlorid z.B. in Form von Tausalzen auf den hydratisierenden Zementstein ein, so kann mit $CaCl_2$ Friedelsches Salz ($3CaO \cdot Al_2O_3 \cdot CaCl_2 \cdot 10H_2O$), ein Calcium-Aluminium-Chloridhydrat, entstehen. Durch die Einwirkung von Luft-CO_2 oder Kalksteinmehlzusatz zum Frischbeton bildet sich ein Calcium-Aluminium-Carbonathydrat ($3CaO \cdot Al_2O_3 \cdot CaCO_3 \cdot 11H_2O$).

2.9.5.4 Hydratation des C_4AF

Die Hydratation des C_4AF ist ein sehr schwierig zu verfolgender Prozeß, da bis heute nicht eindeutig geklärt ist, in welcher Weise das Eisen in den Hydratationsprodukten vorliegt. Im folgenden sollen zwei verschiedene Modelle zur C_4AF-Hydratation vorgestellt werden. Das erste beschreibt die aus der Literatur bekannte Hydratation zu Eisenettringit (AFt) bzw. Monosulfat (AFm). Im zweiten Modell werden neue Forschungsergebnisse aus dem F. A. Finger-Institut für Baustoffkunde vorgestellt.

C_4AF reagiert ähnlich wie C_3A. Die Reaktion verläuft nicht so schnell, muß aber ebenfalls mit einem Sulfatträger verzögert werden. In sulfatresistentem Zement (HS-Zement) ist entweder kein oder nur wenig C_3A vorhanden (max. 3,0%). Dafür ist der C_4AF-Anteil höher. Je höher der Anteil an Eisen im Alumoferrit ist (z.B. C_6AF_2 in der Mischkristallreihe „C_2A" - C_2F), desto langsamer verläuft die Hydratation.

1. Modell

Die Reaktionsprodukte des C_4AF sind Calciumaluminatferrithydrate. Ähnlich der C_3A-Hydratation ist die Phasenneubildung vom SO_3-Gehalt abhängig. Bei Abwesenheit eines Sulfatträgers kommt es zu der folgenden Reaktion:

$$2\,C_4AF + 32\,H \rightarrow C_4(A,F)H_{13} + 2\,C_2(A,F)H_8 + (A,F)H_3.$$

$(A,F)H_3$ stellt dabei ein Gemisch aus Eisenhydroxid $Fe(OH)_3$ und Aluminiumhydroxid $Al(OH)_3$ dar.

Die instabilen Reaktionsprodukte wandeln sich weiter um:

$$C_4(A,F)H_{13} + 2\,C_2(A,F)H_8 \rightarrow 2\,C_3(A,F)H_6 + 9\,H.$$

In Gegenwart eines Sulfatträgers z.B. Gips bilden sich während der Hydratation die AFt- (Aluminatferrit-Trisulfat) und die AFm-Phase (Aluminatferrit-Monosulfat) aus. Zu Beginn der Hydratation wird immer AFt gebildet. Später wandelt es sich zumindest teilweise in AFm um oder bleibt bei hohen SO_3-Gehalten bestehen:

$$3\,C_4AF + 12\,C\overline{S}H_2 \cdot 110\,H \rightarrow 4\,\underbrace{[C_3(A,F) \cdot 3\,C\overline{S} \cdot H_{32}]}_{=\text{AFt-Phase}} + 2\,[(A,F)H_3]$$

$$3\,C_4AF + [C_3(A,F) \cdot 3\,C\overline{S} \cdot H_{32}] + 14\,H \rightarrow 6\,\underbrace{[C_3(A,F) \cdot C\overline{S} \cdot H_{12}]}_{=\text{AFm-Phase}} + 2\,[(A,F)H_3]$$

Die Dichten dieser beiden Calciumaluminatferrithydrate unterscheiden sich stark $\varrho_{AFt} = 1{,}73$ g/cm^3; $\varrho_{AFm} = 1{,}95$ g/cm^3), so daß es bei Phasenumwandlungen im erhärteten Zementstein durch die verschiedensten Umwelteinflüsse zu Gefügeschäden kommt. Hydratisiert C_4AF als separate Phase mit einem Sulfatträger, so ist der Kalkgehalt für die AFt- oder AFm-Bildung nicht ausreichend. Es werden stets dazu noch amorphes Eisen- und Aluminiumhydroxid gebildet. Bei gleichzeitiger Hydratation der Calciumsilicate werden Ca^{2+}- und OH^--Ionen aus $Ca(OH)_2$ zur Verfügung gestellt. Die Bildung von $(A,F)H_3$ nimmt ab:

$$C_4AF + 6C\overline{S}H_2 + 2CH + 50H \rightarrow [C_3(A,F) \cdot 3C\overline{S} \cdot H_{32}].$$

2. Modell

Neuere Forschungen am F. A. Finger-Institut für Baustoffkunde zeigen, daß die relativ langsame Hydratationsreaktion des C_4AF durch eine Auslaugung des Aluminiums aus den C_4AF-Körnern begründet ist. Dieses Aluminat reagiert mit SO_3 zunächst zu reinem Ettringit. Im Gefüge bleiben auch nach langer Zeit noch Al-verarmte und dadurch Fe-angereicherte Körner bzw. Eisengel sichtbar. Zusätzlich kann es aufgrund der schnellen SO_3-Löslichkeit und der langsamen Al-Freisetzung zur Bildung von sekundärem Gips im Gefüge kommen (Abbildungen 2.9.15 bis 2.9.17).

Es ist also möglich, daß im Ergebnis der C_4AF-Hydratation in Anwesenheit von Gips ein Gemisch von Fe-freiem Ettringit neben $Fe(OH)_3$ vorliegt. Zur Klärung dieser Frage bedarf es weiterer Grundlagenuntersuchungen.

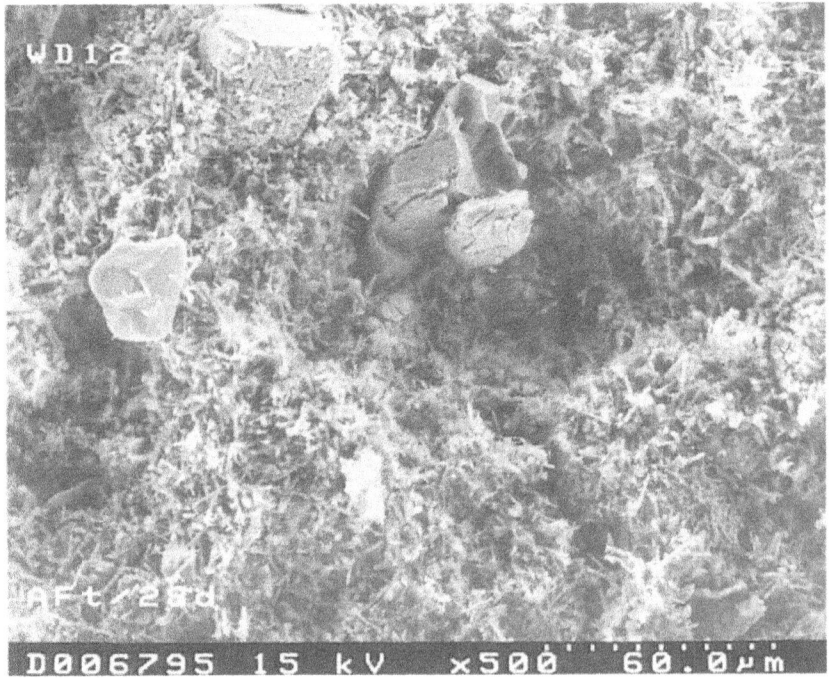

Abb. 2.9.15: Gefüge einer C_4AF-Gips-CH-Mischung: ausgelaugte C_4AF-Körner und Ettringitnadeln (500fache Vergrößerung)

2.9 Hydratation des Portlandzementes

Abb. 2.9.16: Ettringit in einer C_4AF-Gips-CH-Mischung (10.000fache Vergrößerung)

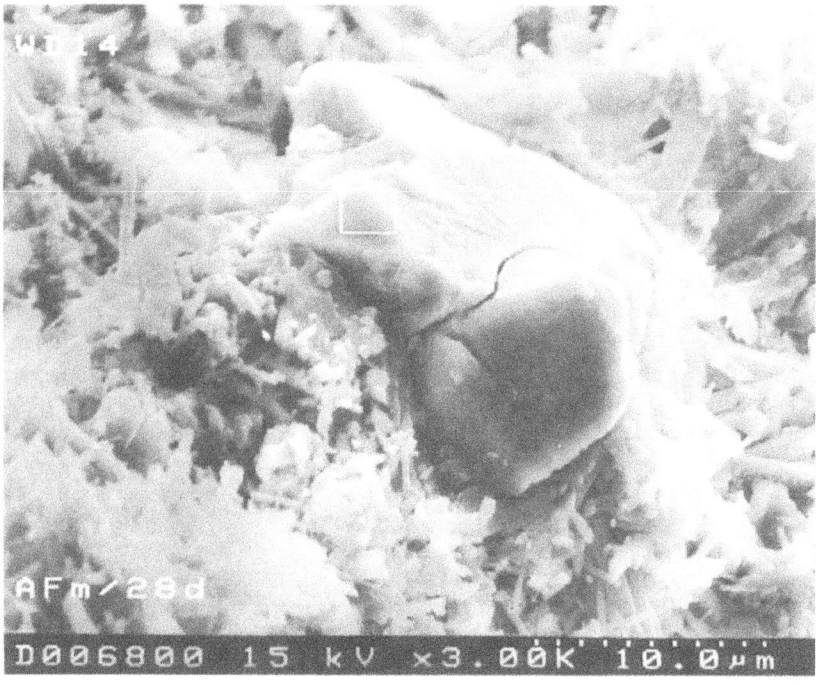

Abb. 2.9.17: Ausgelaugtes C_4AF-Korn in einer C_4AF-Gips-CH-Mischung (3000fache Vergrößerung)

2.9.6 Vergleich der Hydratationsprodukte

Erfolgen Phasenänderungen im erhärteten Beton, so kann es aufgrund der sehr unterschiedlichen Dichten zu starken Gefügeschädigungen kommen. Das wichtigste Beispiel hierfür ist die Sekundäre Ettringitbildung (SEB) aufgrund falscher Warmbehandlung. Durch die Verringerung der Dichte von 1,95 auf 1,75 g/cm^3 kommt es zu einer Volumenerweiterung, die zur Betonzerstörung führt. Neuere Untersuchungen am F. A. Finger-Institut für Baustoffkunde zeigen, daß es durch Frost- und Frost-Tausalzbelastung ebenfalls zu Phasenwandlungen mit den entsprechenden Volumenänderungen kommen kann und somit auch chemische Ursachen Frostschäden begründen können.

Tab. 2.9.3: Angaben zur Struktur einiger Hydratationsprodukte

Hydratations-produkt	Kristallinität	Morphologie
C-S-H	sehr gering	spitznadelig (Spitzen um 10 nm), in Bündeln angeordnete Fasern je nach Hydratationsdauer mit einer Länge l von 0,1 µm bis > 1 µm und einem Durchmesser $d \leq 50$ nm
CH	sehr gut	pseudohexagonale Kristalle mit $d \leq 10$ µm und einer Basisfläche bis 120 µm
Ettringit	gut	lange schlanke prismatische Nadeln mit $d \approx 60 - 1000$ nm (0,06 - 1 µm) und sehr unterschiedlicher Läge je nach den Bildungsbedingungen
Monosulfat	gut	dünne hexagonale Platten mit einer Basisfläche ≈ 50 µm und $d < 1$ µm, unregelmäßige „Rosetten"
Calciumaluminat-hydrate	gut	hexagonale Platten mit $d \approx 50$ nm, Basisfläche ≈ 10 µm

Tab. 2.9.4: Dichten der Ausgangsstoffe

Zementbestandteile	
Phase	Dichte in g/cm^3
C_3S	3,13
C_2S	3,28
C_3A	3,04
C_4AF	3,76
CaO	3,34
$C\bar{S}H_2$	2,32
$C\bar{S}H_{0,5}$	2,76

Tab. 2.9.5: Dichten der Endprodukte

Hydratationsprodukte	
Phase	Dichte in g/cm^3
C-S-H und CH	2,3 - 2,6 in Abh. von H_2O-Gehalt; 2,24 für CH
Ettringit, AFt	1,75
Monosulfat, AFm	1,95
C_4AH_{13}	2,02
C_2AH_8	1,95
C_3AH_6	2,52

2.9 Hydratation des Portlandzementes

Tab. 2.9.6: Einflüsse auf die Eigenschaften von Zementstein

	Festigkeit	Formänderungen	Dauerhaftigkeit
C-S-H-Phasen	Aktiv festigkeitsbildend durch den Aufbau chemischer und Van der Waals'scher Bindungen, passiv festigkeitsbildend durch die Verringerung der Porosität.	Liefern durch ihre feinfaserige Struktur und Partikelgröße die Voraussetzungen für Quellen, Schwinden und Kriechen.	Fördern die Dauerhaftigkeit durch die Verringerung der Porosität sowie infolge ihrer geringen Löslichkeit und Reaktionsfähigkeit.
CH	Passiv festigkeitsbildend durch das Ausfüllen von Poren (Abbildung 2.9.18), gleichzeitig festigkeitsbegrenzend durch die Tendenz bei Scherbelastung zu spalten.		Verursacht die hohe Alkalität der Porenlösung von Zementstein und schützt dadurch die Bewehrung vor Korrosion. Beeinträchtigt die Dauerhaftigkeit durch Carbonatisierung und vergleichsweise gute Löslichkeit.
AFm, AFt	Bewirken das Ansteifen und Erstarren, sind aber kaum festigkeitsbildend.	Einflüsse vorhanden, aber noch nicht quantifizierbar.	Bei gleichzeitigem Vorhandensein von AFm-Phase und Sulfat sind Treiberscheinungen möglich.
CH und AFt	Beide Phasen sind in der Grenzschicht Zuschlag – Zementstein besonders angereichert, stellen im Beton also z.T. den Verbund zwischen Zuschlag und Zementstein dar (Abbildung 2.9.19).		CH- und AFt-reiche Phasengrenzfläche ist Schwachstelle im Beton.
Aluminat- bzw. Ferrithydrat	Passive Rolle bei der Festigkeitsbildung durch Ausfüllen der Poren.		
Poren	Gelporosität „fördert", Kapillarporosität senkt die Festigkeit.		Kapillarporen sind für Transportphänomene im Zementstein verantwortlich, Mikroluftporen erhöhen den Frost- bzw. Frost-Tausalz-Widerstand.
Wasser	10% Festigkeitsabnahme bei wassergesättigtem gegenüber trockenem Beton, eventuell durch Verringerung der Bindungsenergie zwischen den C-S-H-Teilchen.	Wirkt als Quellmittel, durch Verringerung der Bindungsenergie zwischen den C-S-H-Teilchen oder als Gleitmittel.	Kann zusammen mit anderen Faktoren Schäden verursachen.

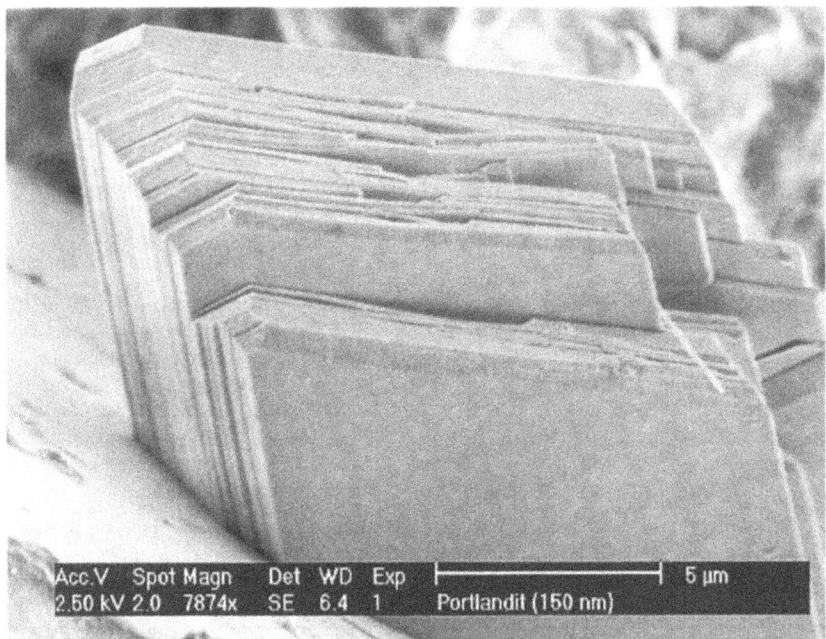

Abb. 2.9.18: Portlanditkristalle im Porenraum: an den Basisflächen verwachsene dünntafelige (Dicke ca. 150 nm) Kristalle (Schieferung)

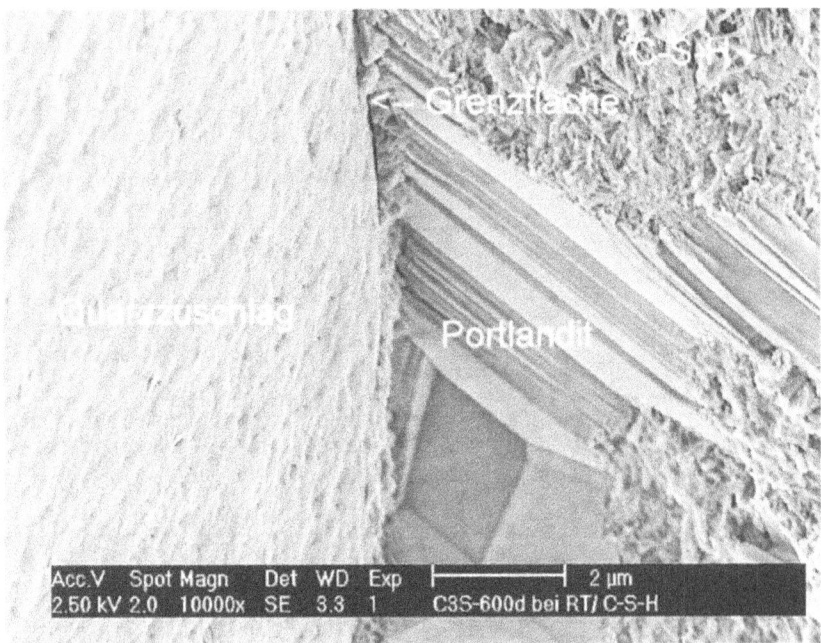

Abb. 2.9.19a: Phasengrenzbereich zwischen Zuschlagstoff (gerundetes Quarzkorn) und Zementstein: Anreicherung von dünntafeligen (Dicke bis 200 nm), entlang der Basisfläche geschieferten und kompakten (Dicke 2 µm) Portlanditkristallen in der Übergangszone

2.9 Hydratation des Portlandzementes

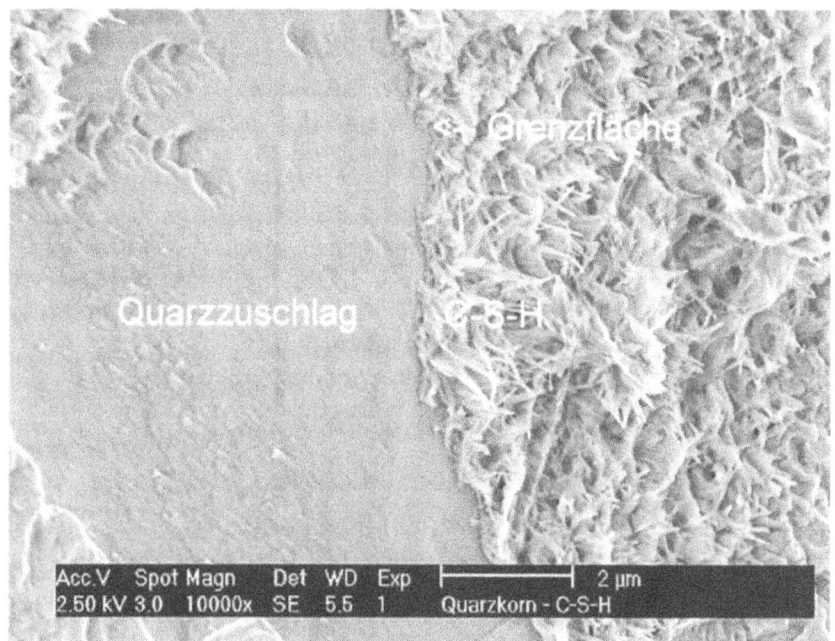

Abb. 2.9.19b: Phasengrenzbereich zwischen Zuschlagstoff (gerundetes Quarzkorn) und Zementstein: auf das Quarzkorn aufgewachsene spitznadelige und ca. 1,5 µm lange C-S-H-Phasen

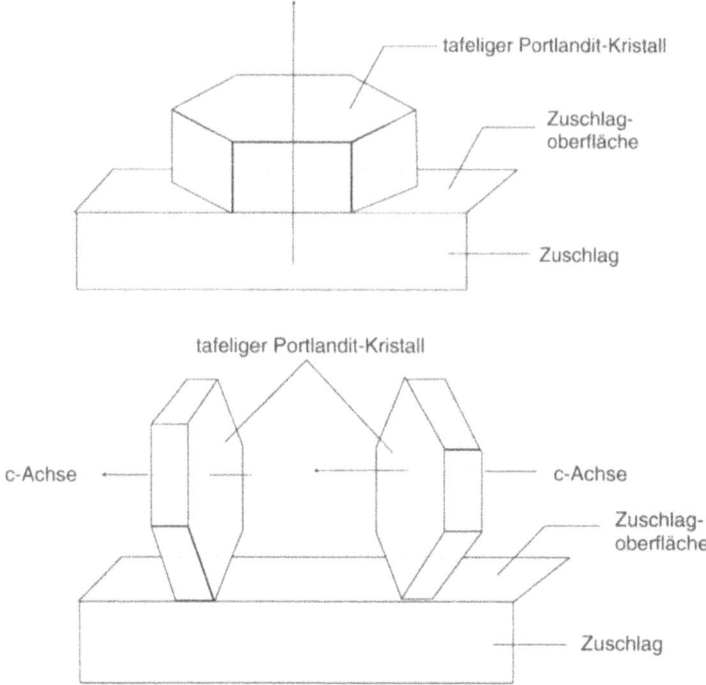

Abb. 2.9.20: Orientierung der CH-Kristalle

Von verschiedenen Autoren wird in der Übergangszone eine **Vorzugsorientierung von Portlandit-Kristallen** mit ihrer c-Achse **senkrecht** zur Grenzfläche dokumentiert (GRANDET und OLLIVIER; FARRAN; MONTEIRO; YUAN und ODLER; JIA).

ZIMBELMANN, der die Phasengrenzfläche mittels der Rasterelektronenmikroskopie untersucht hat, gibt den Durchmesser der mit ihrer c-Achse **parallel** zur Grenzfläche vorzugsorientierten, tafeligen Portlandit-Kristalle, die – ausgehend von der Kontaktschicht – sich in der Zwischenschicht ausbilden, in ihrer Basisfläche (0001) mit 10 µm bis etwa 30 µm an. Von LARBI und BIJEN wird ebenfalls die Ansicht vertreten, daß tafeliger Portlandit in der Zwischenschicht mit der c-Achse nahezu parallel zur Zuschlagoberfläche aufwächst.

Hinsichtlich der Orientierung von tafeligen Portlandit-Kristallen in der Übergangszone zwischen Zuschlag und Zementstein besteht demnach keine einheitliche Meinung.

2.9.7 Stabilität der Hydratphasen

2.9.7.1 Stabilität von Calciumhydroxid

Das Calciumhydroxid ist in Bezug auf die Carbonatisierung die instabilste Phase im System des Zementsteins. Es wird unter Normalbedingungen von Luft-CO_2 angegriffen und zu Calciumcarbonat umgesetzt.

$$Ca(OH)_2 + CO_2 \rightarrow CaCO_3 + H_2O$$

Dabei kommt es zu einer Gefügeverdichtung. Diese Reaktion kann eine Erhöhung der Druckfestigkeit von bis zu 25% bewirken. Die Folge der Neutralisationsreaktion ist die Aufhebung der Passivierung des Bewehrungsstahls bei hohen pH-Werten.

Calciumhydroxid wird aufgrund seiner erhöhten Löslichkeit bei tiefen Temperaturen aus dem Gefüge herausgelöst und kristallisiert bei höheren Temperaturen in den Makroporen aus. Dies führt zu einer deutlichen Vergröberung des Porensystems.

Grundsätzlich carbonatisieren aus thermodynamischer Sicht alle Hydratationsprodukte. Der Ablauf der Carbonatisierungsreaktionen kann dabei über die freien Reaktionsenthalpien ΔG_R^T bei verschiedenen Temperaturen berechnet werden. Je negativer dabei der Wert für ΔG_R^T ist, desto wahrscheinlicher ist der Reaktionsablauf. Wenn ΔG_R^T größer als Null wird, läuft die Reaktion unter den gegebenen Bedingungen nicht ab (s. Tabelle 2.9.7).

2.9 Hydratation des Portlandzementes

Tab. 2.9.7: Wahrscheinlichkeit der Carbonatisierung der Portlandzement-Hydratphasen (die Wahrscheinlichkeit steigt, wenn ΔG_R^{298} negativer wird)

	Hydratphase	ΔG_R^{298} [kJ/mol]	Carbonatisierungsprodukte
1.	Calciumhydroxid ($Ca(OH)_2$)	−74,75	Calciumcarbonat $CaCO_3$ Wasser H_2O
2.	C-S-H-Phasen ($C_3S_2H_3$)	−74,7	Calciumcarbonat $CaCO_3$ Silicagel $SiO_2 \cdot xH_2O$
3.	Calciumaluminathydrate (C_3AH_6)	−69,6	Caciumcarbonat $CaCO_3$ Aluminiumhydroxid $Al(OH)_3$ Wasser H_2O
4.	Monosulfat ($C_3A \cdot C\bar{S} \cdot 12H_2O$) Afm ($C_2(A,F) \cdot C\bar{S} \cdot 12H_2O$)	−63,4	Calciumcarbonat $CaCO_3$ Aluminiumhydroxid $Al(OH)_3$ Gips $CaSO_4 \cdot 2H_2O$ Wasser H_2O zusätzlich: Eisenhydroxid $Fe(OH)_3$
5.	Ettringit ($C_3A \cdot 3C\bar{S} \cdot 32H_2O$) AFt ($C_3(A,F) \cdot 3C\bar{S} \cdot 32H_2O$)	−48,8	Calciumcarbonat $CaCO_3$ Aluminiumhydroxid $Al(OH)_3$ Gips $CaSO_4 \cdot 2H_2O$ Wasser H_2O zusätzlich: Eisenhydroxid $Fe(OH)_3$

2.9.7.2 Stabilität der C-S-H-Phasen

Die Hydratationsprodukte des C_3S und β-C_2S bilden ein sehr dichtes Gefüge aus. Untersuchungen des Porensystems von hydratisierten C_3S-und β-C_2S-Pasten ergaben, daß vorwiegend Gelporen gebildet wurden (Abbildung 2.9.21). Diese Poren mit einer Größe von 1 bis 10 nm sind unter Normalbedingungen mit Porenlösung gefüllt und somit undurchlässig für Gase. Dieses Phänomen und die geringe Kapillarporosität führen zu einer Behinderung der Transportvorgänge in der erhärteten Matrix.

C-S-H-Phasen verhalten sich bei Frost und Frost-Tausalzangriff stabil. Es kommt zu keinen chemischen Umwandlungen. Gefügeschäden an befrosteten Proben sind ausschließlich auf physikalische Ursachen zurückzuführen.

Die C-S-H-Phasen sind während der Hydratation in der Lage, Chloride fest in ihr Kristallgitter einzubinden bzw. fest anzulagern. Außerdem können sie mit Chloriden der Tausalze in Wechselwirkung treten. Die Bindung das Chlorids kann dabei auf unterschiedliche Weise erfolgen:

• Chemosorption von Chlorid,
• Chlorideinbau in die Zwischenschichten,
• Chlorideinbau in die C-S-H-Phasen.

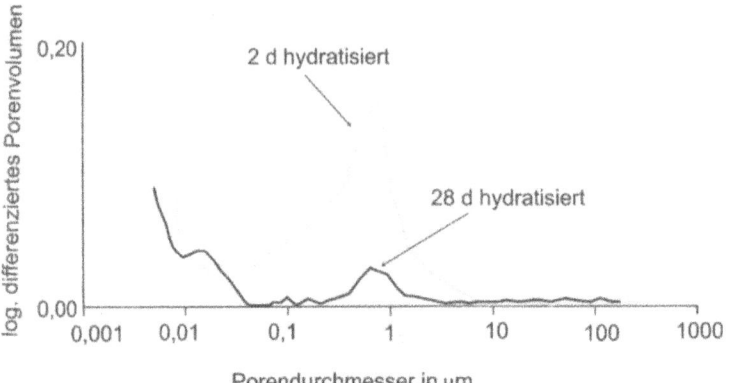

Abb. 2.9.21: Porenverhältnisse in unterschiedlich lang hydratisierter C_3S-Paste

Im erhärteten Zementstein bzw. in der Mörtel- oder Betonmatrix bilden die C-S-H-Phasen die stabilsten Verbindungen. Bei einer sehr starken CO_2-Belastung des Betons kann es nach der Carbonatisierung des Portlandits auch zur Carbonatisierung der C-S-H-Phasen kommen (Tabelle 2.9.7). Diese zersetzen sich in $CaCO_3$, Silicagel und Wasser. Dabei wird die stabile $CaCO_3$-Form Calcit (Abbildung 2.9.22) über die metastabilen Carbonatmodifikationen Vaterit und Aragonit gebildet. Bei einer vollständigen Carbonatisierung aller Hydratphasen ist von der Zementmatrix des Betons keine Festigkeit mehr zu erwarten.

Abb. 2.9.22: Calcitkristalle mit ausgeprägten scharfkantigen Kristallisationsstufen (schichtartige Anordnung, ESEM-Aufnahme)

2.9 Hydratation des Portlandzementes

In Gegenwart von Sulfat und Carbonat ist eine Aufspaltung der C-S-H-Phasen und die Entstehung des Minerals **Thaumasit**

$$CaO \cdot SiO_2 \cdot CaSO_4 \cdot CaCO_3 \cdot 15\,H_2O$$

möglich. Dieses Mineral wird aufgrund seiner Kristalleigenschaften (Kristallgeometrie, Kristallchemie) der Ettringitgruppe zugeordnet und könnte in der Lage sein mit Ettringit Mischkristalle zu bilden. Besonders gefährdet scheinen Bauwerke, die unter Zusatz von Kalksteinmehl hergestellt und später einer Sulfatbelastung ausgesetzt wurden. So wurden vor allem Treiberscheinungen an Betonfundamenten im sulfathaltigen Grundwasser und an Kalk-Gips-Putzen beobachtet. Es konnte aber nicht geklärt werden, ob die Thaumasitbildung eindeutig der Schadensverursacher oder nur eine Sekundärreaktion nach einem bereits vorhandenen Schaden ist.

Sicher scheint, daß Thaumasit sich bevorzugt bei niedrigen Temperaturen ($\leq +5$ °C) und hoher Luftfeuchtigkeit bildet (KOLLMANN u.a.).

Bei Temperaturen zwischen 400 und 600 °C kommt es zur Wasserabspaltung aus den C-S-H-Phasen und damit zu einem deutlichen Stabilitätsverlust. Diese Möglichkeit ist vor allem im Brandfall zu beachten, da die C-S-H-Phasen die Hauptfestigkeitsbildner in der Zementsteinmatrix des Betons sind.

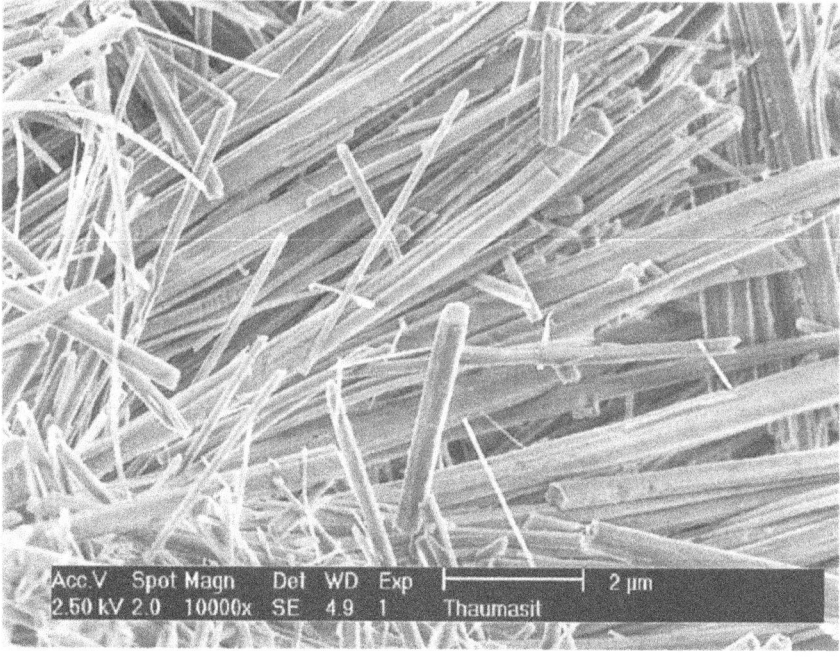

Abb. 2.9.23: Thaumasit; stengelige Kristalle mit hexagonalem Querschnitt (vgl. Ettringit, ESEM-Aufnahme)

2.9.7.3 Stabilität des Monosulfats bzw. der AFm-Phase

Hydratisierte C_3A- und C_4AF-Phasen weisen eine Porengrößenverteilung mit einem hohen Kapillarporenanteil auf. Im Zementstein erhöhen sie den Kapillarporenanteil und ermöglichen daher den Stofftransport im Inneren des Gefüges. Das verstärkt die chemische Instabilität des Monosulfats bzw. der AFm-Phase.

Besondere Aufmerksamkeit erlangte in den vergangenen Jahren das bei der Warmbehandlung von Beton entstehende Monosulfat. Während der Nutzung bei Umgebungstemperatur wandelt es sich in den deutlich voluminöseren Ettringit um, und führt zu Betonschäden.

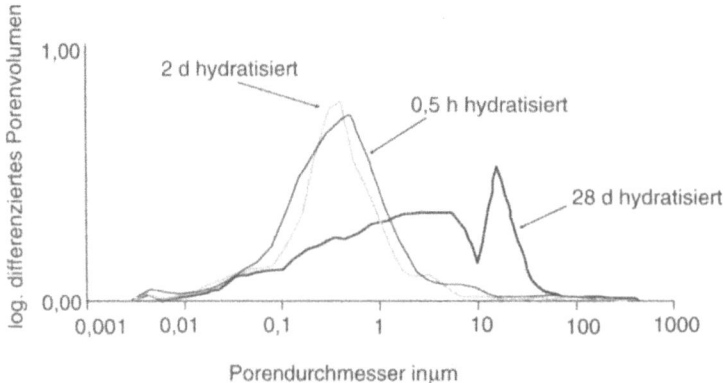

Abb. 2.9.24: Porengrößenverteilung von Monosulfat

Monosulfat / AFm carbonatisiert in Abhängigkeit von den Temperatur- und Feuchtebedingungen relativ schnell. Die Endprodukte der Carbonatisierungsreaktion sind Calciumcarbonat, Gips und Aluminiumhydroxid (Tabelle 2.9.7). Die Carbonatisierung der Aluminat- bzw. Aluminatferrithydrate kann aber über viele, von den Umgebungsbedingungen abhängigen, Zwischenstufen verlaufen. Beispielsweise sind die instabilen Zwischenstufen $C_4A \cdot 0{,}5 CO_2 \cdot 12 H_2O$ und $C_3A \cdot CaCO_3 \cdot 11 H_2O$ bekannt. Der in der Endstufe entstandene Gips kann sofort zu einer erneuten Ettringitbildung führen. Dabei sind die Temperatur und Feuchtebedingungen von entscheidender Bedeutung. Für den SO_3-Transport über die Porenlösung ist ein ausreichendes Feuchteangebot notwendig. Bei niedrigen Temperaturen laufen die Reaktionen bevorzugt ab, da aus thermodynamischer Sicht mit fallender Temperatur die Carbonatisierungsreaktionen begünstigt werden und die Bildungswahrscheinlichkeit des Ettringits stetig zunimmt. STARK und LUDWIG beschreiben die Teilreaktionen der Carbonatisierung von Monosulfat und erneuter Ettringitbildung bei Frostangriff wie folgt (Abbildung 2.9.25):

1. Teilreaktion:

$2 C_3A \cdot C\bar{S} \cdot 12H + 6 CO_2 + 2 H_2O \rightarrow 6 CaCO_3 + 2 CH_2 + 4 Al(OH)_3 + 16 H$

2. Teilreaktion:

$C_3A \cdot C\bar{S} \cdot 12H + C\bar{S}H_2 + 16 H_2O \rightarrow C_3A \cdot 3 C\bar{S} \cdot 32 H$

Resultierende Reaktion

$3 C_3A \cdot C\bar{S} \cdot 12H + 6 CO_2 + 2 H_2O \rightarrow C_3A \cdot 3 C\bar{S} \cdot 32 H + 6 CaCO_3 + 4 Al(OH)_3$

2.9 Hydratation des Portlandzementes

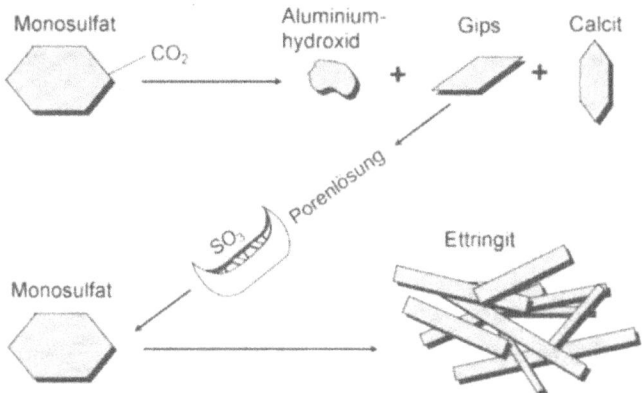

Abb. 2.9.25: Schematische Darstellung zur Ettringitbildung bei Frostangriff (nach STARK und LUDWIG). Bei der Befrostung der AFm-Phase wurden die gleichen Phasen mit einen teilweisen Austausch des Al_2O_3 durch Fe_2O_3 beobachtet.

Bei Frost- und Frost-Tausalz-Angriff auf Monosulfat- und AFm-Proben stellten STARK und LUDWIG ebenfalls Phasenumwandlungen fest. Nach 28 Frosttauwechseln konnte Friedelsches Salz (Monochlorid) und Ettringit nachgewiesen werden. Die Umwandlungsprozesse liefen beim Monosulfat deutlich schneller als bei der AFm-Phase ab. Es kommt zu folgenden Reaktionen (Abbildung 2.9.26):

1.Teilreaktion

$2C_3A \cdot C\bar{S} \cdot 12H + 4NaCl + 2Ca(OH)_2 \rightarrow 2C_3A \cdot CaCl_2 \cdot 10H + 2C\bar{S}H_2 + 4NaOH$

2.Teilreaktion

$C_3A \cdot C\bar{S} \cdot 12H + C\bar{S}H_2 + 16H_2O \rightarrow C_3A \cdot 3C\bar{S} \cdot 32H$

Resultierende Reaktion

$3C_3A \cdot C\bar{S} \cdot 12H + 4NaCl + 2Ca(OH)_2 + 16H_2O \rightarrow C_3A \cdot 3C\bar{S} \cdot 32H + 4NaOH + 2C_3A \cdot CaCl_2 \cdot 10H$

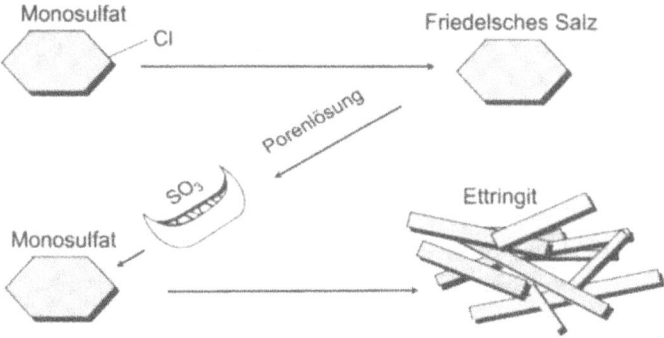

Abb.2.9.26.: Schematische Darstellung der Ettringitbildung bei Frost-Tausalz-Angriff (nach STARK und LUDWIG)

Die beobachteten Phasenneubildungen nach Frost- und Frost-Tausalz-Angriffen auf Monosulfat/AFm-Proben wurden auch an gleich behandelten Betonproben gefunden. Die Umwandlung von Monosulfat in Ettringit ist mit einer Volumenzunahme um das 2,4fache verbunden.

Bei Betonen ohne künstlich eingeführte Luftporen spielt diese Dehnungsreaktion eine nicht vernachlässigbare Rolle. Besonders für hochfeste Betone mit einer sehr dichten Struktur wird es in Zukunft wichtig sein, möglichst wenig Monosulfat und viel primär gebildeten Ettringit im Gefüge zu enthalten.

2.9.7.4 Stabilität des Ettringits bzw. der AFt-Phase

Ettringit/AFt-Proben weisen als Hydratationsprodukte des C_3A/C_4AF (s.o.) Porengrößenverteilungen mit einem hohen Kapillarporenanteil auf (Abbildung 2.9.27). Im Gegensatz zu Monosulfat/AFm weisen diese Hydratphasen eine hohe chemische Beständigkeit auf.

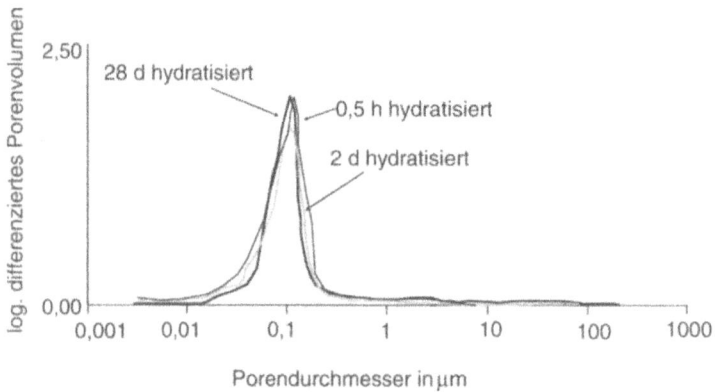

Abb. 2.9.27: Porengrößenverteilung von Trisulfat

Die thermische Stabilität des Ettringits nimmt mit steigender Temperatur ab. So ist theoretisch, aufgrund der freien Reaktionsenthalpien, ab ca. 90 °C eine Umwandlung des Ettringits in Monosulfat zu erwarten. Praktisch kann diese Umwandlungstemperatur durch in der Porenlösung vorhandene Alkalien deutlich gesenkt werden. Bei der Warmbehandlung dürfen deshalb Temperaturen von 60 °C im Beton nicht überschritten werden.

Es ist davon auszugehen, daß die Carbonatisierung des Ettringits erst nach der Umwandlung der anderen Hydratphasen einsetzt. Die thermodynamische Wahrscheinlichkeit für eine Carbonatisierungsreaktion ist sehr gering (Tabelle 2.9.7). Am F. A. Finger-Institut für Baustoffkunde laufende Untersuchungen an reinen Phasen zeigten lediglich bei einer rel. Luftfeuchte von 60% und einer Temperatur von 20 °C eine Carbonatisierung der Triphasen. Die Umsetzung erfolgte bei der AFt-Phase deutlich stärker als beim eisenfreien Ettringit. Die Endprodukte der Carbonatisierung sind aus Tabelle 2.9.7 ersichtlich. Das Calciumcarbonat lag als Calcit, Aragonit und Vaterit vor. Die verschiedenen Carbonatmodifikationen besitzen sehr unterschiedliche Eigenschaften. Dies ist besonders

2.9 Hydratation des Portlandzementes

wichtig im Hinblick auf die Carbonatisierung hüttensandhaltiger Betone. Während Frost- und Frost-Tausalzbelastung verhält sich Ettringit/AFt stabil.

2.9.8 Hydratation von Portlandzement

Die Hydratation von Portlandzement ist ein komplexer Vorgang, welcher von den Charakteristika der chemischen Phasen (Stoffeigenschaften) ebenso wie von den Umgebungsbedingungen abhängig ist.

2.9.8.1 Reaktionskinetik

Der zeitliche Verlauf der Zementhydratation läßt sich analog der C_3S-Hydratation in 5 Stadien einteilen (Abbildung 2.9.7). Im Anfangsstadium (Induktionsperiode) setzt eine erste Reaktion des C_3A unter Mitwirkung des als Abbinderegler eingesetzten Sulfatträgers (Anhydrit, Gips, HH) ein. Dieser Vorgang läuft in den ersten Minuten nach dem Anmachen ab. Nach 0,5–1 h kommt die Reaktion des Aluminats mit dem Calciumsulfat zum Stillstand (Ruhestadium oder dormante Periode). Gleichzeitig kommt es zur Bildung erster C-S-H-Phasen, deren Wasserbindung äußerlich als Erstarrungsbeginn zu beobachten ist. Das Beschleunigungsstadium (Accelerationsperiode) setzt nach ca. 7–17 h ein und dauert mehrere Stunden an. Es erfolgt die Bildung von C-S-H-Phasen und Portlandit aus den Calciumsilicathydraten des Klinkers. Im Anschluß erfolgt ein langsames Abklingen der Reaktionen (Abklingstadium oder Decelerationsperiode). Die Wärmeentwicklungsrate wird in diesem Stadium durch einen zur C_3A-Hydratation gehörigen Peak gekennzeichnet.

In der Finalperiode (Stetige Periode, Endstadium) gehen die Reaktionen diffusionskontrolliert langsam dem Ende entgegen. Die Reaktion eines Zementkorns wird in Abbildung 2.9.28 gezeigt.

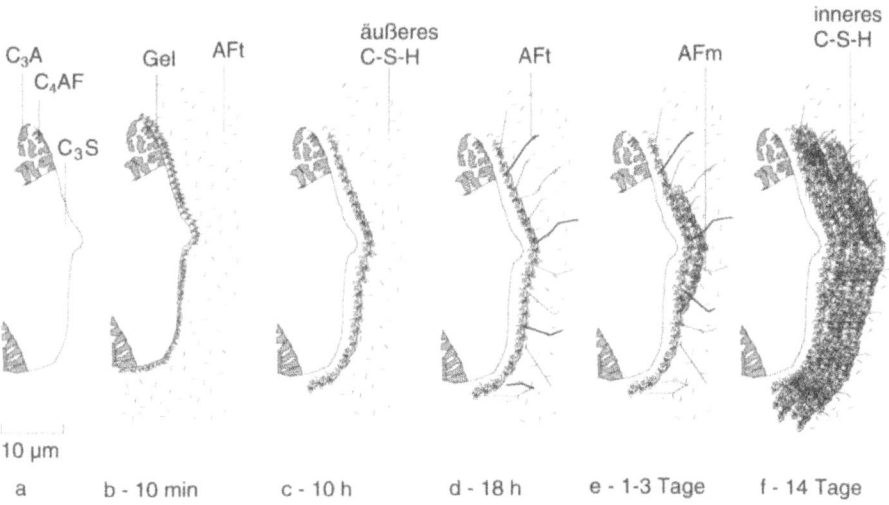

Abb. 2.9.28: Reaktion eines Zementkorns (nach TAYLOR)

2.9.8.2 Reaktionsgeschwindigkeit des Portlandzementes

Als Reaktionsgeschwindigkeit wird die Konzentrationsänderung pro Zeit bezeichnet. In den ersten Tagen der Hydratation ist die Reaktionsgeschwindigkeit der Klinkerphasen sehr unterschiedlich. Sie verläuft in folgender Reihenfolge:

$$C_3A > C_3S > C_4AF > \beta\text{-}C_2S$$

Die Hydratationsgeschwindigkeit hängt von wesentlichen **Eigenschaften der Ausgangsstoffe** ab.

Eine hohe **Mahlfeinheit** begründet eine große spezifische Oberfläche des Materials und führt dadurch zu einer schnellen Reaktion.

Weiterhin beeinflussen **Kristallgröße**, **Kristallgrößenverteilung** und **Kristalldefekte** die Reaktionsgeschwindigkeit. Kristalldefekte oder Gitterstörungen sind Abweichungen von der idealen Struktur eines Kristalls. Die Idealstruktur ist durch die Besetzung jedes durch Kristallgeometrie, Ladungsverhältnisse und Chemismus geforderten Gitterplatzes gekennzeichnet. In jedem natürlichen Mineral liegt eine sogenannte Realstruktur vor. D.h. es liegen Fehlordnungen oder Baufehler vor. Diese entstehen vor allem beim Wachstum der Kristalle. Auf die genauen kristallchemischen Eigenschaften der Zementklinkerminerale soll an dieser Stelle nicht eingegangen werden. Bemerkenswert ist aber, daß durch unterschiedliche Rohmaterialien und Technologien zur Zementherstellung Art und Menge der Baufehler in verschiedenen Zementen stark differieren. Kristalldefekte erhöhen die Reaktivität der Klinkermineralien. Sie können mit Hilfe der kernmagnetischen Resonanzspektroskopie (^{29}Si-NMR) nachgewiesen werden. So ist z.B: ein stark gittergestörtes α'-C_2S reaktionsfähiger als ein weniger gittergestörtes α'-C_2S.

Durch unterschiedliche **Kühlgeschwindigkeiten** bei der Herstellung des PZ-Klinkers können sich unterschiedliche Phasen ausbilden, welche dann verschieden schnell reagieren. Z.B. existieren α-, α'-, β- und γ-C_2S-Modifikationen, deren hydraulische Aktivität in der genannten Reihenfolge deutlich fällt. γ-C_2S ist hydraulisch inaktiv.

Weiterhin erhöht die Anwesenheit von Fremdoxiden im Kristallgitter deutlich die Reaktivität des Portlandzementes. Es werden vor allem die Alkalien Natrium und Kalium eingebaut.

Im Belit können bis 1,4% K_2O, bzw. 0,6% Na_2O eingebunden sein. Dadurch können auch Hochtemperaturmodifikationen wie α und α'-C_2S bei normalen Temperaturen stabilisiert werden. Diese Modifikationen haben ein hohes Maß an Gitterstörungen und sind daher hydraulisch bedeutend aktiver als β-C_2S.

Der Einbau von K_2O und Na_2O in das Kristallgitter des Alits kann je 0,1 bis 0,2% betragen.

In das C_3A können bis 2,4% Na_2O bzw. 3,1% K_2O eingelagert sein. In Abhängigkeit vom Alkali-Gehalt kann es auch zu einem Modifikationswechsel kommen. Das kubische wird in ein orthorhombisches Kristallgitter umgewandelt (TAYLOR). Dies führt zu einer wesentlichen Erhöhung der Reaktionsfähigkeit und hat einen bedeutenden Einfluß auf das Erstarren des Zements. In das C_4AF können nur geringe Mengen Fremdoxide eingebaut werden.

2.9 Hydratation des Portlandzementes

Die zweite wichtige Gruppe von Einflußfaktoren ist die der **Hydratationsbedingungen**. Dabei spielt die **Temperatur** die wichtigste Rolle. So kann durch eine Warmbehandlung die Verfestigungsdauer deutlich verkürzt werden. Mit Hilfe der Saul'schen Regel kann diese ganz grob abgeschätzt werden:

$$\tau_\Theta = \frac{30}{\Theta + 10} \cdot \tau_{20\,°C}$$

wobei

$\tau_{20\,°C}$ die Verfestigungsdauer bei 20 °C,
τ_Θ die gesuchte Verfestigungsdauer bei erhöhter Temperatur und
Θ die tatsächliche Temperatur ist.

So benötigt ein Beton z.B. bei ca. 20 °C 24 Stunden, um eine bestimmte Druckfestigkeit zu erreichen. Bei 80 °C benötigt ein Beton mit gleicher Rezeptur zum Erreichen der entsprechenden Festigkeit ca. 8 Stunden.

Das **Wasser-Feststoff-Verhältnis** muß dem entsprechenden Verwendungszweck angepaßt sein. Für die chemische Wasserbindung ist nur ein w/z-Wert von ca. 0,26 bis 0,28 stöchiometrisch notwendig. Je nach geforderter Verarbeitbarkeit und Qualität wird dieser Wert gesteigert. Ist der w/z-Wert zu niedrig, können die Zementkörner nicht vollständig hydratisieren. Bei einem hohen w/z-Wert wird der Gesamtporengehalt des Zementsteins groß (Abbildungen 2.9.29 und 2.9.30).

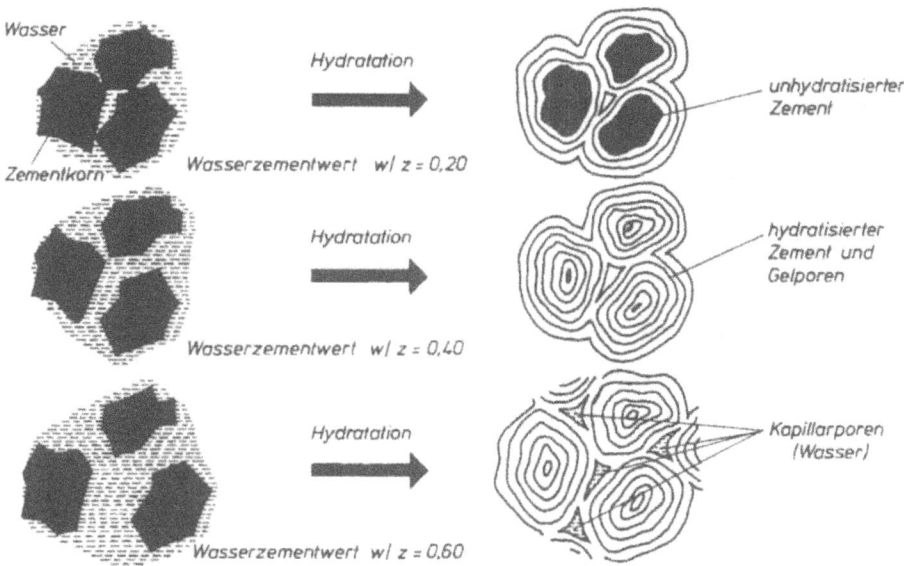

Abb. 2.9.29: Einfluß des Wasserzementwerts auf das Gefüge des Zementsteins (nach Zement-Taschenbuch, VDZ, 48. Aufl. 1984)

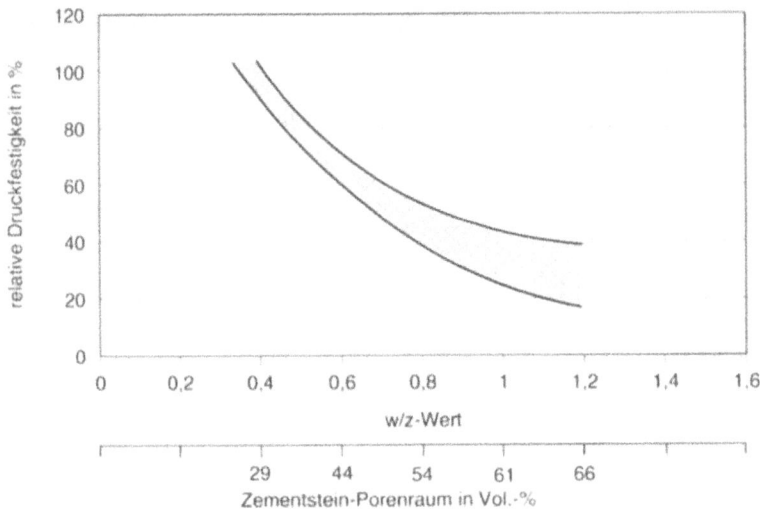

Abb. 2.9.30: Einfluß des w/z-Wertes und des Zementstein-Porenraumes auf die Druckfestigkeit (nach HUMMEL)

Wird das Material nicht unmittelbar nach dem Anmachen gemischt, kommt es an der Kontaktzone von Wasser und Zement zur Strukturbildung. Setzt der Mischvorgang dann später ein, werden diese Strukturen wieder zerstört und müssen sich erneut bilden. Die Reaktionsgeschwindigkeit hängt somit auch von **Art und Dauer des Mischvorganges** ab.

Durch die **Beigabe von Zusätzen** kann die Reaktion deutlich beschleunigt oder verzögert werden. So wirken zum Beispiel Essigsäure und Chlorid beschleunigend, während Zucker und Huminsäure eine stark verzögernde Wirkung haben.

2.9.8.3 Gefügeentwicklung

Entsprechend den genannten Einflußfaktoren bildet sich das Gefüge des Zementsteins schneller oder langsamer, mehr oder weniger porös aus. Sofort nach der Wasserzugabe zum Zement stehen sich vom w/z-Wert abhängige Volumenanteile von Wasser und Zement gegenüber (z.B. bei w/z = 0,5, 39 Vol.-% Zement und 61 Vol.-% Wasser). Das Wasser füllt Poren und Risse in den Zementpartikeln sowie Zwischenräume aus. Die Zementpartikel werden mit einer dünnen Wasserschicht umgeben. Durch die Reaktion des Wassers mit dem Zement entstehen Trisulfat (Ettringit) und $Ca(OH)_2$ (Abbildung 2.9.31). Nach Übersättigung dieser $Ca(OH)_2$-Lösung beginnt die Keimbildung für die Calciumsilicathydrate (C-S-H). Diese sind nach LOCHER zunächst langfasrig und wandeln sich dann im Verlauf der Hydratation in kurzfasrige Hydratationsprodukte um. Das sehr lockere hohlraumreiche Gefüge wird immer dichter, so daß sich der Zementleim zu Zementstein verfestigt. Die langfasrigen C-S-H-Pasen begründen die Frühfestigkeit des Zementsteins, während die später gebildeten kurzfasrigen C-S-H-Pasen Ursache für die hohe Festigkeit der Zementmatrix überhaupt sind. C-S-H-Phasen sind

2.9 Hydratation des Portlandzementes

röntgenamorph, d.h. sie können nicht mittels Röntgendiffraktometrie (XRD)[1] erfaßt werden. $Ca(OH)_2$ liegt als Porenlösung und kristallin als Portlandit im Zementstein vor. Die Calciumaluminathydrate und Calciumaluminatferrithydrate sind kristallin. Monosulfat trägt kaum zur Festigkeitsbildung des Zementsteins bei. Ettringit bestimmt beim Sulfathüttenzement wesentlich die Festigkeitsentwicklung. Bis heute ist ungeklärt, ob und inwieweit Eisen aus dem C_4AF mit in das Kristallgitter des Monosulfats und des Trisulfats eingebaut wird.

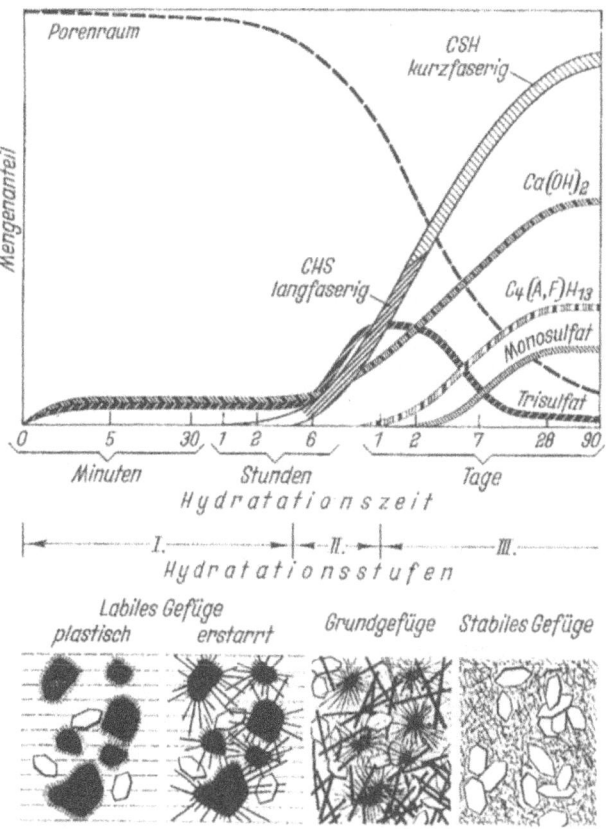

Abb. 2.9.31: Bildung der Hydratphasen und der Gefügeentwicklung bei der Portlandzementhydratation (nach LOCHER, RICHARTZ und SPRUNG)

2.9.8.4 Hydratationsgrad

Der Hydratationsgrad (α_H) ist ein Maß für den Fortgang von hydratischen Verfestigungsvorgängen. Er ist eine Kennzahl, die angibt, inwieweit sich die Hydratation eines Wasser-Zement-Systems zu einem bestimmten Zeitpunkt dem Endzu-

---

[1] Röntgendiffraktometrie (x-ray diffraction) – Röntgenstrahlen werden an den Netzebenen des Kristalls reflektiert und ergeben charakteristische Reflexe, welche bestimmten Stoffen zugeordnet werden können.

stand angenähert hat. Da der Hydratationsgrad die Porenverhältnisse des Zementsteins maßgeblich beeinflußt, stellt er eine wichtige Einflußgröße für die Dauerhaftigkeit eines Zementsteins dar. Bei Portlandzementen wird häufig die Entwicklung einer für die Hydratation charakteristischen Größe über die Hydratationszeit verfolgt und durch den Bezug auf einen Endwert der Hydratation zu einem bestimmten Zeitpunkt bestimmt. Charakteristische Größen, die als ein Maß für den Hydratationsfortschritt dienen, können beispielsweise der Glühverlust, die Hydratationswärme, die Druckfestigkeit, die elektrische Leitfähigkeit oder die Menge an gebildetem Calciumhydroxid sein. Als Bezugswert für die Berechnung des Hydratationsgrades aus den charakteristischen Größen wird entweder ein nach langer Hydratationsdauer (z.B. 90 Tagen) gemessener oder ein berechneter Endwert verwendet. Am geeignetsten für die Beurteilung des Hydratationsfortschritts erscheint die Bestimmung der chemisch gebundenen Wassermenge mit Hilfe des zu unterschiedlichen Hydratationszeiten bestimmten Glühverlustes. Durch den Bezug auf die maximal zu bindende Wassermenge, die mit Hilfe von Reaktionsgleichungen für die Hydratation der Klinkerphasen näherungsweise berechnet werden kann, ergibt sich direkt der Hydratationsgrad.

Bei Hüttenzementen ist die Ermittlung des Hydratationsgrads problematisch, da aufgrund ihres großen Nacherhärtungspotentials die Messung eines fiktiven Endwerts, wenn überhaupt, erst nach sehr langen Hydratationszeiträumen möglich ist. Auch die Berechnung einer maximal zu bindenden Wassermenge gestaltet sich schwierig. Die Komplexität des Schlackeglases erlaubt in der Regel nicht die Angabe vereinfachter allgemeingültiger Reaktionsgleichungen für dessen Hydratation. Um dennoch den Hydratationsgrad dieser Zemente ermitteln zu können, bieten sich sogenannte selektive Lösungsverfahren an, deren Ziel es ist, bereits hydratisierte Anteile des Hüttensands von nicht hydratisierten Anteilen zu trennen.

2.9.8.4.1 Hydratationsgrad von Portlandzement

Der Hydratationsgrad zur Zeit t wird aus der chemisch gebundenen Wassermenge $m_{W,t}$ ermittelt. Als Bezugsbasis dient die Wassermenge $m_{W,max}$, die von der gleichen Zementmenge und -art bei vollständiger Hydratation gebunden wird:

$$\alpha_H = \frac{m_{W,t}}{m_{W,\max}} \cdot 100\%$$

Die chemisch gebundene Wassermenge zur Zeit t wird i.a. aus dem Glühverlust[1] ermittelt.

$$m_{W,t} = \frac{GV}{100 - GV}$$

Die Masse der Klinkerphasen zur Zeit t kann auch mittels Röntgendiffraktometrie oder Infrarotspektroskopie (IR) bestimmt werden.

---

[1] Glühverlust – 1,000 g einer nichtcarbonatisierten Probe wird 30 min lang bei 1050 °C im Muffelofen geglüht. Nach Abkühlung der Probe wird der dabei entstandene Masseverlust ermittelt.

2.9 Hydratation des Portlandzementes

Die Menge an chemisch gebundenem Wasser bei vollständiger Hydratation ($m_{W,max}$) kann durch die Wasserbindung der einzelnen Klinkerphasen errechnet werden.

Wasserbindungsvermögen der Klinkermineralien

Die Klinkermineralien können entsprechend ihrer Stöchiometrie Wasser binden. Im folgenden werden einige Beispiele angegeben. Entscheidend für diese Berechnungen ist immer die Annahme eines Endprodukts der Reaktion. Praktisch entstehen mehrere verschiedene Endprodukte bzw. Mischungen aus diesen. Die vorgenommene Vereinfachung durch die Annahme eines Reaktionsprodukts mit konstanter Zusammensetzung ist notwendig, um einen ersten Anhaltspunkt für die benötigte Anmachwassermenge zu erhalten.

Das folgende Beispiel soll im einzelnen den Berechnungsweg zur Ermittlung der benötigten Wassermenge bei der Hydratation des C_3S verdeutlichen. Nach JAWED, SKALNY und YOUNG entspricht $C_3S_2H_4$ der durchschnittlichen Zusammensetzung der C-S-H-Phasen.

Beispiel

$2C_3S + 7H \rightarrow C_3S_2H_4 + 3CH$

$2(3CaO \cdot SiO_2) + 7H_2O \rightarrow 3CaO \cdot 2SiO_2 \cdot 4H_2O + 3Ca(OH)_2$

Molmassen:

$2(228,33) + 7 \cdot 18 \rightarrow 3 \cdot 56,08 = 168,24 + 3(56,08 + 18)$
$ 2 \cdot 60,09 = 120,18$
$ \underline{4 \cdot 18 = 72}$
$ 360,42$

$\underbrace{456,66 + 126}_{=582,66} \rightarrow \underbrace{360,42 + 222,24}_{=582,66}$

$\Rightarrow 456,66 \text{ g } C_3S = 126 \text{ g } H_2O$
$ 100 \text{ g } C_3S = x \text{ g } H_2O$
$ x = 27,6 \text{ g } H_2O$
$ m_W = 0,276$

Bei Annahme von $C_3S_2H_4$ als Reaktionsprodukt werden 0,276 g H_2O pro 1 g C_3S zur vollständigen Hydratation benötigt. Die chemische Wasserbindung beträgt also 0,276. Nimmt man an, daß $C_3S_2H_3$ entsteht werden nur 0,237 g H_2O pro 1 g C_3S gebraucht:

$2C_3S + 6H \rightarrow C_3S_2H_3 + 3CH$
$m_W = 0,237$

Bei der vollständigen Hydratation von C_2S zu $C_3S_2H_3$ werden 20,9 g Wasser von 100 g C_2S gebunden. Wird $C_3S_2H_4$ als Reaktionsprodukt der C_2S-Hydratation angenommen, werden entsprechend 26,1 g Wasser verbraucht.

$2\beta\text{-}C_2S + 4H \rightarrow C_3S_2H_3 + CH$

$m_W = 0{,}209$

$2\beta\text{-}C_2S + 5H \rightarrow C_3S_2H_4 + CH$

$m_W = 0{,}261$

Für den Umsatz des C_3A und des C_4AF müssen die Art und die Menge der entstehenden Hydrate abgeschätzt werden. Entscheidend für die Art der Hydrate am Ende der Hydratation ist das Sulfatangebot, welches für die aluminatischen bzw. aluminatferritischen Klinkerphasen zur Verfügung steht.
Folgende Reaktionen sind möglich:

Tab. 2.9.8: Mögliche Hydratationsreaktionen des C_3A und C_4AF

Reaktion	Wasserbindung m_W	SO_3-Bedarf
C_3A		
$C_3A + 6H \rightarrow C_3AH_6$	0,400 g H_2O / 1 g C_3A	0 g SO_3 / 1 g C_3A
$C_3A + C\bar{S}H_2 + 10H \rightarrow C_3A \cdot C\bar{S} \cdot H_{12}$	0,667 g H_2O / 1 g C_3A	0,296 g SO_3 / 1 g C_3A
$C_3A + 3C\bar{S}H_2 + 26H \rightarrow C_3A \cdot C\bar{S} \cdot H_{32}$	1,733 g H_2O / 1 g C_3A	0,889 g SO_3 / 1 g C_3A
C_4AF		
$C_4AF + 2CH + 10H \rightarrow 2(C_3A_{0,5}F_{0,5}H_6)$	0,370 g H_2O / 1 g C_4AF	0 g SO_3 / 1 g C_4AF
$C_4AF + 2C\bar{S}H_2 + 2CH + 18H \rightarrow$ $2(C_3A_{0,5}F_{0,5} \cdot C\bar{S} \cdot 12H)$	0,667 g H_2O / 1 g C_4AF	0,329 g SO_3 / 1 g C_4AF
$C_4AF + 6C\bar{S}H_2 + 2CH + 50H \rightarrow$ $(C_3A_{0,5}F_{0,} \cdot 3C\bar{S} \cdot 32H)$	1,852 g H_2O / 1 g C_4AF	0,988 g SO_3 / 1 g C_4AF

Aus diesen Reaktionen läßt sich unter Berücksichtigung des Sulfatangebotes und des C_3A- und C_4AF-Gehalts die maximale Wasserbindung der Aluminat- und der Ferritphase errechnen:

bei $SO_3/C_3A > 0{,}889$

C_3A: $m_W = 1{,}733\ C_3A$

C_4AF: wenn $(SO_3 - 0{,}889\ C_3A) / C_4AF = 0{,}329\ ...0{,}988$

$\quad m_W = \ 0{,}667\ (1{,}499\ C_4AF + 1{,}349\ C_3A - 1{,}517\ SO_3) +$
$\quad\quad\quad\ 1{,}852\ (1{,}517\ SO_3 - 0{,}499\ C_4AF - 1{,}349\ C_3A)$

C_4AF: wenn $(SO_3 - 0{,}889\ C_3A) / C_4AF < 0{,}329$

$\quad m_W = \ 0{,}667\ (3{,}039\ SO_3 - 2{,}702\ C_3A) +$
$\quad\quad\quad\ 0{,}307\ (C_4AF + 2{,}702\ C_3A - 3{,}039\ SO_3)$

2.9 Hydratation des Portlandzementes

bei $SO_3/C_3A < 0{,}889$

C_3A: $m_W = 0{,}667\ (1{,}499\ C_3A - 1{,}686\ SO_3) + 1{,}733\ (1{,}686\ SO_3 - 0{,}449\ C_3A)$
C_4AF: $m_W = 0{,}370\ C_4AF$

Aus den Wasserbindungen der Klinkerphasen, multipliziert mit dem Mengenanteil der jeweiligen Klinkerphase im Zement (Berechnung nach BOGUE), ergibt sich summarisch die maximale Wasserbindung des Zements.

Beispiel
Im folgenden soll die Berechnung für einen CEM I 42,5 R vorgestellt werden. Die Berechnung der Phasenzusammensetzung nach BOGUE ergab folgendes Ergebnis:

$C_3S\ \ = 52{,}3\%$
$C_2S\ \ = 20{,}5\%$
$C_3A\ \ =\ \ 8{,}2\%$
$C_4AF =\ \ 7{,}6\%$
$SO_3\ \ =\ \ 3{,}0\%$

1. Berechnung der gebundenen Wassermenge bei vollständiger Hydratation ($m_{W,max}$)

Wasserbindung des C_3S
  $m_W = 0{,}276\ C_3S$
  $m_W = 0{,}276 \cdot 0{,}523$
  $m_W = 0{,}144\ g/g_{Zement}$

Wasserbindung des C_2S
  $m_W = 0{,}209\ C_2S$
  $m_W = 0{,}209 \cdot 0{,}205$
  $m_W = 0{,}043\ g/g_{Zement}$

Wasserbindung des C_3A ($SO_3/C_3A = 0{,}366$):
  $m_W = 0{,}667\ (1{,}499\ C_3A - 1{,}686\ SO_3) + 1{,}733\ (1{,}686\ SO_3 - 0{,}449\ C_3A)$
  $m_W = 0{,}667\ [(1{,}499 \cdot 0{,}082) - (1{,}686 \cdot 0{,}03)] + 1{,}733\ [(1{,}686 \cdot 0{,}03) - (0{,}449 \cdot 0{,}082)]$
  $m_W = 0{,}072\ g/g_{Zement}$

Wasserbindung des C_4AF ($SO_3/C_3A = 0{,}366$):
  $m_W = 0{,}370\ C_4AF$
  $m_W = 0{,}370 \cdot 0{,}076$
  $m_W = 0{,}028\ g/g_{Zement}$

Maximale Wasserbindung Zement:
  $m_{W,max} = 0{,}144 + 0{,}043 + 0{,}072 + 0{,}028 = 0{,}287\ g/g_{Zement}$

2. Chemisch gebundene Wassermenge zur Zeit t ($m_{W,t}$)

Glühverlust Zementstein nach 28-tägiger Hydratation: GV = 19,6%

$m_{W,t}$ = GV / (100 − GV)

$m_{W,t}$ = 19,6 / (100 − 19,6)

$m_{W,t}$ = 0,244 g/g$_{Zement}$

3. Hydratationsgrad $\alpha_{H,PZ}$ nach 28-tägiger Hydratation

$\alpha_{H,PZ} = m_{W,t} / m_{W,max} \cdot 100\%$

$\alpha_{H,PZ} = (0,244 / 0,287) \cdot 100\%$

$\alpha_{H,PZ} = 85,0\%$

Für einen Portlandzement variiert $m_{W,max}$ je nach mineralogischer Zusammensetzung zwischen 0,23 und 0,35.

Um die Wasserbindung nach 28 Tagen zu ermitteln, kann man näherungsweise die maximale Wasserbindung mit 0,8 multiplizieren. Außerdem sind noch einmal 10 bis 15% des erforderlichen chemisch notwendigen Wassers physikalisch gebunden. Das ergibt einen Gesamtanteil von chemisch und physikalisch gebundenem Wasser von ca. 40%, was einem w/z von 0,4 entspricht.

2.9.8.4.2 Hydratationsgrad von Hüttenzement

Wie bereits erwähnt ist die Bestimmung des Hydratationsgrades von Hüttenzementen als Gesamtsystem nicht möglich, da ein geeigneter Bezugswert für die vollständige Hydratation fehlt.

Im folgenden wird ein in Anlehnung an ein von KONDO und OSAWA entwickeltes und am F. A. Finger-Institut für Baustoffkunde weiterentwickeltes Verfahren (nach STARK/LUDWIG) zur Bestimmung des Umsetzungsgrades von Hüttensand in hydratisierten Hüttenzement beschrieben. Dabei wird separat der Hydratationsgrad von Hüttensand und Portlandzement bestimmt. Über die entsprechenden Mengenanteile kann dann der gesamte Hydratationsgrad ermittelt werden. Voraussetzung für die Anwendbarkeit des Verfahrens ist die Verfügbarkeit des Hüttensandes und des Portlandzementes, der zur Herstellung des Hüttenzementes genutzt wurde. Weiterhin müssen die Mengenanteile dieser Komponenten im Hüttenzement bekannt sein. Das Prinzip des Verfahrens beruht darauf, daß die Klinkerphasen, deren Hydrate sowie die Hydrate aus dem Hüttensand zum größten Teil in Lösung gehen und als Rückstand der nichthydratisierte Hüttensand zurückbleiben.

Für die Extraktionsversuche wird 1 g Probematerial mit 5 g Salicylsäure, 70 ml Aceton und 30 ml Methanol versetzt. Nach dem Verrühren der Mischung und 24-stündiger Lagerung wird die Lösung über eine Fritte filtriert und der Filterrückstand mit 200 ml Methanol gewaschen. Der so erhaltene Rückstand wird getrocknet und bei 800 °C geglüht. Nach dem Abkühlen wird der nicht gelöste Rückstand gewogen.

Im Vorversuch muß der spezifische Lösungsrückstand $l_{r,HS}$ des nicht hydratisierten Hüttensandes ermittelt werden.

2.9 Hydratation des Portlandzementes

Der Umsetzungsgrad des Hüttensandes ergibt sich dann nach der folgenden Formel:

$$\alpha_{H,H\ddot{U}S} = \left(\frac{LR - EW_{korr} \cdot X_{PZ} \cdot l_{r,PZ}}{EW_{korr} \cdot X_{H\ddot{U}S} \cdot l_{r,H\ddot{U}S}}\right) \cdot 100\%$$

Dabei bedeuten:
$\alpha_{H,H\ddot{U}S}$ Menge an umgesetztem HÜS in % bezogen auf den Gesamthüttensandgehalt im Zement
LR bei der Extraktion ermittelter Lösungsrückstand in g
X_{PZ} Masseanteil des PZ im nichthydratisierten Hüttenzement in g/g
$X_{H\ddot{U}S}$ Masseanteil des HÜS im nichthydratisierten Hüttenzement in g/g
$l_{r,PZ}$ im Vorversuch ermittelter Lösungsrückstand des nichthydratisierten PZ in g/g
$l_{r,H\ddot{U}S}$ im Vorversuch ermittelter Lösungsrückstand des nichthydratisierten HÜS in g/g

Die korrigierte Einwaage EW_{korr} wird in folgender Weise berechnet:

$$EW_{korr} = EW \frac{100\% - GV}{100\%},$$

wobei
EW die Einwaage der Gesamtprobe und
GV der Glühverlust des Hüttenzements bei 800 °C in % ist.

Zur Bestimmung des Gesamthydratationsgrades der Hüttenzemente müssen neben Angaben zum Hüttensandumsatz auch Aussagen zum Hydratationsgrad des PZ-Anteils getroffen werden. Deshalb müssen parallel zu den Mischzementpasten auch Pasten aus reinem Zement angesetzt werden. Der PZ reagiert allein und mit HÜS in etwa gleich. Die Bestimmung des Hydratationsgrades des PZ-Anteils erfolgt wie bereits beschrieben.

Der Gesamthydratationsgrad der Hüttenzemente ergibt sich dann aus dem Hydratationsgrad des Hüttensandes ($\alpha_{H,H\ddot{U}S}$) und dem des PZ ($\alpha_{H,PZ}$) sowie aus ihren Mengenanteilen ($X_{H\ddot{U}S}$, X_{PZ}) im Zement:

$$\alpha_{H,Z} = \alpha_{H,H\ddot{U}S} \cdot X_{H\ddot{U}S} + \alpha_{H,PZ} \cdot X_{PZ}$$

Beispiel
Nachstehend wird ein Berechnungsbeispiel für einen CEM III/A (HOZ 35L-NW/HS) mit der folgenden Zusammensetzung gegeben:
PZ-Anteil: $X_{PZ} = 0{,}350$ g/g
HÜS-Anteil: $X_{H\ddot{U}S} = 0{,}650$ g/g

1. Hydratationsgrad des PZ-Anteils ($\alpha_{H,PZ}$)
Die Berechnung erfolgt analog dem vorangegangenen Beispiel zur Berechnung des Hydratationsgrades von PZ.

$\alpha_{H,PZ} = 85{,}0\%$

2. Hydratationsgrad des Hüttensandanteils ($\alpha_{H,HÜS}$)

gemessene Größen

Zementkomponenten vor der Hydratation:
Lösungsrückstand nichthydratisierter PZ: $l_{r,PZ} = 0{,}335$ g/g
Lösungsrückstand nichthydratisierter HÜS: $l_{r,HÜS} = 0{,}935$ g/g

Hochofenzement nach 28-tägiger Hydratation:
Einwaage: $EW = 1{,}0$ g
Glühverlust: $GV = 18{,}1\%$
Lösungsrückstand: $LR = 0{,}348$ g

korrigierte Einwaage

$$EW_{korr} = EW \cdot \frac{100\% - GV}{100\%}$$

$$EW_{korr} = 1{,}0 \cdot \frac{100 - 18{,}1}{100} = 0{,}819 \text{ g}$$

Hydratationsgrad HÜS-Anteil

$$\alpha_{H,HÜS} = \left(\frac{LR - EW_{korr} \cdot X_{PZ} \cdot l_{r,PZ}}{EW_{korr} \cdot X_{HÜS} \cdot l_{r,HÜS}}\right) \cdot 100\%$$

$$\alpha_{H,HÜS} = \left(1 - \frac{0{,}348 - 0{,}819 \cdot 0{,}35 \cdot 0{,}335}{0{,}819 \cdot 0{,}65 \cdot 0{,}935}\right) \cdot 100\% = 49{,}4\%$$

3. Gesamthydratationsgrad ($\alpha_{H,HOZ}$) nach 28-tägiger Hydratation

$\alpha_{H,HOZ} = \alpha_{H,HÜS} \cdot X_{HÜS} + \alpha_{H,PZ} \cdot X_{PZ}$
$\alpha_{H,HOZ} = 49{,}4 \cdot 0{,}65 + 85{,}0 \cdot 0{,}35 = 61{,}9\%$

Mit fortschreitender Hydratation erhöht sich der Hydratationsgrad, das Gefüge des Zementstein bildet sich aus und die Festigkeit steigt. Der Zusammenhang zwischen Hydratationsgrad und der Druckfestigkeit ist nicht proportional (Abbildung 2.9.32).

2.9.8.5 Hydratationswärmeentwicklung

Bei der Zementherstellung wird das Rohmaterial durch den Brennprozeß auf ein energetisch höheres Niveau gebracht. Von diesem metastabilen Zustand aus strebt der Zement während seiner Hydratation ein energetisch niedrigeres stabiles Niveau an. Dabei wird in einem exothermen Reaktionsprozeß die Reaktionswärme freigesetzt.

Die Hydratation des Portlandzements ist ein exothermer Prozeß.

2.9 Hydratation des Portlandzementes

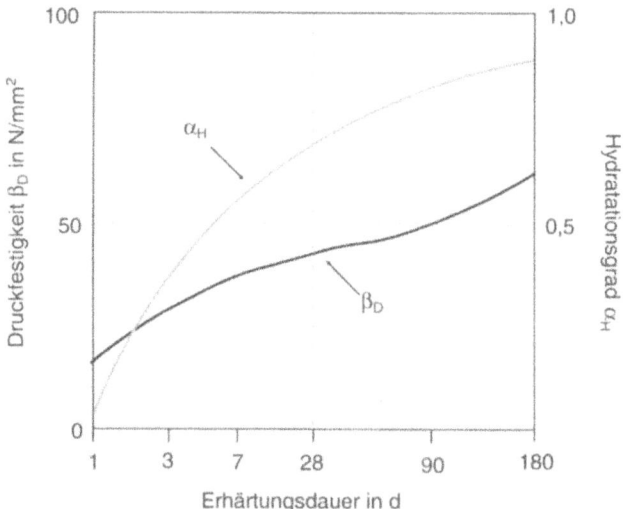

Abb. 2.9.32: Zusammenhang zwischen Erhärtungsdauer, Druckfestigkeit und Hydratationsgrad

Jedes der vier Hauptklinkerminerale setzt bei seiner Hydratation unterschiedliche Mengen an Hydratationswärme frei, so daß es sich um ein Neben- und Nacheinander einer Reihe exothermer Reaktionen handelt. Im folgenden sind einige Reaktionsenthalpien angegeben:

Tab. 2.9.9: Reaktionsenthalphien einiger Hydratationsreaktionen

Klinkerphase	Hydratationsprodukt	exotherme Reaktionsenthalphie in J/g
C_3S	$C_3S_2H_4$	500
C_2S	$C_3S_2H_4$	250
C_3A	$C_3A \cdot C\bar{S} \cdot H_{12}$	1340
C_3A	$C_3A \cdot 3 C\bar{S} \cdot H_{32}$	540
C_3A	C_4AH_{13}	1258
C_4AF	$C_4AH_{13} + C_4FH_{13}$	375

Abhängig von der Zementzusammensetzung und somit von der Zementart werden bestimmte Wärmemengen freigesetzt. Eine wichtige Rolle spielt dabei der C_3A-Gehalt und das Sulfatangebot. In Abhängigkeit vom Al_2O_3/SO_3-Verhältnis entstehen Monosulfat, Trisulfat und sulfatfreie Calciumaluminathydrate wobei unterschiedliche Mengen an Hydratationswärme freigesetzt werden (Abbildung 2.9.33).

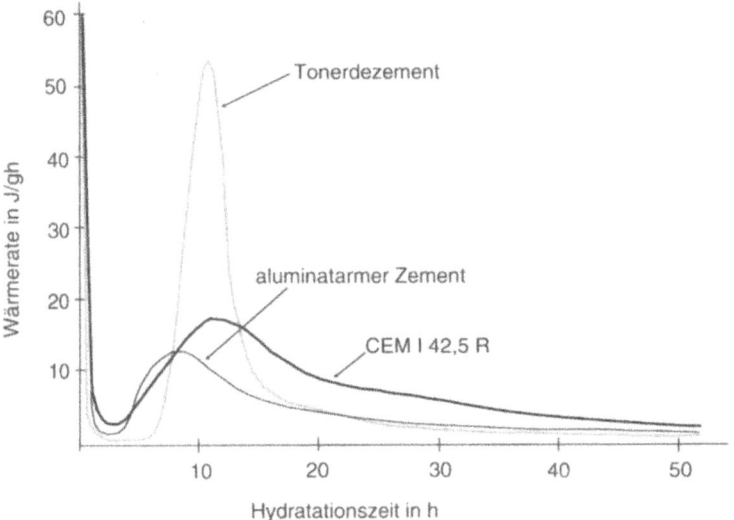

Abb. 2.9.33: Hydratationswärmeentwicklung von Zementen mit unterschiedlicher Zusammensetzung

Über die Menge an freigesetzter Hydratationswärme zu einem bestimmten Zeitpunkt und den Verlauf der Wärmefreisetzung entscheiden neben den genannten Faktoren auch noch andere Einflußgrößen, wie z.B. die Mahlfeinheit (Abbildung 2.9.34), der Alkaligehalt, Art und Menge der Zumahlstoffe sowie die sich im Bauteil einstellende Temperatur.

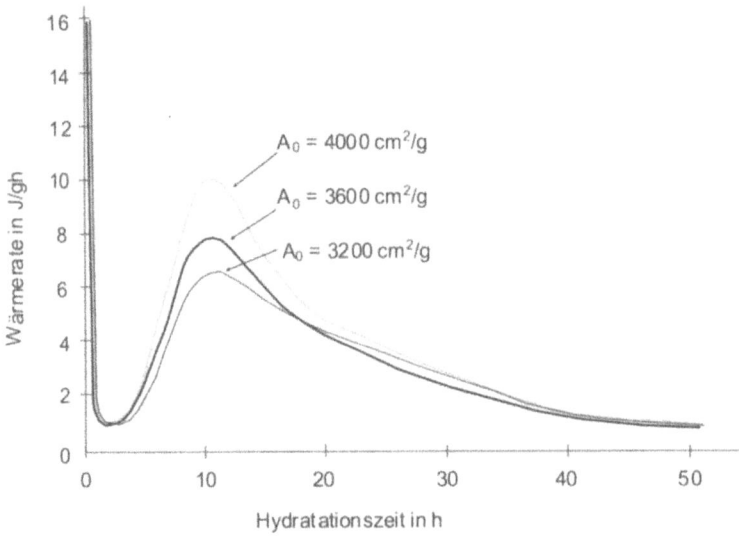

Abb. 2.9.34: Hydratationswärmeentwicklung von Zementen verschiedener Mahlfeinheit

2.9 Hydratation des Portlandzementes

Da Zemente höherer Festigkeitsklassen i.a. eine höhere Mahlfeinheit besitzen als solche niedrigerer Festigkeitsklassen, ist ein unmittelbarer Zusammenhang zwischen der entstehenden Hydratationswärme und der erreichten Druckfestigkeit gegeben (Abbildung 2.9.35).

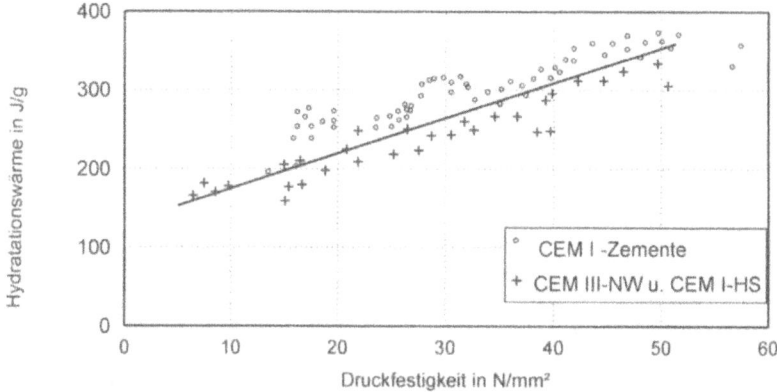

Abb. 2.9.35: Hydratationswärme verschiedener Zemente in Abhängigkeit von der erreichten Druckfestigkeit

Technisch interessant ist i.a. die in den ersten 3 Tagen freigesetzte Wärme. Solange noch nicht umgesetzte Klinkermineralien im Beton vorliegen und reagieren, wird theoretisch Wärme freigesetzt. Diese Wärmemenge ist aber so gering, daß sie praktischer nicht meßbar ist und sie technisch keine Rolle spielt.

Die Messung der Hydratationswärme des Zementes erfolgt nach DIN EN 196 mittels Lösungskalorimetrie[1] oder Differentialkalorimetrischer Analyse[2].

In der Praxis wird die Hydratationswärme durch eine Erhöhung der Betontemperatur bedeutsam. Dieser Sachverhalt kann bei Bauteilen üblicher Abmessungen, die in der kalten Jahreszeit betoniert werden, durchaus von Vorteil sein. Zemente, die in der Anfangsphase der Hydratation viel Wärme entwickeln, verhindern ein Durchfrieren des jungen Betons vor dem Erreichen der in der Norm festgelegten Mindestdruckfestigkeit.

Im Inneren großer Betonkörper (z.B. Block im Talsperrenbau 10 x 15 x 2,5 m und darüber) steigt mit fortschreitender Hydratation die Temperatur an, während die Abkühlung von außen nur allmählich vordringt. Daher können hier tagelang nahezu adiabatische Verhältnisse vorherrschen. Dagegen ist die Wärmefreisetzung in der Regel teiladiabatisch, weil eine Wärmeabgabe teilweise an die Umgebung erfolgt (Abbildungen 2.9.36 und 2.9.37).

---

[1] Lösungskalorimetrie – Standardverfahren, bei dem mit einem Lösungskalorimeter die insgesamt freigesetzte Wärme nach einer 7-tägigen Hydratationsperiode erfaßt wird.

[2] Differentialkalorimetrische Analyse (DCA) – Standardverfahren, bei dem ein Wärmeleitungskalorimeter eine kontinuierliche Messung durchführt. Es wird nicht nur die freigesetzte Hydratationswärme nach einer definierten Hydratationszeit bestimmt, sondern auch der Verlauf der Wärmefreisetzung bis zu diesem Zeitpunkt ermittelt.

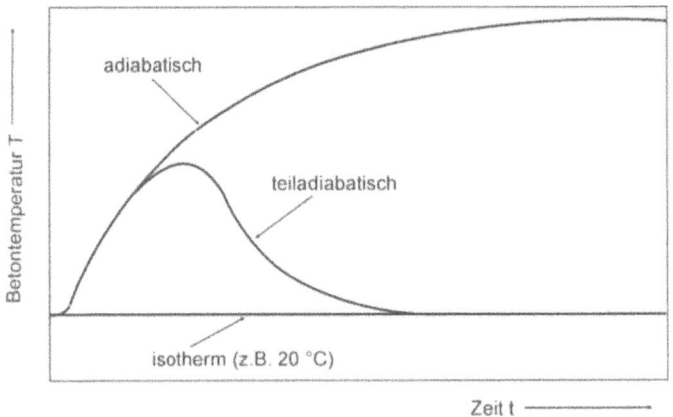

Abb. 2.9.36: Temperatur-Zeitverläufe bei verschiedenen Wärmeabflußbedingungen in einem Beton.

Eine Abschätzung des adiabatischen Temperaturanstieges im Kern dicker Bauteile bis zum Alter t kann mit folgender Beziehung vorgenommen werden:

$$\Delta T_{hy,t} = \frac{Q_t \cdot z}{\varrho_b \cdot c_b} \ , \ [K]$$

$\Delta T_{hy,t}$ Temperaturerhöhung
Q_t bis zum Zeitpunkt t freigewordene Hydratationswärme in kJ/kg
z Zementgehalt in kg/m^3
ϱ_b Rohdichte des Betons in kg/m^3
c_b spezifische Wärme des Betons in kJ/(kg · K)
$\varrho_b \cdot c_b$ Wärmekapazität des Betons und beträgt etwa 2500 kJ/(m^3 · K)

Da die Wärmekapazität ($\varrho_b \cdot c_b$) praktisch konstant ist, wird die Temperaturerhöhung $\Delta T_{hy,t}$ überwiegend vom Zementgehalt z und der Hydratationswärme Q_t des Zementes (von der Zementart abhängig) bestimmt. Für Massenbeton ist es daher wichtig, alle Maßnahmen zur Minimierung von Zementmenge und Hydratationswärme zu nutzen.

Im jungen Beton entstehen infolge von Temperaturveränderungen durch die Hydratation lastunabhängige Verformungen. Diese werden bei Behinderung in Spannungen umgesetzt, wobei Eigen- und Zwangspannungen unterschieden werden. Eine mögliche Auswirkung dieser Spannungen ist die Bildung von Rissen.

Eigenspannungen bauen sich vor allem im Kern dicker Betonbauteile ($d > 1500$ mm) infolge eines Temperaturgradienten auf, der insbesondere durch die Abflußbedingungen der Hydratationswärme beeinflußt wird. Sie entstehen durch Behinderung der Temperaturverformung durch das Bauteil selbst und stehen in jedem Bauteilabschnitt im Gleichgewicht, so daß die Schnittgrößen gleich Null sind.

Der Bauteilkern ist wärmer als die Randzone und will sich daher stärker als die Außenfläche dehnen (Kern = Druck, Randzone = Zug).

2.9 Hydratation des Portlandzementes

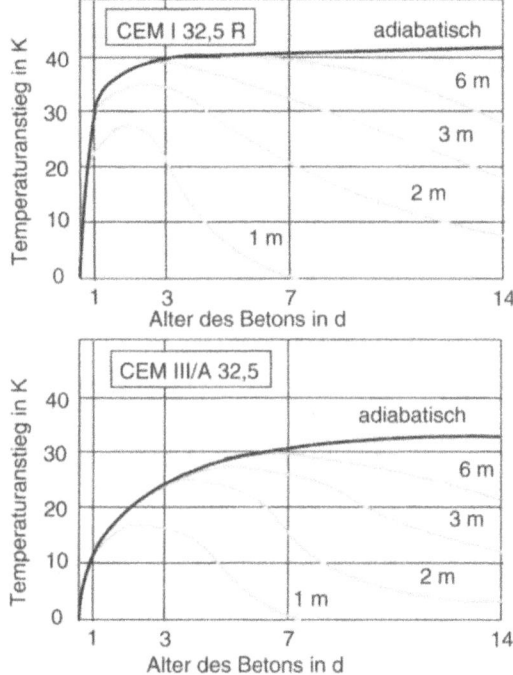

Abb. 2.9.37:
Wärmeentwicklung von Beton mit 300 kg Zement/m³ in Bauteilen verschiedener Dicke.

Ist die Randzugspannung größer als die Zugfestigkeit, entstehen durch dieses Temperaturgefälle sogenannte Schalen- oder Oberflächenrisse, die nicht querschnittstrennend sind. Sie verlaufen gerichtet oder netzförmig und schließen sich im allgemeinen nach Temperaturausgleich wieder (Abbildung 2.9.38).

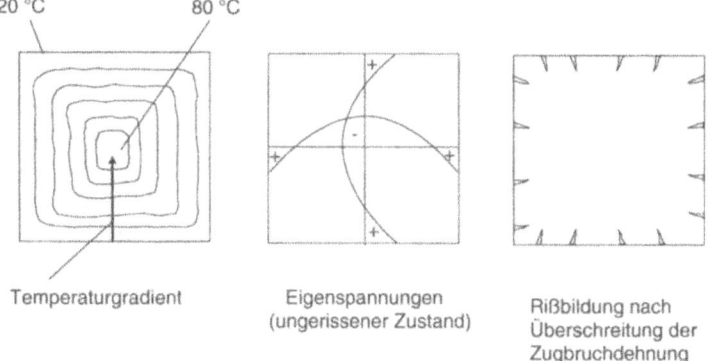

Abb. 2.9.38: Beispiel für Eigenspannungen (innerer Zwang)

Zwangspannungen treten im allgemeinen auf, wenn Temperaturverformungen des Betons von außen, d.h. durch die Lagerung des Bauteils behindert werden. Die mittlere Betontemperatur eines aufbetonierten Bauteils ist in der Regel höher als die des jeweiligen Auflagers. Kühlt das Betonteil auf die Auflagertemperatur ab und wird es dabei an seiner thermischen Verkürzung gehindert, entsteht Zwang (die Reibung auf der Unterlage reicht im allgemeinen aus, um Zwangspannungen aufzubauen). Überschreiten die Spannungen die Zugfestigkeit reißt das Bauteil über den gesamten Querschnitt. Da diese Risse durchgehend trennen, nennt man sie „Spalt- oder Trennrisse" (Abbildung 2.9.39).

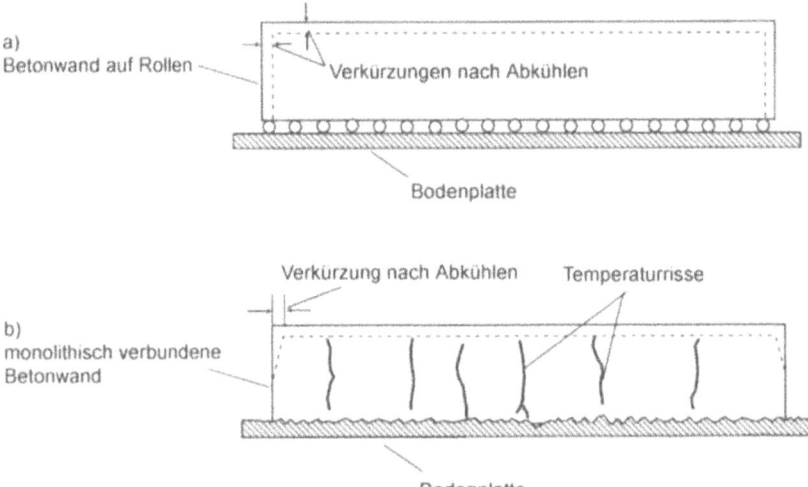

Abb. 2.9.39: Beispiel für zentrische Zwangspannungen (äußerer Zwang)
a) frei verformbare Betonwand ohne Zwangspannungen
b) nachträglich betonierte Wand mit Temperaturrissen infolge Zwangspannungen

Zur Untersuchung des Rißverhaltens von erhärtendem Beton wurde ein sogenannter Reißrahmen (Abbildung 2.9.40) entwickelt, der es erlaubt, zeitabhängig Temperaturen und Spannungen im Probekörper aufzuzeichnen (SPRINGENSCHMID). Während der Erwärmung des Betons in den ersten Stunden wird der größte Teil der Temperaturdehnungen in Druckspannungen umgesetzt, welche zum Teil durch Relaxation verringert werden (Abbildung 2.9.41). Bei Abkühlung werden die vorhandenen Druckspannungen bis zum Erreichen der zweiten Nullspannungstemperatur T_{02} abgebaut. Im weiteren Verlauf treten Zugspannungen auf. Überschreiten diese die vorhandene Betonzugfestigkeit, entstehen die o.g. Spaltrisse. Die zum Rißzeitpunkt vorhandene Betontemperatur wird als Rißtemperatur bezeichnet. Anhand des zeitlichen Verlaufes von Temperatur und Zwangspannungen und daraus abgeleiteter Vergleichswerte können verschiedene Betone hinsichtlich ihrer Reißneigung miteinander verglichen werden.

2.9 Hydratation des Portlandzementes

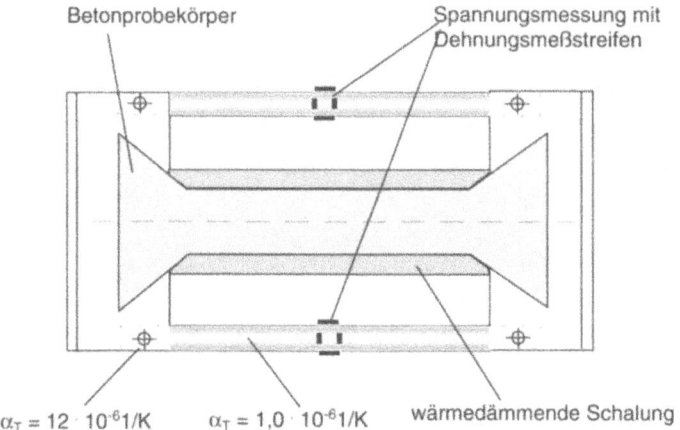

Abb. 2.9.40: Prinzipskizze des starren Reißrahmens, Prüfkörperquerschnitt 150 x 150 mm², Prüfkörperlänge etwa 1000 mm (nach SPRINGENSCHMID)

Beispiel

Für einen mittig auf Zwang beanspruchten Betonbalken läßt sich der kritische Temperaturbereich ΔT_{crit} (Stadium V nach Abbildung 2.9.41) für volle Verformungsbehinderung näherungsweise angeben mit:

$$\Delta T_{crit} = \frac{\varepsilon_{b,Z}}{\alpha_T} \approx \frac{0{,}1\,\%_{00}}{0{,}8 \text{ bis } 1{,}2 \cdot 10^{-5}\,K^{-1}} \approx 8 \text{ bis } 12\,K$$

d.h., die Zugbruchdehnung eines Normalbetons von 0,1 mm/m ist bereits bei einer Temperaturdifferenz von durchschnittlich 10 K erreicht.

Dabei bedeuten:

$\varepsilon_{b,Z}$ Zugbruchdehnung des Betons
α_T Linearer Wärmeausdehnungskoeffizient des Betons
ΔT_{crit} $T_{02} - T_R$ mit
 T_{02} = 2. Nullspannungstemperatur
 T_R = Rißtemperatur

Alle Maßnahmen, die zu niedrigen Maximaltemperaturen, geringer Nullspannungstemperatur T_{02} und nach Erreichen von T_{02} zu mäßiger und nur langsam verlaufender Abkühlung führen, vermindern die Rißgefahr. Vorteilhaft sind in diesem Zusammenhang z.B.

- niedrige Frischbetontemperaturen
- Zemente, die zu geringer Rißtemperatur (< 10 °C) im Beton führen (z.B. niedriges Alkaliäquivalent, hohe Sulfatisierung)
- Vermeidung von zu hohen Zementgehalten
- gebrochene Zuschläge
- Zuschläge mit niedriger Temperaturdehnzahl.

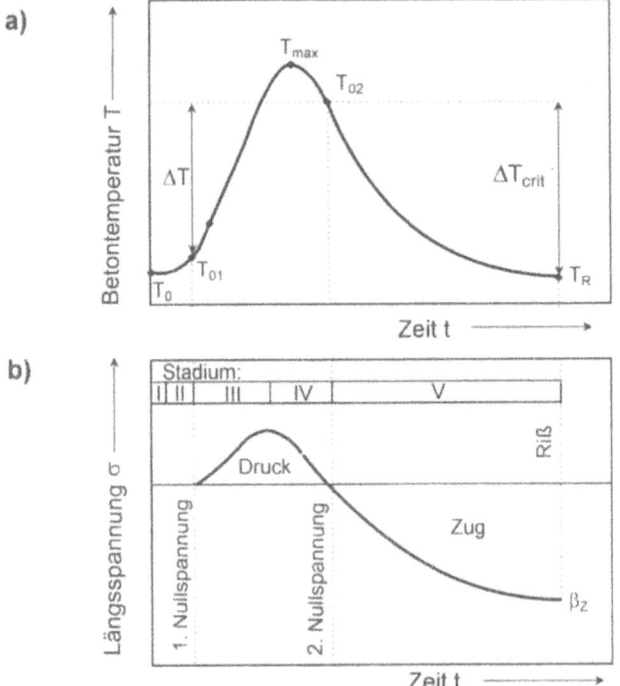

Abb. 2.9.41: Temperatur- und Spannungsentwicklung in einem verformungsbehinderten Bauteil (gemessen im Reißrahmen)
a) Betontemperatur infolge Hydratation
b) Spannungen im Beton bei behinderter Verformung

2.9.9 Hydratation zumahlstoffhaltiger Zemente

Ersetzen Zumahl- und Zusatzstoffe teilweise den Portlandzement-Klinker, so verlangsamt sich i.a. die Hydratationswärmeentwicklung (Abbildung 2.9.42). Daher werden diese Zemente vor allem bei der Errichtung massiger Bauwerke eingesetzt.

Die Hydratationsprodukte von Portlandzement sind deutlich kalkreicher als diejenigen von Zumahlstoffzementen. Dabei nimmt der Kalkgehalt mit zunehmendem Gehalt an Zumahlstoffen in der Reihenfolge Hüttenzement, Microsilicazement und Flugaschezement ab.

Inerte Stoffe reagieren nicht oder nur geringfügig im Verlauf der Hydratation. Sie werden vorwiegend zur Ergänzung der Kornzusammensetzung des Zements genutzt, um entstehende Hohlräume zwischen den Zementpartikeln auszufüllen und somit das Gefüge zu stabilisieren.

2.9 Hydratation des Portlandzementes

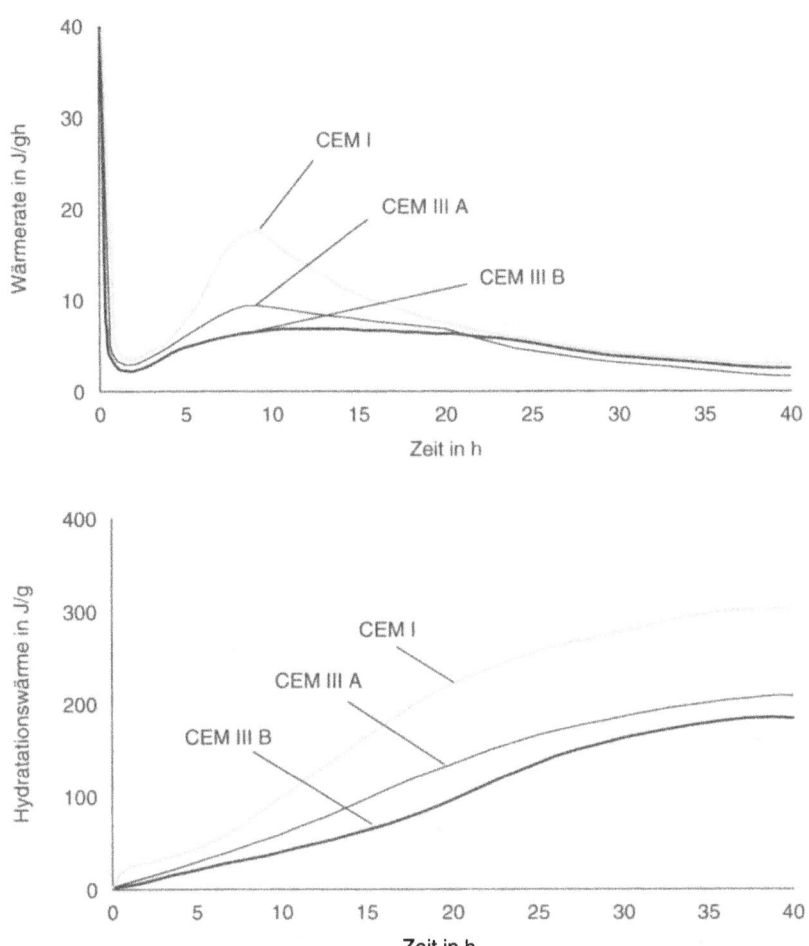

Abb. 2.9.42: Hydratationswärmeentwicklung von Zementen mit unterschiedlichem Zumahlstoffgehalt;
oben: Wärmerate in Abhängigkeit von der Hydratationszeit (differenzierte Summenkurve),
unten: Hydratationswärme in Abhängigkeit von der Hydratationszeit (Summenkurve)

Da Zumahlstoffzemente weniger reaktionsfähig als Portlandzemente sind werden sie feiner aufgemahlen, um vergleichbare Normfestigkeiten zu erhalten. Je weniger reaktionsfähig der Zumahlstoff und je höher sein Anteil im Zement ist, um so feiner muß der Zement aufgemahlen werden. Durch die höhere Feinheit des Portlandzement-Klinkers kann sich eine höhere 2-Tage-Festigkeit gegenüber einem vergleichbaren Portlandzement bei ähnlicher 28-Tage-Festigkeit ergeben. Nach längeren Hydratationszeiträumen zeigt Zumahlstoffzementstein, insbesondere Hochofenzementstein, meist deutlich höhere Festigkeiten als ein entsprechender Portlandzementstein.

2.9.9.1 Hydratation latent-hydraulischer Stoffe

Latent-hydraulische Stoffe können bei der Reaktion eines Portlandzementes mit Wasser festigkeitsbildend wirken. Dazu ist eine alkalische oder sulfatische Anregung der Stoffe notwendig.

Alkalische Anregung

Der wichtigste latent-hydraulische Stoff ist Hochofenschlacke (HOS) bzw. Hüttensand (HÜS). Die hydraulische Reaktivität der Hochofenschlacke ist von ihrer chemischen Zusammensetzung und ihrer Entstehungstemperatur, der verwendeten Granuliermethode, von ihrem Glasgehalt, von der Art und Menge des Erregerstoffes und von ihrer Kornfeinheit abhängig. Mit steigendem Gehalt an CaO und MgO in der Glasphase erhöht sich das hydraulische Erhärtungsvermögen. Die Anfangsfestigkeit wird vor allem durch den glasig vorliegenden Aluminiumoxidanteil bestimmt.

Wird Hüttensand (basische, granulierte Hochofenschlacke) alkalisch zur Hydratation angeregt, kann das energiereichere glasige System in ein energieärmeres kristalline übergehen.

Sulfatische Anregung

Die einzige praktisch relevante Zementart die auf einer sulfatischen Anregung beruht, ist der *Sulfathüttenzement* (s. Kap. 2.8.6). Aber auch dieser Zement benötigt für eine störungsfreie Erhärtung ein „alkalisches Milieu". Dieses Milieu ist für die erste Reaktion der Schlacke ebenso notwendig wie bei der Reaktion mit alkalischer Anregung, da die Ettringitbildung stark pH-Wert-abhängig ist.

2.9.9.1.1 Hydratation des Hüttensandes

Durch Wasserzugabe zum HÜS bildet sich an der Oberfläche eine dünne Reaktionsschicht. Diese verhindert den Zutritt von Wasser und damit das weitere Auflösen der Hüttensandpartikel. Um diese Schicht aufzubrechen und die Reaktion in Gang zu halten, ist das Zufügen eines geeigneten Anregers notwendig. Der wichtigste und beste Anreger der Reaktion ist Portlandzementklinker. Auch durch die Zugabe von Gips (siehe *Sulfatische Anregung*) und $Ca(OH)_2$ konnten gute Reaktionsbedingungen geschaffen werden.

Zuerst werden die schwach gebundenen Netzwerkwandler wie Ca^{2+}-, Na^+-, K^+-, Mg^{2+}- und Mn^{2+}-Ionen aus der Glasphase gelöst. Dabei bricht langsam das Netzwerk aus SiO_4-Tetraedern und AlO_6-Oktaedern durch die Einwirkung von OH^--Gruppen auf und es werden erste Hydrate gebildet. Da der Calciumgehalt der Schlacke allein zur Bildung der angestrebten Hydrate nicht ausreicht, ist eine weitere Zufuhr von Ca^{2+} und OH^- aus der flüssigen Phase notwendig. In Gegenwart von Gips bildet sich dann Ettringit. Dieser Ettringit hält die Anzahl der gelösten Ca^{2+}-, SO_4^{2-}- und Al^{3+}-Ionen in der Lösung niedrig. Dabei ist der Aluminiumoxidgehalt des HÜS von besonderer Bedeutung. Die gelöste Ionenmenge steigt mit steigendem Al_2O_3-Gehalt der Schlacke.

Die gebildeten Hydrate sind von der Art und Zusammensetzung der Ausgangsstoffe, d.h. der Schlacke und des Anregers, abhängig. Im allgemeinen entstehen die gleichen Reaktionsprodukte wie bei der Portlandzement-Hydratation. Dies sind vor allem Gehlenithydrat (C_2ASH_8), Hydrogranat (C_3AH_6) sowie C-S-H-Phasen von geringer Kristallinität.

2.9.9.9.1.2 Hydratation von hüttensandhaltigen Zementen

Bei der Hydratation eines hüttensandhaltigen Zements (CEM III/A und CEM III/B) bewirkt das im Verlauf der Klinkerhydratation freiwerdende $Ca(OH)_2$ eine alkalische Anregung der glasigen Schlacke, die zur hydraulischen Erhärtung führt.

Durch die Reaktion des Alits steigt in der ersten Lösungsphase besonders die Calciumionenkonzentration der Lösung. Die Schlacke bildet auf der Oberfläche eine dünne Schicht aus Calciumsilicathydraten und geht dann gleich in die dormante Periode über. Zu diesem Zeitpunkt ist der Hydratationsgrad des HÜS sehr gering. Infolge der wiedereinsetzenden schnellen Reaktion des Alits wird die Schlackeoberfläche mit Hydratationsprodukten der Klinkerminerale bedeckt. Mit steigendem Ca^{2+}-Gehalt und Alkali- bzw. OH^--Angriff auf die Schlackeoberfläche setzt erneut die Hydratation des HÜS ein. Mit dem Ausscheiden von Portlandit stabilisiert sich die Calciumionenkonzentration. Es werden gut auskristallisierte Hydratschichten gebildet. Durch den Transport von Ca^{2+}- und Al^{3+}-Ionen durch die Lösung bzw. von der Kornoberfläche wird die Ausbildung weiterer, oft muschelförmiger Hydrate ermöglicht.

Die ersten Hydrate bilden sich auf der Kornoberfläche. Mit wachsender Hydratschichtdicke auf den Körnern wird die Reaktion immer weiter ins Korninnere verlagert.

Die Hydratation des C_3S wird durch die Anwesenheit von Schlacke beeinflußt. Durch den Verdünnungseffekt senkt sie den pH-Wert der Lösung. Einige Autoren beschreiben eine anfängliche Verzögerung und später (über 3 Stunden) eine Beschleunigung der Alithydratation. Die Ursache dafür ist die größere Oberfläche zur Anlagerung der gebildeten C-S-H-Phasen.

Bei der Hydratation von CEM III/A und CEM III/B werden im wesentlichen die gleichen Reaktionsprodukte wie bei der Portlandzement-Hydratation gebildet. Unterschiede bestehen im C/S-Verhältnis der C-S-H-Phasen. So entstehen bei der Hydratation des Portlandzements Calciumsilicathydrate mit C/S-Verhältnissen über 1,5, während hüttensandreiche Hochofenzemente solche mit C/S um 1,5 bilden. Im Zumahlstoffzementstein gebildete C-S-H enthalten höhere Beträge an Aluminiat- und Alkali-Ionen als solche in Portlandzementstein gebildeten.

2.9.9.9.1.3 Verfärbungen von Betonoberflächen aus hüttensandhaltigen Zementen

Betonoberflächen, die mit hüttensandreichen Hochofenzementen hergestellt wurden, weisen nach dem Entschalen oft eine starke Grün- bzw. Blaufärbung auf. Die Färbung geht dann im Laufe der Zeit – meist innerhalb einer Woche – zurück. Die Oberfläche des Hochofenzementes zeigt dann einen hellen, fast weißen

Farbton. Die genauen Ursachen dieser Verfärbung sind sehr komplex und bis zum heutigen Tag nicht vollständig geklärt. Zu den grundlegenden Vorgängen, welche zur Verfärbung hüttensandreicher Betone führen, liegen jedoch fundierte Kenntnisse vor. Entscheidend dafür, ob eine Verfärbung auftritt oder nicht, ist der Gehalt und die Oxydationsstufe des Schwefels im Zement. Daneben spielen auch im Zement enthaltene Metallverbindungen eine wichtige Rolle.

Im Portlandzement liegt aufgrund seiner Herstellung der gesamte Schwefel in oxidierter Form als Sulfat vor. Dagegen enthält Hüttenzement einen Teil des Schwefels als Sulfid. Dieser Sulfidanteil stammt aus dem Hüttensand.

Die Sulfide bilden den Ausgangspunkt für die Verfärbung und die sich im oberflächennahen Bereich anschließende Entfärbung der Hochofenzement-Betone. Kommt das Calciumsulfid (CaS) des Hüttensandes beim Anmachen des Betons mit Wasser im Berührung, wird es zunächst nach folgender Gleichung in Calciumhydrosulfid und Calciumhydroxid hydrolytisch aufgespalten:

$$2\,CaS + 2\,H_2O \rightarrow Ca(SH)_2 + Ca(OH)_2$$

Da ein Teil des Calciumhydroxids innerhalb der Hydratationsprozesse durch den Hüttensand wieder gebunden wird, reichert sich die Lösung weiter mit Sulfidschwefel an, so daß Polysulfide entstehen (z.B. CaS_4), die bei weiterer Zersetzung in Thiosulfate (CaS_2O_3) übergehen können (KEIL). Welchen Farbton die Polysulfide annehmen hängt davon ab, ob sie die Möglichkeit haben, sich mit Metallionen zu Metallsulfiden umzusetzen.

Da die Metallsulfide eine sehr kräftige Färbung haben, treten bei den Umsetzungen in Berührung mit Wasser auffällige Farbveränderungen auf. In Hochofenzementen, in denen i.d.R. nennenswerte Mengen an Eisen und Mangan vorliegen, gehen Polysulfide mit diesen Metallionen komplexe Verbindungen ein, die eine dunkelgrüne bzw. blaue Färbung aufweisen. Bei Luftzutritt (erstmals nach Entfernen der Schalung) werden die färbenden Verbindungen in farblose Sulfat- bzw. Sulfitverbindungen aufoxidiert – die Blau- bzw. Grünfärbung des Betons geht verloren.

Die Geschwindigkeit der Oxidation und damit die Entfärbung des Hochofenzement-Betons hängt von der Gaspermeabilität des entsprechenden Gefüges ab. Bei porösem Gefüge verläuft die Entfärbung mit hoher Geschwindigkeit, so daß bereits unmittelbar nach dem Entschalen eine helle Oberfläche vorliegt. Hingegen weist die Oberfläche von Hochofenzement-Beton mit sehr dichtem Gefüge die beschriebene Verfärbung auf. Auch diese Verfärbung geht im Verlauf von wenigen Tagen bis zu einigen Wochen an den Sichtflächen in einen fast weißen Farbton über. Hingegen bleibt die Blau -bzw. Grünfärbung dieser dichten Betone im Kernbereich über Jahrzehnte erhalten. Aufgrund des engen Zusammenhangs zwischen der Dichtigkeit eines Hochofenzement-Betons und dessen Verfärbung, können aus der Blau- bzw. Grünfärbung dieser Betone unmittelbar Rückschlüsse auf dessen Dauerhaftigkeit gezogen werden.

2.9.9.1.4 Stabilität der aus hüttensandhaltigen Zementen gebildeten Hydratphasen

Da die Hydratationsprodukte hüttensandhaltiger Zemente deutlich kalkärmer sind als die der Portlandzemente steht weniger $Ca(OH)_2$ zur Carbonatisierung zur Verfügung. Infolgedessen werden die C-S-H-Phasen vorrangig angegriffen. Die Reaktionsprodukte sind Calciumcarbonat und ein amorphes, hochporöses Kieselgel (SiO_2).

Im Gegensatz zur Carbonatisierung der Portlandzement-Hydrate liegt das Calciumcarbonat hier nicht nur als Calcit sondern auch als instabiler Aragonit oder Vaterit vor. Die unterschiedlichen Calciumcarbonatmodifikationen besitzen verschiedene Dichten (Tabelle 2.9.10).

Tab. 2.9.10: Dichten verschiedener Calciumverbindungen

Phase	Dichte (g/cm³)	Molvolumen (cm³/g)
C-S-H	2,15 – 2,67	–
CH	2,24	33
Calcit	2,71	37
Vaterit	2,54	39
Aragonit	2,90 – 3,00	34

Das bei der Portlandzement-Hydratation gebildete Calcit nimmt gegenüber dem $Ca(OH)_2$ ein ca. 11% größeres Volumen ein. Infolge dessen wird das Gefüge verdichtet, die Kapillarporosität nimmt ab und die Druckfestigkeit erhöht sich.

Im Gegensatz dazu wird bei der Carbonatisierung von Hochofenzement-Betonen mit zementseitigen Hüttensandgehalten ≥ 55% das Gefüge nicht verdichtet, sondern der Kapillarporenanteil signifikant erhöht, da von den carbonatisierten C-S-H-Phasen nur ein amorphes Kieselgel-Gerüst übrig bleibt (Abbildung 2.9.43). Die außerdem entstandenen Carbonatmodifikationen Aragonit und Vaterit bewirken keine Verdichtung des Gefüges. Die Zunahme der Kapillarporosität ist um so deutlicher ausgeprägt, je höher der Hüttensandgehalt der Zemente ist. Bei Betonen aus Zementen mit einem sehr hohem Hüttensandanteil wurde infolge Carbonatisierung eine Erhöhung des Kapillarporenanteils um bis zu 6 Vol.-% festgestellt. Diese Strukturvergrößerung wirkt sich in bekannter Weise auf den Frost- und Frost-Tausalz-Widerstand aus.

Calcit ist die thermodynamisch stabile Form des Calciumcarbonats. Aragonit und Vaterit (Abbildungen 2.9.44 – 2.9.46) wandeln sich in Abhängigkeit von den Umgebungsbedingungen (Temperatur, Feuchtigkeitsangebot, pH-Wert und Zusammensetzung der Porenlösung), und der Zeit in Calcit um.

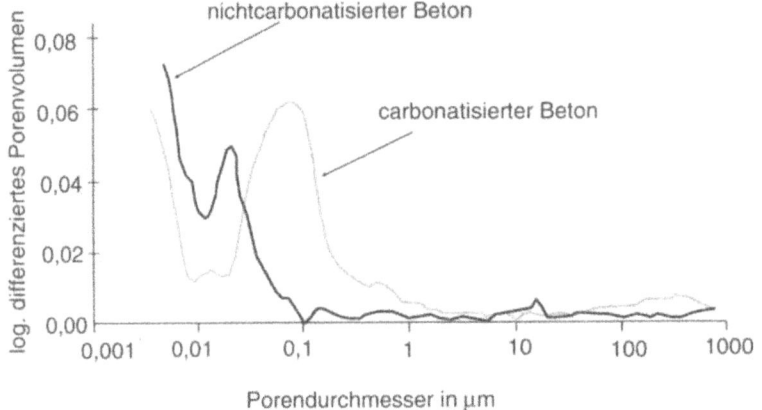

Abb. 2.9.43: Porengrößenverteilung von carbonatisierten und nichtcarbonatisierten Beton aus hüttensandhaltigem Zement

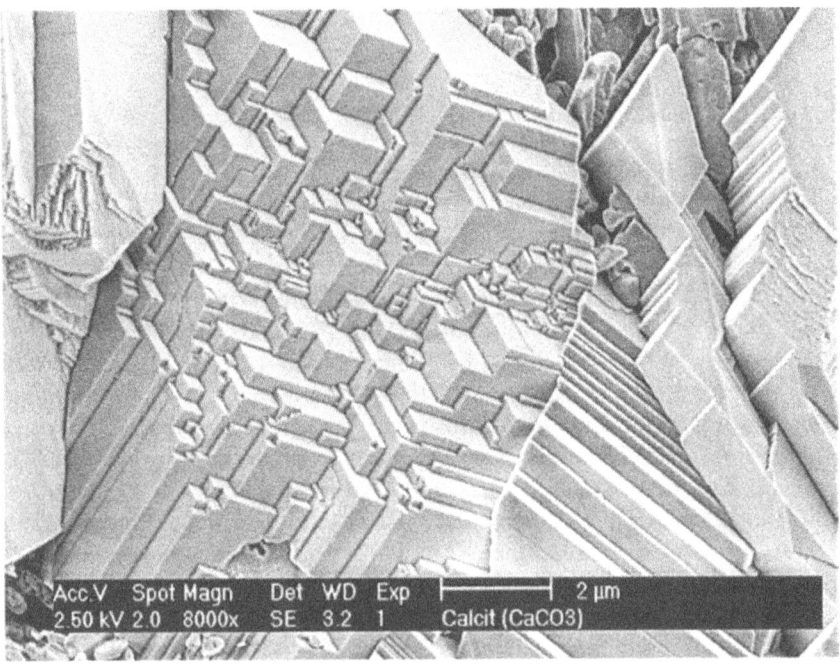

Abb. 2.9.44a: Calciumcarbonatmodifikationen: Betonoberfläche mit rhomoedrischen und prismatischen Calcitkristallen im ESEM-FEG (Low-kV-Aufnahme[1])

---

[1] Low-kV–Aufnahme: Abbildung nichtleitender Präparate bei niedriger Anregungsenergie der Primärelektronen (< 3 keV) im Elektronenmikroskop (Verstärkung des Topographiekontrastes).

2.9 Hydratation des Portlandzementes

Abb. 2.9.44b: Calciumcarbonatmodifikationen: rhombischer Aragonit im ESEM-FEG (Low-kV-Aufnahme)

Abb. 2.9.44c: Calciumcarbonatmodifikationen: kugelförmig angeordnete 200 nm große Vateritkristalle, die sich teilweise zu rhombischem Calcit umgewandelt haben (Low-kV-Aufnahme)

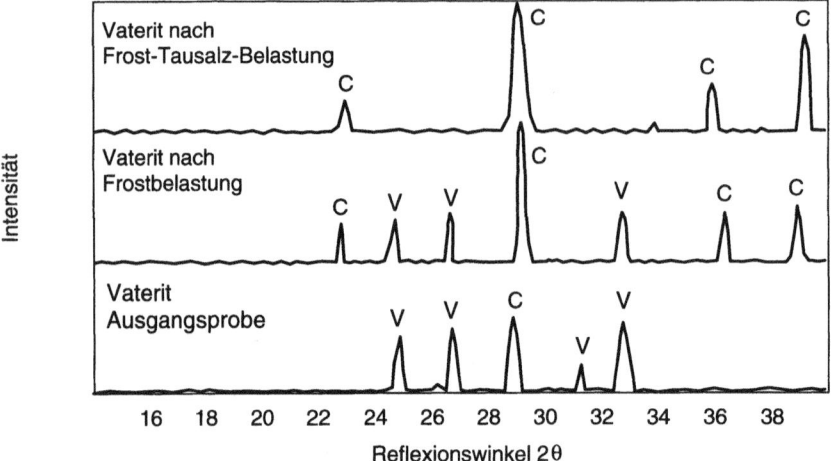

Abb. 2.9.45: Röntgenogramme von Vaterit vor und nach Frost- und Frost-Tausalzbelastung (nach LUDWIG)

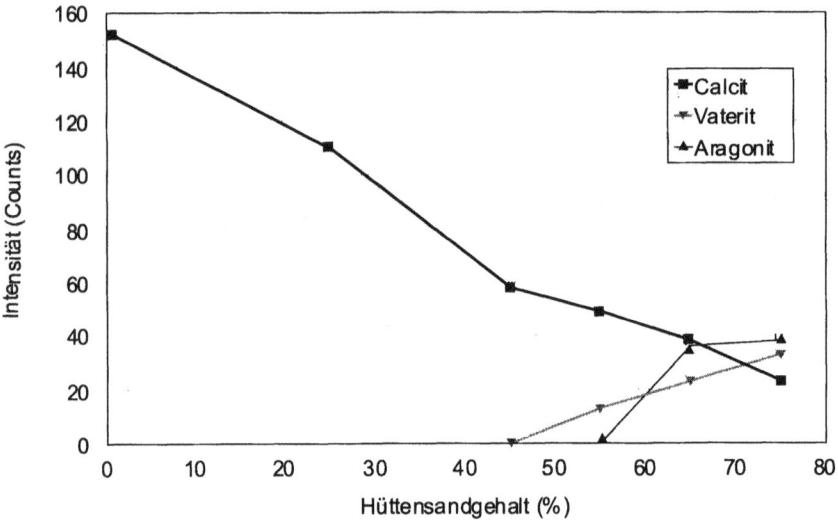

Abb. 2.9.46: Carbonatphasen im carbonatisierten Zementstein in Abhängigkeit vom Hüttensandgehalt – Vergleich der Intensitäten der XRD-Hauptpeaks – (nach STARK/LUDWIG)

2.9.9.2 Hydratation in Anwesenheit puzzolanischer Stoffe

Saure puzzolanische Stoffe haben keine unmittelbaren hydraulischen Eigenschaften. Den Puzzolanen werden alle natürlichen und künstlichen Stoffe zugerechnet, welche reaktionsfähige Kieselsäure enthalten. Diese Kieselsäure kann mit dem gelösten $Ca(OH)_2$ aus den Portlandzement-Klinkerphasen zu festigkeitsbildenden Calciumsilicathydraten reagieren. Außerdem enthalten Puzzolane meist reaktionsfähiges Aluminiumoxid welches ebenfalls mit gelösten $Ca(OH)_2$

Calciumaluminathydrate bilden kann. Alle Puzzolane haben daher einen hohen Verbrauch an $Ca(OH)_2$, um hydraulisch erhärten zu können (Abbildung 2.9.47).

Bei der Zementherstellung werden folgende natürliche Puzzolane eingesetzt: vulkanische Tuffe (z.B. Traß), ähnliche vulkanische Gesteine und Phonolithe.

Flugasche und Microsilica dagegen sind künstliche Puzzolane die bei der Zementherstellung, aber auch bei der Betonherstellung als Zusatzstoffe, zugesetzt werden.

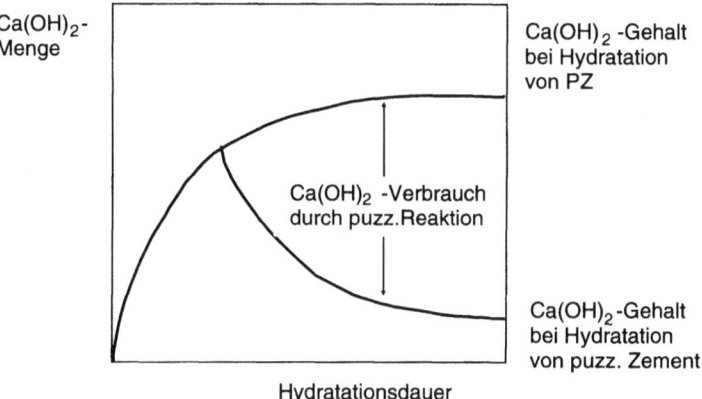

Abb. 2.9.47: $Ca(OH)_2$-Entwicklung während der puzzolanischen Erhärtung

Traß

Die Reaktionsfähigkeit der Trasse zu erhärtungsfähigen Hydratationsprodukten ist zum größten Teil auf deren Glasgehalt und deren chemische Zusammensetzung zurückzuführen (s. auch Kap. 2.5). Das Reaktionsvermögen des Glases wird durch die spezifische Oberfläche und die Menge der in die Gläser eingebundenen Alkalien und OH^--Gruppen bestimmt. Von geringerer Bedeutung für die Reaktion sind die Mineralien Quarz, Feldspat, Leucit, Analcim und Kaolin (Abbildung 2.9.48). Die entstehenden Hydratationsprodukte sind vorwiegend die gleichen, die auch bei der Portlandzement-Hydratation gebildet werden. LUDWIG und SCHWIETE fanden die folgenden Hydratphasen:

- $Ca(OH)_2$
- $3 CaO \cdot 2 SiO_2 \cdot x H_2O$
- Ettringit
- Monosulfat
- C_4AH_{13}
- C_3AH_{8-12}

Entstandene Calciumsilicathydrate weisen ein geringeres C/S-Verhältnis auf als aus der Portlandzement-Hydratation gebildete.

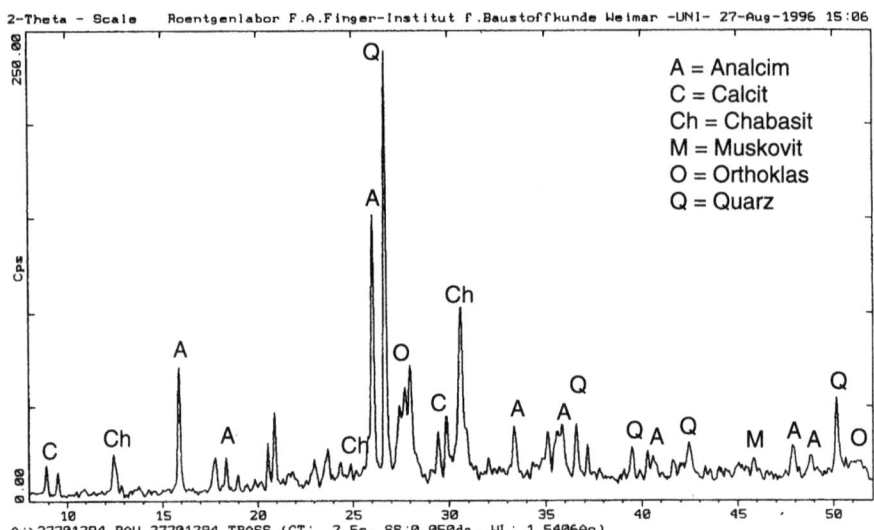

Abb. 2.9.48: Röntgenogramm eines Trasses

Flugasche

Gegenwärtig sind vor allem Steinkohlenflugaschen (SFA) von besonderer Bedeutung (s. auch Kap. 2.5). Braunkohlenflugaschen (BFA) weisen oft zu hohe Calciumsulfat- und Freikalkgehalte auf, um als Zementzumahlstoffe verwendet werden zu können, es gibt aber auch zahlreiche BFA, die analog den SFA geeignet sind (Abbildung 2.9.49).

Die puzzolanische Reaktivität der Steinkohlenflugaschen beruht ebenfalls hauptsächlich auf ihrem Glasgehalt. Im alkalischen Milieu werden silikatische Gläser im allgemeinen stark angegriffen. Infolge einer Spaltung der Si-O-Si-Bindung entstehen verschiedene Hydrate und höhermolekulare Kieselsäuren.

Zur Beurteilung der Reaktivität von Flugaschen ist weiterhin eine genaue Kenntnis der Kornzusammensetzung notwendig. Die Hydratation wird vor allem von einem Kornanteil kleiner 10 μm getragen.

Die chemische Pauschalzusammensetzung hat nur eine beschränkte Aussagekraft über die Reaktivität einer Flugasche.

Zum genauen Ablauf der Reaktion gibt es verschiedene Modelle: DIAMOND et al. beschreiben die Entstehung von „Duplex-Filmen" kurz nach den Anmachen auf den Partikeloberflächen. Diese zweilagigen Filme bestehen aus einer direkt auf der Kornoberfläche liegenden Calciumhydroxidschicht und einer darauf folgenden Schicht gelförmiger C-S-H-Phasen. Aus den gelförmigen C-S-H-Phasen kristallisieren stäbchenförmige Aggregate aus. Sofort nach dem Anmachen werden an den Partikeloberflächen Wasserfilme angelagert. Im Verlauf der Hydratation wird der Wasserfilm in der Nähe der Oberfläche durch Alkalilauge ersetzt, es setzt die Bildung von Alumosilikathydrogel ein. Die entstandenen Alumosilikathüllen stellen für die Bildung von C-S-H-Phasen stabile Keimflächen dar (Abbildung 2.9.50).

2.9 Hydratation des Portlandzementes

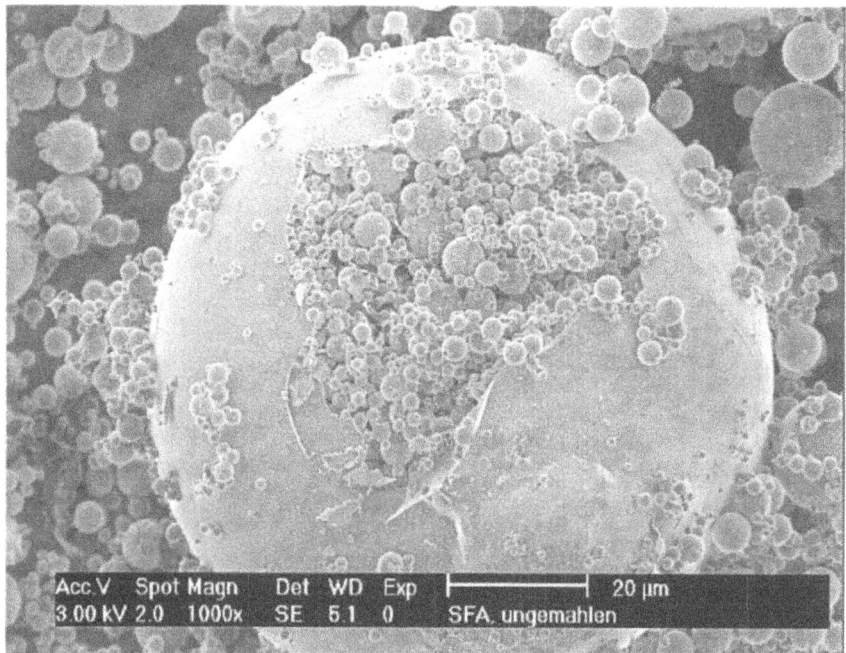

Abb. 2.9.49a: Steinkohlenflugasche: Partikeldurchmesser zwischen 1 und 100 μm (ESEM-Aufnahme)

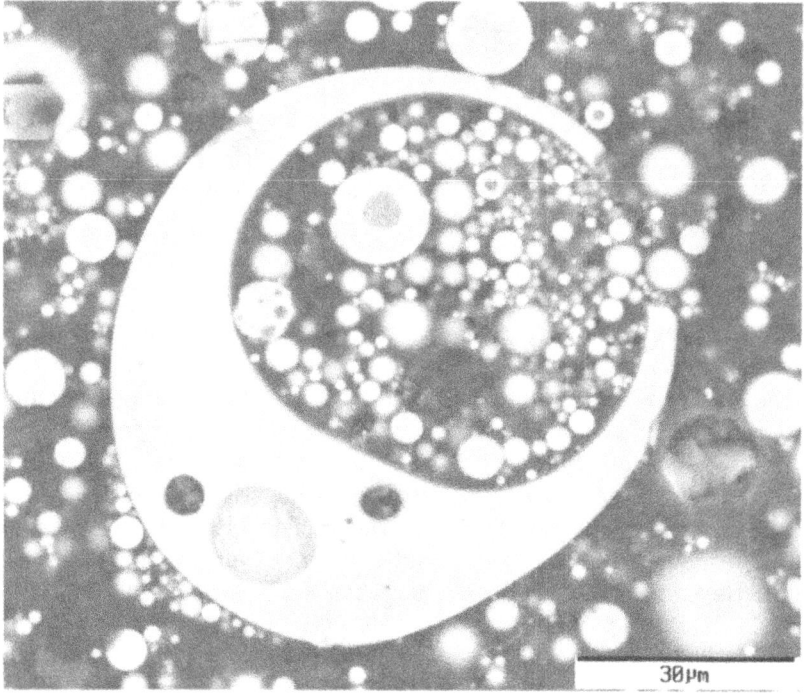

Abb. 2.9.49b: Anschliff von Steinkohlenflugasche: 80 μm großes Ascheteilchen mit Hohlraum, der mit kleineren Flugaschekugeln gefüllt ist

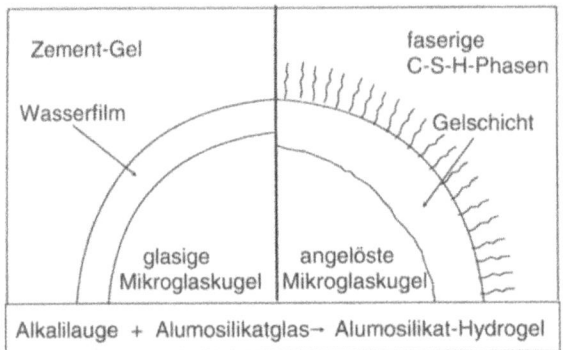

Abb. 2.9.50: Schematische Entwicklung der Reaktionshüllen an Flugaschepartikeln in der Zementmatrix (nach BLASCHKE)

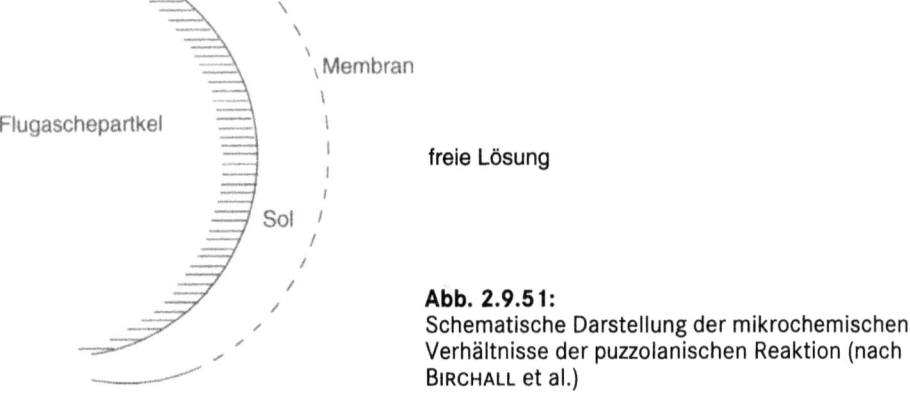

Abb. 2.9.51:
Schematische Darstellung der mikrochemischen Verhältnisse der puzzolanischen Reaktion (nach BIRCHALL et al.)

Ähnliche Vorstellungen zur Hydratation der Flugasche beschreiben BIRCHALL et al. (Abbildung 2.9.51).

Die früh gebildeten Duplexfilme kontrollieren den Stoffaustausch mit der Partikeloberfläche. Nach einem alkalischen Angriff werden Teile der Flugasche freigesetzt und in die Intra-Membranzone transportiert. Die Kieselsäure bleibt im alkalischen Milieu als Sol stabil. Der pH-Wert-Unterschied führt zu Ausfällungen, die den weiteren Kontakt mit $Ca(OH)_2$ verhindern. Die Membran wird durch einen osmotischen Druck, infolge Lösungsmitteltransport, aufgesprengt. Es wird hochkonzentrierte gelförmige Kieselsäure abgegeben. Beim Kontakt mit $Ca(OH)_2$ kommt es zur Bildung von C-S-H-Phasen.

Die in Verbindung mit Flugasche entstandenen Hydratationsprodukte weisen ein geringeres C/S-Verhältnis auf als die des Portlandzements.

Microsilica

Microsilica (s. auch Kap. 2.5) findet vor allem bei der Herstellung von hochfesten Beton, aber auch zur Verminderung des Rückpralleffekts bei Spritzbeton und bei der Herstellung von rißüberbrückenden und fugenlosen Fußbodenestrichen (unter Zugabe von Stahlfasern) Anwendung.

Microsilicapartikel besitzen einen Korndurchmesser von zwischen 0,02 und 0,6 μm (Abbildung 2.9.52) und sind damit etwa um den Faktor 100 kleiner als Zementkörner. Das bedeutet, daß Microsilica-Stoffpartikel als Füller selbst kleinste Poren zwischen Zement und Zuschlägen ausfüllen können.

Die große spezifische Oberfläche stellt eine große Fläche für den Ablauf der puzzolanischen Reaktion dar. Microsilica-Stoffpartikel wirken außerdem als Kristallisationskeime für die C-S-H-Phasen. Microsilica kann im Verlauf der Hydratation gleichmäßig zwischen den Zementkörnern verteilt mit Calciumhydroxid zu Calciumsilicathydraten reagieren (Abbildung 2.9.53). Die Reaktionsprodukte sind wie auch bei der Flugasche und beim Traß deutlich calciumärmer als das bei der Portlandzement-Hydratation entstehende Calciumsilicathydrat.

Abb. 2.9.52: Microsilica-Slurry mit einem Partikeldurchmesser zwischen 20 und 600 nm. Die bei einer 100.000facher Vergrößerung auf der Teilchenoberfläche sichtbare Strukturierung wird durch die Besputterung des Präparats mit Silber hervorgerufen

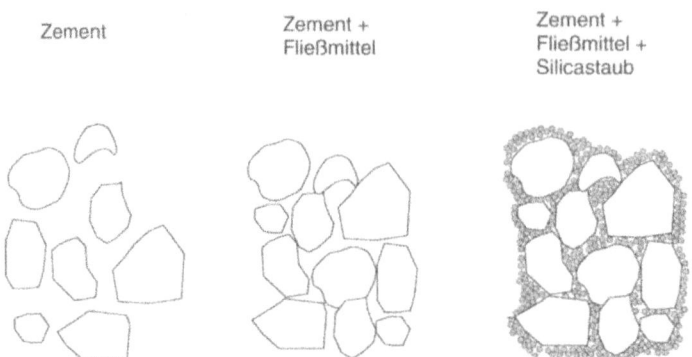

Abb. 2.9.53: Hohlraumausfüllung zwischen Zementkörnern mit Microsilica

Untersuchungen am F. A. Finger-Institut für Baustoffkunde zeigten, daß nicht unbedingt das Gesamtporenvolumen von Beton durch die Zugabe von Microsilica verringert wird, sondern daß vor allem eine Verschiebung der Porenradienverteilung zu kleineren Porendurchmessern zu beobachten ist (Abbildung 2.9.56).

Durch das Auffüllen der Zwickel zwischen den Zementpartikeln sinkt einerseits der Wasserverbrauch, andererseits bindet 1 kg Microsilica aufgrund der hohen Oberfläche ca. 1 l Wasser und erhöht somit den Wasserbedarf. Deshalb werden bei Verwendung von Microsilica im Beton in der Regel auch Fließmittel zugesetzt. Microsilica-Beton neigt weniger zum Bluten, Entmischen und Absetzen. Der Verbund zwischen Zementstein und Zuschlag bzw. zwischen Beton und Bewehrung wird durch die Zugabe von Microsilica deutlich verbessert. Nachteilig ist die Rißgefahr infolge plastischen Schwindens.

Die festigkeitssteigernde Wirkung beruht auf der zusätzlichen Bildung von C-S-H-Phasen aus dem Microsilica und $Ca(OH)_2$, d.h. der puzzolanischen Reaktion mit dem daraus resultierenden zusätzlichen Effekt des Abbaus von großen Portlandit-Kristallen (Abbildung 2.9.54), sowie auf dem Ausfüllen kleiner Zwickel zwischen den größeren Zementkörnern (Frühfestigkeit) in der Phasengrenzfläche (Abbildung 2.9.55). Infolge letzterer Eigenschaft wird die Porenradienverteilung (Abbildung 2.9.56) des Betons verändert, d.h. die Dichtigkeit der Zementsteinmatrix gegenüber Flüssigkeiten und Gasen wird deutlich verbessert.

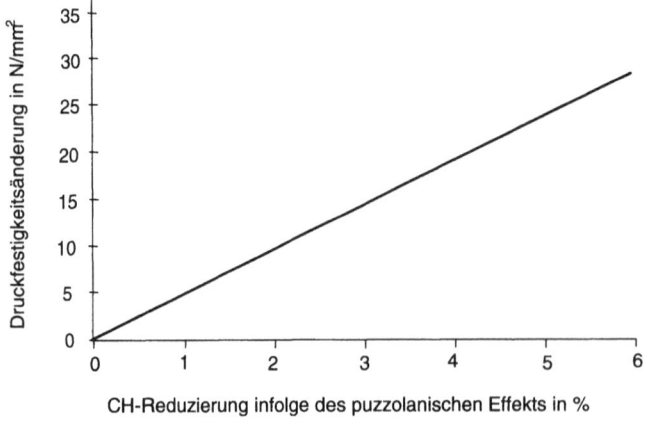

Abb. 2.9.54: Erhöhung der Druckfestigkeit infolge puzzolanischer Reaktion (nach GOLDMAN und BENTUR)

2.9 Hydratation des Portlandzementes

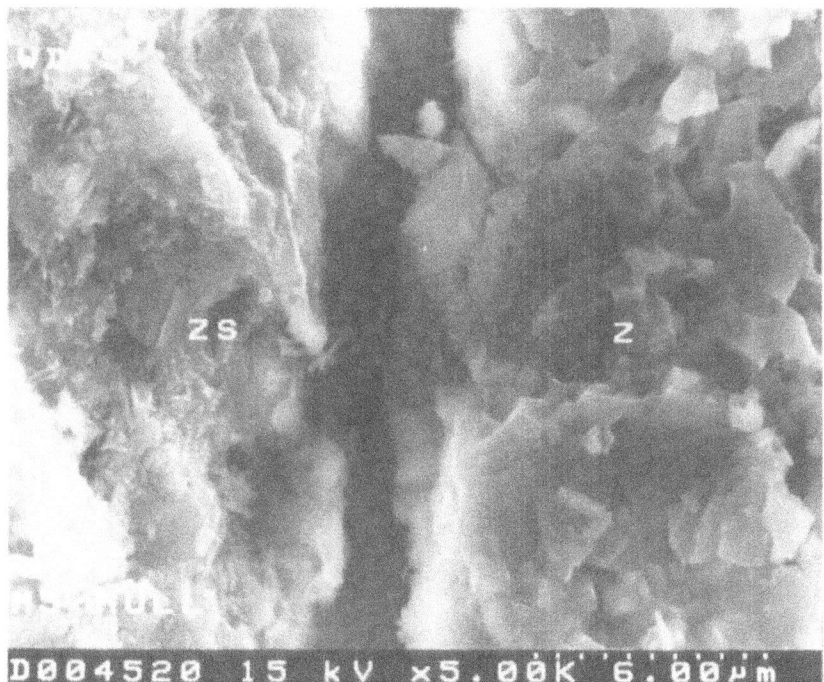

Abb. 2.9.55a: Phasengrenzfläche von hochfestem Beton – ohne Microsilica

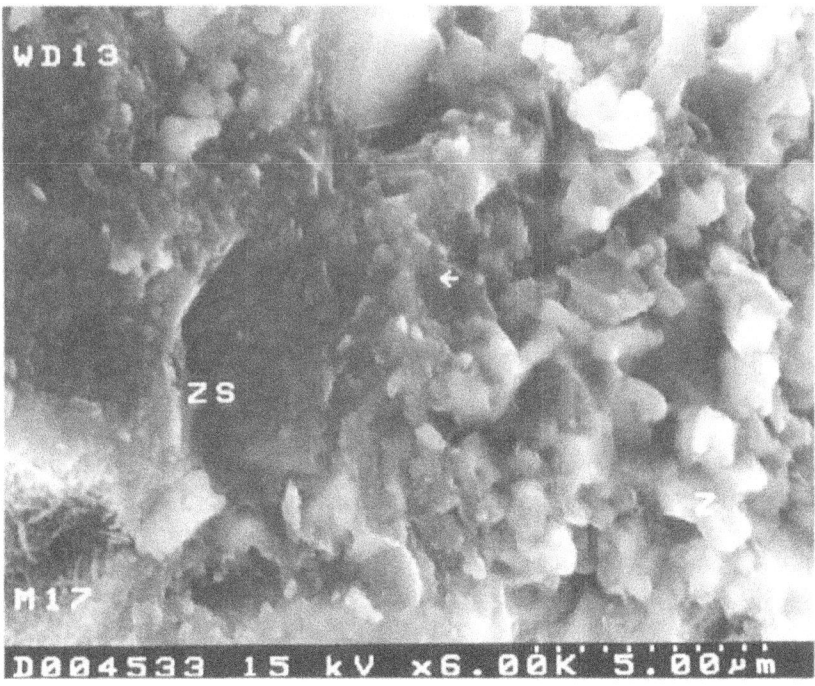

Abb. 2.9.55b: Phasengrenzfläche von hochfestem Beton – mit Microsilica

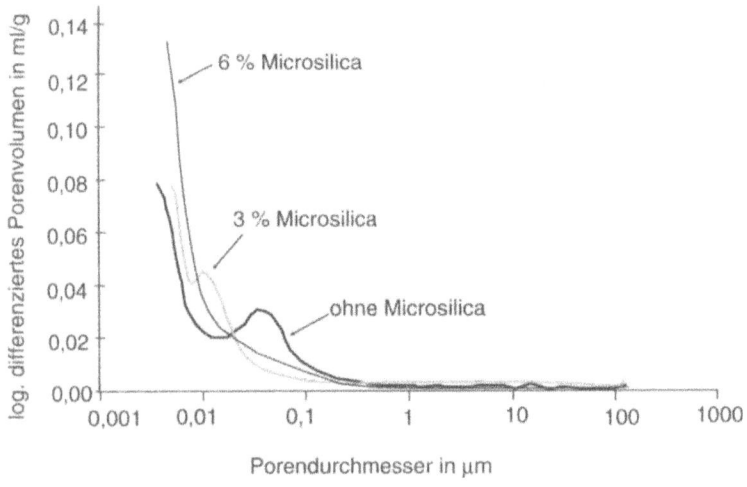

Abb. 2.9.56: Veränderung der Porengrößenverteilung infolge Microsilicazugabe zu hochfesten Beton (w/z = 0,41)

Der Calciumhydroxidverbrauch während der puzzolanischen Reaktion führt zu einer Absenkung des pH-Wertes gegenüber silicafreiem Beton. Zur Gewährleistung des Korrosionsschutzes der Bewehrung wird deshalb die maximal zulässige Microsilicamenge vorsichtigerweise mit ca. 10 M.-% des Silicafeststoffs, bezogen auf die Zementmenge, gewählt.

Ähnlich Microsilica verhält sich auch **Metakaolinit** als Zumahlstoff. Metakaolinit entsteht bei der thermischen Zersetzung von Kaolinit. Kaolinit ist ein Alumosilicat der Formel $Al_2O_3 \cdot 2SiO_2 \cdot 2H_2O$. Die spezifische Oberfläche von Tonen der Kaolingruppe beträgt 10 ... 40 m²/g. Durch Dehydroxylation (Temperatur > 500 °C) entsteht bei der thermischen Zersetzung des Kaolinits Metakaolinit mit der Formel $Al_2O_3 \cdot 2SiO_2$. Aufgrund der großen Oberfläche ist Metakaolinit sehr reaktiv.

Das im Handel erhältliche **Nanosilica** wird als Stabilisierer (Betonzusatzmittel) angewendet, kann jedoch auch zur Verbesserung der Porenradienverteilung eingesetzt werden. Nanosilica ist eine synthetisch hergestellte, völlig amorphe Kieselsäure mit großer spezifischer Oberfläche (180 ... 230 m²/g im Vergleich zu Microsilica mit 18 ... 22 m²/g)

2.9.9.3 Hydratation in Anwesenheit inerter Stoffe

Zumahlstoffe, die bei der Zementhydratation nicht oder nur in sehr geringem Umfang mit den Zementbestandteilen reagieren, werden als inerte Füller bezeichnet (s. auch Kap. 2.5). Dabei sind vor allem Kalkstein- und Quarzmehle von Bedeutung. Sie füllen die Zwischenräume zwischen den Zementpartikeln aus und stabilisieren dadurch das Gefüge. Kalksteinmehl ist leichter mahlbar als Zementstein und wird daher schon vor der Klinkermahlung zugesetzt. Im Ergebnis der Zerkleinerung liegt der Kalkstein vermehrt in den feinen Kornklassen des Zements vor und vermindert somit das Lückenvolumen zwischen den Klinker-

2.9 Hydratation des Portlandzementes

partikeln. Außerdem kann das Calciumcarbonat in geringem Maß mit Tricalciumaluminat reagieren und Monoaluminatcarbonathydrat (3 CaO · Al$_2$O$_3$ · CaCO$_3$ · 11 H$_2$O) bilden (Abbildung 2.9.57). So wird durch den Zusatz von Kalkstein die Ettringitbildung gefördert, da in der Kristallstruktur des Monosulfats ein Ionenaustausch von [SO$_4$]$^{2-}$ gegen [CO$_3$]$^{2-}$ möglich ist, und das so freigesetzte Sulfat mit C$_3$A Ettringit bilden kann.

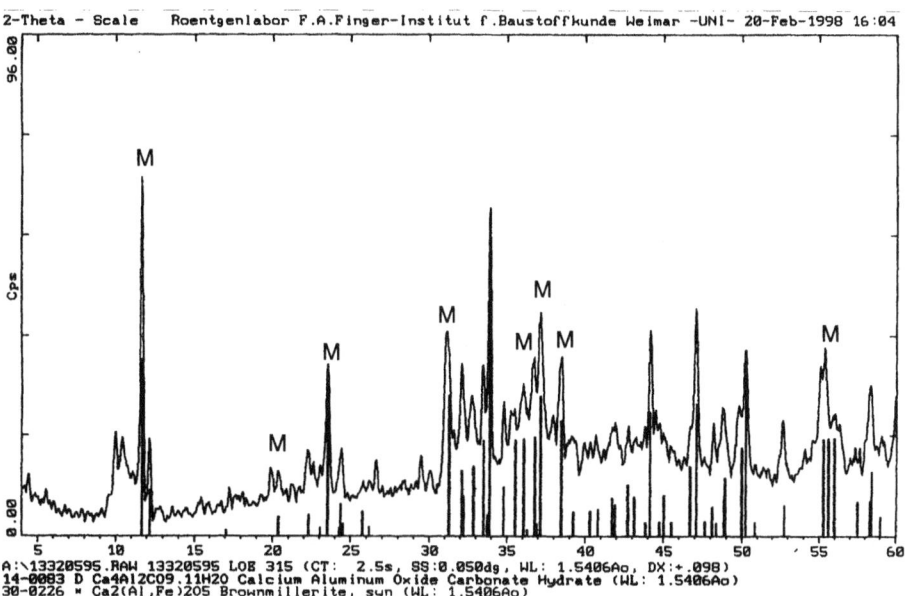

Abb. 2.9.57: Röntgenogramm eines Phasengemisches mit Monoaluminatcarbonathydrat (M)

2.9.10 Erstarrungsstörungen

Anormales Erstarren war zu Beginn der Zementherstellung ein großes Problem. Heute kann ein unnormales Erstarrungsverhalten durch Wahl der Art und Menge des Abbindereglers verhindert werden.

2.9.10.1 Falsches Erstarren

Mörtel oder Beton kann kurz nach dem Mischen ansteifen. Durch weiteres Mischen wird das entstandene Gefüge zerstört und der Zementleim verfestigt sich normal. Dieses Phänomen wird durch die Kristallisation von Gips hervorgerufen.

Gips wird dem Zementklinker bei der Mahlung als Erstarrungsregler zugegeben. Durch die dabei auftretenden hohen Temperaturen kommt es zu einer partiellen Entwässerung des Gipses zu feinkörnigem Halbhydrat und/oder löslichen Anhydrit III. Beim Anmachen des Zements hat das Halbhydrat das Bestreben, durch Wasseraufnahme wieder Gips mit einem starren kristallinen Gefüge zu bilden. Dieses Gefüge besteht aus langen Kristallen, die große Zwischenräume überbrücken können. Da aber nur geringe Mengen Gips mit einer sehr niedrigen Festigkeit entstehen, kann das entstandene Gefüge durch weiteres Mischen zerstört werden und die Zementmatrix kann weiter normal erstarren. Die Bildung von Halbhydrat kann durch das Kühlen des Mahlguts in der Mühle minimiert werden. Geringe Mengen von Halbhydrat im Zement wirken i.a. nicht störend auf das Erstarrungsverhalten. Durch die Zugabe erstarrungsverzögernderer Zusätze kann die Gipsrückbildung ebenfalls verzögert werden. Dies ist ein häufig angewandtes Mittel, um dem falschen Erstarren vorzubeugen.

Falsches Erstarren kann aber auch durch eine übermäßige Ettringitbildung, bzw. eine Syngenitbildung (Syngenit = $K_2SO_4 \cdot CaSO_4 \cdot H_2O$, Abbildung 2.9.58) bei alkalireichen Zementen kurz nach dem Mischen hervorgerufen werden. Ettringit hat in diesem Fall eine ähnliche Kristallstruktur wie der Gips und die Erstarrungsmechanismen sind die selben. Allerdings kann hier durch die Zugabe erstarrungsverzögender Zusätze die Ettringitbildung verzögert werden. Durch die Zugabe beschleunigender Zusätze wird die Anfangshydratation des C_3A beschleunigt und somit die Ettringitbildung erhöht.

Abb. 2.9.58: ESEM-Aufnahme von leistenförmigen Syngenitkristallen auf der Zementleimoberfläche kurz nach dem Mischen

2.9.10.2 Plötzliches Erstarren (auch Schnelles Erstarren)

Diese Erstarrungsstörung muß deutlich vom falschen Erstarren abgegrenzt werden. Sie wird durch ein sehr reaktives C_3A im Zement verursacht. Bei dessen Hydratation bilden sich große Mengen von Monosulfat oder Calciumaluminathydrat. Es bildet sich ein Gefüge mit einer gewissen Festigkeit aus, welches nicht durch späteres Mischen zerstört werden kann.

Das plötzliche Erstarren wird durch eine geregelte C_3A-Hydratation infolge Gipszugabe verhindert. Diese Gipszugabe muß aber für jeden Zement optimiert werden (s. Kap. 2.4), damit es nicht zu einer übermäßigen Ettringitbildung und damit zum falschen Erstarren (s.o.) kommt. Ursachen für das plötzliche Erstarren können Änderungen in der Mahlfeinheit des Zements, eine höhere Temperatur während der Hydratation oder längeres Mischen des Betons sein.

Bei einem hohen Gesamtalkaligehalt (> 1 M.-%) führte auch eine verstärkte Syngenitbildung zum plötzlichen Erstarren (SPRUNG).

2.9.10.3 Thixothrophes Erstarren

In einigen Fällen wurde ein anormales Erstarren ohne Gips-, Monosulfat-, Syngenit- oder Calciumaluminathydratbildung beobachtet. Eine unnormal hohe Konzentration der Oberflächenladungen kann eine starke Zusammenlagerung der Zementpartikel bewirken. Die Paste besitzt dann ein hohes Maß an Thixotrophie. D.h., der anfänglich verfestigte Zementleim verflüssigt sich durch das Mischen wieder (Abbildung 2.9.59).

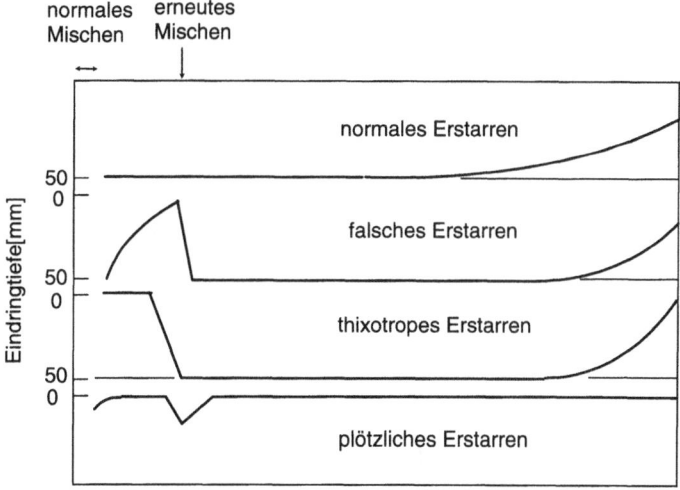

Abb. 2.9.59: Verschiedene Erstarrungstypen

2.9.11 Mikrostruktur der Phasengrenzfläche zwischen Zuschlag und Zementstein

Die Zugfestigkeit von Betonen liegt etwa eine Zehnerpotenz niedriger als die Druckfestigkeit. Geht man davon aus, daß wiederum die Haftzugfestigkeit zwischen Zementstein und Zuschlag i.d.R. nur etwa 70% der Festigkeit des Zementsteins beträgt (GERSTNER, VÖLKL), wird deutlich, daß die Phasengrenzfläche zwischen Zuschlag und Zementstein eine Schwachstelle im Beton darstellt. Ihre Porosität liegt um etwa den Faktor 3,5 höher als die des Zementsteins (SCRIVENER, PRATT).

Aufbau der Phasengrenzfläche

Die Mikrostruktur der Phasengrenzfläche zwischen Zuschlag und Zementstein ist nach DIAMOND prinzipiell durch einen Duplex-Film und eine Übergangszone (*transition zone*) gekennzeichnet.

Der **Duplex-Film**, der auch als Kontaktschicht bezeichnet wird, soll sich unmittelbar im Anschluß an die Zuschlagoberfläche befinden, etwa 1 µm dick sein und mindestens einen Teil der Zuschlagoberfläche bedecken. Die Seite des Films, die in Kontakt mit dem Zuschlag ist, besteht aus einer CH-Schicht (~ 0,5 µm dick). Im Anschluß an diesen CH-Film wurde eine C-S-H-Gelschicht von kurzen Fasern beobachtet, die bis in den Zementstein reicht (DIAMOND). In einer Studie von SCRIVENER & GARTNER, die der Untersuchung von mikrostrukturellen Gradienten in der Zementsteinmatrix um Zuschlagkörner mittels Rückstreuelektronenbildern von polierten Mörtelproben diente, konnte von den Autoren kein Hinweis auf die Existenz eines Duplex-Films gefunden werden. Dagegen wurde eine C-S-H-Schicht festgestellt, die sich auf den Zuschlagpartikeln in einem frühen Stadium der Hydratation abgeschieden zu haben scheint.

Der Duplex-Film wird als ein Teil der **Übergangszone** (Kontaktzone) betrachtet, die in ihrer Dicke etwa 50 µm (nach anderen Autoren 25–100 µm) mißt und sich in einer Reihe von Merkmalen von der Zementsteinmatrix unterscheidet.

Portlandit und Ettringit liegen in der Übergangszone im Vergleich zur Zementsteinmatrix zu einem höheren Anteil vor. Begründet wird dies mit dem lokal erhöhten w/z-Wert um die Zuschläge im Vergleich zur Matrix, d.h. Bildung von Flüssigkeitsfilmen (Anmachwasser + darin gelöste Stoffe), die die Zuschlagoberfläche beim Anmachen benetzen. Folgt man der Theorie der Hydratphasenbildung über die Lösung statt über topochemische Reaktion, läßt sich die Ettringit- und Portlandit-Anreicherung in der Nähe der Grenzflächen zu den Zuschlägen insofern erklären, als daß die zur Bildung dieser Phasen nötigen Bestandteile in gelöster Form ausreichend in den Wasserfilmen um die Zuschläge zur Verfügung stehen (MEHTA, MONTEIRO).

Untersuchungen mittels quantitativer Bildanalyse anhand von Rückstreuelektronenbildern polierter Anschliffe haben gezeigt, daß die Menge nichthydratisierten Materials an der Grenzfläche sehr niedrig ist, fast linear bis zu einem Abstand von 30 µm von der Grenzfläche zunimmt und ab hier konstant bleibt. Mit

2.9 Hydratation des Portlandzementes

der gleichen Methode wurde eine **Abnahme der** Porosität um 20% 30 µm entfernt vom Zuschlagkorn gemessen (SCRIVENER et al.)

Als Ursachen für **die geringe mechanische** Festigkeit der Übergangszone werden genannt:

- hohe Porosität **der Übergangszone** (lokal erhöhter w/z-Wert);
- geringer **interkristalliner Verbund** der stapelförmig angeordneten, in Bezug zueinander vorzugsorientierten, hexagonal-tafeligen Portlandit-Kristalle;
- „Hadley grains" – Hohlschalen aus Hydratationsprodukten (ca. 5 µm), die in großer Anzahl in Grenzflächennähe nachgewiesen wurden.

Abbildung 2.9.60 zeigt ein von MEHTA & MONTEIRO entwickeltes Schema zur Veranschaulichung der Mikrostruktur der Phasengrenzfläche zwischen Zuschlag und Zementstein in Beton.

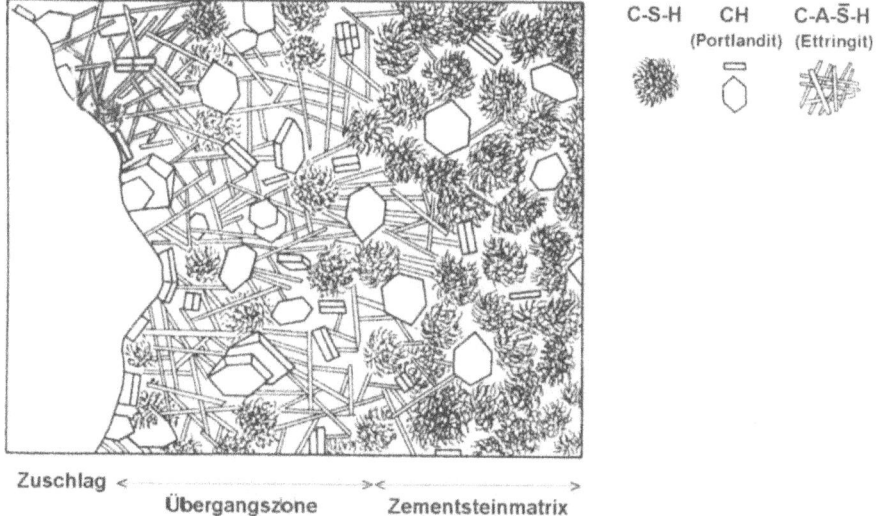

Abb. 2.9.60: Schematische Darstellung der Mikrostruktur der Übergangszone zwischen Zuschlag und Zementstein (nach MEHTA & MONTEIRO)

Portlandit in der Übergangszone

Von verschiedenen Autoren wird in der Übergangszone eine **Vorzugsorientierung von Portlandit**-Kristallen mit ihrer c-Achse *senkrecht* zur Grenzfläche dokumentiert (MONTEIRO; YUAN und ODLER).

ZIMBELMANN, der die Phasengrenzfläche mittels der Rasterelektronenmikroskopie untersucht hat, gibt den Durchmesser der mit ihrer c-Achse *parallel* zur Grenzfläche vorzugsorientierten, tafeligen Portlandit-Kristalle, die – ausgehend von der Kontaktschicht – sich in der Zwischenschicht ausbilden, in ihrer Basisfläche (0001) mit 10 µm bis etwa 30 µm an. Von LARBI & BIJEN wird ebenfalls die Ansicht vertreten, daß tafeliger Portlandit in der Zwischenschicht mit der c-Achse nahezu parallel zur Zuschlagoberfläche aufwächst (s. a. Abbildung 2.9.20).

Hinsichtlich der Orientierung von tafeligen Portlandit-Kristallen in der Übergangszone zwischen Zuschlag und Zementstein besteht demnach keine einheitliche Meinung.

Bemerkenswert ist, daß SCRIVENER & GARTNER in Untersuchungen an Ein-Zuschlag-Matrix-Systemen mittels Rückstreuelektronenbildern von polierten Anschliffen keinerlei Hinweis auf einen wesentlichen Anstieg der $Ca(OH)_2$-Konzentration in Grenzflächennähe finden konnten. Sie vermuten, daß die massiven Portlandit-Kristalle, die oft an Bruchflächen-Proben der Grenzfläche beobachtet wurden, sich vorzugsweise in großen, wassergefüllten Hohlräumen bilden, wie sie durch das Bluten des Betons an der Unterseite von Zuschlagpartikeln entstehen.

Wasser-Zement-Verhältnis

Je nach w/z-Wert bilden sich unterschiedlich dicke Flüssigkeitsfilme um die Zuschläge. Von GRANDET & OLLIVIER wurde gezeigt, daß die Dicke der Zone vorzugsorientierter Portlandit-Kristalle mit steigendem w/z-Wert zunimmt.

Zuschlagart

Unabhängig von der Zuschlagart bildet sich kristallographisch vorzugsorientierter Portlandit in der Übergangszone. Je nach Gesteinsart sind aber auch die Haftzugfestigkeit steigernde (Quarz-Kalk-, Aluminat-Carbonat-, Scawtit- sowie Alkali-Carbonat-Reaktion bei dolomitischen Zuschlägen) oder schädliche Reaktionen (Alkali-Silikat-Reaktionen) zwischen den hydratisierenden Zementmineralen und dem entsprechenden Zuschlag möglich.

Von ZHANG & GJØRV ist eine detaillierte Arbeit zum mikrostrukturellen Aufbau der Übergangszone Leichtzuschlag/Zementstein vorgelegt worden. Mit zunehmender Dichtigkeit der Außenhaut der Leichtzuschläge scheint sich die Mikrostruktur der Übergangszone der von normalen Zuschlägen anzunähern. Für porösere Arten von Leichtzuschlägen oder solchen ohne dichte Außenhaut zeichnet sich eine bessere Bindung zwischen Zementstein und Zuschlag ab. Die genannten Autoren führen das zum einen auf eine Verbesserung der Mikrostruktur in der Übergangszone (kaum calciumhydroxidreiche Zonen in der Nähe der Zuschlagpartikeln; Übergangszone dichter und homogener) und zum anderen auf verbessertes mechanisches Verhaken zwischen Zuschlag und Zementstein zurück.

Zementart

Bei Verwendung von **Hochofenzement** fand ZIMBELMANN die gleiche Struktur der Übergangszone wie bei Portlandzement vor, jedoch war die Dicke der Schichten – besonders der Kontaktschicht – merklich reduziert.

Im Falle von **Quellzementen** wird von MONTEIRO & MEHTA bestätigt, daß die Festigkeitsverbesserung des Betons auf die modifizierte Übergangszone zurückzuführen ist. Sie enthält mehr Ettringit und einen diskontinuierlichen Calciumhydroxid-Film mit zufallsorientierten Portlandit-Kristallen. Die Calciumhydroxid-Kornverfeinerung in Verbindung mit im Gegensatz zu Portlandzementbeton weniger vorzugsorientierten Portlandit-Kristallen wird als Ursache für den verbesserten Rißausbreitungswiderstand und damit für die Festigkeitserhöhung von Quellzementbeton gegenüber Portlandzementbeton vermutet.

Mineralische Zusätze

Es hat sich gezeigt, daß der Zusatz von **Microsilica** zu einer Modifizierung der Mikrostruktur und Verbesserung der Eigenschaften der Übergangszone führt. Neben dem Füllereffekt, der zu einer Verringerung des Porenvolumens führt (Microsilica ist 50- bis 100-mal feiner als Zement) bewirkt Microsilica durch den hohen Anteil an amorphem SiO_2, das mit Portlandit zu Calciumsilikathydrat puzzolanisch reagiert, eine zunehmende Verdichtung der Übergangszone.

2.9.12 Literatur

BREUGEL, K. V.
Simulation of hydratation und formation of structure in hardening cement-based materials, TU Delft: Proefschrift 1991

DIAMOND, S.
The Microstructures of Cement Paste in Concrete, in: Proc. 8th Int. Symp. on the Chemistry of Cement, Stockholm, 1986, 1, S. 122–147

ECKART, A.; LUDWIG, H.-M.; STARK, J.
Zur Hydratation der vier Hauptklinkerphasen des Portlandzements, in: ZKG-INTERNATIONAL 48(1995) Nr. 8, S. 443–452

FARRAN, J.
Contribution minéralogique à l'étude de l'adhérence entre les constituants hydratés des ciments et les matériaux enrobés, in: Revue de Mat. de Constr. et de Trav. Publ., 490 (1956)

GERSTNER, B.; VÖLKL, J.
Zum Einfluß des Zuschlag-Zementstein-Kontaktes auf die Dauerhaftigkeit des Betons, in: Baustoffe: Forschung, Anwendung, Bewährung; Professor Dr. Rupert Springenschmid zum 60. Geburtstag gewidmet / Adam, G. u.a. Hrsg. vom Baustoffinstitut der Technischen Universität München. - 2. Aufl. - München 1990. S. 146–156

GOLDMANN, A.; BENTUR, A.
Bond Effects in High-Strength Silica-Fume Concretes, in: ACI Materials Journal (1989),No. 9/10, S. 440–447

GRANDET, J.; OLLIVIER, J.
New Method for the Study of Cement Aggregate Interfaces, in: Proc. 7th Int. Congr. on the Chemistry of Cement, Paris, 1980, 3, VII-85–VII-89

GRUBE, H.; HINTZEN,W.
Prüfverfahren zur Voraussage der Temperaturerhöhung im Beton infolge Hydratationswärme des Zements, in: Beton 43(1993) Nr. 5, S. 230–234

HENNING, O.
Chemie im Bauwesen, Berlin: VEB Verlag für Bauwesen 1988, 5. Auflage

HINRICHS, W.
Untersuchungen zur Hydratation von Schlackeportlandzementen, TU Clausthal, Dissertation 1987

HUMMEL, A.
Das Beton-ABC, Berlin: Ernst & Sohn, 1959, 12.Aufl.

JIA, W.
Mechanism of Orientation of Ca(OH)$_2$ Crystals in Interface Layers Between Paste and Aggregate in Systems Containing Silica Fume, in: Proc. Mat. Res. Soc. Symp., 114 (1988) S. 127-132

JOST, K.-H.; ZIEMER, B.
Relations between the crystal structures of calcium silicates and their reactivity against water, in: Cement & Concrete Research 14(1984) No. 2, S.177-184

KEIL, F.
Hochofenschlacke, Düsseldorf: Verlag Stahleisen m.b.H. 1963

KEIL, F.
Zement – Herstellung und Eigenschaften, Berlin, New York: Springer Verlag 1971

KNOBLAUCH, H.; SCHNEIDER, U.
Bauchemie, Düsseldorf: Werner Verlag GmbH 1995, 4. Auflage

KÜHL, H.
Zement-Chemie, Bd. 1-3, Berlin: Verlag Technik 1961, 3. Auflage

LAMPE, F. VON
Uber die Abhängigkeit der hydraulischen Aktivität von Kalziumsilikaten von Eigenschaften ihres Kristallgitters, in: Baustoffindustrie 32(1989) Nr. 3, S. 71-75

LARBI, J. A.; BIJEN, J .M. J. M.
Orientation of Calcium Hydroxide at the Portland Cement Paste – Aggregate Interface in Mortars in the Presence of Silica Fume: A Contribution, in: Cement & Concrete Research 20(1990) S. 461-470

LOCHER, CH.
Zum Einfluß verschiedener Zumahlstoffe auf das Gefüge von erhärtendem Zementstein in Mörteln und Betonen, RWTH Aachen, Dissertation 1988

LOCHER, F. W.; RICHARTZ, W.; SPRUNG, S.
Erstarren von Zement Teil 1: Reaktion und Gefügeentwicklung, in: Zement-Kalk-Gips 29(1976) Nr. 10, S. 435-442

LOCHER, F. W.; RICHARTZ, W.; SPRUNG, S.
Erstarren von Zement Teil 2: Einfluß des Calciumsulfatzusatzes, in: Zement-Kalk-Gips 33(1980) Nr. 6, S. 271-277

LOCHER, F. W.; RICHARTZ, W.; SPRUNG, S.; SYLLA, H.-M.
Erstarren von Zement Teil 3: Einfluß der Klinkerherstellung, in: Zement-Kalk-Gips 35(1982) Nr. 12, S. 669-676

LOCHER, F. W.; RICHARTZ, W.; SPRUNG, S.; RECHENBERG, W.
Erstarren von Zement Teil 4: Einfluß der Lösungszusammensetzung, in: Zement-Kalk-Gips 36(1983) Nr. 4, S. 224-231

LUDWIG, H.-M.
Zur Rolle von Phasenumwandlungen bei der Frost- und Frost-Tausalz-Belastung von Beton, Bauhaus-Universität Weimar, Dissertation 1996

LUDWIG, U.; SCHWIETE,H.-E.
Beitrag zur Konstitution einiger rheinischer Trasse, in: Zement-Kalk-Gips 15(1962) Nr. 4, S. 160-165

LUDWIG, U.; SCHWIETE, H.-E.
Kalkbindung und Neubildungen bei den Traß-Kalk-Reaktionen, in: Zement-Kalk-Gips 16(1963) Nr. 10, S. 421–431

METHA, P. K.; MONTEIRO, P. J. M.
Concrete – Microstructure, Properties, and Materials, New York u. a.: Prentice Hall, Inc. 1993, Second Edition

MEHTA, P. K.; MONTEIRO, P. J. M.
Effect of Aggregate, Cement, and Mineral Admixtures on the Microstructure of the Transition Zone, in: Proc. Mat. Res. Soc. Symp., 114 (1988) S. 65–75

MINDNESS, S.; YOUNG, J. F.
Concrete, New Jersy: Prentice-Hall Inc. 1981

MONTEIRO, P.J. M.
Microstructure of Concrete and its Influence on the Mechanical Properties, University of California at Berkeley, Ph.D. Thesis 1985

MONTEIRO, P. J. M.; MEHTA, P. K.
The Transition Zone between Aggregate and Type K Expansive Cement, in: Cement & Concrete Research 16(1986) S. 111–114

OSBORNE, G. J.
BRECEM: A rapid hardening cement based on high aluminia cement, in: Building Resarch Establishment 1993, S. 93–100

PAUSE, P. J.
Die Reaktion von Steinkohlenflug-Aschen in hydraulisch und karbonatisch aushärtenden Bindemitteln, TU Clausthal, Dissertation 1987

REUL, H.
Handbuch der Bauchemie, Augsburg: Verlag für Chem. Industrie, H. Ziolkowski KG 1991

SCHWIETE H.-E.; LUDWIG, U, OTTO, P
Untersuchungen an Sulfathüttenzementen, Forschungsbericht des Landes NRW Nr. 2227, Opladen: Westdeutscher Verlag 1971

SCRIVENER, K. L.; CRUMBIE, A. K.; PRATT, P. L.
A Studie of the Interfacial Region between Cement Paste and Aggregate in Concrete, in: Proc. Mat. Res. Soc. Symp., 114(1988) S. 87–88

SCRIVENER, K. L.; GARTNER, E. M.
Microstructural Gradients in Cement Paste Around Aggregate Particles, in: Proc. Mat. Res. Soc. Symp., 114(1988) S. 77–85

SCRIVENER, K. L.; PRATT, P. L.
The Characterization and Quantification of Cement and Concrete Microstructures, in: Proc. 1st Int. RILEM Congr., Paris, 2(1987) S. 61–68

SMOLCZYK, H.-G.
Hydratationsprodukte hüttensandreicher Zemente, in: Zement-Kalk-Gips 18(1965) Nr. 5, S. 238–246

SPOHN, E.
Zemente für Massenbeton, Heidelberger Portländer 1963 (Werkszeitschrift der PZW Heidelberg), H. 3, S. 25–29

SPRUNG, S.
Einfluß der Mühlenatmosphäre auf das Erstarren und die Festigkeit von Zement, in: Zement-Kalk-Gips 27(1974) Nr. 5, S. 259–267

STASSIONOPOULOS, E. N.
Untersuchung über die Zusammensetzung der flüssigen Phase und die Migrations-Prozesse in Zementpasten und Mörteln, TU Clausthal, Dissertation 1982

TAYLOR, H.F.W.
Cement Chemistry, 2nd edition, London: Thomas Telford Publishing 1997

WALZ, K.
Die Festigkeit von Zementgemischen, in: Betontechnische Berichte 1961, S. 271–272

WESCHE, K; SCHUBERT, P.
Baustoffe für tragende Bauteile, Band 2: Beton, Mauerwerk, Wiesbaden u. Berlin: Bauverlag GmbH, 1993, 3. Auflage

WOLTER, H.
Einfluß der Calciumsulfatformen und der Mischdauer auf das Ansteifen und Erstarren des Zements, in: Zement-Kalk-Gips 42(1989) Nr. 7, S. 372–375

YUAN, C. Z.; ODLER, I.
The Interfacial Zone Between Marble and Tricalcium Silicate Paste, in: Cement & Concrete Research 17(1987) S. 784

ZEMENT-TASCHENBUCH
VDZ, 48. Aufl., Wiesbaden, Berlin: Bauverlag GmbH 1984

ZHANG, M.-H.; GJØRV, O. E.
Microstructure of the Interfacial Zone Between Lightweight Aggregate and Cement Paste, in: Cement & Concrete Research 20(1990) S. 610–618

ZIMBELMANN, R
A Contribution to the Problem of Cement-Aggregate Bond, in: Cement & Concrete Research 15(1985) S. 801–808

„75 Jahre Quellzement"
Int. Symposium 1995, Hrsg.: Lehrstuhl Baustoffkunde der HAB Weimar – Universität –

2.10 Zementstein

Die Festigkeit und die Dauerhaftigkeit, einschließlich der Dichtigkeit, sind die wichtigsten Qualitätsmerkmale eines Betons.

Wenn die Zuschläge praktisch porenfrei sind, eine ausreichende Festigkeit besitzen und durch eine optimale Verdichtung grobe Gefügestörungen ausgeschlossen sind, dann hängen Festigkeit und Dichtigkeit des Betons ausschließlich von den Eigenschaften des Zementsteins ab. Der w/z-Wert, der Hydratationsgrad, die Zementart und die auf den Zementstein einwirkenden Umwelteinflüsse begründen diese Zementsteineigenschaften.

2.10.1 Zementsteinmodelle

Zementstein besteht aus den Hydratationsprodukten sowie aus den noch nicht hydratisierten Bestandteilen des Zements.

Etwas differenzierter unterteilt POWERS den Zementstein in 6 wichtige Bestandteile:

- Calciumsilicathydrate (C-S-H) und adsorptiv gebundenes Gelwasser in den Gelporen
- Nichtumgesetzter Zement
- Portlandit (Ca(OH)$_2$)
- Calciumaluminatsulfathydrate (Monosulfat, Ettringit) und Calciumaluminatferritsulfathydrate (AFm, AFt)
- Kapillarporen aus noch nicht umgesetztem Wasser und Überschußwasser, sowie aus Schrumpfung
- Verdichtungsporen

Entscheidend für die Festigkeit ist das Zementgel. Dabei werden die Gelporen im allgemeinen wie das Gel selbst wegen der geringen Porengröße wirksam.

Der Gefügeaufbau und die Gefügeänderungen infolge der Hydratationsreaktionen sind bis heute noch nicht eindeutig geklärt. Grund dafür sind die extreme Feinkörnigkeit der Hydratationsprodukte und deren Verteilung. Deshalb wurden aus den beobachteten mechanischen Verhalten des Zementsteins Rückschlüsse auf dessen Eigenschaften und die Gefügeentwicklung gezogen. Im folgenden sollen drei verschiedene Modelle vorgestellt werden.

2.10.1.1 Zementsteinmodell nach POWERS

Die bei der Zementhydratation entstandenen Phasen besitzen eine geringe Größe, so daß sie als kolloidal eingestuft und als Zementgel bezeichnet werden. Sie können den durch die Ausgangsstoffe vorhandenen Raum nicht ausfüllen. So werden auch Zwischenräume ein Produkt der Hydratation. Diese Leerstellen werden als Gelporen bezeichnet. Die festen Hydratationsprodukte dringen im Verlauf der Reaktion in die ursprünglich mit Wasser gefüllten Zwischenräume vor. Ist ausreichend Wasser vorhanden wird dieser Vorgang beendet, wenn die Zwischenräume vollständig ausgefüllt sind oder der gesamte Zement hydratisiert ist. Beträgt der w/z-Wert ca. 0,35 füllt das Zementgel bei vollständiger Hydratation des Zements den wassergefüllten Zwischenraum gerade aus. Wird der w/z-Wert gesenkt, bleibt ein Anteil unhydratisierten Zementes zurück. Bei einer Erhöhung des Verhältnisses wird der wassergefüllte Zwischenraum nicht vollständig ausgefüllt – es entstehen Kapillarporen (Abbildung 2.10.1).

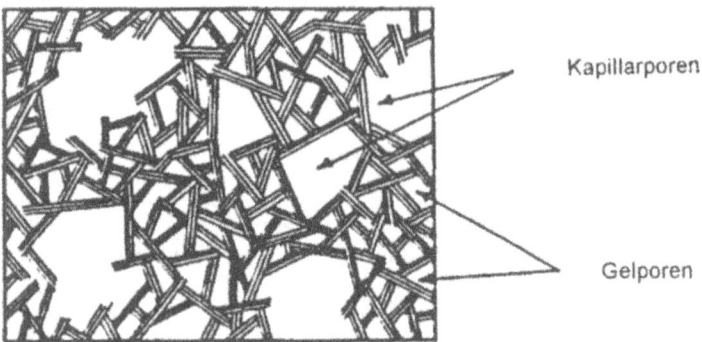

Abb. 2.10.1: Schematischer Aufbau des Zementgels (nach POWERS)

Im Zementstein liegen nach POWERS verschieden gebundene Wasserarten vor:
1. Chemisch gebundenes Wasser – das **Kristallwasser**
   Dieses Wasser ist als Hydratwasser in die Hydratneubildungen eingebaut. In den C-S-H-Phasen sind davon ca. 12 M.-%, in $Ca(OH)_2$ ca. 7 M.-%, in AFm ca. 9 M.-%, und in AFt ca. 5 M.-% gebunden.
2. Adsorbiertes Wasser – das **Gelwasser**
   Infolge von Oberflächenkräften haftet dieses Wasser an den Gelpartikeln.
3. Freies Wasser – das **Kapillarwasser**
   Dieses Wasser befindet sich in den Kapillarporen, jenseits der Oberflächenkräfte des Feststoffs.

Weiterhin unterscheidet POWERS in „verdampfbares" (Kristallwasser) und „nichtverdampfbares" (adsorbiertes und freies) Wasser.

In Untersuchungen wurde eine massebezogene Oberfläche der Hydratationsprodukte von ca. 200 m^2/g nachgewiesen. Die Partikelgröße wurde auf ca. 15 nm und die Gelporengröße auf ca. 1,5 nm bestimmt.

2.10.1.2 Zementsteinmodell nach FELDMAN und SEREDA

Eine Weiterentwicklung des Zementsteinmodells stellten FELDMAN und SEREDA vor. Dabei wird für das komplexe Gefüge des Zementsteins keine Unterscheidung zwischen gebundenen Wasser und Kapillarwasser vorgenommen. Bei 105 °C werden nicht nur Gel- und Kapillarwasser, sondern auch gebundenes Wasser aus den C-S-H-Phasen und den Calciumaluminathydraten ausgetrieben.

Weiter wird eine Schichtstruktur des Zementgels beschrieben. Ein Teil des verdampfbaren Wassers ist danach als Zwischenschichtwasser dem Feststoff zuzurechnen. Aufgrund dieses Modells kann der Anteil des verdampfbaren Wassers kein Maß für das Porenvolumen sein.

Nach FELDMAN und SEREDA besteht das Zementgel aus aufgerollten Schichten (Abbildung 2.10.2), welche 2–4 Moleküllagen dick sind. In Abhängigkeit vom Wasserdampfpartialdruck und der Temperatur können die Zwischenräume mehr oder weniger Wasser enthalten und dementsprechend ihren Abstand ändern.

2.10 Zementstein

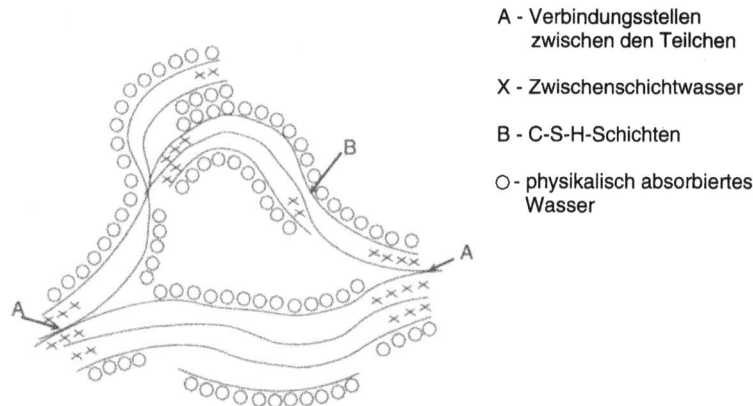

A - Verbindungsstellen zwischen den Teilchen

X - Zwischenschichtwasser

B - C-S-H-Schichten

○ - physikalisch absorbiertes Wasser

Abb. 2.10.2: Zementsteinmodell (nach FELDMAN und SEREDA)

2.10.1.3 Münchner Zementsteinmodell nach WITTMANN und SETZER

Aufgrund vorstehend genannten Zusammenhänge wurde das jüngste Zementsteinmodell entwickelt. Im Vordergrund dieses Modells stehen Oberflächenenergie und der Spaltdruck des Wassers. Es wird von einem trockenen Gel (Xerogel) ausgegangen, dessen Partikel durch Van der Waal'sche Kräfte verbunden sind. Mit Erhöhung der Umgebungsfeuchte wird Wasser auf der Oberfläche der Gelpartikel adsorbiert, dabei nimmt die Oberflächenenergie der Gelpartikel proportional ab. Ab 40% r. F. übersteigt der Spaltdruck des Wassers die Van der Waal'schen Kräfte und dehnt das Gefüge der Zementsteinmatrix aus. Die genauen Zusammenhänge des Quellens und Schwindens werden in Kapitel 2.10.5, Verformungen des Zementsteins, behandelt.

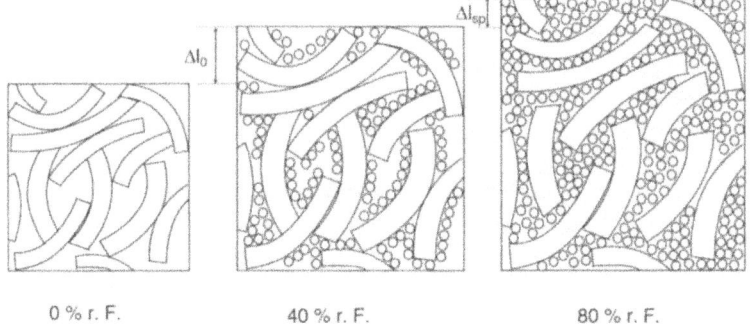

0 % r. F.   40 % r. F.   80 % r. F.

Abb. 2.10.3: Feuchtedehnung des Zementsteins (nach WITTMANN und SETZER)

2.10.2 Porenraum

Entscheidend für alle Eigenschaften des Zementsteins sind Art und Größe der bei der Hydratation entstehenden Poren. Ein vollständig hydratisierter Zementstein besitzt eine relativ hohe Porosität. Zum Beispiel entsteht bei einem w/z-Wert von 0,50 ein Porenvolumen von 40 bis 45 Vol.-%. Somit besteht fast die Hälfte des Zementsteinvolumens aus Poren. Trotzdem ist dieser Zementstein so undurchlässig wie ein guter Naturstein mit einem Porenvolumen von 0 Vol.-%, da ein Großteil der Poren kleiner als 10 nm ist. Das Wasser in diesen Poren wirkt durch Adhäsionskräfte wie ein Dichtungsmittel.

Um eine ausreichende Verarbeitbarkeit des Betons zu erreichen, ist der Anmachwassergehalt oft größer als die chemisch und physikalisch zur Hydratation erforderliche Wassermenge. Bei der Erhärtung entstehen dann je nach Lagerung des Betons (Luft-, Wasser- oder Feuchtlagerung) leere bzw. mehr oder weniger mit Wasser gefüllte Poren. Über das chemisch gebundene Wasser hinaus wird noch ein Teil des Wassers in den Gelporen physikalisch als Gelwasser gebunden. Bei einer vollständigen Hydratation machen das chemisch gebundene Wasser und das Gelwasser ca. 38% der Zementmasse aus. Das entspricht einem w/z-Wert von 0,38. Wird der w/z-Wert größer gewählt, so entstehen im Zementstein Kapillarporen.

Der Zusatz von Microsilica, Flugasche, Hüttensand oder anderen Stoffen verändert die Porengrößenverteilung von Zementstein nachhaltig.

Zementsteinproben aus Mörtel oder Beton weisen gegenüber reinen Zementsteinproben eine gröbere Porengrößenverteilung auf, sie sind poröser als reiner Zementstein. Infolgedessen muß davon ausgegangen werden, daß sich reiner, unverdünnter Zementstein unter gleichen Bedingungen dauerhafter als der Zementstein im Mörtel oder Beton erweist. Untersuchungsergebnisse zur Porosität und Dauerhaftigkeit von unverdünnten Zementstein können also nicht ohne weiteres auf den Beton übertragen werden.

2.10.2.1 Zementgel und Schrumpfen

Die Produkte der Portlandzement-Hydratation haben ein geringeres Volumen als die Ausgangsstoffe Zement und Wasser.

$$V_{Zement} + V_{Wasser} > V_{Hydratationsprodukte}$$

Das heißt, es kommt im Verlauf der Hydratation zu einer Volumenkontraktion. Diese wird Schrumpfen oder chemisches Schwinden genannt (Abbildung 2.10.4). Ursache dafür ist der Einbau der Wassermoleküle in das Gitter der Hydratationsprodukte. Rund 25% des chemisch gebundenen Wassers werden so für das Volumen des Zementsteins nicht wirksam. Durch die hohen Adsorptionskräfte hat dieses chemisch gebundene Wasser eine Dichte von 1,10 bis 1,25 g/cm^3.

2.10 Zementstein

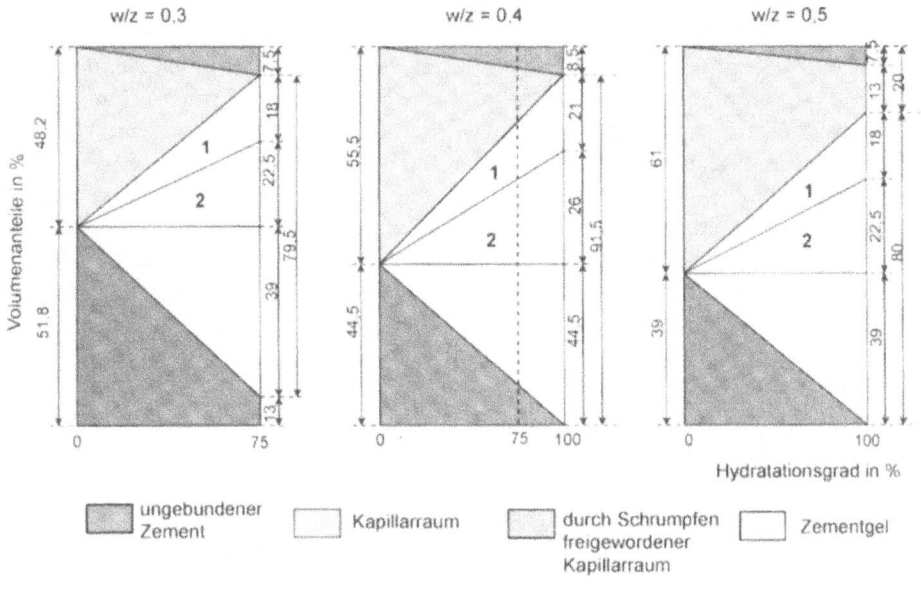

1 = Gelporen; 2 = Gelmasse (dichte Substanz)

Abb. 2.10.4: Volumenverhältnisse im Zementgel als Funktion des Hydratationsgrades

Zur Verdeutlichung soll das folgende Beispiel dienen:

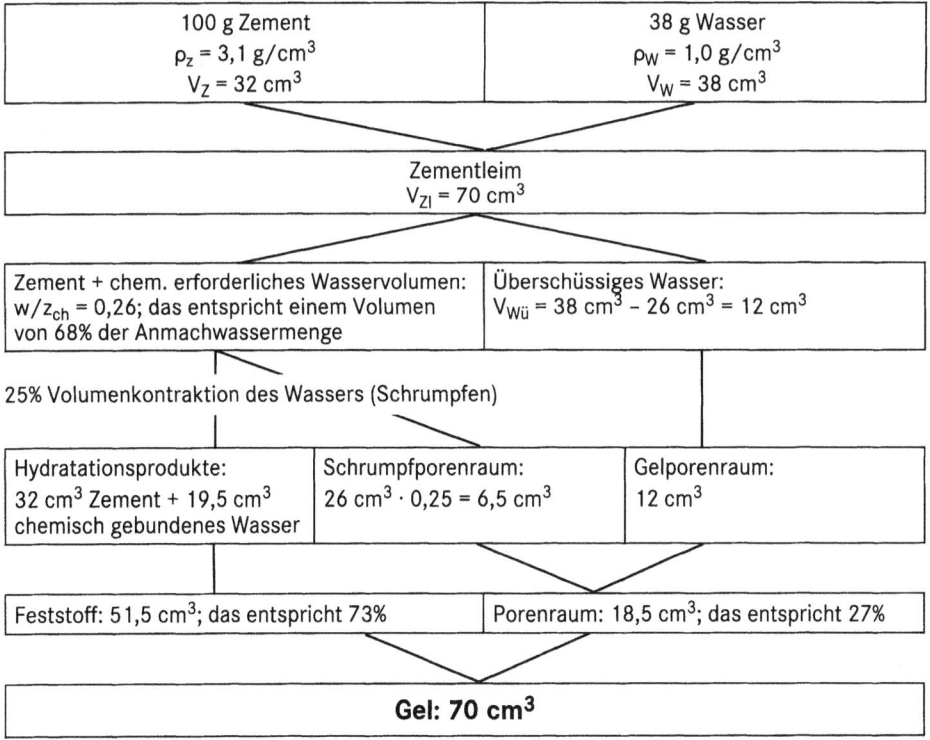

2.10.2.2 Porenarten im Zementstein

Poren sind Bestandteil jedes Zementsteins, da es keinen porenfreien Zementstein gibt. Die Gesamtporosität erfaßt alle Poren im Bereich von 1 nm bis 1 mm (z.B. VP = 46 Vol.-% bei einem w/z von 0,50). Wie bereits beschrieben, ist die Qualität des Zementsteins deutlich von der Größe der Poren abhängig. Der w/z-Wert hat den größten Einfluß auf die Porengrößen und auf die Ausbildung des gesamten Porenvolumens (Abbildung 2.10.5). Mit zunehmendem Wassergehalt entstehen mehr und größere Poren. Porengrößenverteilungen und Gesamtporosität können mittels Quecksilberdruckporosimetrie[1] bestimmt werden. Nach ROMBERG erfolgt die Einteilung in folgende Porenarten (Abbildung 2.10.6):

Gelporen: 1 bis 10 nm
Sie entstehen mit der Bildung des Zementgels und sind somit Bestandteil des Raumes den das Zementgel einnimmt. Gelporen sind unter Normalbedingungen stets mit Porenlösung gefüllt und praktisch undurchlässig für Gase. Oft werden Gelporen und Schrumpfporen als Gelporen bzw. Gelporosität zusammengefaßt.

Schrumpfporen: ca. 10 nm
Diese Poren entstehen weil das Volumen der Ausgangstoffe größer als das Volumen der Hydratationsprodukte ist, sie sind also ein zwangsläufiges Ergebnis der Hydratation. Teilweise werden sie dem Gelporenbereich von 0,5 bis 30 nm zugeordnet.

Kapillarporen: 10 nm bis 100 µm
Sie entstehen durch das überschüssige Wasser im Zementstein, welches nicht an der Hydratation teilgenommen hat und auch nicht physikalisch in den Gelporen gebunden ist. Bei einem w/z von 0,36 bis 0,38 sollten bei vollständiger Hydratation theoretisch keine Kapillarporen vorliegen. Diese Poren sind unregelmäßig geformte Hohlräume, welche hauptsächlich für die Transportphänomene im Zementstein verantwortlich sind.

Luftporen : 1 µm bis 1 mm
Sind die größten im Zementstein vorkommenden Poren, z.T. sind sie mit dem bloßem Auge sichtbar. Es sind meist kugelförmige Poren. Sie werden beim Anmachen des Zements in den Zementleim eingeführt und werden durch die nachfolgende Verdichtung nie restlos ausgetrieben. Zur Erhöhung des Frost-Tau-Widerstandes bzw. des Frost-Tausalz-Widerstandes werden diese Poren gezielt durch Luftporenbildner (LP-Mittel) eingebracht. Die so erzeugten Mikroluftporen sollen im Bereich von < 300 µm liegen.

Verdichtungsporen: > 1 mm
Entstehen durch unvollständige Verdichtung und sind meist unregelmäßig geformt.

---

[1] Quecksilberdruckporosimetrie – mit zunehmendem Druck wird Quecksilber in die vorhandenen Poren gedrückt. Aus der in Abhängigkeit vom Druck in die Poren gedrückten Quecksilbermenge läßt sich die Porengrößenverteilung ermitteln.

2.10 Zementstein

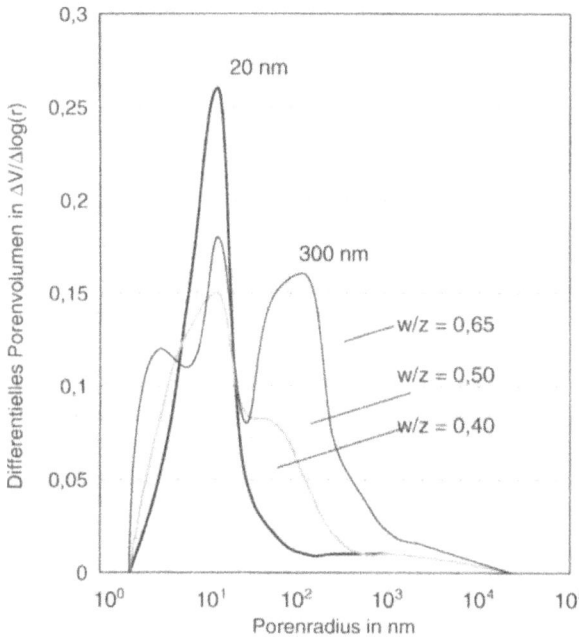

Abb. 2.10.5:
Porenverhältnisse im Zementstein in Abhängigkeit vom w/z-Wert (Quecksilberhochdruckporosimetrie)

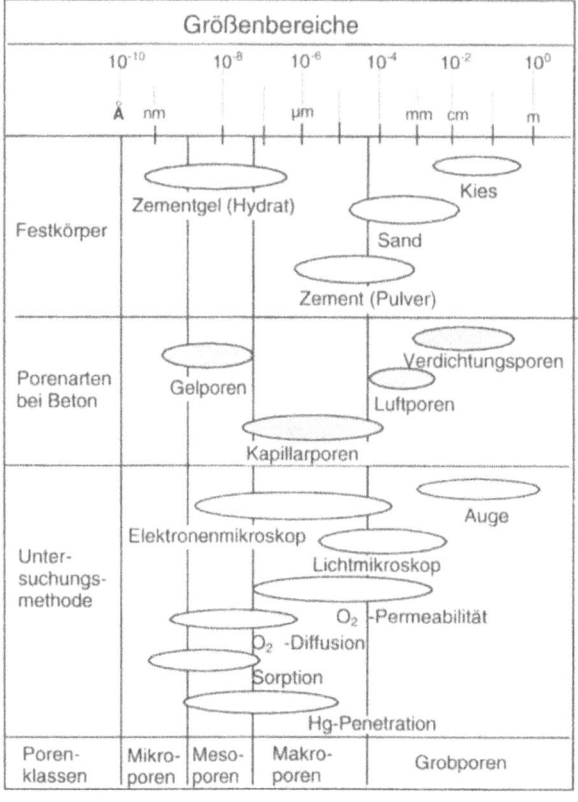

Abb. 2.10.6:
Größenbereiche von Feststoffen und Poren sowie Reichweite der Meßverfahren (nach ROMBERG und SETZER)

Bei einem Vergleich der Größenverhältnisse zeigt sich, daß das Verhältnis von einer Gelpore mit 1 nm zu einer Luftpore mit 1 mm bei über 1:1 Million liegt. Ein Wassermolekül ist näherungsweise eine Kugel mit einem Durchmesser von 0,3 nm.

2.10.3 Festigkeit

Die Festigkeit des Zementsteins entwickelt sich in Abhängigkeit vom Hydratationsgrad mehr oder weniger schnell (s. Abb. 2.9.32 in Kap. 2.9.8.4). Bei vollständiger Hydratation wird eine von Zementart und Hydratationsbedingungen abhängige Endfestigkeit erwartet. Eine vollständige Hydratation kann aber nur ablaufen, wenn alle Poren im sich verfestigenden Zementstein mit Wasser gefüllt sind, da nur wassergefüllte Poren mit Hydratationsprodukten ausgefüllt werden können. Diese Bedingung ist in der Praxis im allgemeinen nicht gegeben, so daß praktisch in jedem Beton noch unhydratisierte Zementkörner vorliegen. Die erwartete Endfestigkeit ist daher niedriger als die bei vollständiger Hydratation mögliche Festigkeit. In der Praxis haben sich als Angaben für die Festigkeitsentwicklung die 2 d-, die 7 d-, die 28 d- und teilweise die 90 d-Festigkeit bewährt.

Änderungen der Umgebungsbedingungen des erhärtenden Zementsteins können deutliche Festigkeitsverluste nach sich ziehen. Mit zunehmendem Feuchtigkeitsgehalt werden z.B. die Bindungen zwischen den Feststoffen gestört und die Rißneigung gefördert. Die Festigkeit und der E-Modul nehmen wesentlich ab. Auch bei Austrocknung ändert sich das Zementsteingefüge und damit die Festigkeit.

Gefügestörungen und Spannungen wirken sich i.a. stärker auf die Zug- und Biegezugfestigkeit als auf die Druckfestigkeit aus. Für die Druckfestigkeit ist vor allem die Kapillarporosität des Zementsteins maßgebend. Sie nimmt mit steigendem w/z-Wert zu und nimmt im Verlauf der Zementhydratation ab (s. Abbildung 2.10.7).

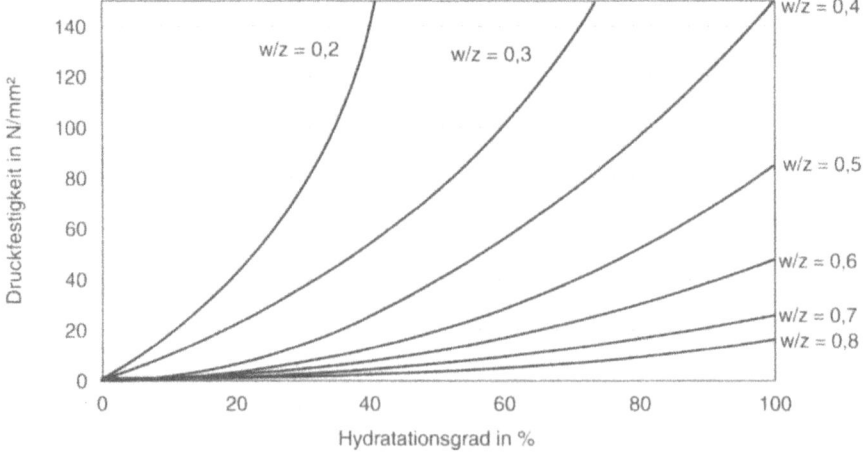

Abb. 2.10.7: Druckfestigkeitsentwicklung in Abhängigkeit vom w/z-Wert und Hydratationsgrad (nach LOCHER)

2.10.4 Elastizitätsmodul (E-Modul)

Zementstein ist ein viskoelastischer Stoff, d.h. Verformungen infolge Spannungsänderung teilen sich in einen elastischen, reversiblen und in einen viskosen, irreversiblen Bereich auf.

Der E-Modul (E) bezeichnet das Verhältnis von Spannung (σ) zum elastischen Anteil (ε_{el}) der Verformung:

$$E = \frac{\sigma}{\varepsilon_{el}} = \frac{\sigma \cdot l_0}{\Delta l_{el}}$$

l_0 Ausgangslänge
Δl_{el} elastische Längenänderung.

Er ist ein Maß für die Widerstandsfähigkeit des Zementsteins gegen Formänderung bei Belastung. Es wird in den statischen und den dynamischen E-Modul unterschieden. Der statische E-Modul beschreibt den Verformungswiderstand gegenüber einer ruhenden Belastung, während der dynamische E-Modul den Verformungswiderstand bei stoßartiger Beanspruchung beschreibt. Letzterer kann durch die Charakterisierung der sich ausbreitenden Wellen im Zementstein und Beton ermittelt werden.

Untersuchungen am F. A. Finger-Institut für Baustoffkunde ergaben für Zementsteinprismen aus einem CEM I 42,5 R-HS nach 28-tägiger Normlagerung (nach DIN 1855/3) einen dynamischen E-Modul von 12800 N/mm^2 (Eigenschwingzeitmessung nach Impulsanregung). Dynamischer und statischer E-Modul sind nicht einfach miteinander vergleichbar. In der Regel liegen die Werte für den dynamischen E-Modul höher als die des statischen.

Wassergesättigte Gelporen können kurzzeitig einen Teil der aufgebrachten Spannung aufnehmen. Deshalb besitzt Zementstein nach einer Feuchtlagerung einen höheren E-Modul als trockener Zementstein.

Im Zementstein sind für den E-Modul die gleichen Einflußgrößen wie für die Druckfestigkeit, insbesondere die Porosität, maßgebend. Mit steigender Kapillarporosität nimmt der E-Modul stark ab.

2.10.5 Verformungen des Zementsteins

Das Verformungsverhalten der Verbundbaustoffe Mörtel und Beton ist vom Verformungsverhalten von Zementleim bzw. Zementstein abhängig.

Es werden spannungsunabhängige und spannungsabhängige Verformungen unterschieden. Beton besteht zu ca. 70 Vol.-% aus Zuschlägen. Diese verformen sich unter Last nur elastisch und völlig zeitunabhängig. Der Zementstein dagegen ist der wesentliche Träger inelastischer und zeitabhängiger Verformbarkeit des Betons. Spannungsunabhängige Verformungen sind das Schrumpfen im nichterhärteten Zementstein in Abhängigkeit von der Zeit, das Quellen und Schwinden des erhärteten Zementsteins infolge Feuchteaustausch ebenfalls in Abhängigkeit von der Zeit und die Wärmedehnung. Lastabhängige Verformungen sind dagegen elastische Verformungen und zeitabhängige Kriechverformungen.

Formänderungen	
Spannungsunabhängige Verformungen	**Spannungsabhängige Verformungen**
A Schrumpfen – eine Verformung infolge einer chemische Reaktion	A Elastische Verformungen unter dem Einfluß einer kurzzeitigen Spannungseinwirkung
B Quellen und Schwinden – Verformungen infolge von Feuchtigkeitsänderungen	B Kriechen – eine bleibende Verformung infolge einer Langzeitbelastung
C Wärmedehnung – eine Verformung durch Temperaturänderung	

2.10.5.1 Spannungsunabhängige Verformungen

A Schrumpfen

Das Schrumpfen ist eine mit dem Erstarrungsbeginn einsetzende Volumenverminderung des Zementsteins. Bei wasserreichem Zementleim und grobgemahlenen Zementen kann es zu einer Wasserabsonderung, dem Bluten, kommen. Während des plastischen Zustandes des Zementleims sedimentieren die festen Bestandteile nach unten und Wasser steht auf der Betonoberfläche und verdunstet. Folglich kommt es zu einer Volumenkontraktion. Eine weitere Ursache ist die Volumenverminderung des Hydratwassers durch den Einbau in die C-S-H-Phasen und in andere Hydratneubildungen. Ca. 25% des chemisch zur Hydratation notwendigen Wassers werden fest eingebaut (Bsp.: w/z = 0,25, d.h. 25 cm^3 Wasser auf 100 g Zement → 25 cm$^3 \cdot 0{,}25 = 6{,}5$ cm^3 → Kontraktion des Wassers um 6,5 cm^3). Nach außen hin wird diese Kontraktion nur teilweise sichtbar, da sie durch innere Porenbildung kompensiert und durch die zunehmende Steifigkeit des Beton behindert wird (s. Kap. 2.10.2.1).

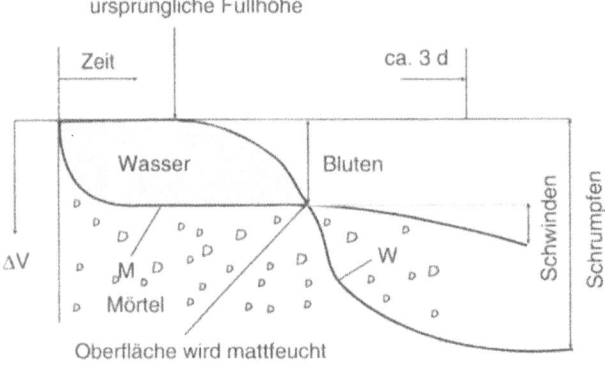

M = Mörteloberfläche
W = Wasserspiegel

Abb. 2.10.8: Volumenentwicklung von Zementmörtel – Bluten, Schrumpfen und Schwinden (nach WESCHE)

2.10 Zementstein

B Quellen und Schwinden

Quellen und Schwinden sind langandauernde Volumenveränderungen im erhärtenden Zementstein. Es erfolgt in alle drei Raumrichtungen eine gleich große Längenänderung. Die Ursache dafür ist eine Änderung des Feuchtezustandes des Zementsteins.

Quellen ist die Volumenzunahme durch Feuchteaufnahme und Schwinden die Volumenabnahme durch Feuchteabgabe.

Ein im Ausgangszustand z.B. trockener Körper mit endlichen Abmessungen kann sich einer erhöhten Umgebungsfeuchte nicht spontan anpassen, sondern er braucht eine gewisse Zeit dazu (Stofftransport = f(τ)). Es stellt sich ein Feuchteprofil über dem Querschnitt ein. Deshalb müßte an jeder Stelle eine Quellung entsprechend dem Feuchtegehalt eintreten. Praktisch treten in festen Körpern nur mittlere Dehnungen (= Quellmaß) auf. Diese sind von der Geometrie der Körper und den Trocknungsbedingungen abhängig. Schwinden und Quellen sind deshalb immer mit Eigenspannungen verbunden.

Für die Betonpraxis hat das Schwinden eine große Bedeutung. Das Schwindmaß ε_S (in mm/m oder ‰) strebt mit abnehmender Geschwindigkeit einem Endwert $\varepsilon_{S\infty}$ zu. Dieser wird erst nach mehreren Jahren erreicht. Das Schwinden ist um so größer, je trockener die Umgebungsluft ist. Bei Wasserlagerung bzw. in sehr hoher Luftfeuchte quillt der Zementstein (Abb. 2.10.9). Quellen und Schwinden verlaufen nach den gleichen Mechanismen. Beide sind zumindest teilweise reversibel. Mit steigender Porosität erhöht sich der irreversible Anteil des Schwindens.

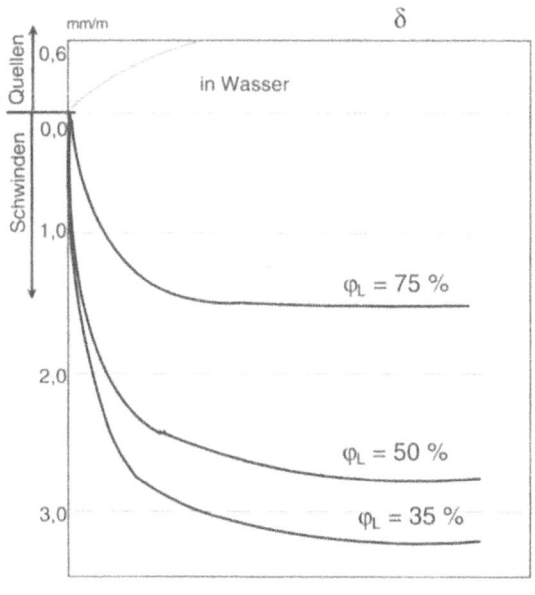

Abb. 2.10.9: Typische Zeitverläufe des Schwindens und Quellens von Zementstein bei 20 °C

Folgende Mechanismen sind von Bedeutung:
- Änderung der Oberflächenergie,
- Entstehung eines Spaltdrucks und
- Kapillarwirkung.

Als Orientierungswerte für das Schwinden von Zementstein und Beton können nach SCHIESSL und MÜLLER gelten:
- reiner Zementstein: 7,0 mm/m
- Zementmörtel: 2,5 mm/m
- Normalbeton: 0,5 mm/m

Änderung der Oberflächenenergie

Das Zementgel besitzt eine große innere Oberfläche. Die kleinen Gelpartikel stehen unter der Wirkung der Oberflächenergie, durch die sich die Partikel zusammenziehen, um in einen energieärmeren Zustand überzugehen. Bei einer Erhöhung der Umgebungsfeuchte wird Wasser auf der Partikeloberfläche adsorbiert und die Oberflächenergie mit zunehmender Wasserfilmdicke abgesättigt. Die Gelpartikel dehnen sich aus, ohne daß das Gefüge verändert wird (Abbildung 2.10.3, linkes Bild).

Spaltdruck

Für die ungehinderte Adsorption von Wasser ist ein Teilchenabstand der Gelteilchen von ca. 4 Moleküldurchmessern notwendig. Die Gelporen haben aber teilweise nur einen Durchmesser von dem fünffachen Wassermoleküldurchmesser, d.h. es können nicht überall geschlossene Wasserfilme entstehen. Ab einer Luftfeuchte von 40–45% kriecht das Wasser unter die Berührungspunkte und -flächen zwischen den Gelpartikeln, an denen keine chemische Bindungen vorhanden sind, sondern nur van der Waal'sche Kräfte wirken (Abbildung 2.10.3, mittleres Bild). Es wird ein Spaltdruck erzeugt, der größer als die van der Waal'sche Kraft ist. Dabei werden die Partikel voneinander getrennt. Das Volumen nimmt infolge Quellung zu (Abbildung 2.10.3, rechtes Bild).

Kapillarwirkung

Bei hohen w/z-Werten ($> 0,5$) entstehen durchgehende Kapillaren, deren Wasserfüllung bei Trocknung unter Zugspannung steht. Aus Gleichgewichtsgründen herrschen im Feststoff Druckspannungen (Abbildung 2.10.10). Es kommt zur Kompression, d.h. der Zementstein schwindet. Die Kapillarwirkung tritt zwischen Luftfeuchten von 40–100% auf. Bei 40 und bei 100% ist der Kapillardruck gleich 0. Das maximale Schwinden infolge der Kapillarwirkung liegt bei Luftfeuchten von 70–80%. Allgemein ist der Anteil der Kapillarwirkung am Schwinden gering und nur bei hohen w/z-Werten von Bedeutung. Ein irreversibler Schwindanteil wird durch den Zusammenbruch von Porenwänden verursacht.

2.10 Zementstein

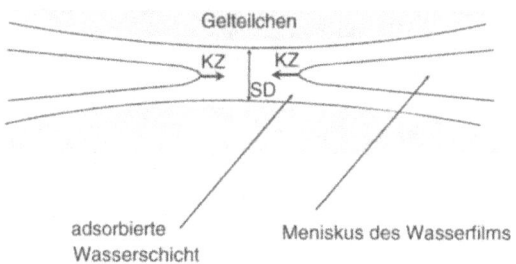

Abb. 2.10.10: Kapillarzug und Spaltdruck

Den Haupteinfluß auf das Schwindmaß ε_S haben also der w/z-Wert und die umgebende Luftfeuchte φ_L (Abbildung 2.10.11). Die verwendete Zementart ist von untergeordneter Bedeutung. Jedoch erhöht sich mit steigender Mahlfeinheit und steigendem C_3A-Gehalt das Schwindmaß. Außerdem wurde eine Beeinflußung des Quellens und Schwindens durch den Alkaligehalt beobachtet (FLEISCHER, SPRINGENSCHMID).

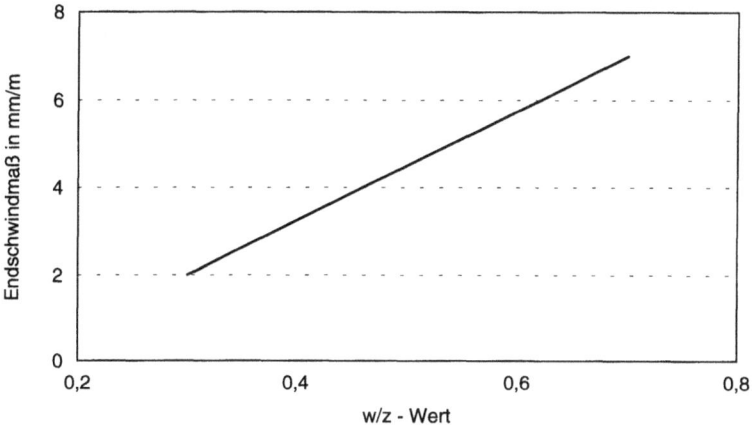

Abb. 2.10.11: Abhängigkeit des Endschwindmaßes vom w/z-Wert bei 20 °C und einer relativen Feuchte von 65%

Eine starke Wirkung haben unterschiedliche Lagerungsbedingungen auf das Schwindmaß ε_S. Je später die Austrocknung beginnt, desto geringer ist das Schwindmaß. Z.B. beträgt das Schwindmaß nach 1000 Tagen 1,1 mm/m bei sofortiger Austrocknung. Bei einer Lagerung von 400 Tagen unter Wasser und anschließend 600 Tagen an der Luft beträgt das Schwindmaß nur 0,5 mm/m. Die Ursache für diese beträchtlichen Unterschiede liegt in der Strukturbildung der Hydratationsprodukte. Durch die fortschreitende Hydratation bei Wasserlagerung bilden sich mehr Kontaktflächen mit Primärbindungen, d.h. der Wasseranteil zwischen den Gelteilchen mit Sekundärbindung wird geringer.

Zusammenfassend ist festzuhalten, daß das Schwinden des Zementsteins ansteigt mit:
* fallender Luftfeuchte und steigender Umgebungstemperatur,
* zunehmendem w/z-Wert,
* geringem Alter bei Trocknungsbeginn,
* Erhöhung des CO_2-Gehaltes (Carbonatisierungsschwinden),
* Erhöhung des Verhältnisses Oberfläche/Volumen des Probekörpers (Geometrieeffekt) und
* der Feinheit des verwendeten Zements.

Da das Schwinden und Quellen von Mörtel und Beton hauptsächlich auf den Zementstein zurückzuführen ist, schwindet bzw. quillt zementreicher Beton oder Mörtel mehr als zementarmer.

C Wärmedehnung

Die Wärmedehnzahl α_T von Zementstein beträgt ca. 8 bis 10 µm/(m · K), das ist 8 bis 10 · 10^{-6} K^{-1}. Sie ist für verschiedene Zementsteine relativ konstant. Bei Temperaturänderungen werden im allgemeinen die Wärmedehnungen durch Feuchtedehnungen überlagert. Das angegebene α_T gilt nur im Bereich, in dem die C-S-H-Phasen nicht entwässert werden, es gilt also nicht für den Brandfall.

Zementstein dehnt sich neben der von außen zugeführten Wärme auch durch seine eigene Hydratationswärme. Das ist besonders bei massigen Bauwerken von Bedeutung (s. Kap. 2.8.9.5).

2.10.5.2 Spannungsabhängige Verformungen – elastische Verformbarkeit und Kriechen

Die Spannungs-Dehnungs-Linie von Zementstein unterscheidet sich deutlich bei Kurz- und Langzeit-Belastung (s. Abbildungen 2.10.12 und 2.10.13).

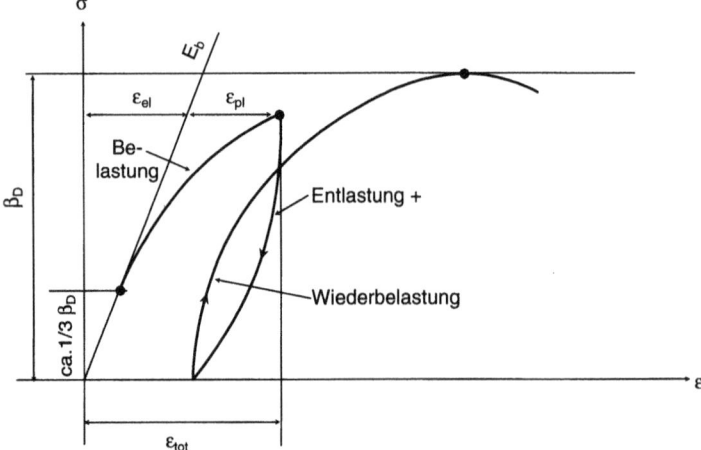

Abb. 2.10.12: Dehnungen eines Betonprismas unter Belastung (nach LEONHARDT)

A Kurzzeitbelastung

Zementstein verhält sich bei kurzzeitiger Spannungseinwirkung annähernd elastisch. Die Hysteresekurve (Abbildung 2.10.12) zeigt einen Unterschied zwischen dem Verhalten bei Belastung und anschließender Entlastung. Die bleibende Dehnung nimmt bei Annäherung an die Bruchlast D zu. Trotzdem kann im Bereich der Gebrauchsspannungen die elastische Verformbarkeit durch den E-Modul beschrieben werden. Der E-Modul ist ebenso wie die Bruchlast von der Porosität abhängig. Mit steigender Porosität sinkt der E-Modul.

B Langzeitbelastung

Wird eine Zementsteinprobe mit konstanter Dauerspannung σ_0 belastet, wobei diese deutlich kleiner als die Materialfestigkeit ist, tritt neben der elastischen Verformung eine zeitabhängige, bleibende Verformung – das **Kriechen** ε_k – ein. Die Verformung durch das Kriechen ist um so größer, je höher die Spannung σ_0 ist und je geringer das Probenalter ist. Nach Entlastung zur Zeit τ_E federt der Körper sofort um den Anteil der **elastischen Dehnung** ε_{el} zurück. Ein Teil der innerhalb der Belastungsdauer entstandenen Kriechdehnung geht **verzögert elastisch** zurück (ε_v) (Abbildung 2.10.13). Der verbleibende Teil von ε_k ist irreversibel und stellt ein **viskoses Fließen** ε_f dar. Die Kriechdehnung setzt sich also aus einem anelastischen (verzögert elastischen) Anteil ε_v und einem viskosen Anteil (Fließanteil) ε_f zusammen.

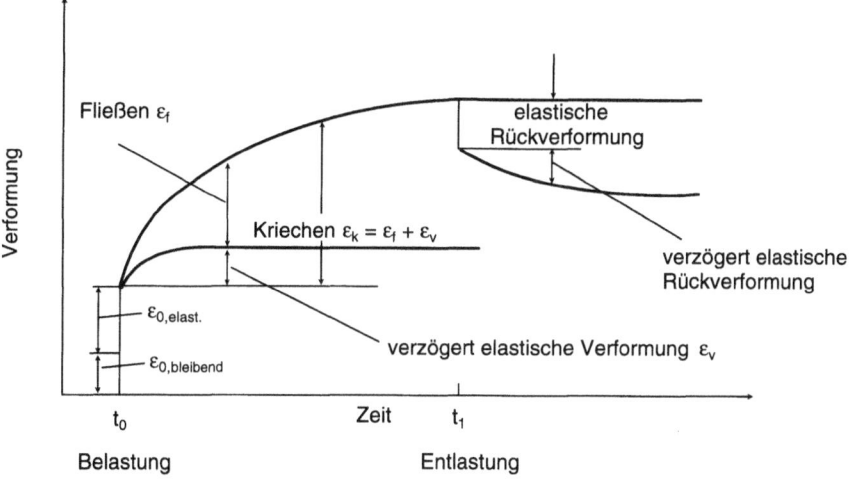

Abb. 2.10.13: Verformungsverhalten infolge von Spannungen und Zeit – Langzeitbelastung und Kriechen – (nach WEIGLER/KARL)

Als Maßzahlen für das Kriechen werden das spezifische Kriechmaß ε_{kspez} (Verhältnis von Kriechverformung zur verursachenden Spannung) und die Kriechzahl, auch Fließzahl genannt, (Verhältnis von Kriechverformung zur elastischen Dehnung) verwendet.

Kriechmaß

$$\varepsilon_{kspez} = \frac{\varepsilon_k}{\sigma}$$

Kriechzahl

$$\varphi_t = \frac{\varepsilon_k}{\varepsilon_{el}}$$

Die Ursachen des Kriechens sind zum Teil noch unbekannt. Entscheidend ist die Wechselwirkung des Wassers mit dem Zementsteingefüge. Infolge der Feuchtebewegung durch Trocknung oder Befeuchtung kommt es zu Verformungen. Experimentelle Befunde zeigen, daß Proben mit Ausgleichsfeuchte (d.h. im hygrischen Gleichgewicht) weniger kriechen als solche, die im belasteten Zustand trocknen. Die Begründung hierfür liegt wahrscheinlich in der Steigerung der Beweglichkeit der Wassermoleküle in den Zwischenschichten durch externe Spannungen (inneres Gleiten).

Aufgrund der Erscheinungsformen des Kriechens wurden verschiedene Theorien (Mechanische Verformungstheorie, Plastische Verformungstheorie, Seepage-Theorie, Viskoses und Viskoelastisches Fließen) zum Kriechmechanismus aufgestellt. In Anlehnung an die in 2.10.1 beschriebenen Zementsteinmodelle existieren mehrere Modellvorstellungen für die Veränderungen des Zementsteins bei Belastung:

- Abnahme der Abstände zwischen den C-S-H-Partikeln und Behinderung der Wasseradsorption (POWERS)
- Änderung der Abstände der Schichten (FELDMAN und SEREDA)
- Mikro-Scherung der Schichten innerhalb der C-S-H-Partikel (WITTMANN)
- Änderung der chemischen Bindungen (HELMUTH und TURK)
- Oberflächendiffusion der festen Stoffe (BAZANT)

Davon ausgehend sollen folgende Mechanismen hauptsächlich am Kriechprozeß beteiligt sein:

- Viskoses Fließen des Zementgels – verursacht durch Abscheren und Gleiten von Gelpartikeln, sowie durch Schmierung mittels adsorbierter Wasserfilme
- Konsolidierung des Gelgerüsts – durch Platzwechsel von Wassermolekülen in den adsorbierten Filmen
- Elastische Verformung der kristallinen Gelstrukturen (auch der Zuschläge) – infolge der beiden vorgenannten Mechanismen im Zementgel und Behinderung der Rückverformung nach der Entlastung
- Örtliches Versagen chemischer und physikalischer Bindungen und deren Neuformierungen im verformten Zustand

Nach dem jetzigen Erkenntnisstand ist die Art des verwendeten Zements von untergeordnetem Einfluß. Untersuchungen (s. Abbildung 2.10.14) zeigten einen Einfluß des C_3A-Gehalts des verwendeten Zements, der jedoch deutlich unter dem der Umgebungsbedingungen zurückliegt. Für extreme C_3A-Gehalte, wie sie in den häufig verwendeten schnellerhärtenden Zementen anzutreffen sind, konnten vergleichsweise starke Verformungen nachgewiesen werden (BOUALAM).

ALEXANDER et al. zeigten, daß das Kriechen deutlich vom Sulfatgehalt des Zements abhängig ist.

Zusammenfassend ist festzuhalten, daß die **Kriechdehnungen** ansteigen mit:
* der Zunahme des w/z-Wertes und damit der Porosität,
* zunehmendem Feuchtegehalt,
* Zunahme der Temperatur,
* Belastung in jungem Alter,
* Zunahme der Spannungen und
* gleichzeitigem Austrocknen (je niedriger die Luftfeuchtigkeit und je höher die Ausgangsfeuchtigkeit).

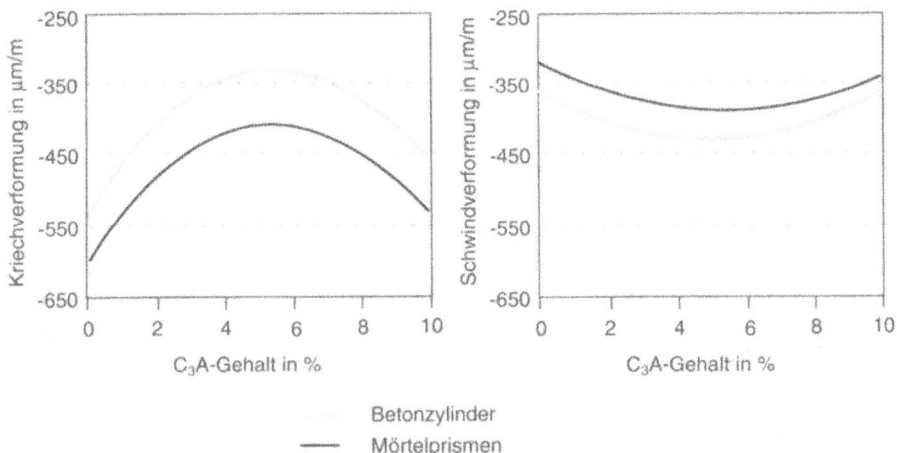

Abb. 2.10.14: Kriech- und Schwindverformung von Mörtelprismen und Betonzylindern in Abhängigkeit vom C_3A-Gehalt des Zements

2.10.6 Self-desiccation, die Selbstaustrocknung des Betons

Self-desiccation bezeichnet die „Selbstaustrocknung" von Beton. Diese Erscheinung ist seit den 1940er Jahren bekannt. POWERS benannte das Phänomen des Austrocknens einer abgedichteten Zementsteinprobe – die Verdunstung von Wasser war verhindert – als *self-desiccation*.

In vielen Untersuchungen wurde festgestellt, daß die „Selbstaustrocknung" von Beton mit sinkendem w/z-Wert zunimmt. Daher ist die Kenntnis des Vorgangs und seiner Einflüsse für bzw. auf hochfesten / hochleistungsfähigen Beton von besonderem Interesse.

Die „Selbstaustrocknung" wirkt sowohl positiv als auch negativ. Einerseits kann sie Feuchteschäden während der Bauperiode verhindern und andererseits verursacht sie autogenes Schwinden, welches zu früher Rißbildung führen kann.

Mechanismus

Die „Selbstaustrocknung" erscheint bei Beton mit w/z-Wert < 0,5. Bei der Reaktion von Zement und Wasser wird Wasser chemisch gebunden. Infolge dieser Zementhydratation kommt es zum **chemischen Schwinden**. Ursache ist das geringere spezifische Volumen von chemisch gebundenem Wasser gegenüber dem von freiem Wasser. Das restliche Wasser wird physikalisch gebunden als adsorbiertes Wasser oder Zwischenschichtwasser bzw. liegt als Kapillarwasser vor.

Wenn kein überschüssiges Wasser für die Zementhydratation vorhanden ist, wird das Porenwasser (physikalisch adsorbiertes Wasser und Kapillarwasser) stufenweise verbraucht. Damit bildet sich leerer Porenraum und die innere relative Feuchte sinkt. Diese innere Trocknung aufgrund der Zementhydratation wird als **Selbstaustrocknung** (*self-desiccation*) bezeichnet.

Die Reduzierung der inneren relativen Feuchte führt zu Kapillarkräften im Porenwasser, welche wiederum eine äußere Volumenkontraktion, das **autogene Schwinden**, bewirkt. Das autogene Schwinden unterscheidet sich vom „normalen Schwinden" dahingehend, daß es bei konstanten Umgebungsbedingungen, d.h. ohne Feuchtabgabe an die Umgebung, stattfindet.

Für Beton mit geringem w/z-Wert < 0,3 wurden innere relative Feuchtegehalte bis zu 70% gemessen. BENTZ et al. berechneten nach der Kelvin-Laplace Gleichung, daß die induzierten Kapillarkräfte 7-mal größer in einem System mit 70% relativer Feuchte sind, verglichen mit einem System mit 95% relativer Feuchte.

Die „Selbstaustrocknung" wirkt sich weiterhin auf die Reaktionskinetik aus. Die Zementhydratation findet hauptsächlich über einen Lösungs-/Ausfällungs-Mechanismus (*through-solution mechanism*) statt, d.h. Hydratationsprodukte können sich nur in wassergefüllten Räumen bilden. Da der durch „Selbstaustrocknung" geschaffene leere Porenraum nicht länger für die Hydratationsprodukte zur Verfügung steht, wird die Hydratation langsamer und effektiv bei einem niedrigeren Hydratationsgrad enden, verglichen mit gesättigten Bedingungen.

Einflußgrößen

Wie bereits genannt, hängt die „Selbstaustrocknung", bestimmt durch die innere relative Feuchtigkeit, insbesondere vom w/z-Wert der Betonmischung ab. Die „Selbstaustrocknung" nimmt mit niedrigerem w/z-Wert zu. Weiteren Einfluß auf den Grad der „Selbstaustrocknung" haben der Zementtyp, die Nachbehandlung (Temperatur und relative Feuchte) sowie der Gehalt an Microsilica. Beton mit niedrigem w/z-Wert und Microsilica ist besonders anfällig gegenüber „Selbstaustrocknung". Die Ursache liegt im erhöhten chemischen Schwinden verbunden mit der Ausbildung eines dichteren Porensystems. Ein hoher Grad an „Selbstaustrocknung" verursacht starkes autogenes Schwinden, welches wiederum die Gefahr der frühen Rißbildung erhöht.

Das autogene Schwinden nimmt ebenfalls mit sinkendem w/z-Wert zu. Im Gegensatz dazu erhöhen sich das absolute Schwinden und das Trocknungsschwinden mit steigendem w/z-Wert. Das autogene Schwinden nimmt weiterhin zu, wenn der Beton Microsilica enthält. Die Art des Microsilica hat ebenfalls Einfluß auf das autogene Schwinden. Andere Untersuchungen zeigen, daß das autogene Schwinden in Beton mit Kalksteinzuschlag höher ist als in Beton mit

Sandsteinzuschlag. Die Zuführung künstlicher Luftporen hat keinen Einfluß auf das autogene Schwinden.

2.10.7 Literatur

ALDRIDGE, L. P.
Estimating strength from cement composition, in: Proceedings of 7th ICCC, Paris, 1980, Vol. 3, pp.VI-83–VI-86.

ALEXANDER, K. M.
The relationship between strength and the composition and fineness of cement, in: Cement & Concrete Research 2(1972) No. 6, S. 663–680

ALEXANDER, K. M.; WARDLOW, J.; IVANESCEC, I.
The Influence of SO_3 Content of Portland Cement on the Creep and other Physical Properties of Concrete, in: Cement & Concrete Research 9(1979) No.4, S. 451–459

BAROGHEL-BONNY, V.
Experimental Investigation of Self-Desiccation in High-Performance Materials – Comparison with Drying Behaviour, Proceedings of International Research Seminar in Lund: Self-desiccation and its importance in concrete technology, June 10, 1997

BENTZ, D. P.; SNYDER, K. A.; STUTZMANN, P. E.
Microstructure Modelling of Self-Desiccation during Hydration, Proceedings of International Research Seminar in Lund: Self-desiccation and its importance in concrete technology, June 10, 1997

BOUALAM, N.; MÜLLER, A.
Versuchseinrichtung zur Messung der Kriechverformung an Mörtelprismen, in: Wiss. Zeitsch. d. HAB Weimar-Universität 41(1995) Nr. 6/7, S. 97–102

BREUGEL, K. VAN
Simulation of hydration and formation of structure in hardening cement-based, Proefschrift Technische Universität Delft 1991

BROWN, H.; HOPE, B. B.
Influence of cement composition on the creep of concrete containing admixtures, in: Amer. Concr. Inst. Journ. (1970) Sept. Title Nr. 67-41, S. 673–675

HUMMEL, A..
Das Beton-ABC, Berlin: Ernst & Sohn, 12. Aufl. 1959

ISH-SHALOM, A; BENTUR, A.
Effects of aluminate and sulfate contents on the hydration and strength of portland cement pastes and mortars, in: Cement & Concrete Research 2(1972) No. 6, S. 653–662

KNÖFEL, D.
Beziehungen zwischen Chemismus, Phasengehalt und Festigkeit bei Portlandzementen, in: Zement-Kalk-Gips 32(1979) Nr. 9, S. 448–454

LEONHARDT, F.
Vorlesungen über Massivbau, Teil 1- Grundlagen zur Bemessung im Stahlbetonbau, Berlin: Springer-Verlag 1984

LERCH, W.; BOGUE, R. H.
The chemistry of portland cement, New York: Reinhold Publishing Corp., 2. Ed. 1955, S. 667–673

LOCHER, W.; ODLER, I.
Interaction phenomena in the combined hydration of clinker minerals, in: II Cemento 86(1989) S. 25–26

METHA, P. K.; MONTEIRO, P. J. M.
Concrete – Microstructure, Properties, and Materials, New York u. a.: Prentice Hall, Inc. 1993, Second Edition

MÜLLER, A.; STÜRMER, S.; STARK, J.
Zum Einfluß des C_3A-Gehaltes auf die Beständigkeit von Zementmörteln, in: ZKG-INTERNATIONAL 44(1991) Nr. 4, S. 190–193

ODLER, I.
Strength of cement (final report), Materials and Structures 24(1991) S. 143–157

OSBŒCK, B.
Prediction of cement properties from description of the hydration process, in: 9th Intern. Congress on the Chemistry of Cement, New Dehli, Bd. IV, 1992, S. 504–510

PERRSON, B.
Self-desiccation and its importance in concrete technologie, in: Materials and Structures 30(1997) No. 6, S. 293–305

POPOVICS, S.
Strength development of portland cement paste, in: Proc. of the 6th Intern. Congress on the Chemistry of Cement, Supplementary Paper, Section III, Moscow 1974

POWERS, T. C.
A Discussion of Cement Hydration in Relation to the Curing of Concrete, Proceedings of the Annual Meeting: Highway Research Board, (27) 1947

RAMACHANDRAN, V. S.; BEAUDOIN, J .J.
A new perspective on the hydration characteristics of cement phases,
in: Cement & Concrete Research 22(1992) S. 689–694

RÖHLING, S.; NIETNER, M.
Microstructure-based Model for the description of properties of Hardened Concrete,
in: Wiss. Zeitsch. d. HAB Weimar 36(1990) Nr. 1/2, S. 48–53

ROMBERG, H.
Zementsteinporen und Betoneigenschaften, in: Beton-Informationen (1978) S. 50–55

SCHARF, H.; ODLER, I.
Intrinsec bonds properties of hydrated formed in the hydration of pure clinker minerals,
in: 9th Intern. Congress on the Chemistry of Cement, New Dehli, Bd IV, 1992, S. 265–270

SCHWESINGER, P.
Festbetoneigenschaften bei thermischen und hygrischen Beanspruchungen, Zwischenbericht, HAB Weimar, 1990

WEIGLER, H.; KARL, S.
Beton – Arten, Herstellung, Eigenschaften, Berlin: Verlag Ernst & Sohn 1989

WESCHE, K; SCHUBERT, P.
Baustoffe für tragende Bauteile, Band 2: Beton, Mauerwerk, Wiesbaden, Berlin: Bauverlag GmbH, 1993, 3. Auflage

WITTMANN, F. H.
Grundlagen eines Modells zur Beschreibung charakteristischer Eigenschaften des Betons,
in: DAfSt Heft 290, Berlin: Verlag Ernst & Sohn 1977

2.11 Fließverhalten von Zementleim

Als Zementleim wird in der Zementchemie, wie auch in der Betontechnologie, eine Mischung aus Wasser und Zement bezeichnet, die im Verlaufe der Hydratation dann zu Zementstein erstarrt.

Für die Verarbeitbarkeit eines Zementleims bzw. eines Frischbetons spielt die Kenntnis des Fließverhaltens eine herausragende Rolle. Es ist für die Praxis wichtig zu wissen, unter welchen Belastungen (Pumpen, Rütteln, Verdichten usw.) ein Beton fließt und wie sein Fließverhalten ist.

2.11.1 Rheologische Grundbegriffe

Das Fließverhalten (oder rheologisches Verhalten) einer Flüssigkeit oder einer Suspension wird durch die Parameter **Viskosität** und **Fließgrenze** beschrieben.

Laut DIN 1342 ist die Viskosität definiert als die Eigenschaft eines fließfähigen Stoffsystems beim Verformen eine Spannung aufzunehmen, die von der Verformungsgeschwindigkeit abhängt. Sie ist ein Maß für die durch innere Reibung bestimmte Verschiebbarkeit der Fluidteilchen gegeneinander.

Die Fließgrenze ist der Punkt, ab dem eine Flüssigkeit bzw. Suspension auf die eine Kraft einwirkt, anfängt zu fließen. Das heißt, es muß erst eine bestimmte Spannung in der Flüssigkeit bzw. Suspension erreicht sein, bevor sie aus dem steifen Zustand in den fließenden Zustand übergeht.

Der Fließvorgang einer Substanz kann an einem sogenannten Plattenmodell (Abbildung 2.11.1) erläutert werden.

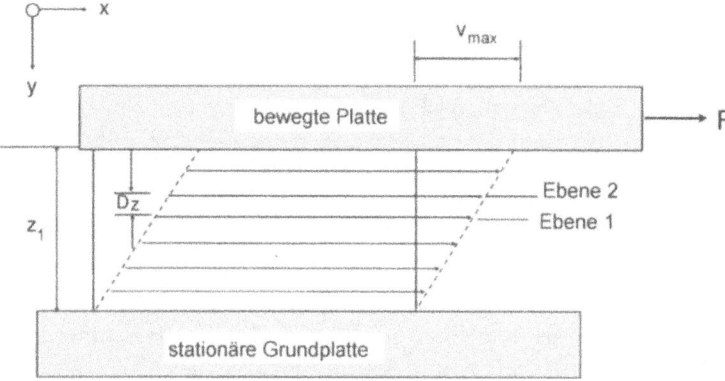

Abb. 2.11.1: Plattenmodell zur Erläuterung des Fließvorganges einer Substanz nach DIN 1342

In einer laminaren Strömung bewegen sich infinitesimal dünne Flüssigkeitsschichten, ohne daß die Schichten selbst eine Deformation erfahren. Der innere Widerstand gegen eine solche Verschiebung wird als Viskosität bezeichnet. Die Substanz befindet sich zwischen einer stationären und einer beweglichen Platte. Wenn bei diesem Modell eine Kraft F an der oberen Platte mit der Fläche A in der angedeuteten Richtung wirkt, so kommt die im Spalt zwischen den Platten befindliche Flüssigkeit zum Fließen. Der Quotient aus der Kraft F und der Grenzfläche A wird als Schubspannung definiert:

$$\tau = \frac{F}{A}, \quad \tau \text{ in Pa}$$

Durch die Kraft F fließt die Flüssigkeit und gleichzeitig fällt die Geschwindigkeit quer zur Spaltweite z zwischen den Platten bis auf eine Geschwindigkeit von $v_{min} = 0$. Der Abfall der Geschwindigkeit resultiert aus der Reibung zwischen den einzelnen Flüssigkeitsschichten und der Haftung zwischen der stationären Platte und der Flüssigkeitsgrenzschicht. Das Geschwindigkeitsgefälle $\dot{\gamma}$ wird durch folgende Differentialquotienten definiert:

$$\dot{\gamma} = \frac{dv}{dz}, \quad \dot{\gamma} \text{ in s}^{-1}$$

Bei Flüssigkeiten wird grundsätzlich zwischen sogenannten NEWTONschen und nicht-NEWTONschen Flüssigkeiten, z.B. BINGHAM-Körper, (Abbildung 2.11.2) unterschieden.

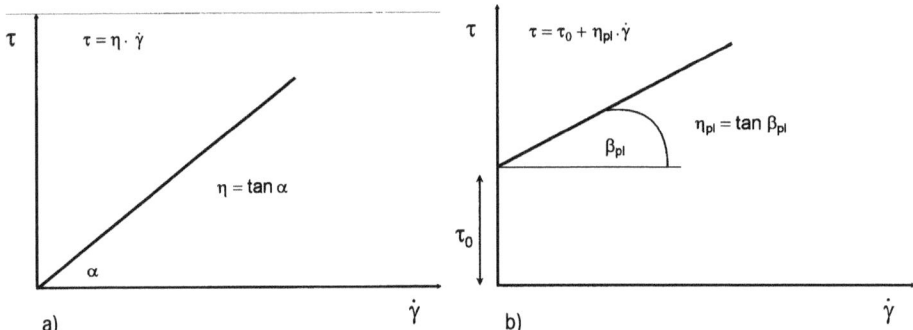

Abb. 2.11.2: Fließkurven einer Newtonschen Flüssigkeit (a) und eines Bingham-Körpers (b)

Das im rheologischen Sinn einfachste Fließverhalten zeigen die NEWTONschen Flüssigkeiten (z.B. Wasser, Öle), bei denen eine lineare Beziehung zwischen Schubspannung (Scherspannung) und Verformung (Schergefälle) besteht. Sie werden nach folgendem Fließgesetz beschrieben:

$$\tau = \eta \cdot \dot{\gamma}, \quad \tau \text{ in Pa}$$

τ Schubspannung
η Viskosität
$\dot{\gamma}$ Schergefälle

2.11 Fließverhalten von Zementleim

Nicht-NEWTONsche Flüssigkeiten sind dagegen dadurch gekennzeichnet, daß eine Anfangsbeanspruchung noch kein Fließen hervorruft und erst nach Überwinden der Fließgrenze τ_0, durch eine Krafterhöhung ein Fließen erfolgt. Sie werden nach folgendem Fließgesetz beschrieben:

$$\tau = \tau_o + \eta_{pl} \cdot \dot{\gamma}$$

Bei vielen Flüssigkeiten und plastischen Stoffen besteht kein linearer Zusammenhang zwischen Geschwindigkeitsgefälle und Scherspannung, darum ergibt sich ein gekrümmter Fließkurvenverlauf. Die Viskosität derartiger Flüssigkeiten ist keine Stoffkonstante, sondern wird als scheinbare Viskosität ($\eta' = \tan \beta'$) beschrieben, deren Größe von der Scherbeanspruchung abhängig ist. Dazu gehören die strukturviskosen (z.B. Zahnpasta) und die dilatanten (z.B. nasser Sand) Flüssigkeiten. Die Fließkurve einer solchen Flüssigkeit wird durch folgende Gleichung erfaßt:

$$\tau = A \cdot (\dot{\gamma})^n$$

Wenn die scheinbare Viskosität eines Stoffes mit zunehmendem Geschwindigkeitsgefälle abnimmt, spricht man von einem strukturviskosem Fließverhalten bei n < 1. Bei Stoffen mit dilatantem Fließverhalten nimmt die scheinbare Viskosität mit steigendem Geschwindigkeitsgefälle bei n > 1 zu (Abbildung 2.11.3).

Neben den Veränderungen der rheologischen Kennwerte in Abhängigkeit vom Geschwindigkeitsgefälle werden auch zeitabhängige Änderungen des Fließwiderstandes infolge mechanischer Beanspruchung beobachtet. Die Abnahme der Viskosität infolge andauernder mechanischer Beanspruchung und die Zunahme nach Beendigung der Beanspruchung zum Niveau des Ausgangswertes wird als **thixotropes** Fließverhalten bezeichnet. **Rheopexe** Flüssigkeiten zeigen ein Fließverhalten, bei dem sich die Viskosität mit der Scherdauer erhöht und die Ursprungsviskosität nach dem Ende der Scherung nur zeitverzögert zurückkehrt. Bei beiden Erscheinungsformen strebt im allgemeinen die Schubspannung bei konstanter Schergeschwindigkeit einem Endwert zu, den man als Gleichgewichtszustand bezeichnet (Abbildung 2.11.4).

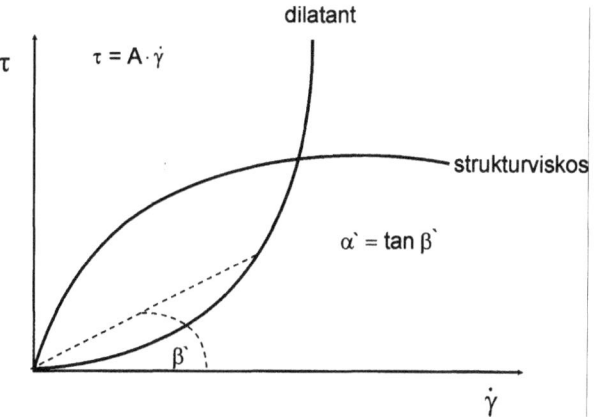

Abb. 2.11.3: Fließkurven mit strukturviskosem und dilatantem Fließverhalten

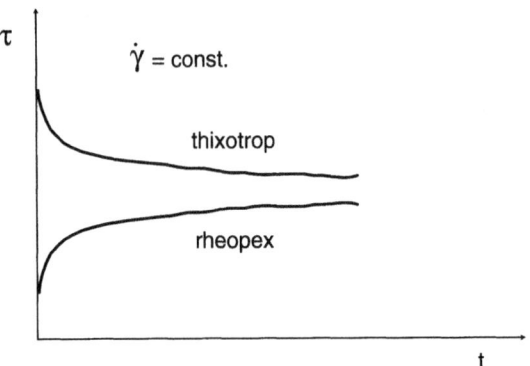

Abb. 2.11.4: Thixotropes und rheopexes Fließverhalten

2.11.2 Rheologisches Verhalten von Zementleimen

Das rheologische Verhalten von Zementleimen wird durch die physikalischen und chemischen Eigenschaften des Zements bestimmt. Der Zement zeigt unmittelbar nach der Zugabe von Wasser eine Serie komplexer chemischer Reaktionen, bei denen z.B. Calciumsulfat und Anteile des Tricalciumaluminats in Lösung gehen und erste Reaktionsprodukte, wie Calciumhydroxid und Trisulfat, entstehen (s. Kap. 2.9).

Neben den chemischen Reaktionen wirken zwischen den Teilchen von Zementpartikeln anziehende und abstoßende Kräfte. Anziehungskräfte sind Schwer-, Van-der-Waals'sche-, Kapillar- und elektrostatische Kräfte, wobei letztere umso größer sind, je größer die spezifische Oberfläche der Teilchen ist.

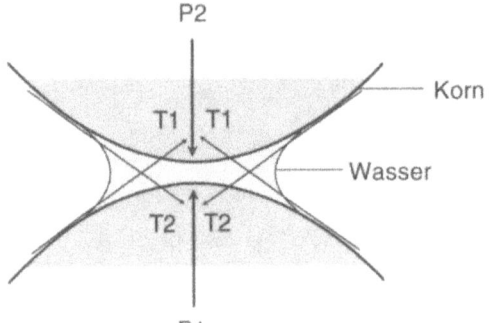

Abb. 2.11.5:
Kapillarkohäsion: T1, T2: Kohäsionskräfte des Zwickelwassers;
P1, P2: Druckkräfte, die auf das Korn wirken (nach SCHOLZ)

Je nach Größe und Art der Kräfte bildet sich eine mehr oder weniger feste Struktur aus. Diese netzwerkartige Agglomeration bezeichnet man auch als Flokkenstruktur. Nach KECK wurden dazu folgende Modellvorstellungen entwickelt.

Im Ruhestand flocken in Zementleimen die Zementpartikel aufgrund der überwiegend anziehenden interpartikulären Kräfte aus und bilden ein stabiles räumliches Netzwerk → Flockenstruktur. Dabei haften die Partikel so fest aneinander, daß sie sich gegenseitig in ihrer Beweglichkeit behindern. Dadurch können sie nicht das kleinste mögliche Volumen einnehmen, sondern nur ein Gerüst aus sich berührenden Partikeln bilden, in denen eine größere Wassermenge eingeschlossen wird. Entscheidend für die Stabilität eines solchen Systems sind die Anzahl der Kontaktpunkte und deren Bindungskräfte. Die Anzahl der Kontaktpunkte ändert sich mit dem w/z-Wert und der Partikelgrößenverteilung Die Abbildung 2.11.6 zeigt modellhaft, wie der Wassergehalt die Flockenstruktur und die Anzahl der Kontaktpunkte verändert.

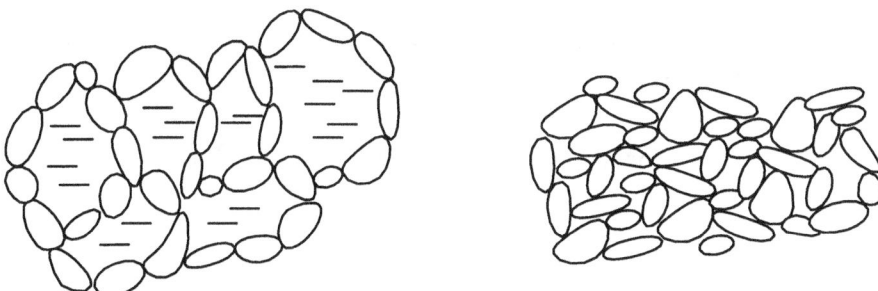

Abb. 2.11.6: Flockenstruktur mit großem und kleinem Wassergehalt (nach KECK)

Anfangs werden die Bindungskräfte nur durch die Anziehung bestimmt. Mit der Zeit wirkt sich jedoch die Hydratationsentwicklung stärker aus, indem sie die Bindungskräfte erhöht.

Durch einen Schervorgang (z.B. Mischen, Pumpen) wird diese durchgehende Flockenstruktur zerstört und es stellt sich eine ungleichmäßige Verteilung von einzelnen, nicht zusammenhängenden Agglomeraten und Partikeln ein (Abbildungen 2.11.7 und 2.11.8).

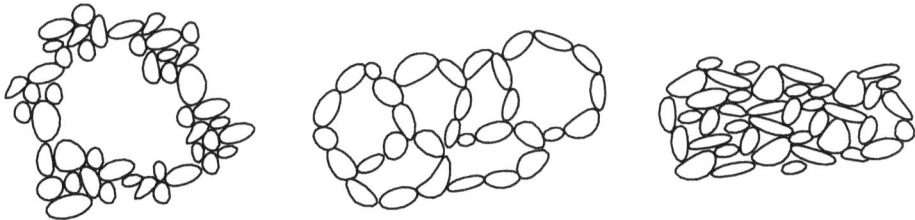

Abb. 2.11.7: Mögliche zusammenhängende Partikel-Agglomerat-Verteilungen (nach KECK)

Abb. 2.11.8: Mögliche nicht zusammenhängende Partikel-Agglomerat-Verteilungen (nach KECK)

Diese unregelmäßige Verteilung von einzelnen, nicht zusammenhängenden Agglomeraten und Partikeln wird als Flockungsgrad beschrieben. Er wird durch zwei gegenläufige Effekte bestimmt:

♦ durch die äußere Belastung werden Agglomerate zerstört (Strukturbruch) und
♦ durch das Verflocken infolge interpartikulärer Kräfte werden neue Agglomerate gebildet.

Der Flockungsgrad paßt sich durch Verflocken und Vereinzeln solange an, bis ein neues Gleichgewicht entsteht.

Infolge einer Scherbelastung werden die Partikel feiner und gleichmäßiger verteilt und das Verflockungspotential erhöht. Beim Verflocken nimmt die Anzahl an Kontaktpunkten zu. Dadurch steigen der Flockungsgrad und der Scherwiderstand an. Mit der Zeit nimmt der Einfluß der Hydratation zu, indem die Bindungskräfte an den Kontaktstellen der Partikel größer werden. Der Scherwiderstand steigt kontinuierlich an. Die Einflüsse von Flockungsgrad und Hydratation auf den Scherwiderstand zeigt die Abbildung 2.11.9. Durch Überlagerung der in Abbildung 2.11.9 dargestellten Verläufe lassen sich verschiedene mögliche Anfangsverläufe des Scherwiderstands bis zum Erreichen eines Gleichgewichtszustandes erzeugen (Abbildung 2.11.10). Der Verlauf des Gesamtscherwiderstands ergibt sich je nach Dominanz und Geschwindigkeit der einzelnen Prozesse.

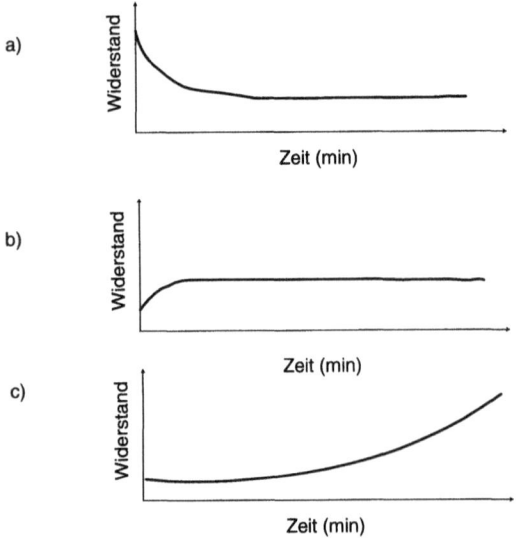

Abb. 2.11.9: Einflüsse von Strukturbruch (a), Verflockung (b) und Hydratation (c) auf den Scherwiderstand (nach KECK)

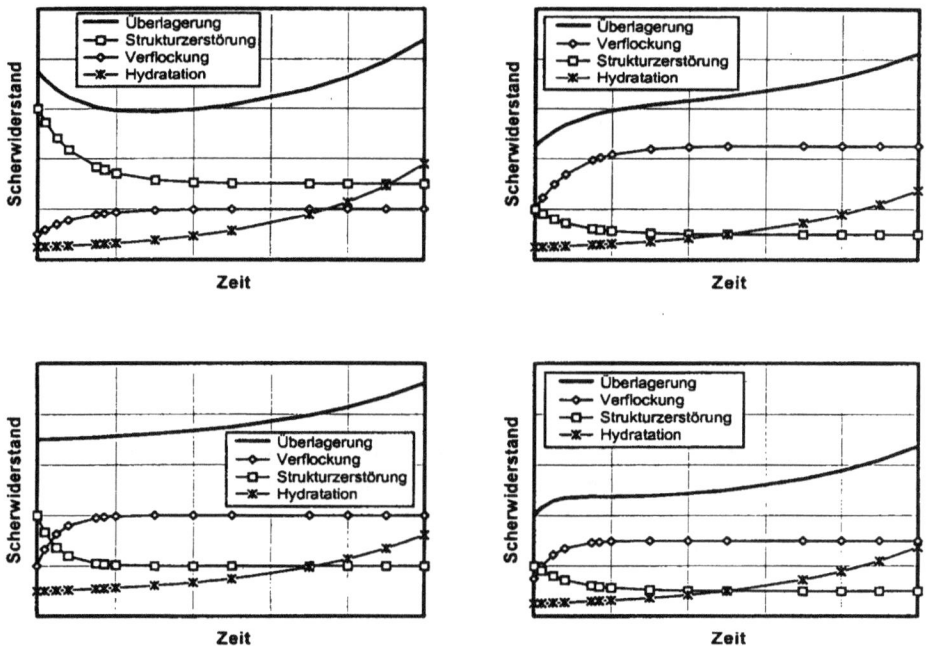

Abb. 2.11.10: Mögliche Scherwiderstandsverläufe infolge Überlagerung von Strukturzerstörung, -bildung und Hydratation (nach KECK)

2.11.3 Messen des Fließverhaltens

Für die Bestimmung der rheologischen Eigenschaften von Zementleimen, Mörteln und Frischbeton werden neben den hauptsächlich in der Praxis angewandten Ausbreitversuchen nach DIN 18555 (Mörtel) und DIN 1048 (Beton) Rotationsviskosimeter verwendet. Dabei werden über das vom Widerstand des Mörtels erzeugte Drehmoment und die Geschwindigkeit die gerätespezifischen Kennwerte Fließmoment (in Nmm) und Momentengradient (in Nmms) ermittelt. Die gemessenen Gerätekennwerte geben Informationen über die Materialkennwerte Fließgrenze und plastische Viskosität. Mit Hilfe dieser Kennwerte kann der Einfluß bestimmter Faktoren bestimmt werden. Zu diesen Faktoren zählen Wasser, Zement, Zuschlag, Zusatzstoffe und Zusatzmittel. Bei Untersuchungen des Einflusses dieser Faktoren wurden am FIB bei Messungen mit Rotationsviskosimetern folgende Ergebnisse erzielt.

Wasser

Der Wassergehalt beeinflußt entscheidend das Fließverhalten. Mit zunehmendem Wassergehalt wird die Fließgrenze eines Zementmörtels immer kleiner. Dabei erfolgt die Abnahme des Fließmomentes bei zunehmendem Wassergehalt nur bis zu einem bestimmten Niveau. Bei weiterer Wassergehaltszunahme ändert sich das Fließmoment nur noch gering. Die plastische Viskosität wird durch den Wassergehalt in ähnlicher Weise beeinflußt, d.h. die plastische Viskosität eines Mörtels verringert sich bei Wasserzunahme und die Verarbeitbarkeit verbessert sich.

Zement

Zementleim

In Mörteln und Betonen hat der Zementleim die Aufgabe, die Zuschlagkörner zu umhüllen und die Hohlräume auszufüllen. Nach dem Füllen der Hohlräume beginnt die gleitende und klebende Wirkung als Leim. Die Zuschlagpartikel werden auseinandergedrückt und eine Leimschicht zwischen den Partikeln ausgebildet. Mit zunehmender Zementleimmenge wird in Mörteln und Betonen die Fließgrenze bekanntlich kleiner. Wie beim Wasser ist die Abnahme des Fließmomentes aber begrenzt und wird ab einer bestimmten Zementleimmenge nur noch wenig verändert. Mit steigender Zementleimmenge fließt ein Zementmörtel leichter, da die Zementleimschichtdicke ausreichend und damit eine bessere Gleitwirkung vorhanden ist.

Zementart

Bei niedrigen bis mittleren w/z-Werten (0,50 und 0,55) ist bei Zementen CEM I 32,5 R die Fließgrenze geringer als bei einem Zement CEM I 42,5 R. Ein CEM II/A - L 32,5 R liegt dabei etwa dazwischen. Bei höheren w/z-Werten (0,60) ist die Fließgrenze beim CEM II/A - L 32,5 gegenüber den anderen genannten Zementen am geringsten.

Erklärung: Aufgrund der höheren spezifischen Oberfläche des CEM I 42,5 R und somit dem größeren Wasseranspruch reicht der Wassergehalt bei kleinen w/z-Werten nicht aus, um die Zementpartikel vollständig zu benetzen; die Fließgrenze nimmt zu. Der Kalksteinanteil im CEM II/A - L 32,5 R wirkt sich bei kleinen w/z-Werten zuerst klebend und bei Zunahme des w/z-Wertes dann gleitend aus, was zu einer deutlichen Beeinflussung der Fließgrenze eines Mörtels führt.

Zuschläge

Die Fließeigenschaften eines Zementmörtels werden vom Feinkorngehalt sowie von der Korngröße des Zuschlags wesentlich beeinflußt. Dabei wirkt sich die Kornzusammensetzung (bei jeweils gleichem Wassergehalt und gleicher Zementleimmenge) so aus, daß bei Verwendung von Sand nach der Regelsieblinie C 0/2 (fein) große Drehmomente auftreten und bei Zementmörtel nach A 0/2 (grob) die kleinsten Drehmomente auftreten.

Erklärung: Je feiner der Zuschlag zusammengesetzt ist, um so größer ist die spezifische Oberfläche und um so größer sind die Anziehungskräfte zwischen den Feststoffpartikeln. Die Fließgrenze wird größer.

Zusatzmittel

Zementmörtel mit verflüssigenden Zusatzmitteln (Verflüssiger, Fließmittel) bewirken immer ein kleineres Drehmoment als Zementmörtel ohne Zusatzmittel.

Erklärung: Die Wirkungsweise beruht auf der Erzeugung einer noch feineren Dispergierung der Zementpartikel. Als Folge hiervon entsteht ein niedrigviskoser, homogener Zementleim, der arm an inneren Reibungskräften ist. Die Dispergierung des Zementes wird durch Herabsetzen der Oberflächenspannung des Wassers erreicht. Dadurch entsteht eine bessere Benetzung der Feststoffe im Mörtel. Ebenso wird die Dicke des Wasserfilms um die Festteilchen herabgesetzt und das Wasserabstoßen verhindert; die Fließgrenze des Zementmörtels verringert sich.

Zusatzstoffe

Generell ist festzustellen, daß bei der Substitution von Zement durch Steinkohlenflugasche (SFA) sowohl Fließmoment als auch Momentengradient verringert werden. Umgekehrt verhält es sich bei der Substitution durch Braunkohlenflugaschen (BFA).

Erklärung: Durch die relativ hohe Feinheit der SFA werden die Hohlräume zwischen den Zuschlagpartikeln ausgefüllt und durch die kugelige Kornform der Flugaschepartikel wird die Gleitwirkung des Zement-Flugasche-Leimes erhöht und daher läßt sich ein Frischbeton besser verarbeiten. Die BFA ist relativ grob, porös und besitzt eine unregelmäßige Konform. Die Reibungskräfte zwischen den Partikeln werden größer, dadurch läßt sich ein Frischbeton schlechter verarbeiten.

2.11.4 Literatur

BERG, W. VOM
Zum Fließverhalten von Zementsuspensionen, RWTH Aachen. Dissertation 1982

JAMEL, A. A. M.
Untersuchungen zum Fließverhalten von Zementmörtel und Frischbeton, Bauhaus-Universität Weimar, F. A. Finger-Institut für Baustoffkunde. Dissertation 1997

KECK, H.-J.
Untersuchung des Fließverhaltens von Zementleim anhand rheologischer Messungen, Universität - GH - Essen. Dissertation 1997

SCHOLZ, E.
Zum Einfluß des Calciumsulfates in Portlandzementen auf Konsistenz und Ansteifen von Normmörteln, Universität Hannover. Dissertation 1990

TATTERSALL, G. H., BANFILL, P. F. G.
The Rheology of Fresh Concrete, London: Pitman Books Limited 1983

DIN 1342, Teil 1
Viskosität, Rheologie, Begriffe. Oktober 1983

3 Baukalke

3.1 Geschichtliches

Wann, wo und wie zum ersten Mal Kalkstein bewußt gebrannt wurde, um anschließend mit Wasser gelöscht als Mörtel verwendet zu werden, ist unbekannt. Es ist zu vermuten, daß das in Zusammenhang mit der Seßhaftigkeit des Menschen vor rund 10000 Jahren erfolgte. Der älteste archäologische Nachweis der Verwendung gebrannten Kalksteins stammt von einer jungsteinzeitlichen Kultur des Donauraumes aus einer Zeit von etwa 7000 bis 5500 v. Chr. In den Hütten der Siedlungsreste wurden Fußböden gefunden, die aus einer Art Estrich bestanden, einer Mischung aus gebranntem Kalkstein, Sand und Lehm, die mit Wasser angerührt wurde.

Kalkmörtel bzw. Mörtel mit Zusätzen von gebranntem Kalkstein wurden u.a. beim Bau der Pyramiden von Gizeh (um 2500 v. Chr.), dem Palast von Pergamon (um 1700 v. Chr.) und den minoischen Palästen auf Kreta (um 1700 v. Chr.) verwendet. Auch in der biblischen Geschichte finden sich viele Hinweise auf eine Kalkverwendung.

In größeren Mengen wurde Kalk zum ersten Male zum Bau von Zisternen in Jerusalem durch phönizische Baumeister verwendet, die um 1000 v. Chr. erbaut wurden. Dabei wurde bereits Ziegelmehl als hydraulischer Zusatzstoff zur Herstellung eines wasserdichten Mörtels angewendet.

Im zweiten Jahrhundert v. Chr. wurde von den Griechen eine neue Mauertechnik entwickelt, die als Ursprung unseres heutigen Betons gilt. Zwischen zwei Wandschalen aus Naturstein wurden große und kleine Bruchsteine geschüttet, die zunächst durch Stochern verdichtet und anschließend mit Kalkmörtel übergossen wurden. Von Griechenland gelangte die Verwendung von Kalk zur Mörtelbereitung nach Rom, wobei die Römer diese Gußmörteltechnik weiterentwickelten und vervollkommneten zum „Opus Cementitium", dem Römerbeton. Über die Mörtelkunde der Römer liegen sorgfältige Aufzeichnungen vor. Dabei werden erste Vorschriften über das Brennen und Löschen von Weißkalk sowie auch die Verarbeitung des Kalkes beschrieben. Nach gesetzlicher Vorschrift mußte man z.B. den Kalk lange vor dem Gebrauch einsumpfen, worüber besondere Beamte zu wachen hatten. Es durfte kein Kalk verarbeitet werden, der nicht bereits drei Jahre in der Grube gelegen hatte. Auch die Zubereitung und Verarbeitung des Mörtels ließ der römische Staat durch besondere Beamte beaufsichtigen.

3.1 Geschichtliches

Abb. 3.1.1: Der Kalkbrenner (nach einem Kupferstich von 1698)

Nach dem Zerfall des Römischen Reiches trat ein starker Rückgang der Bautätigkeit ein. Erst im 12. und 13. Jahrhundert wurden wieder in größerem Umfang Bauwerke wie Burgen, Stadtmauern und Rathäuser errichtet. Viele dieser Bauwerke wurden aus Naturstein mit Mörtelverbund gebaut. In den Regionen, wo Kalkstein vorkam, wurden Kalkmörtel verwendet. Das Brennen des Kalksteins erfolgte in einfachen Erd- bzw. Feldöfen. Im Gegensatz zur römischen Zeit war der Bauer oder Landmann der Haupterzeuger von Kalk, den er meist nur für den Eigenbedarf herstellte. Die Klöster hatten meist einen größeren Bedarf und betrieben oft eigene Kalköfen oder verpachteten Steinbrüche mit Öfen an private Betreiber. In den Klöstern gab es bald Mönche, die das Kalkbrennen gut beherrschten und von denen auch die ersten brauchbaren Beschreibungen aus nachrömischer Zeit stammen.

Im 17. und 18. Jahrhundert begann die wissenschaftliche Untersuchung des Kalkmörtels. Dabei gelang dem Engländer *John Smeaton* (1697–1761) die wichtige Erkenntnis, daß im Gegensatz zu den reinen Kalksteinen die verunreinigten (tonhaltigen) nach dem Brennen einen wasserfesten Mörtel ergaben. Er hatte das Prinzip der Hydraulizität entdeckt.

Als Ende des 18. Jahrhunderts in Chemie, Metallurgie und im Bauwesen ein höherer Bedarf an Branntkalk entstand, diente der Hochofen als Vorbild für einen effektiveren Kalkbrand. Aus diskontinuierlich brennenden Öfen wurden kontinuierlich betriebene Öfen und der Schachtofen mit seinen modernen Ausführungen ist heute noch immer das dominierende Brennaggregat zum Kalkbrennen.

3.2 Bedeutung und Begriffe

Kalkstein, Branntkalk und Kalkhydrat sind seit dem Altertum unentbehrliche Grundstoffe mit einer Vielzahl von Einsatzmöglichkeiten. In der Reihenfolge ihrer Bedeutung werden nach SCHIELE/BERENS folgende Industriezweige als wichtige Verbaucher genannt:

- Eisen- und Stahlindustrie,
- Chemische Industrie,
- Baustoffindustrie,
- Baugewerbe und
- Landwirtschaft.

Einen Überblick über die vielfältigen Verwendungsmöglichkeiten auch innerhalb der einzelnen Industriezweige gibt die Darstellung in Abbildung 3.2.1.

Die Vielfalt der möglichen Kalkstein-, Branntkalk- und Kalkhydraterzeugnisse hat in Verbindung mit der großen Zahl der Anwendungsgebiete dazu geführt, daß die Bezeichnungen für die verschiedenen ungebrannten, gebrannten und gelöschten Produkte nicht einheitlich sind. Im allgemeinen Sprachgebrauch wird das Wort Kalk sowohl für den Kalkstein als auch für den Branntkalk und das Kalkhydrat angewendet. Gemäß der Baukalknorm DIN 1060-1 (03/95) gelten folgende Definitionen:

- **Kalk**, allgemeiner Begriff, der die Vielfältigkeit der physikalischen und chemischen Formen von Calcium- und Magnesiumoxid und/oder Calcium- und Magnesiumhydroxid beinhaltet.
- **Baukalk**, Bindemittel, dessen Hauptbestandteile die Oxide und Hydroxide des Calciums (CaO, $Ca(OH)_2$), mit geringen Anteilen des Magnesiums (MgO, $Mg(OH)_2$), Siliciums (SiO_2), Aluminiums (Al_2O_3) und Eisens (Fe_2O_3) sind.

Im folgenden sind die wichtigsten Bezeichnungen für die Calciumverbindungen aufgeführt, unterteilt in Carbonate, Oxide und Hydroxide.

3.2 Bedeutung und Begriffe

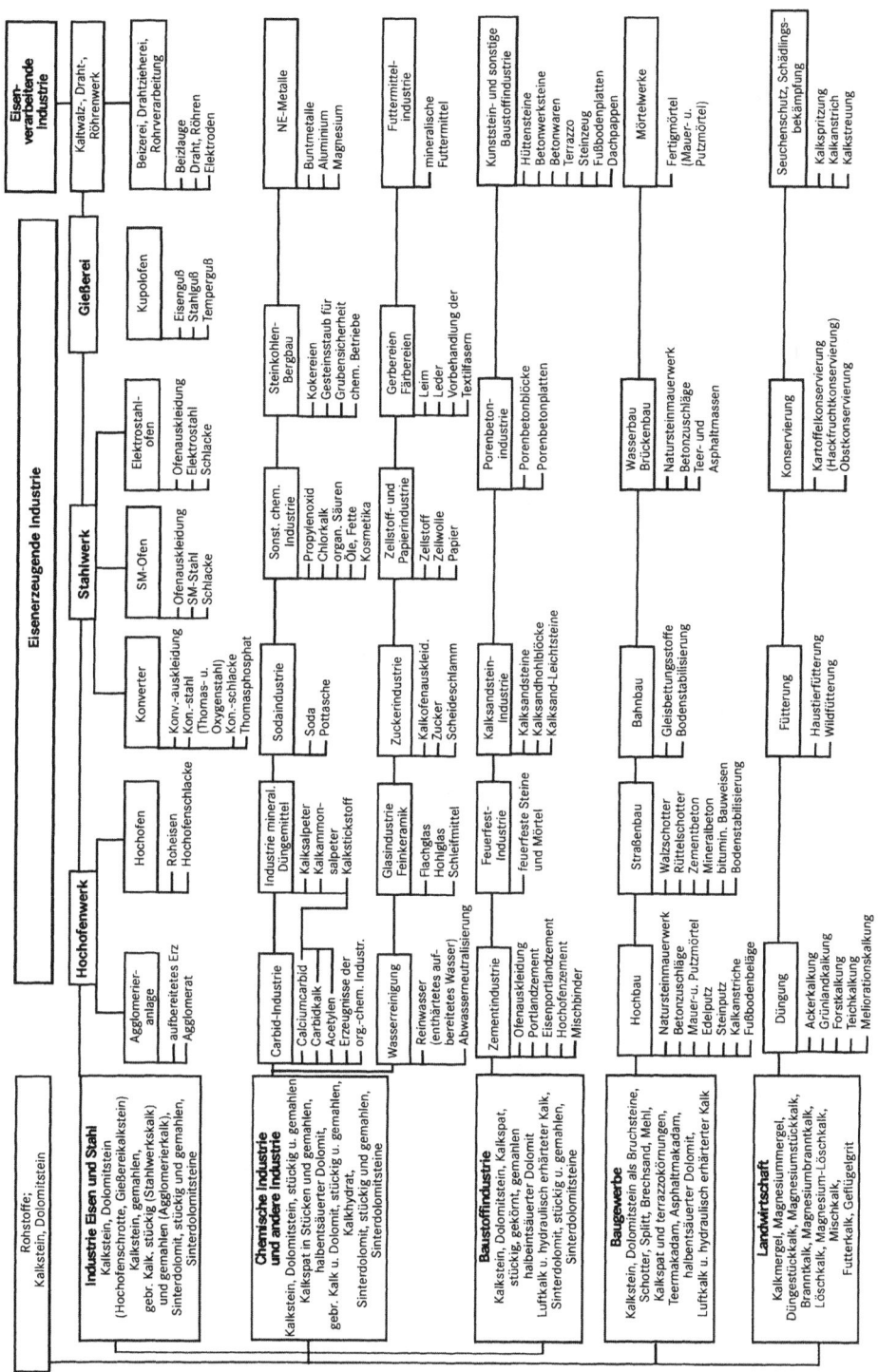

Abb. 3.2.1: Verwendungsmöglichkeiten von Kalk

Wichtige Calciumverbindungen – Begriffserläuterung

1 Carbonate

Calcit – $CaCO_3$

Kalkspat, trigonal kristallisierendes Calciumcarbonat (Abbildungen 3.2.2 und 3.2.3), gesteinsbildend, bildet farblose, klar durchsichtige oder durchscheinende, gut spaltbare, mikroskopisch kleine bis meterhohe trigonale Kristalle; durch geringe Verunreinigungen von Eisen-, Mangan- oder Kobaltverbindungen grau, gelb, rot oder braun gefärbt. Calcit ist die stabilste und häufigste Kristallform des Calciumcarbonates; Marmore und die meisten Kalksteine setzen sich aus mehr oder weniger feinen Calcitkriställchen zusammen.

Abb. 3.2.2:
Calcitkristalle (links)

Abb. 3.2.3:
REM-Aufnahme von Calcit (unten)

Aragonit – $CaCO_3$

in der Natur selten gesteinsbildend auftretende Form des Calciumcarbonates (Abbildungen 3.2.4 und 3.2.5), bildet farblose, weiße, gelbliche oder graue rhombische Kristalle, geht beim Erhitzen auf 400 °C in Calcit über.

Abb. 3.2.4: Aragonitkristalle

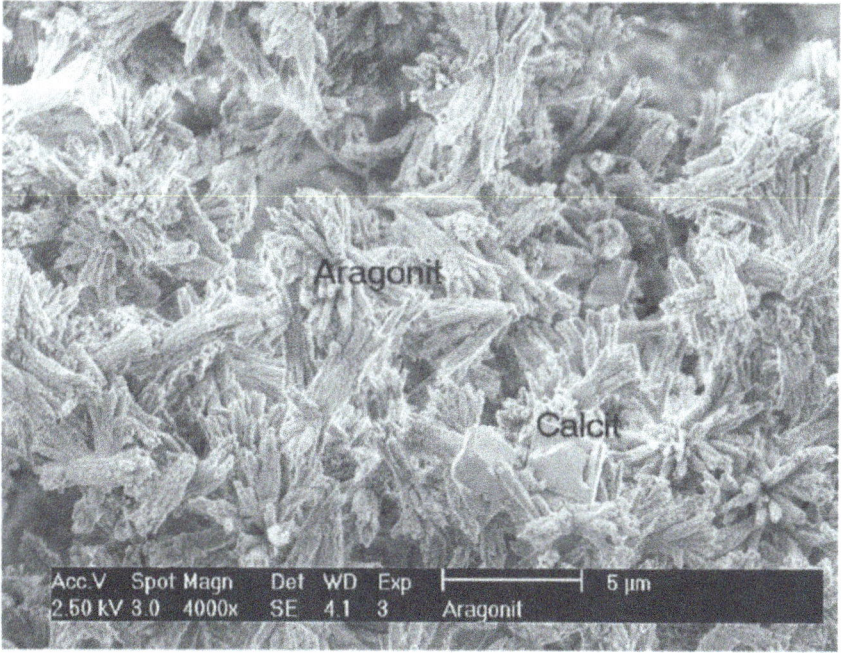

Abb. 3.2.5: ESEM-Aufnahme von Aragonit

Vaterit – $CaCO_3$
hexagonal kristallisierende, wenig stabile Modifikation des Calciumcarbonates (Abbildung 3.2.6).

Abb. 3.2.6: REM-Aufnahme von Vaterit

Calciumcarbonat – $CaCO_3$
kohlensaurer Kalk, Hauptbestandteil des Kalksteins, Molekulargewicht von 100,09 g/mol, besteht aus 56,03% CaO und 43,97% CO_2.

Calciumhydrogencarbonat – $Ca(HCO_3)_2$
doppeltkohlensaurer Kalk, entsteht durch Lösen von Calciumcarbonat in kohlensäurehaltigem Wasser. Calciumhydrogencarbonat ist nur in Lösung beständig und verursacht die Carbonathärte des Wassers.

Dolomit – $CaCO_3 \cdot MgCO_3$
Calcium-Magnesium-Carbonat, trigonal kristallisierendes Mineral, wasserklar oder durchscheinend; Magnesium kann z.T. durch Eisen oder Mangan ersetzt sein, so daß der Dolomit eine graue, braune, gelbliche oder rötliche Farbe erhält. Ankerit (Braunspat ist ein dolomitartiges Mineral der Zusammensetzung $CaCO_3 \cdot (Mg, Fe)CO_3$ bzw. $CaCO_3 \cdot FeCO_3$ (Abbildungen 3.2.7 und 3.2.8).

3.2 Bedeutung und Begriffe

Abb. 3.2.7: Dolomitkristalle

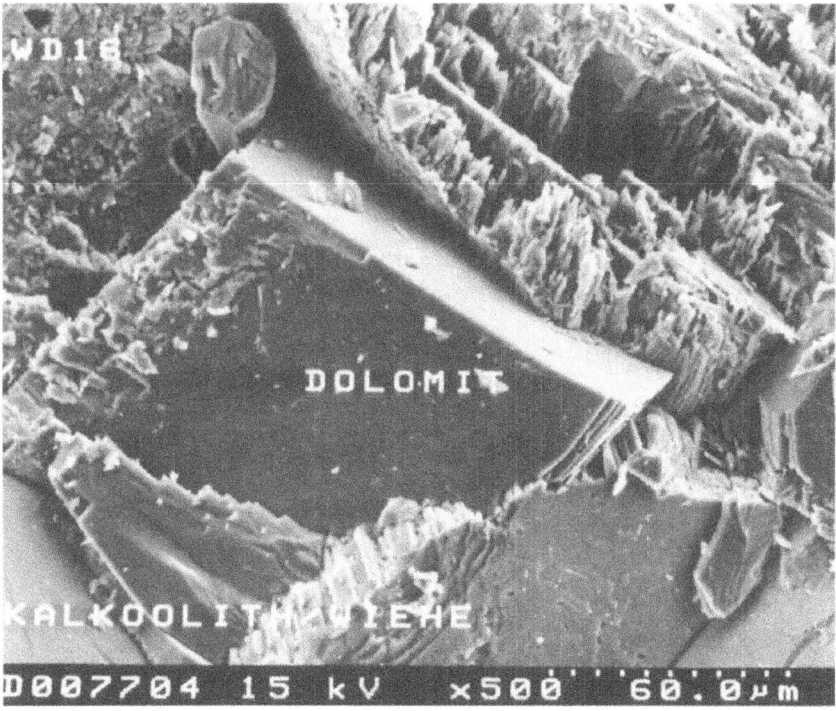

Abb. 3.2.8: REM-Aufnahme von Dolomit

Doppelspat – $CaCO_3$
besonders klare, durchsichtige Varietät des Kalkspates, an der die Doppelbrechung gut zu beobachten ist.

Kalkmergel (Kalksteinmergel) – $CaCO_3$
Kalkstein mit erhöhtem Gehalt an tonigen Bestandteilen und Quarz (Hydraulite); geeignet zur Herstellung von hydraulischen Bindemitteln.

Kalkstein – $CaCO_3$
grob- bis feinkristallines Gestein, dessen Hauptbestandteil das Mineral Calcit bildet. Kalksteinlagerstätten mehr oder minder durch tonige oder quarzitische Beimengungen verunreinigt; Begleitmineral oft Dolomit. Hartkalkstein verschiedener Körnungen und Gemische wird als Schotter, Splitt und Sand für Straßen- und Betonbau, in der Stahlindustrie und für chemische Zwecke eingesetzt.

Kalkstein-Beton-Zuschlag – $CaCO_3$
durch Brechen und Sieben von Kalkstein erzeugte Korngruppen, die im Betonbau eingesetzt werden.

Kalkstein-Brechsand – $CaCO_3$
durch Brechvorgang und Siebung erzeugte Körnung zwischen 0 und 2 mm.

Kalkstein-Füller – $CaCO_3$
feingemahlener Kalkstein; Mineralstoff, der wegen seiner guten technologischen Eigenschaften vorwiegend im bituminösen Straßenbau eingesetzt wird.

Kalksteinmehl – $CaCO_3$
feingemahlener Kalkstein, z.B. für chemische Zwecke und als Betonzusatzstoff.

Kalksteinmineralgemisch – $CaCO_3$
in bestimmtem Verhältnis kornabgestuftes Gemisch aus Schotter, Splitt und Brechsand, das vorwiegend im Straßenbau Verwendung findet.

Kalksteinschotter – $CaCO_3$
durch Brechvorgang und Siebung gewonnene Körnungen > 32 mm.

Kalksteinsplitt – $CaCO_3$
durch Brechvorgang und Siebung gewonnene Körnung zwischen 2 und 32 mm.

Kalktuff – $CaCO_3$
ein leichter, poröser, löcheriger Kalkstein, der als Werkstein Verwendung findet (siehe auch Travertin).

Kreide – $CaCO_3$
erdige, aufschlämmbare Form des Kalksteins; in der Kreidezeit aus Kalkschalen von Foraminiferen u.ä. Kleinlebewesen gebildete, meist weiße Kalkgesteine; Verwendung vorwiegend in der Baustoff- und der chemischen Industrie.

3.2 Bedeutung und Begriffe

Marmor – $CaCO_3$
überwiegend grobkörnige, sehr feste Form des Kalksteins; entstand aus anderen Kalksteinen durch Metamorphose.

Massenkalk – $CaCO_3$
dichter kristalliner Kalkstein (Devonkalkstein, Jurakalkstein).

Mergel
höher tonhaltiger Kalkstein.

Mischkalk
Gemenge aus Branntkalk und Kalksteinmehl oder Kalkhydrat und Kalksteinmehl; vorwiegend als Düngemittel verwendet.

Muschelkalk – $CaCO3$
dichter Kalkstein, zum großen Teil aus Muschelschalen bestehend.

Travertin – $CaCO_3$
diagenetisch verfestigter Kalktuff, der als Werkstein in der Bauindustrie Verwendung findet.

2 Oxide

Ätzkalk – CaO
früher gebräuchliche Bezeichnung für Weißfeinkalk.

Baukalk
Sammelbegriff der Bindemittel gemäß der Baukalknorm DIN 1060. Baukalke sind Bindemittel, deren analytische Hauptbestandteile die Oxide und Hydroxide des Calciums (CaO, $Ca(OH)_2$), mit geringen Anteilen des Magnesiums (MgO, $Mg(OH)_2$), Siliciums (SiO_2), Aluminiums (Al_2O_3) und Eisens (Fe_2O_3) sind.

Branntkalk – CaO
durch Brennen unterhalb der Sintergrenze aus Kalkstein entstandenes Produkt, dessen Hauptbestandteil Calciumoxid ist; gemäß DIN 1060-1: ungelöschte Kalke, die vorwiegend aus Calciumoxid bestehen.

Calciumoxid – CaO
chemische Verbindung der Formel CaO; Hauptbestandteil des Branntkalkes; Molekulargewicht 56,08 g/mol.

Dolomitkalk
Branntkalk mit Magnesiumoxid-Gehalt ≥ 10 %; gemäß DIN 1060-1: ungelöschte Kalke, die vorwiegend aus Calciumoxid und Magnesiumoxid bestehen.

Graukalk
früher gebräuchliche Bezeichnung für Wasser- oder Dolomitkalk.

Hydraulischer Kalk
vorwiegend hydraulisch erhärtender, begrenzt löschfähiger Baukalk. Die Hydraulizität wird entweder durch Gegenwart von Hydraulekomponeten im Rohstoff (Kalkmergel) verursacht oder erfolgt durch Zusatz von latent hydraulischen (beispielsweise Hüttensand) und/oder puzzolanischen (beispielsweise Traß, Flugasche usw.) Stoffen und gemeinsame Vermahlung.

Hochhydraulischer Kalk
hydraulischer Kalk mit höheren Festigkeiten, auch als Zementkalk bezeichnet.

Kalkabrieb – CaO
während und nach der Herstellung abgeriebener feinkörniger Kalkanteil.

Kalkgrieße – CaO
durch Sichten des Mahlgutes bei der Weißfeinkalkherstellung abgeschiedene grobe Anteile.

Luftkalk – CaO
durch Einwirkung des in der Luft enthaltenen Kohlendioxids erhärtender Kalk (Carbonaterhärtung); Luftkalk kann sowohl Weißkalk als auch Dolomitkalk sein.

Romankalk
aus Kalkmergel unterhalb der Sintergrenze gebrannter, hochhydraulischer Kalk.

Schmelzkalk – CaO
aus Branntkalk durch Schmelzen im Elektro-Ofen hergestellter und nach der Erstarrung gebrochener Kalk.

Schwarzkalk
frühere Bezeichnung für hydraulisch erhärtende Kalke.

Sinterdolomit – CaO + MgO
durch Brennen oberhalb der Sintergrenze aus Dolomitstein entstandenes Produkt; Hauptbestandteile Calcium- und Magnesiumoxid.

Sinterkalk – CaO
dichter, bei erhöhten Temperaturen bis zur Sinterung gebrannter Kalk.

Stückkalk – CaO
stückiger Branntkalk.

Ungelöschte Kalke
gemäß DIN 1060-1: Kalke, die vorwiegend aus Calciumoxid und Magnesiumoxid bestehen und durch Brennen von Kalkstein und/oder dolomitischem Gestein hergestellt werden. Beim Kontakt mit Wasser reagieren die ungelöschten Kalke exotherm. Ungelöschte Kalke werden in verschiedenen Korngrößen stückig bis feingemahlen angeboten.

3.2 Bedeutung und Begriffe

Wasserkalk
schwach hydraulischer, unterhalb der Sintergrenze aus mergeligem Kalkstein gebrannter Kalk, der sich durch Zusammenwirken von Carbonaterhärtung und hydraulischer Erhärtung verfestigt.

Weißfeinkalk – CaO
feingemahlener Branntkalk bestimmter chemischer Zusammensetzung und Feinheit.

Weißkalk – CaO
durch Brennen unterhalb der Sintergrenze aus reinem Kalkstein hergestellter Branntkalk mit $\geq 80\%$ CaO + MgO, in stückiger oder gemahlener Form, erhärtet durch die Aufnahme von Kohlensäure aus der Luft.

3 Hydroxide

Calciumhydroxid – $Ca(OH)_2$
Mineralname Portlandit (Abbildung 3.2.9); Molekulargewicht 74,09 g/mol; besteht aus 75,68% CaO und 24,32% H_2O.

Kalkhydrat
gemäß DIN 1060-1: gelöschte Kalke, die vorwiegend aus Calciumhydroxid bestehen.

Abb. 3.2.9: REM-Aufnahme von Portlandit

Weißkalkhydrat – Ca(OH)$_2$
Kalkhydrat durch Ablöschen des Branntkalkes entstandenes pulverförmiges Produkt, dessen Hauptbestandteil Ca(OH)$_2$ ist; die Menge des Löschwassers deckt gerade den Verbrauch der chemischen Reaktion, so daß das Kalkhydrat nur einen unwesentlichen Gehalt an Feuchtigkeit aufweist.

Carbidkalke/Carbidkalkhydrat
gemäß DIN 1060-1: gelöschte Kalke, die als Nebenprodukt bei der Herstellung von Acetylen aus Calciumcarbid entstehen.

Dolomitkalkhydrat
durch Ablöschen von Dolomitkalk hergestelltes pulverförmiges Hydrat mit Magnesiumoxidgehalt $\geq 10\%$; gemäß DIN 1060-1: gelöschte Kalke, die vorwiegend aus Calciumhydroxid, Magnesiumhydroxid und Magnesiumoxid bestehen.

Halbgelöschte Dolomitkalke
gemäß DIN 1060-1: Dolomitkalkhydrate, die vorwiegend aus Calciumhydroxid und Magnesiumoxid bestehen.

Vollständig gelöschte Dolomitkalke
gemäß DIN 1060-1: Dolomitkalkhydrate, die vorwiegend aus Calciumhydroxid und Magnesiumhydroxid bestehen.

Fettkalk = Speckkalk – Ca(OH)$_2$
frühere Bezeichnung für „fetten" (= plastischen) Kalkteig.

Hydraulischer Kalk
gemäß DIN 1060-1: Kalke, die vorwiegend aus Calciumsilicaten, -aluminaten und Calciumhydroxid bestehen und durch Brennen von tonhaltigem Kalkstein und nachfolgendem Löschen und Mahlen und/oder durch Mischen von geeigneten Stoffen und Calciumhydroxid hergestellt werden.
Diese Kalke erstarren und erhärten unter Wasser. Atmosphärisches Kohlenstoffdioxid trägt zum Erhärtungsprozeß bei. Sie enthalten mindestens 3% freien Kalk.

Natürlicher hydraulischer Kalk
gemäß DIN 1060-1: Hydraulische Kalke, die durch Brennen (unter 1250 °C) von mehr oder weniger tonhaltigem Kalkstein, zu Pulver gelöscht, mit oder ohne Mahlung, entstehen.

Kalkbrei = Kalkteig – Ca(OH)$_2$
dickflüssige Suspension von Kalkhydrat in Wasser; entsteht z.B. durch Ablöschen des Kalkes mit mäßigem Wasserüberschuß.

Kalkmilch – Ca(OH)$_2$
dünnflüssige Suspension von Kalkhydrat in Wasser; entsteht z.B. durch Ablöschen von Kalk mit großem Wasserüberschuß.

3.2 Bedeutung und Begriffe

Kalkwasser – $Ca(OH)_2$
wasserklare, gesättigte Lösung von Calciumhydroxid.

Kalkmörtel
Mischung aus Baukalk, Mörtelsand und Wasser und ggf. Zusatzmitteln.

Löschgrieße
beim Löschen des stückigen Kalkes anfallende grobe Bestandteile von Hydraten, Carbonaten, Oxiden, Silicaten usw.

Löschkalk – $Ca(OH)_2$
umgangssprachliche Bezeichnung für Kalkhydrat.

Magerkalk – $Ca(OH)_2$
umgangssprachliche Bezeichnung für mageren (= wenig plastischen) Kalkteig.

Mauerkalk – $Ca(OH)_2$
umgangssprachliche Bezeichnung für Weißfeinkalk oder Kalkhydrat.

Muschelkalk
gemäß DIN 1060-1: gelöschte Kalke, die durch Brennen von Muscheln und nachfolgendem Löschen entstehen.

Putzkalk – $Ca(OH)_2$
umgangssprachliche Bezeichnung für Weißfeinkalk oder Kalkhydrat.

Traßkalk
aus Kalkhydrat und gemahlenem Traß hergestelltes hydraulisches Bindemittel (ggf. auch mit Zementzusatz).

Die vorstehend genannten Baukalke werden nach der neuen DIN 1060 z.T. anders benannt (Tabelle 3.2.1):

Tab. 3.2.1: Gegenüberstellung der Normbezeichnungen für Baukalke

DIN 1060 (alt)	DIN 1060 (neu)		DIN 1060 (alt)	DIN 1060 (neu)	
Weißfeinkalk			Hydraulischer Kalk	Hydraulischer Kalk 2	HL 2
Weißstückkalk	Weißkalk 90	CL 90	Hochhydraulischer Kalk	Hydraulischer Kalk 3,5	HL 3,5
Weißkalkhydrat				Hydraulischer Kalk 5	HL 5
Weißkalkteig					
Carbidkalkteig	Weißkalk 80	CL 80	Anmerkung: Natürlicher Hydraulischer Kalk wird als NHL in der entsprechenden Festigkeitsklasse bezeichnet.		
Carbidkalkhydrat					
Wasserfeinkalk	Weißkalk 70	CL 70			
Wasserkalkhydrat					
Dolomitfeinkalk	Dolomitkalk 85	DL 85			
Dolomitkalkhydrat					
	Dolomitkalk 80	DL 80			

3.3 Kalkstein

3.3.1 Entstehung und Einteilung

Calciumcarbonat tritt als Calcit, untergeordnet auch als Aragonit, gesteinsbildend in nahezu allen geologischen Formationen seit dem jüngeren Präkambrium auf. Kalksteine sind zwar nur zu etwa 0,25% am Aufbau der äußeren Erdkruste beteiligt, bilden jedoch das dritthäufigste Sedimentgestein nach Tonschiefern und Sandsteinen.

Calciumcarbonat tritt kristallin in 3 Modifikationen auf, deren Stabilität in der Reihenfolge Vaterit, Aragonit und Calcit zunimmt. Calcit kristallisiert trigonal, Aragonit orthorhombisch und Vaterit hexagonal (Abbildung 3.3.1).

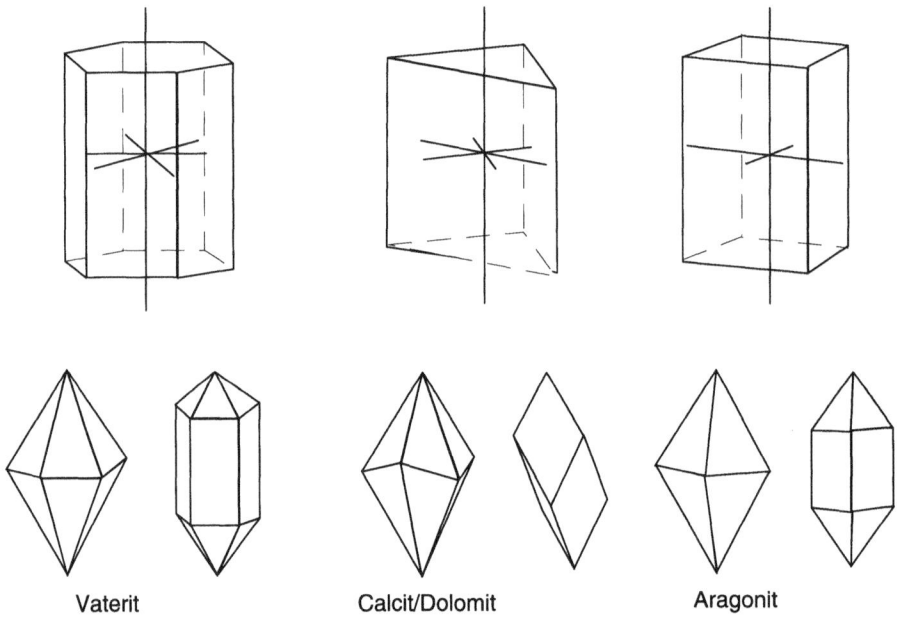

Abb. 3.3.1: Kristallmodelle von Vaterit, Calcit und Aragonit

Zwischen dem hexagonalen und dem trigonalen System bestehen enge Beziehungen. Deshalb können Minerale bestimmter Kristallklassen – z.B. auch der Vaterit – diesen beiden Systemen zugeordnet werden. Vor dem Vaterit wäre noch das amorphe Calciumcarbonat einzuordnen, das bei schneller Fällung aus konzentrierten Lösungen entstehen kann. Alle Modifikationen haben das Molekulargewicht 100,09 g/mol und bestehen zu 56,03% aus CaO und 43,97% CO_2. Einige physikalische und kristallografische Daten der drei Modifikationen zeigt Tabelle 3.3.1.

Die wichtigste Eigenschaft der Carbonate ist ihre Zersetzung in CaO und CO_2 bei hohen Temperaturen. Unter normalen Temperaturbedingungen ist Calcit die stabile Form, Aragonit und Vaterit sind metastabil. Bei hohem Druck ist Aragonit die stabile Modifikation des Calciumcarbonates.

Die Zusammensetzung und die Eigenschaften der Kalkgesteine sind je nach Entstehungsbedingungen starken Schwankungen unterworfen. Kalksteine gehören zu den Sedimentgesteinen, die je nach Entstehung in chemische, organogene und klastische Sedimente eingeteilt werden. Der überwiegende Teil der Kalksteine ist den organogenen Sedimenten zuzurechnen, ein kleiner Teil ist durch Ausfällung aus übersättigten wässrigen Lösungen als chemisches Sediment entstanden. Es kann aber auch zur Ausbildung klastischer Kalksedimente kommen, wenn die ursprünglich chemisch oder organogen gebildeten Carbonatgesteine physikalisch zerstört und an anderer Stelle wieder abgesetzt werden.

Calcit tritt in der Natur in den verschiedensten Formen auf: von den kleinsten, fast amorph erscheinenden Teilchen in der Kreide bis hin zu großen Kristallen. Die reinste Form des natürlichen Calcits ist der isländische Doppelspat, der farblos und durchsichtig ist. Kalkstein ist jedoch überwiegend undurchsichtig. Seine Farbigkeit hängt von der Art und Menge der Fremdstoffe ab. Hellgrau, dunkelgrau bis schwarz erscheinen kohlenstoffhaltige Kalksteine. Tonbeimengungen verursachen durch die Gegenwart von Eisenverbindungen gelbliche bis bräunliche Färbungen. Die Farbenvielfalt des Kalksteins äußert sich vor allen Dingen beim Marmor, der von weiß über rosa, gelb, grün, braun bis zu tiefem schwarz in der Natur vorkommt. Reiner Kalkstein ist meist blaugrau bis mittelgrau. Dolomitische Kalksteine sind im allgemeinen graubraun.

Tab. 3.3.1: Einige physikalische und kristallografische Daten von Calciumcarbonat (k. A.: keine Angaben)

	Calcit	Aragonit	Vaterit
Kristallsysteme	trigonal	rhombisch	hexagonal
Abmessungen der Elementarzelle (nm)	$a_0 = 0{,}499$ $c_0 = 1{,}706$	$a_0 = 0{,}494$ $b_0 = 0{,}794$ $c_0 = 0{,}572$	$a_0 = 0{,}411$ $c_0 = 0{,}851$
Reindichte (g/cm³)	2,710	2,929	2,65
Härte (Mohs)	3,0	3,5 – 4,0	k. A.
Farbe	farblos, weiß, gelb, braun	farblos, weiß, grau, rot	k. A.
Spaltbarkeit/Bruch	spätig bis muschelig	undeutlich, muschelig	k. A.
Zersetzungstemperatur (°C)	898	898	898
Umwandlungstemperatur in Calcit (°C)	–	450	360 – 430
Therm. Ausdehn.koeffizient α in K^{-1} parallel zu c senkrecht zu c	$25 \cdot 10^6$ $5 \cdot 10^6$	$\alpha_a\ 10 \cdot 10^6$ $\alpha_b\ 16 \cdot 10^6$ $\alpha_c\ 32 \cdot 10^6$	k. A.

Für die physikalischen Eigenschaften des Kalksteins ist neben der Porosität vor allem die Kristallgröße des Calcits von Bedeutung. So sind die feinen Teilchen der Kreide in Verbindung mit einer hohen Porosität die Ursache für deren lockeres, erdiges Aussehen. Die Massenkalke des Devon weisen hingegen ein feinkörnig kristallines Gefüge mit niedriger Porosität und hoher Festigkeit auf. Marmor ist ein metamorpher Kalkstein, dessen makroskopisch gleichmäßige Kristalle fest miteinander verbunden sind.

Chemische Kalksteinbildung

Für die anorganisch-chemische Bildung von Calciumcarbonat sind das Löslichkeitsprodukt des $CaCO_3$

$$[Ca^{2+}] \cdot [CO_3^{2-}] = L \ (4{,}8 \cdot 10^{-9} \ mol^2/l^2; \ 25 \ °C)$$

und die Dissoziationsstufen der Kohlensäure bestimmend. Bei Überschreitung des Löslichkeitsproduktes kommt es zur Ausfällung des Calciumcarbonats.

Die Gleichung für die Bildung des Calciumcarbonats beschreibt in der umgekehrten Reaktion den Verwitterungsprozeß aller kalkhaltigen Baustoffe (Naturstein, Beton, Mörtel etc.).

$$Ca(HCO_3)_2 \rightleftarrows CaCO_3 + H^+ + HCO_3^- \rightleftarrows CaCO_3\downarrow + H_2O + CO_2\uparrow$$

Von großer Bedeutung für die Calciumcarbonatbildung ist die Temperaturabhängigkeit der Kohlendioxidlöslichkeit in Wasser. Diese nimmt mit steigender Temperatur ab. Fremdionen erhöhen i.a. die Löslichkeit.

Mit der anorganischen Calciumcarbonatbildung geht oft gleichzeitig die biochemische Calciumcarbonatbildung vonstatten. Bei der biochemischen Calciumcarbonatbildung wird das Gleichgewicht im System CO_2–H_2O–CaO durch den Stoffwechsel von Pflanzen und Tieren gestört. Pflanzen entziehen durch Assimilation dem Wasser CO_2, wodurch Calciumcarbonat ausfällt. Das ist z.B. bei manchen Kalktuffen und der Seekreide zu beobachten.

Organogene Kalksteinbildung

Viele Lebewesen bauen ihre Schalen und Gerüste aus Kalk auf, wodurch es nach dem Tod der Organismen und der Verwesung der Überreste zur ausgedehnten Sedimentation auf dem Meeresboden kommt.

Einteilung der kalksteinbildenden Organismen:
- Pflanzen
  - benthonische (festsitzende) Kalkalgen: z.B. Halimeda
  - planktonische (passiv schwimmende) Kalkalgen: Kokkolithoporiden
- Tiere
  - benthonisch: Korallen, Kalkschwämme, Foraminiferen, Mollusken etc.
  - planktonisch: Foraminiferen, Pteropoden
  - nektonisch (aktiv schwimmend): Crustaceen

3.3 Kalkstein

Klastische Kalksteinbildung

Klastische Kalkgesteine entstehen durch Zerstörung und Umlagerung bereits verfestigter Anhäufungen von $CaCO_3$-Aggregaten. Sie können nach der Korngröße wie klastische Sedimente gegliedert werden.

- Loskalke
  - bestehen aus lockeren Einzelkörnern,
- Sekundäre Festkalke
  - entstehen durch Diagenese aus losen Kalksedimenten.

Diagenese der Kalksedimente

Durch erhöhte Drücke und veränderte Temperaturbedingungen kommt es zur Sammelkristallisation im ursprünglichen Gefüge, wodurch oft locker gepackte Kalksedimente zu festem Gestein umgebildet werden. Hohe Drücke und Temperaturen bei der Tiefen- oder Regionalmetamorphose führten unter Neukristallisation des primären Stoffbestandes zu einer vollkommenen Veränderung der Gesteinsstruktur.

Es lassen sich folgende Kalksteinvarietäten unterscheiden:

- **Marmor**, überwiegend grobkörnig, entsteht durch Umkristallisation bei Gebirgsbildungen
- **Oolithischer Kalkstein**, aufgebaut aus kugeligen oder eiförmigen, konzentrischschaligen Aggregaten (Ooiden) aufgebaut (Abbildung 3.3.2)
- **Dichter Kalkstein**, meist organogener Entstehung; muscheliger bis splittriger Bruch, vielfarbig, Textur ist schichtig-gebankt oder massig (Massenkalk); Verunreinigungen durch: Ton Kieselsäure, bituminöse Stoffe etc.
- **Gebänderter Kalk**, dicht, oft fein gebändert, z.T. mit achatartiger Textur
- **Erdiger Kalkstein**, zerreibbar und mürbe, z.B. Schreibkreide

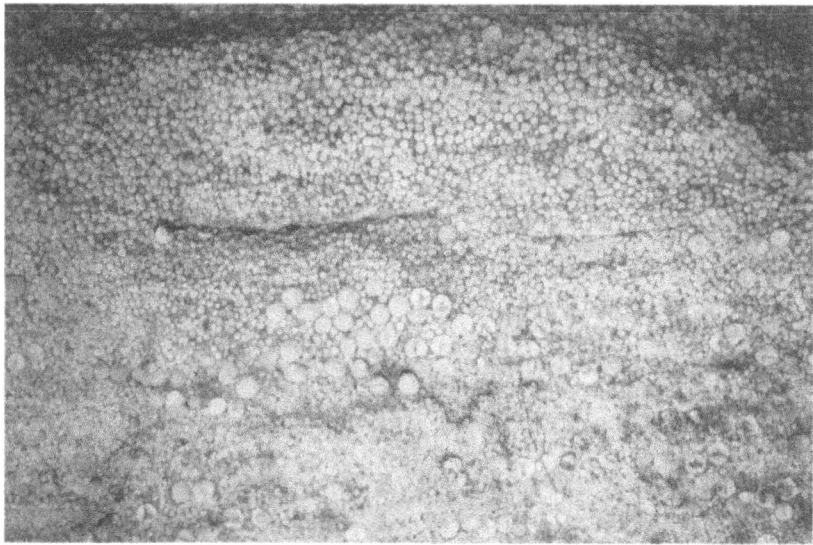

Abb. 3.3.2: Oolithischer Kalkstein („Rogenkalk") an einer Natursteinmauer

3.3.2 Mineralogisch-petrografische und chemische Zusammensetzung

Neben den reinen Kalksteinen mit $CaCO_3$-Gehalten > 90% bzw. 95% treten gleitende Übergänge innerhalb der Reihe der Sandsteine, der Tongesteine und zum Dolomit auf.

3.3.2.1 Übergang Kalkstein–Dolomit

Hauptbestandteil des Gesteines Dolomit ist das Mineral Dolomit, ein Doppelsalz mit einem molaren $CaCO_3/MgCO_3$-Verhältnis von 1:1. Im Kristallgitter des trigonal-rhomboedrischen Dolomits ist im Vergleich zum Calcit die Hälfte der Ca^{2+}-Ionen durch Mg^{2+}-Ionen ersetzt.

Vom molaren Verhältnis 1:1 wesentlich abweichende Werte beruhen auf Verwachsungen von Dolomit und Calcit bzw. Dolomit und Magnesit. Diese Verwachsungen können von submikroskopischer Größenordnung sein. Vom Dolomit zum Ankerit $Ca(Fe, Mg, Mn)(CO_3)_2$ (auch als Eisendolomit oder eisensubstituierter Dolomit bezeichnet) besteht jedoch eine echte Mischkristallbildung (Abbildung 3.3.3).

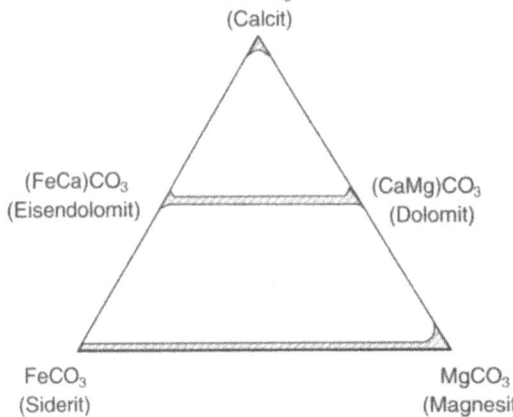

Abb. 3.3.3: Mischkristallbildung im System $CaCO_3$-$MgCO_3$-$FeCO_3$

Tabelle 3.3.2 zeigt die möglichen Übergänge zwischen Kalkstein und Dolomit. Tabelle 3.3.3 veranschaulicht diese Übergänge anhand der chemischen Zusammensetzung einiger ausgewählter Kalksteine (Italien, BRD, USA).

Tab. 3.3.2: Übergänge Kalkstein–Dolomit

Gesteinstyp	Calcit in %	Dolomit in %
Kalkstein	> 95	< 5
Magnesiumoxidhaltiger Kalkstein	90 ... 95	5 ... 10
Dolomitischer Kalkstein	50 ... 90	10 ... 50
Calcitischer Dolomit	10 ... 50	50 ... 90
Dolomit	< 10	> 90

3.3 Kalkstein

Tab. 3.3.3: Analysen einiger typischer Carbonatgesteine
(1, 2, 3: reiner Kalkstein; 4, 5: Übergang Kalkstein–Dolomit; 6: reiner Dolomit)

	1 Travertin Ehringsdorf in %	2 Carrara in %	3 Rheinland in %	4 Pennsylvanien in %	5 New York in %	6 Ohio in %
CaO	54,7	55,60	54,50	38,90	45,65	29,45
MgO	–	0,58	0,87	2,72	7,07	21,12
SiO_2	0,5	0,14	0,70	19,82	2,55	0,14
Al_2O_3	0,8	0,04	0,33	5,40	0,23	0,04
Fe_2O_3	0,04	0,01	0,10	1,60	0,20	0,10
SO_3	–	–	0,03	–	0,33	–
P_2O_5	–	–	–	–	0,04	0,05
Na_2O	0,02	–	0,01	–	0,01	0,01
K_2O	0,04	0,01	0,12	–	0,03	0,01
CO_2	43,90	43,60	42,80	33,10	43,60	46,15
H_2O	–	–	–	–	0,23	0,16

Die in den Tabellen aufgeführten Mischgesteine sind jedoch zu unterscheiden von MgO-führenden Carbonatgesteinen, bei denen das MgO in mehr oder minder großem Umfang in das Gitter des Calcites eingebaut ist. Diese Verbindungen werden als Magnesiacalcite bezeichnet.

3.3.2.2 Übergang Kalkstein–Ton

Kalkstein-Ton-Gemische werden in Abhängigkeit vom Calciumcarbonatgehalt folgendermaßen bezeichnet:

Gesteinstyp	$CaCO_3$ in %
Hochprozentiger Kalkstein	> 95
Mergeliger Kalkstein	85 – 95
Mergelkalkstein	75 – 85
Kalkmergel	65 – 75
Mergel	40 – 65
Tonmergel	10 – 40
Mergeliger Ton	2 – 10
Hochprozentiger Ton (Kaolin)	0 – 2

Tabelle 3.3.4 zeigt die Übergänge zwischen Kalkstein und Ton sowie Möglichkeiten der Rohstoffverwendung in der Baustoffindustrie.

Tab. 3.3.4: Übersicht der Kalk-Ton-Gesteine und ihrer industriellen Verwendung

CaCO$_3$								
95%	85%	75%	65%	35%	25%	15%	5%	
Hochproz. Kalkstein	Mergeliger Kalk	Mergelkalk	Kalkmergel	Mergel	Tonmergel	Mergelton	Mergeliger Ton	Kaolin
5%	15%	25%	35%	65%	75%	85%	95%	
				Ton				

	10%	25%	30%	40%		75%	90%	
Weißkalk	Wasserkalk	hydraul. Kalk	Hochhydraul. Kalk	Portlandzement		Ziegelton	Feuerfester Ton	
	90%	75%	70%	60%		25%	10%	
				CaCO$_3$				

3.3.2.3 Übergang Kalkstein–Sandstein

Die Übergänge Kalkstein–Sandstein gibt Tabelle 3.3.5 wieder.

Tab. 3.3.5: Übergänge Kalkstein–Sandstein

Sandstein	kalkiger Sandstein	sandiger Kalkstein	Kalkstein
10%	50%	90%	100%

CaCO$_3$

3.3.3 Chemische und physikalische Eigenschaften

Kalkstein weist nach Mohs eine Härte zwischen 2 und 4 auf und läßt sich mit einem Messer ritzen. Mit zunehmendem geologischen Alter einer Kalksteinformation steigen deren Dichte, Härte und Festigkeit. Tabelle 3.3.6 zeigt Richtwerte für die Rohdichte und Porosität verschiedener Carbonatgesteine nach SCHIELE/BERENS. Die Gesamtporosität von Carbonatgesteinen liegt zwischen 0,1 und 30 Vol.-%. Sie kann in Ausnahmefällen auch 40 Vol.-% überschreiten. Die höchste Dichtigkeit weist Marmor mit < 0,1 Vol.-% auf. Die Rohsteine werden anhand ihrer Porosität folgendermaßen bewertet:

- ≤ 0,8 Vol.-%   dicht
- ≤ 2 Vol.-%   gering porig
- ≤ 5 Vol.-%   porig
- \> 5 Vol.-%   stark porig bis zellig

3.3 Kalkstein

Tab. 3.3.6: Richtwerte für die Rohdichte und Porosität verschiedener Carbonatgesteine

Gesteinsart	Porosität in Vol%	Rohdichte in g/cm³
Kalkstein	0,1 bis 30	1,90 bis 2,80
Marmor	0,1 bis 2,0	2,70 bis 2,80
Kreide	15 bis > 40	1,50 bis 2,30
Dolomit	< 1 bis 10	2,60 bis 2,90

Die Druckfestigkeit von Kalkgesteinen liegt nach BOYNTON (in SCHIELE/BERENS) zwischen 8 und 200 N/mm². Marmor und Travertin liegen dabei an der oberen und Kreide sowie Mergel an der unteren Grenze. Bei der Verwendung von Kalkstein als Splitt oder Schotter im Straßenbau kommt der Widerstandsfähigkeit gegen Zertrümmerung durch Schlag (DIN 52115, Teil 3) eine größere Bedeutung zu als der Druckfestigkeit.

Die DIN 52100 gibt für Carbonatgesteine folgende Richtzahlen für die Auswahl und Bewertung für Naturwerkstein (Tabelle 3.3.7):

Tab. 3.3.7: Richtzahlen für die Auswahl und Bewertung von Kalksteinen

Gesteins-gruppen	Rohdichte g/cm³	Reindichte g/cm³	Porosität Vol.-%	Wasser-aufnahme %	Druck-festig-keit N/mm²	Biegezug-festigkeit N/mm²
Kalkstein dicht (fest) einschließlich Dolomit Marmor	2,65 - 2,85	2,70 - 2,90	0,5 - 2,0	0,2 - 0,6	80 - 180	6 - 15
Kalkstein sonstige einschließlich Konglomerate	1,70 - 2,60	2,70 - 2,74	0,5 - 30	0,2 - 10	20 - 90	5 - 8
Travertin	2,40 - 2,50	2,69 - 2,72	5 - 12	2 - 5	20 - 60	4 - 10

Kalkstein reagiert mit nahezu allen starken Säuren unter Bildung des entsprechenden Calciumsalzes und Kohlendioxidentwicklung. Die Reaktionsgeschwindigkeit des Kalksteins ist von den vorhandenen Verunreinigungen und von seiner Kristallitgröße abhängig. Dolomit ist reaktionsträger als Kalkstein. Dolomit wird erst von erwärmter, verdünnter Salzsäure angegriffen, während reiner Kalkstein bereits in verdünnter, kalter Salzsäure aufschäumt.

Chlor und Chlorwasserstoff reagieren im trockenen Zustand bei Raumtemperatur äußerst langsam mit $CaCO_3$ und erst ab 600 °C schneller unter Bildung von $CaCl_2$. Stickstoffdioxid reagiert bereits bei 15 °C mit $CaCO_3$ unter Bildung von $Ca(NO_3)_2$, NO und CO_2. In Gegenwart von SO_2-haltiger, feuchter Luft kann es langfristig zur Reaktion mit $CaCO_3$ unter Bildung von Gips ($CaSO_4 \cdot 2H_2O$) kommen.

Der pH-Wert einer $CaCO_3$Lösung in reinem, CO_2-freiem Wasser liegt zwischen 9,5 und 10,2 (Raumtemperatur); in luftgesättigtem Wasser liegt er bei 8,0 bis 8,6.

3.3.4 Kalksteinvorkommen in Deutschland

Wie bereits erwähnt, tritt der Calcit in fast allen Formationen seit dem jüngeren Präkambrium gesteinsbildend auf. Einen Überblick über industriell genutzte Kalksteinvorkommen und deren geologisches Alter gibt Tabelle 3.3.8. Dabei hängt die Verwendung von den geochemischen und petrophysikalischen Eigenschaften des Karbonatgesteines ab. So wird z.B. unterschieden, ob die Rohstoffe einen Hochtemperaturprozeß durchlaufen oder bereits nach der Aufbereitung Finalprodukte darstellen.

Tab. 3.3.8: Kalksteinvorkommen in Deutschland

Vorkommen/Ort	Zeitalter/ Formation	Geologische Kennzeichnung des Vorkommens	Verwendung
Bodenseegebiet, Mainzer Becken, Voralpengebiet, Thüringer Becken (bei Jena, Weimar, Bad Langensalza)	Känozoikum/ Quartär, Tertiär	Travertin, Kalktuff, dichte und erdige Kalkablagerungen	Werkstein, Baukalk, Glasindustrie
Münstersche Ebene, Beckum-Ennigerloh, Harzvorland, Schleswig-Holstein (Hemmoor), Mecklenburg (Rügen)	Mesozoikum/ Kreide	Schreibkreide und Kalkstein, toniger Kalkstein	Baukalk, Zement, Schlämmkreide
Schwäbisch-fränkischer Jura, NW-Deutschland, Rhein-Donau-Raum	Mesozoikum/ Jura	Kalkmergel, Kalkstein und Dolomit	Zement, Werkstein
Rheinland-Pfalz, Saargebiet, NW-, Mitteldeutschland, Fränkisches Becken, (Themar), Thüringer Becken (Deuna), Querfurt-Naumburger Mulde (Karsdorf)	Mesozoikum/ Trias	Kalkstein und Dolomit	Zemente, Baukalk, Werkstein, Schotter
Randzonen des Harzes und Thüringer Beckens (Geraer Vorsprung), Vogtland, Thüringer Wald	Paläozoikum/ Perm	Kalkstein, dolomitischer Kalkstein und Dolomit	Metallurgie, Düngekalk, Splitt, Sinterdolomit
Rheinisches Schiefergebirge (Raum Aachen)	Paläozoikum/ Karbon	Kalkstein und Dolomit (Kohlenkalk)	Werkstein
Rheinisches Schiefergebirge, Harz, Vogtland, Thüringer Schiefergebirge	Paläozoikum/ Devon	Kalkstein und Dolomit, Kalkknotenschiefer	Baukalk, Werkstein, Splitt, Schotter
Unterharz, Thüringer Schiefergebirge	Paläozoikum/ Silur	dolomitischer Kalkstein	Werkstein
Erzgebirge, Elbtal-Schiefergebirge, Nossen-Wilsdruffer Schiefergebirge	Paläozoikum/ Kambrium bis Devon	Kalkstein und Dolomit, marmorartig	Baukalk

Wichtige petrophysikalische Beurteilungskriterien sind z.B. die Druckfestigkeit R, der Schneiddruckwiderstand R_{Sch} und der spezifische Grabwiderstand G_{sp}. Dementsprechend wird unterschieden in:

- Festgesteine mit R > 20 N/mm^2
- Lockergesteine mit R < 20 N/mm^2
  - mit R_{Sch} < 20 N/mm^2
  - mit G_{sp} $< 1{,}0$ N/mm^2

Die Festgesteine werden unterteilt in:

- Hartgesteine mit R > 180 N/mm^2
- Weichgesteine mit R $20 \ldots 180$ N/mm^2

3.3.5 Gewinnung und Aufbereitung

Die Gewinnung mittelfester Gesteine mit Druckfestigkeiten von 20 N/mm^2 bis 180 N/mm^2 (= Weichgesteine; ca. 90% der Karbonatgesteine) erfolgt in folgenden Prozessen:

- Abraumbeseitigung

  Die Abraumbeseitigung erfolgt in Abhängigkeit von der Mächtigkeit des Karbonatgesteines in der Lagerstätte:

  < 2 m: mit Planierraupe und LKW

  < 10 m: mit Löffelbagger und Schwerlasttransporter oder Motorscraper und Schürfkübelraupe

  > 10 m: mit Schaufelrad - bzw. Eimerkettenbagger

- Herauslösen des Karbonatgesteins aus dem Gesteinsverband durch Sprengarbeit oder das Aufreißverfahren

  - **Sprengen**: Dabei kommen Großlochbohrgeräte zum Einsatz mit Teufenkapazitäten zwischen 60 und 100 m und Bohrlochdurchmessern von 75 und 90 mm. Die Bohrlöcher werden mit einer Neigung von 70° zur Wand angeordnet. Es werden Ein - und Zweireihensprengungen vorgenommen, wobei die Zündung in den einzelnen Bohrlöchern um Millisekunden versetzt erfolgt.

  - **Aufreißverfahren**: Das Aufreißen des Gesteins durch schwere Raupen mit Aufreißeinrichtung gestattet eine gefahrlose und kontinuierliche Gewinnung des Kalksteines.

  - **Aufnahme und Transport** des Haufwerks

  - **Vorzerkleinerung** in Brechanlagen und **Klassieren**

Abbildung 3.3.4 zeigt die diskontinuierliche und kontinuierliche Förderung und Vorzerkleinerung am Beispiel eines Kalksteintagebaus.

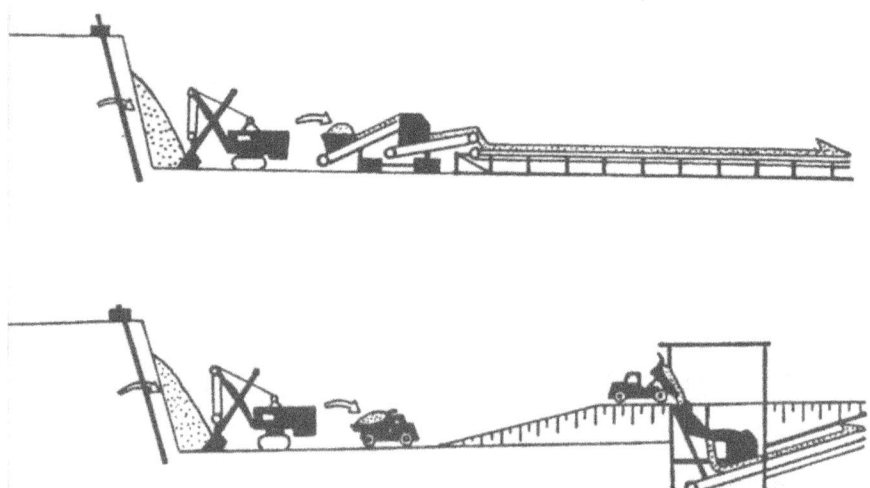

Abb. 3.3.4: Kontinuierliche und diskontinuierliche Förderung und Vorzerkleinerung im Kalksteintagebau

3.4 Branntkalk

Gemäß DIN 1060-1 wird Branntkalk folgendermaßen definiert:

Branntkalke sind ungelöschte Kalke, die vorwiegend aus Calciumoxid bestehen.

Calciumoxid existiert nur in einer Modifikation und besitzt eine Molekülmasse von 56,08 g/mol. Einige wichtige Parameter des Calciumoxides zeigt Tabelle 3.4.1.

Tab. 3.4.1: Einige physikalische und kristallografische Daten von Calciumoxid

	Calciumoxid CaO
Raumgruppe/Kristallsystem	kubisch
Abmessungen der Elementarzelle	$a = 0{,}479 - 0{,}481$ nm
Reindichte	$3{,}15 - 3{,}4\ (3{,}35)$ g/cm^3
Härte	2 bis 5 Mohs (je nach Brenngrad)
Farbe	weiß, grau bis braun
Spaltbarkeit	parallel zu (100): vollkommen spaltbar längs zu (111): gering spaltbar
Schmelztemperatur	2570 °C

3.4 Branntkalk

Branntkalk (CaO) wird technisch durch Entsäuern des Kalksteins ($CaCO_3$) bei Temperaturen oberhalb 900 °C, üblicherweise zwischen 1000 und 1300 °C, hergestellt. Die Branntkalkeigenschaften werden maßgeblich durch das Brennverhalten des Kalksteins bestimmt, dessen chemische und physikalische Beschaffenheit aufgrund seiner geologischen Entstehung sehr unterschiedlich sein kann (siehe Punkte 3.3 bis 3.4). Der Brenngrad während der Entsäuerung wird durch die Brenntemperatur und die Dauer ihrer Einwirkung bestimmt.

3.4.1 Entsäuerung des Kalksteins

Wie bereits unter 3.1 erwähnt, ist die wichtigste Eigenschaft der Carbonate ihre Zersetzung in CaO und CO_2 bei hohen Temperaturen. Die Entsäuerung, auch Dissoziation genannt, läuft bei Temperaturen zwischen 896 und 910 °C (800 bis 1000 °C) nach folgender endothermer Reaktion ab:

$$CaCO_3 \rightarrow CaO + CO_2 \quad \text{mit } \Delta H_R = +178 \text{ kJ/mol}$$

Die Dissoziationstemperatur und das Brennverhalten sind von vielen Faktoren abhängig. Dazu gehören:

- die Kalksteinart,
- die Verunreinigungen im Kalkstein,
- der Gitterzustand des Calcites,
- die Korngröße und der
- der CO_2-Partialdruck im Brennaggregat.

Beim Brennen nach o.g. Reaktion entstehen aus 100 g $CaCO_3$ etwa 56 g CaO und 44 g CO_2. Volumenkonstanz vorausgesetzt, bildet sich ein hochporöser Körper mit einem Porenvolumen von 52 Vol.-%. MURRAY (in SCHIELE/BERENS) lieferte eine schematische Darstellung der Vorgänge bei der Entsäuerung von Kalkstein bei steigender Brenntemperatur (Abbildung 3.4.1). Dabei werden folgende Zustände unterschieden:

a) Kalkstein bei Raumtemperatur
b) Ausdehnung vor Beginn der Entsäuerung
c) Beginn der oberflächlichen Entsäuerung
d) Zersetzung ist beendet; die CaO-Kristallite wachsen; das Probenvolumen ändert sich noch nicht wesentlich, während das Porenvolumen ein Maximum erreicht
e) die CaO-Kristallite wachsen weiter und sintern zusammen; das Porenvolumen nimmt ab, ebenso das Probenvolumen

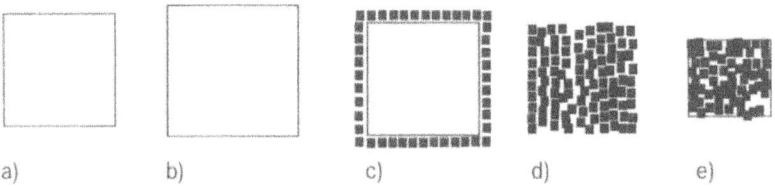

Abb. 3.4.1: Schematische Darstellung der Vorgänge bei der Entsäuerung von Kalkstein

Der Reaktionsablauf der Kalksteinzersetzung ist dadurch gekennzeichnet, daß die Zersetzungsreaktion in einer Zersetzungsfront (Reaktionszone) erfolgt, in der der unzersetzte $CaCO_3$-Kern und die entstandene CaO-Schale aneinander grenzen (Abbildung 3.4.2). Die Reaktionszone bewegt sich mit bestimmter Geschwindigkeit von der Kugeloberfläche zum -mittelpunkt. Dabei wird von der Umgebung Wärme auf die Kugel übertragen und CO_2 freigesetzt. Es laufen folgende Reaktionsschritte ab (SEIDEL et al.):

① Wärmeübergang von der Umgebung auf die Teilchenoberfläche (meist durch Konvektion),
② Wärmeleitung durch die bereits zersetzte Schicht zur Reaktionszone,
③ Chemische Reaktion in der Reaktionszone; dabei Verbrauch der zugeführten Wärmemenge,
   CO_2-Abspaltung, Keimbildung und -wachstum sowie Rekristallisation des gebildeten CaO,
④ Diffusion des CO_2 durch die CaO-Schicht zur Teilchenoberfläche,
⑤ Stoffübergang von der Teilchenoberfläche an die Umgebung.

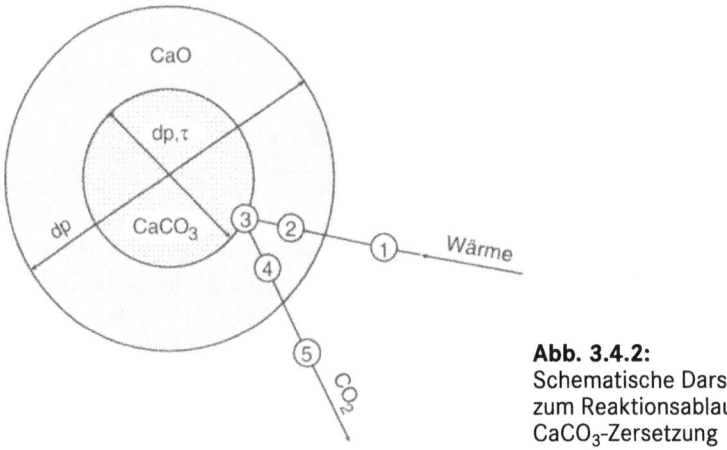

Abb. 3.4.2:
Schematische Darstellung zum Reaktionsablauf der $CaCO_3$-Zersetzung

Die Reaktionsgeschwindigkeit ist eine Funktion der Geschwindigkeiten der fünf Teilschritte. Liegen die Geschwindigkeiten der Teilschritte in der gleichen Größenordnung, so stellt sich ein Gleichgewicht ein und die summarische Reaktionsgeschwindigkeit und die Geschwindigkeit der Einzelschritte sind gleich groß. Verläuft ein Schritt extrem langsam, wird er geschwindigkeitsbestimmend für den Gesamtprozeß. Welcher der Schritte geschwindigkeitsbestimmend ist, hängt von der Kalksteinkorngröße, der Temperatur und dem CO_2-Partialdruck der Umgebung ab.

3.4 Branntkalk

Die Entsäuerungszeit ist abhängig von:

- der Kalksteindichte ϱ_{CaCO_3},
- der Zersetzungsenthalpie Δh_t,
- der Korngröße d_p,
- der Temperaturdifferenz oder der CO_2-Partialdruckdifferenz,
- der Wärmeübergangszahl α, Stoffübergangszahl β oder der Wärmeleitfähigkeit λ.

Die mathematische Verknüpfung dieser Einflußgrößen zur Berechnung der Entsäuerungszeit ist davon abhängig, welcher Schritt geschwindigkeitsbestimmend ist. Dabei wird in allen Fällen von isothermen Bedingungen ausgegangen.

Bei großen Korngrößen (stückigem Kalkstein), hohen Umgebungstemperaturen und geringen CO_2-Partialdrücken dominieren der Wärmeübergang und die Wärmeleitung (Teilschritte 1 und 2), während bei tieferen Temperaturen und hohen CO_2-Partialdrücken der Stoffübergang und die CO_2-Diffusion durch die CaO-Schicht (Teilschritte 4 und 5) bestimmend sind.

Bei geringen Korngrößen z.B. mehlförmigem Kalkstein spielt die chemische Reaktion die entscheidende Rolle.

1 Wärmeübergang von der Umgebung auf die Teilchenoberfläche

Nach EIGEN (in STARK et al.) wird für die Berechnung der Entsäuerungszeit τ_E davon ausgegangen, daß die gesamte auf die Kugeloberfläche übergegangene Wärmemenge der Entsäuerung zur Verfügung steht.

$$\tau_E = \frac{\varrho_{CaCO_3} \cdot \Delta h_t \cdot d_p}{6\alpha(t_U - t_{M,O})}$$

ϱ_{CaCO_3} Dichte des Kalksteins
Δh_t Zersetzungsenthalpie
d_p Korngröße des Kalksteins
α Wärmeübergangszahl
t_U Umgebungstemperatur
$t_{M,O}$ Oberflächentemperatur

2 Wärmeleitung als geschwindigkeitsbestimmender Schritt

Nach WUHRER und RADEMACHER (in STARK et al.) gilt für die Zersetzung eines kugelförmigen Kalksteinpartikels

$$\tau_E = \frac{\varrho_{CaCO_3} \cdot \Delta h \cdot d_p^2}{24 \lambda_{CaO}(t_{M,O} - t_{M,Z})}$$

λ_{CaO} Wärmeleitzahl der Branntkalkschale (= 2,5 kJ/m h K für porösen Kalkstein bzw. 3,6 kJ/m h K für dichten Kalkstein)
$t_{M,Z}$ Zersetzungszonentemperatur entspricht der Temperatur des Zersetzungsbeginns gemäß der Gleichgewichts-Temperatur-Funktion

Durch einen aus den Wärmeleitungsgleichungen resultierendem Faktor F, mit dem obige Gleichung multipliziert wird, kann τ_E auch für andere Kalksteingeometrien berechnet werden.

Beispiele

Platte: $F = 3{,}0$
Zylinder: $F = 1{,}5$

Der Abbildung 3.4.3 sind Anhaltswerte für praktische Entsäuerungszeiten nach o. g. Gleichung zu entnehmen.

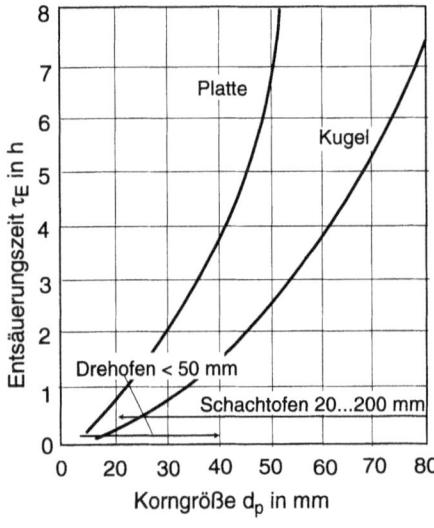

Abb. 3.4.3:
Notwendige Entsäuerungszeit τ_E in Abhängigkeit von der Korngröße des Kalksteins (nach STARK et al.); Wärmeleitung als geschwindigkeitsbestimmender Schritt:
$t_{M,O} = 1100\,°C$,
$t_{M,Z} = 900\,°C$,
$\lambda_{CaO} = 0{,}69\,W/mK$,
$\Delta h_t = 1660\,kJ/kg\,CaCO_3$,
$\rho = 2700\,kg/m^3$

3 Chemische Reaktion als geschwindigkeitsbestimmender Schritt

Der durch die Geschwindigkeit der chemischen Reaktion an der Phasengrenzfläche $CaCO_3/CaO$ gesteuerte zeitliche Verlauf der $CaCO_3$-Zersetzung läßt sich in 3 charakteristische Perioden unterteilen:

- Induktionsperiode,
- Periode maximaler Zersetzungsgeschwindigkeit und
- Periode abnehmender Zersetzungsgeschwindigkeit.

Die Induktionsperiode beinhaltet die Ausbildung einer geschlossenen Phasengrenzfläche, sie kann meist vernachlässigt werden. In den Perioden maximaler und abnehmender Zersetzungsgeschwindigkeit ist die Reaktionsgeschwindigkeit (= Zahl der gebildeten CO_2-Mole dn_{CO_2} pro Zeiteinheit $d\tau$) der Größe der Phasengrenzfläche proportional:

$$\frac{dn_{CO_2}}{d\tau} = k^* \cdot \pi \cdot d_p^2 \quad \text{mit } k^* = \text{Geschwindigkeitskonstante.}$$

3.4 Branntkalk

Die Konstante k^* ist für die Geschwindigkeit der chemisch gesteuerten CaCO$_3$-Zersetzung entscheidend und hängt ihrerseits von der Korngröße d_p, dem CO$_2$-Partialdruck der Umgebung $p_{CO_2,U}$ und der Temperatur der Zersetzungszone $t_{M,Z}$ ab. Im einzelnen gelten folgende Abhängigkeiten:

$$k = \frac{k'}{d_p} \qquad k' = k'' \left(\frac{1}{p_{CO_2,U}} - \frac{1}{p_{Gl}} \right) \qquad k'' = A \cdot \exp \frac{-E_A}{R_m \cdot t_{M,Z}}$$

k'' Geschwindigkeitskonstante als Funktion der Umgebungstemperatur
$p_{CO_2,U}$ CO$_2$-Partialdruck der Umgebung
p_{Gl} Gleichgewichtszersetzungsdruck bei der vorgegebenen Brenntemperatur

Die chemische Reaktion der CaCO$_3$-Zersetzung wird in zwei Teilprozesse untergliedert: die CO$_2$-Abspaltung CaCO$_3$ $\rightleftarrows$ CaO* + CO$_2$ und die Umwandlung des Zwischenproduktes CaO* in stabiles CaO. Die o.g. Gleichung gilt für den Grenzfall, daß die CaO*-Umwandlung wesentlich langsamer abläuft als die CO$_2$-Abspaltung, was für technische Kalksteine annähernd zutrifft.

Für praktische Berechnungen werden die Größen R_m, $t_{M,Z}$ und E_A zu der temperatur- und rohstoffabhängigen Konstante k'' zusammengefaßt. Werte für k'' für verschiedene deutsche Rohstoffe und Werte für den Gleichgewichtszersetzungsdruck p_{Gl} sind in den Tabellen 3.4.2 und 3.4.3 dargestellt. Für die Entsäuerungszeit τ_E ergibt sich folgender Ausdruck:

$$\tau_E = \frac{d_p}{k'' \left(\dfrac{1}{p_{CO_2,V} + 0{,}75 \cdot \mu \cdot \varrho_{Fl,N} \cdot y \cdot z \cdot p_{bar}} - \dfrac{1}{p_{Gl}} \right)}$$

$p_{CO_2,V}$ CO$_2$-Partialdruck im Brennaggregat aus Verbrennung
μ Beladung des Gasstromes kg Mat./kg Gas
$\varrho_{Fl,N}$ Gasdichte im Normzustand
y CaCO$_3$-Anteil im Rohmehl
z Umrechnungsfaktor (0,222 m$_N^3$/kg)

Tab. 3.4.2 Geschwindigkeitskonstante k'' (in N/m · s) für verschiedene Kalksteine (nach MÜLLER/SCHRADER/OHME in SEIDEL et al.)

t_U in °C	Marmor	Rübeland, devonischer Massenkalk	Karsdorf/ Bernburg, Muschelkalk	Rohmehl, Karsdorf
800	1,12 · 10^{-3}	2,65 · 10^{-3}	6,5 · 10^{-3}	13 · 10^{-3}
850	4,0 · 10^{-3}	8,25 · 10^{-3}	17,5 · 10^{-3}	30,6 · 10^{-3}
900	12,4 · 10^{-3}	22,3 · 10^{-3}	41,2 · 10^{-3}	65,8 · 10^{-3}
950	36,2 · 10^{-3}	58,2 · 10^{-3}	96 · 10^{-3}	138,5 · 10^{-3}
1000	96,0 · 10^{-3}	138 · 10^{-3}	200 · 10^{-3}	272 · 10^{-3}
1050	237 · 10^{-3}	319 · 10^{-3}	412 · 10^{-3}	492 · 10^{-3}
1100	505 · 10^{-3}	652 · 10^{-3}	732 · 10^{-3}	838 · 10^{-3}
1150	1170 · 10^{-3}	1370 · 10^{-3}	1395 · 10^{-3}	1530 · 10^{-3}
1200	2330 · 10^{-3}	2500 · 10^{-3}	2390 · 10^{-3}	2390 · 10^{-3}

Tab. 3.4.3: Mittelwerte des Gleichgewichtsdruckes für Berechnungen (nach verschiedenen Autoren in SEIDEL et al.)

t (°C)	p_{Gl} (N/m²)	(Torr)
600	$2,4 \cdot 10^2$	1,8
650	$9,2 \cdot 10^2$	6,9
700	$29,6 \cdot 10^2$	22,2
750	$84,2 \cdot 10^2$	63,2
800	$2,22 \cdot 10^4$	167
850	$4,94 \cdot 10^4$	372
900	$10,5 \cdot 10^4$	793
950	$21,0 \cdot 10^4$	1577
1000	$39,2 \cdot 10^4$	2942
1050	$69,3 \cdot 10^4$	5196
1100	$116 \cdot 10^4$	8739
1150	$182 \cdot 10^4$	13750
1200	$290 \cdot 10^4$	21797

4 CO_2-Diffusion als geschwindigkeitsbestimmender Schritt

Der CO_2-Transport von der Zersetzungsfront durch die CaO-Schale zur Teilchenoberfläche erfolgt nicht nur durch Diffusion, sondern auch durch Strömung. Die Entsäuerungszeit beträgt in diesem Fall

$$\tau_E = \frac{0{,}44 \cdot \varrho_{CaCO_3} \cdot d_p}{24\delta\left(p_{CO_2,Z} - p_{CO_2,O}\right)}$$

$p_{CO_2,Z}$ Partialdruck in der Zersetzungszone
$p_{CO_2,O}$ Partialdruck an der Teilchenoberfläche
δ effektiver Stofftransportkoeffizient für CO_2 in der CaO-Schale in kgm/Ns

5 Stoffübergang als geschwindigkeitsbestimmender Schritt

Bei Stoffübergang als geschwindigkeitsbestimmender Schritt kann die Entsäuerungszeit nach folgender Gleichung berechnet werden:

$$\tau_E = \frac{0{,}44 \cdot \varrho_{CaCO_3} \cdot d_p}{6\beta\left(p_{CO_2,O} - p_{CO_2,U}\right)}$$

β Stoffübergangszahl
$p_{CO_2,O} - p_{CO_2,U}$ ist die Differenz zwischen dem aus der Umgebungstemperatur und der Gleichgewichtsdruck-Temperatur-Funktion folgenden CO_2-Partialdruck an der Teilchenoberfläche und dem Umgebungspartialdruck.

3.4.2 Kalköfen

Der nachweisbar älteste Kalkofen wurde etwa um 2000 v. Chr. im Zweistromland betrieben [SCHIELE/BERENS]. Er soll jenem Ofen geähnelt haben, der 1958 bei Umbauarbeiten am Schloß Bellevue in Berlin entdeckt und ausgegraben wurde und dem 1. und 2. Jh. n. Chr. zugeordnet wird. Er besteht aus einer flachen, 60 bis 70 cm tiefen Grube, die mit Feldsteinen und Lehm ausgekleidet ist und mit einer Decke aus radial verlegten Rundhölzern versehen ist (Abbildung 3.4.4).

Neben diesen ältesten Spuren wurden in Deutschland viele Hinweise auf das Kalkbrennen vom Mittelalter bis zur Neuzeit gefunden. Häufig ging man bei der Errichtung eines Kalkofens so vor, daß an einer Kalksteinwand ein Schacht gebrochen und dieser unten durch einen kurzen Stollen mit der Außenwand verbunden wurde. Man errichtete ein Gewölbe aus Kalkstein und zündete darunter ein Holzfeuer an. Später wurde nicht mehr nur mit Holz, Holzkohle oder Torf, sondern auch mit Kohle und Gas gebrannt.

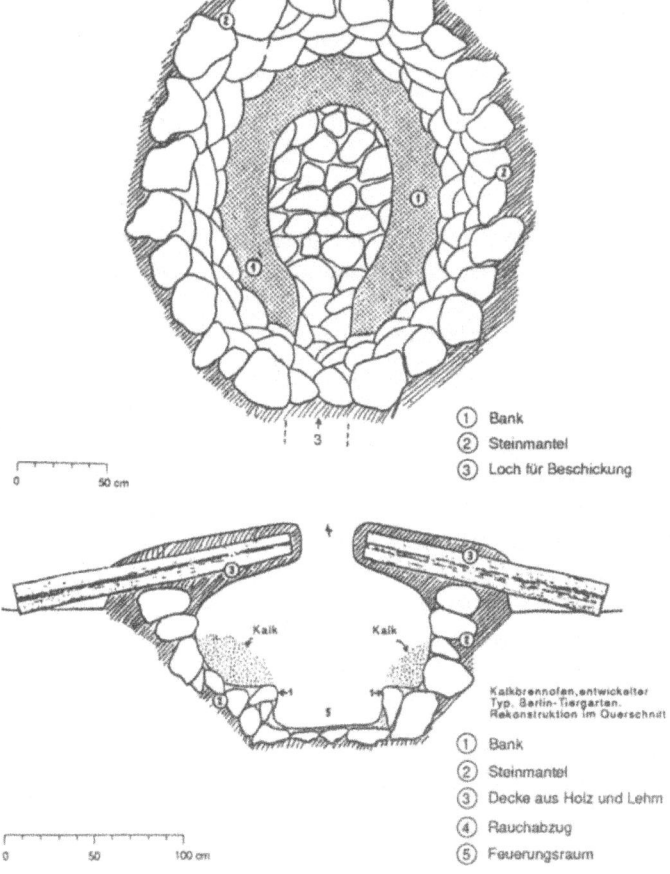

Abb. 3.4.4: Kalkofen aus einer bronzezeitlichen Siedlung, ausgegraben in Berlin-Tiergarten

Schachtöfen, die nachweislich als erste in Deutschland kontinuierlich betrieben wurden, standen in der Kalkbrennerei in Rüdersdorf. Die Vielfalt der Entwicklungen auf dem Gebiet des Kalkbrennens führte im vorigen Jahrhundert zu einer großen Zahl von Schachtofenformen (zylindrisch oder trichterförmig oder umgekehrt trichterförmig).

Neben den Schachtöfen, deren Kennzeichen der vertikale Brennraum mit rundem oder ovalem, in Ausnahmefällen auch rechteckigem Querschnitt ist, entwickelten sich im vergangenen Jahrhundert durch das Aneinanderreihen von Kammern die Kammeröfen mit horizontaler Brennführung. Später entwickelten sich daraus unter Weglassung der Zwischenwände die Kanalöfen und schließlich die Ringöfen, die schon früher für das Brennen von Ziegelsteinen verwendet wurden. Der Ringofen wurde kontinuierlich betrieben und erbrachte neben einer hervorragenden Weichbrandqualität des Kalkes auch einen, für damalige Zeit hohen Durchsatz.

Einige Jahre nach dem Ringofen wurde der Drehofen entwickelt. Der erste Drehofen zum Kalkbrennen in Deutschland wurde seit 1902 auf dem Thyssenschen Rittergut in Rüdersdorf betrieben.

Bei der modernen Kalkproduktion dominieren die Schacht- und Drehrohröfen. Zur Herstellung hochaktiven Weichbranntkalkes verwendet man international in zunehmendem Maße Drehöfen und Gleichstromregenerativöfen, während mit den traditionellen Schachtöfen mehr Mittel- und Hartbrannt produziert wird.

3.4.2.1 Schachtöfen

Schachtöfen haben einen vertikalen, runden oder rechteckigen Schacht, in den von oben der stückige Kalkstein eingebracht und durch die Verbrennungsgase erwärmt und entsäuert wird.

Der Ofen (Abbildung 3.4.5) wird unterteilt in:

- Vorwärmzone: Vorwärmung des Kalksteins durch heißen Ofenabgase (Zone V),
- Brennzone: Hier findet der Entsäuerungsvorgang statt (Zone O),
- Kühlzone: Kühlung des Branntkalkes und Erwärmung der Verbrennungsluft (Zone K).

Der Brennstoff wird dem Ofen in fester Form, als Koks mit dem Kalkstein gemischt, aber auch flüssig oder gasförmig zugeführt.

Zur Erzielung einer gleichmäßigen Branntkalkqualität bei hohem Durchsatz und geringem spezifischen Wärmeaufwand werden an die Rohstoffaufbereitung, die Dosierung und an das Schachtofensystem folgende Anforderungen gestellt:

- Einsatz enger Kalksteinfraktionen,
- Waschen des Kalksteines,
- definierte und gleichmäßige Dosierung des Brennstoffs,
- erhöhte Brenneranzahl zur Erzielung einer gleichmäßigen Temperaturverteilung,
- gleichmäßige Rauchgasverteilung über den Schachtquerschnitt.

3.4 Branntkalk

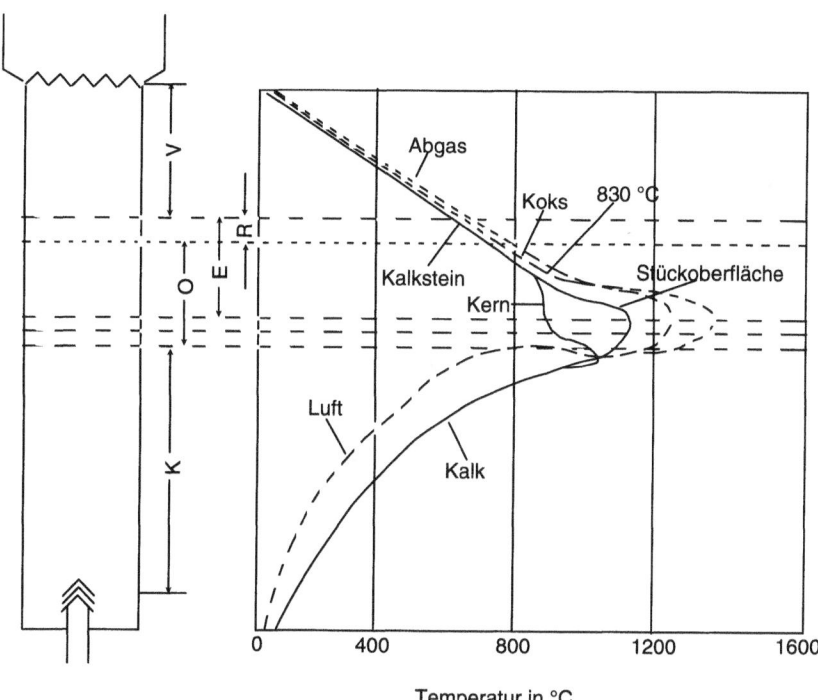

Abb. 3.4.5: Schematische Darstellung eines Schachtofens und Temperaturprofile

Tabelle 3.4.4 beschreibt die Baumerkmale von 3 Kalkschachtöfen neuerer Bauart, die verbreitet Anwendung finden.

Tab. 3.4.4: Baumerkmale von Kalkschachtöfen neuerer Bauart

Brennsystem	Baumerkmale
Gleichstrom-Regenerativofen (Abbildung 3.4.6)	2 oder 3 Schächte mit rundem oder rechteckigem Querschnitt, am Übergang Brenn-/Kühlzone gasseitig verbunden, Brenner: vorzugsweise hängende Lanzen, Ausmauerung: vorwiegend Magnesit; im Bereich der Materialaufgabe: Hartschamotte.
Ringschachtofen	in kreisrundem Schacht innerer Zylinder hängend oder stehend mittig angeordnet, Brennkammern radial von außen in 2 Ebenen versetzt angeordnet, Ausmauerung: Brennkammerbereich: Korund, Brücken: Magnesit.
Doppelschrägofen	Ofenschacht mit rechteckigem Querschnitt, bestehend aus 2 um 180° versetzten Kammern mit Ablaufschrägen über der Höhe als Brennzone, vor- und nachgeschaltete vertikale Schächte = Vorwärm- und Kühlzone, Ausmauerung:Schrägen: Hartschamotte, Seitenwände: hochtonerdehaltige Schamotte.

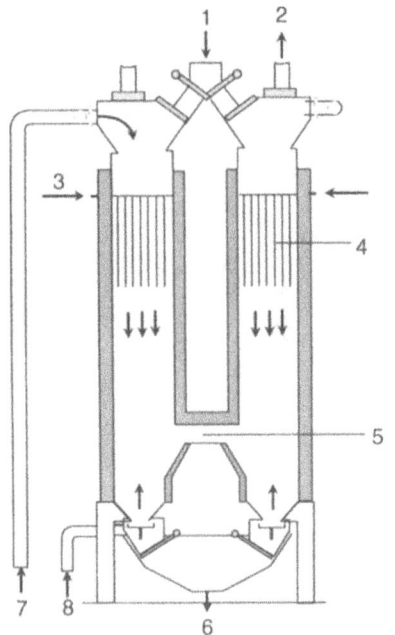

1 Kalkstein
2 Abgas
3 Brennstoff
4 Brennerlanzen
5 Überströmkanal
6 Branntkalkabzug
7 Verbrennungsluft
8 Kühlluft

Abb. 3.4.6: Gleichstrom-Regenerativofen

Tab. 3.4.5: Technische Daten von Kalkschachtöfen (nach Schiele/Berens und Seidel et al.)

Ofentyp	Schachtform	Brennstoff	Branntkalkdurchsatz t/d	nutzbare Schachthöhe m	spez. Wärmeaufwand kJ/kgBK	Kalksteinkörnung mm	Brenneranordnung
GIPROSTROM (GUS)	rund Ø = 4,3 m	Erdgas	200	19	4550	40 ... 80 80 ... 120	4 Balkenbrenner, 12 periphere Brenner
GIPROSTROM (GUS)	rund Ø = 4,3 m	Heizöl	150	19	5420	50 ... 100 100 ... 150	2 Balken mit je 4 Brennern
UNION-CARBIDE USA	rechteckig	Gas, Öl Öl/ Koks	200 ... 600	n.b.	4440 ... 4750	20 ... 40 20 ... 60 90 ... 140	wassergekühlte Balkenbrenner in 2 Ebenen
Gleichstrom-Regenerativ-Ofen	rund Ø = 3,97 m je Schacht	Gas, Öl	200 ... 500	12 ... 20	3550 ... 3980	20 ... 80 80 ... 180	Lanzen für Gas; Spezial-Ölbrenner
Querstromofen	rechteckig	Gas, Öl	100 je Schacht	24	4190 ... 4600	20 ... 70	Spezialbrenner
Ringschachtofen	rund Ø=3,9/1,8 5,5/2,8 m	Gas, Öl	100 ... 300	18 ... 26	3980 ... 4400	20 ... 120 40 ... 90	Impulsbrenner, Brennkammer

3.4.2.2 Drehrohröfen

In der Zementindustrie werden Drehrohröfen seit Ende des 20. Jahrhunderts verwendet. Wegen seiner hohen Investitionskosten und seines großen Wärmeaufwandes blieb der Einsatz des Drehrohrofens zum Kalkbrennen in Westeuropa zunächst begrenzt und erreichte im europäischen Raum erst um 1960 nennenswerte Produktionswirksamkeit. In Deutschland wurde der erste Kalkdrehofen mit Schachtkühler 1963 in Betrieb genommen.

Die zur Branntkalkerzeugung verwendeten Drehrohröfen, Kühler und Vorwärmer haben grundsätzlich den gleichen Aufbau wie die Aggregate, die zur Zementklinkerherstellung eingesetzt werden.

Kalkdrehrohröfen ohne Vorwärmer müssen zur Nutzung der in der Brennzone anfallenden Wärme über eine ausreichende Länge verfügen und im Bereich des Ofeneinlaufes mit Einbauten versehen sein. Die metallischen oder keramischen Einbauten sind bis zur halben Ofenlänge angeordnet und sollen eine möglichst gleichmäßige Verteilung des Kalksteines im Rauchgasstrom gewährleisten. Bei Kopplung mit einem Vorwärmer kann die Ofenlänge um ca. 50% reduziert werden. Die Art der Vorwärmerausführung ist u.a. von der Korngröße des Brenngutes (4 ... 65 mm) abhängig. Zur Kühlung des Branntkalkes werden Rost-, Drehrohr-, Röhren- und Schachtkühler eingesetzt.

Tab. 3.4.6: Technische Daten von Drehrohröfen (nach SCHIELE/BERENS und SEIDEL et al.)

Ofentyp	Länge	Durchmesser	Brennstoff	Branntkalkdurchsatz	Vorwärmerart	Kühlerart	spez. Wärmeaufwand	Kalksteinkörnung
	m	m		t/d			kJ/kg BK	mm
1	135	3,15	Heizöl	420	ohne	Röhrenkühler	6800	4 ... 50
2	145	3,45	Heizöl	580	ohne	Ringschachtkühler	6650	25 ... 65
3	48	3,6	Heizöl	300	Schachtvorwärmer	Schachtkühler	5020 ... 5360	20 ... 40
4	55	3,7	Heizöl	400	Ringschachtvorwärmer	Schachtkühler	5150	20 ... 50
5	44	3,2	Kohlenstaub	250	Rostvorwärmer	Röhrenkühler	5230	10 ... 50
6	90	4,4	Gas	1000	Rostvorwärmer	Wanderrostkühler	5340	12 ... 40
7	45	3,6	Heizöl	300	Schachtvorwärmer	Fluidkühler	5650	0,2 ... 2,5

Der Drehrohrofen bietet beim Kalkbrennen im Vergleich zum Schachtofen folgende Vorteile:
- es kann feinkörnigerer Kalkstein gebrannt werden, d.h. der anfallende Unterkornanteil ist geringer
- besserer Wärmeübergang durch Kontakte der Flammgase und der aufgeheizten Ofenwand mit dem Brenngut
- höhere Branntkalkdurchsätze
- bessere Regelbarkeit; Beobachtung der Brennzone möglich
- Durchmischunng des Brenngutes durch die Drehbewegung des Ofens führt zu gleichmäßigerem Brenngrad und gezielter Branntkalkqualität (Hart-, Mittel- oder Weichbranntkalk)

3.4.2.3 Sonstige Öfen

Calcimatic-Ofen

Der Calcimatic-Ofen kann als sehr unkonventionelle Konstruktion auf dem Gebiet der Kalkbrennaggregate bezeichnet werden. Es handelt sich um einen drehbaren, ringförmigen Herd, auf dem eine bis 200 mm hohe Brenngutschicht liegt und von Heißgasen durchströmt wird. Die einzelnen feststehenden Temperaturzonen werden durch Brenner seitlich oder von oben beheizt. Die Temperatur der einzelnen Zonen wird den erforderlichen Betriebsbedingungen zum Erreichen der angestrebten Branntkalkqualität (von Weich- bis Hartbrannt) angepaßt. Der Ofen arbeitet mit einem Vorwärmer und einem Kühler. Die Kalksteinkörnung liegt zwischen 10 und 125 mm.

Wirbelschicht-Ofen

Der Wirbelschicht-Ofen ist besonders für sehr feinkörnigen Kalkstein geeignet. Der zylindrische Ofenschacht ist durch gasdurchlässige Zwischenböden in mehrere vertikal übereinander angeordnete Stufen unterteilt. Der Transport des aufgewirbelten Kalksteins (0,2 ... 0,3 mm) zur darunterliegenden Stufe erfolgt durch Schwerkraftwirkung über sogenannte Überlaufrohre. Die Brenntemperatur wird zwischen 950 und 1050 °C gehalten. Der fertig gebrannte Branntkalk gelangt über ein weiteres Fallrohr in den Kühlraum. Aufgrund der sehr niedrigen Brenntemperatur und der kurzen Brenndauer ist der Kalk aus den Wirbelschichtöfen sehr reaktionsfähig.

3.4.3 Chemische und physikalische Eigenschaften

Calciumoxid existiert nur in einer Modifikation. Die Gitterkonstante des kubischen Calciumoxid-Gitters (Abbildung 3.4.7) beträgt 0,4799 nm.

Das Gefüge und die Eigenschaften des durch thermische Zersetzung (Entsäuerung) des Kalksteines entstehenden Branntkalkes hängen weitgehend von der Brenntemperatur und in geringerem Maße von deren Einwirkungsdauer ab. Auch die Art des Rohstoffes und dessen Verunreinigungen sind von Bedeutung.

3.4 Branntkalk

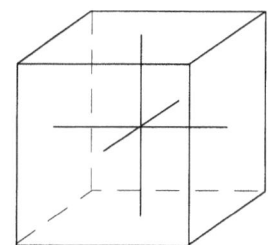

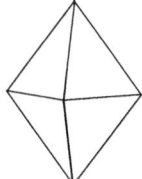 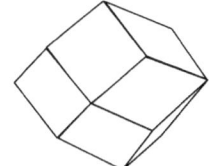

Abb. 3.4.7:
Kristallmodelle von CaO

Die Farbe des Branntkalkes ist weiß. Durch enthaltene Verunreinigungen, insbesondere färbende Metalloxide, kann er gräulich, schwach gelb bis bräunlich oder sogar schwarz sein. Bei Erhöhung der Brenntemperatur vermindert sich sein Weißgehalt. Feinkörnigere Kalkpulver mit großer spezifischer Oberfläche haben augenscheinlich einen höheren Weißgehalt als gröbere Korngemische des gleichen Kalkes.

Die Qualität des gebrannten Kalkes wird im wesentlichen charakterisiert durch:

* die Löschgeschwindigkeit (Reaktionsfähigkeit gegenüber Wasser)
* den Gehalt an aktivem CaO
* den Rest-CO_2-Gehalt
* die Ergiebigkeit und
* den Brenngrad.

Die Ergiebigkeit ist das Breivolumen, das sich aus einer bestimmten Branntkalkmenge mit geringstmöglichem Wasserüberschuß erzielen läßt (s. Kap. 3.5.5).

Der Brenngrad ist eine komplexe Bewertungsgröße, die nicht quantitativ ausgedrückt wird. Da der Gefügeaufbau des Branntkalkes in erster Linie von der Brenntemperatur abhängt, unterscheidet man je nach maximaler Temperatur in Weichbrannt-[1], Mittelbrannt- und Hartbranntkalk. Die technischen Brenntemperaturen liegen zwischen 900 und 1350 °C. Oberhalb 1200 °C kommt es bereits zu Sintererscheinungen. Zunehmendes Dichtbrennen bei Temperaturen oberhalb 1400 °C führt zu sehr reaktionsträgem Sinterkalk.

---

[1] Beachte: Weichbrannt bezeichnet das Brennprodukt; Weichbrand das zugehörige Brennverfahren

3.4.4 Einfluß der Brennbedingungen auf die Branntkalkeigenschaften

Rohdichte, Porosität, Schüttdichte, spezifische Oberfläche, Härte, Festigkeit und Wärmeleitfähigkeit des Branntkalkes sind vom Brenngrad abhängig.

Wichtige Eigenschaften von Branntkalken verschiedener Brenngrade dokumentiert Tabelle 3.4.7.

Tab. 3.4.7: Eigenschaften von Branntkalken verschiedener Brenngrade (nach SCHIELE/BERENS)

Merkmal	Eigenschaften von			
	Weichbrannt	Mittelbrannt	Hartbrannt	Sinterkalk
Reindichte in g/cm^3	3,36 ± 0,04	3,36 ± 0,04	3,36 ± 0,04	3,36 ± 0,04
Rohdichte[1] in g/cm^3	1,45 ... 1,8	1,8 ... 2,2	2,2 ... 2,8	2,8 ... 3,2
Gesamtporosität in %	46 ... 55	34 ... 46	< 34	-
Mittlere Kristallgröße in μm	1 ... 2	3 ... 6	> 10	vollständig verwachsen
Spez. Oberfläche nach BET in m^2/g	> 1,0	0,3 ... 1,0	< 0,3	-
Reaktionsverhalten Naßlöschkurve in K/min	> 20	2 ... 20	< 2	-
Härte nach Mohs	2 ... 3	-	3 ... 4	-

[1] Die Dichten dolomitischer Kalke liegen etwa 3 ... 4% höher.

Weicher gebrannte Kalke haben im Vergleich zu härter gebrannten:
- eine geringere Kristallkorngröße,
- eine größere spezifische Oberfläche,
- im allgemeinen bei kleineren Abmessungen der einzelnen Poren ein höheres Gesamtporenvolumen,
- eine niedrigere Rohdichte,
- eine größere Reaktionsfähigkeit.

3.4.4.1 Chemische und mineralogische Zusammensetzung

Die chemisch-mineralogische Zusammensetzung des Branntkalkes ist von der Art, der Zusammensetzung und den Verunreinigungen des Kalkrohstoffes abhängig. Während aus einem rein calcitischen Kalkstein Weißkalk mit sehr hohem CaO-Gehalt gebrannt wird, tritt bei dolomitischem Kalkstein neben dem CaO auch MgO als Hauptoxid auf. Die Wasserkalke, hydraulischen und hochhydraulischen Kalke enthalten neben dem Hauptoxid CaO bzw. CaO + MgO auch noch unterschiedliche Gehalte an SiO_2, Al_2O_3 und Fe_2O_3, die auch als Hydraulefaktoren bezeichnet werden. Tabelle 3.4.8 zeigt die chemische Zusammensetzung verschiedener handelsüblicher Baukalke nach STRÜBEL/KRAUS. Die Anforderungen an die chemische Zusammensetzung der Baukalkarten gemäß DIN 1060-1 zeigt Tabelle 3.4.9.

3.4 Branntkalk

Tab. 3.4.8: Chemische Zusammensetzung handesüblicher Baukalke

Baukalk	CaO	MgO	CO_2	SO_3	SiO_2	Fe_2O_3	Al_2O_3	SiO_2 + Fe_2O_3 + Al_2O_3
	%	%	%	%	%	%	%	%
Weißkalk	94,0	0,3	3,0	-	1,2	0,2	0,5	1,9
Wasserkalk	82,63	0,89	1,55	0,14	8,75	0,89	2,95	12,68
hydraulischer Kalk	74,93	3,73	3,02	0,77	11,01	1,86	3,29	16,16
Billerbecker Kalk	52,66	0,82	10,41	0,84	32,74	1,59	2,53	36,86
künstlicher hoch- hydraulischer Kalk	50,18	3,32	12,09	1,78	18,84	0,85	6,01	25,70
natürlicher hoch- hydraulischer Kalk	41,77	1,42	11,41	3,32	24,33	3,12	8,62	36,07

Tab. 3.4.9: Chemische Anforderungen für Kalk (nach DIN 1060-1)

Baukalkart	CaO + MgO	MgO	CO_2	SO_3	freier Kalk
	%	%	%	%	%
CL 90	> 90	< 5	< 4	< 2	-
CL 80	> 80	< 5	< 7	< 2	-
CL 70	> 70	< 5	< 12	< 2	-
DL 85	> 85	> 30	< 7	< 2	-
DL 80	> 80	> 5	< 2	< 2	-
HL 2	-	-	-	< 3	> 8
HL 3,5	-	-	-	< 3	> 6
HL 5	-	-	-	< 3	> 3

Man erkennt, daß es zwischen den als Wasserkalk und hydraulischem Kalk angebotenen Kalkqualitäten keine charakteristischen Unterschiede bezüglich des Gehaltes an Hydraulekomponenten gibt.

Darüber hinaus können auch Produkte, die unter dem Namen Weißkalk angeboten werden (d.h. der CaO+MgO-Gehalt des wasserfreien Produktes muß nur > 80% sein), merkliche hydraulische Anteile enthalten.

Die hochhydraulischen Kalke weisen im Vergleich zu den o.g. Baukalken wesentlich höhere Gehalte an hydraulischen Komponenten auf.

Tabelle 3.4.10 veranschaulicht den qualitativen Phasenbestand verschiedener Baukalke.

Während der Weißkalk bzw. das Weißkalkhydrat nur aus CaO, Calcit und Portlandit besteht, treten bei den Wasserkalken und hydraulischen Kalken auch Calciumsilikat- und Calciumaluminat- bzw. -ferritphasen auf, die durch die Reaktion der Hydraulefaktoren mit dem CaO während des Brennprozesses gebildet werden. Bei den künstlichen hydraulischen Kalken, die durch Zementzusatz hergestellt werden, sind die Klinkerminerale i.d.R. deutlich nachweisbar.

Tab. 3.4.10: Qualitativer Phasenbestand verschiedener Baukalke (nach STRÜBEL et al.)

Baukalke	qualitativer Phasenbestand
Weißkalk	CaO, Calcit, Portlandit
Wasserkalk	CaO, α'-C_2S, Calcit, Portlandit
hydraulischer Kalk	β-C_2S, C_3S, Calcit, Portlandit
Billerbecker Kalk	Calcit, Quarz, β-C_2S, Portlandit
künstlicher hochhydraulischer Kalk	β-C_2S, C_3S, C_3A, C_4AF, Calcit, Anhydrit
natürlicher hochhydraulischer Kalk	Calcit, Quarz, Gips, Portlandit *)

*) nach Herstellerangaben enthält der natürliche hochhydraulische Kalk auch β-C_2S, C_3A, C_4AF

3.4.4.2 Kornaufbau

Die Kornfeinheit der Baukalke wird durch die Siebrückstände auf den Drahtsiebböden 0,63 und 0,1 mm gekennzeichnet. Die Siebung erfolgt trocken. Die Ergebnisse der Siebanalyse einiger ungelöschter Kalke zeigt Tabelle 3.4.11.

Tab. 3.4.11: Siebrückstände von Weiß- und Wasserkalk gemäß DIN 1060 - 3

Ungelöschte Kalke	Siebrückstand in %	
	> 630 µm	100 - 630 µm
Weißfeinkalke	–	2,3
Wasserfeinkalke	–	0,8 ... 6,8

3.4.5 Branntkalkprüfung

Die Prüfung der Reaktionsfähigkeit beim Löschen von gemahlenem ungelöschtem Kalk erfolgt gemäß ENV 459-1 durch Messung der Temperaturerhöhung in Abhängigkeit von der Reaktionsdauer (Naßlöschkurve). Die Messung erfolgt in einem Dewargefäß mit 600 g destilliertem Wasser (Temperatur 20 °C = konstant), in das bei laufendem Rührer ($n = 300 \pm 50$ min^{-1}) mit einem Mal 150 g Branntkalk eingefüllt werden. Dieser Zeitpunkt gilt als Versuchsbeginn. Die Löschtemperaturen werden nach einer halben min, nach 1 min und dann jeweils nach 1 min bis zu 10 min und anschließend in Abständen von 2 min gemessen.

Bei sehr reaktionsfähigen Kalken soll die Temperatur in kürzeren Abständen gemessen werden, da die Reaktion schon nach wenigen Minuten beendet sein kann.

Zur Auswertung der Prüfung wird die Temperatur in Abhängigkeit von der Zeit dargestellt (Naßlöschkurve). Zur Charakterisierung der Reaktionsgeschwindigkeit wird die Zeit t_u angegeben, die für einen 80%igen Umsatz des löschbaren Kalkes erforderlich ist. Dabei wird die Temperatur T_u erreicht. Der maximale Umsatz erfolgt zu dem Zeitpunkt, an dem die maximale Temperatur T_{max} beobachtet wird (Abbildung 3.4.8).

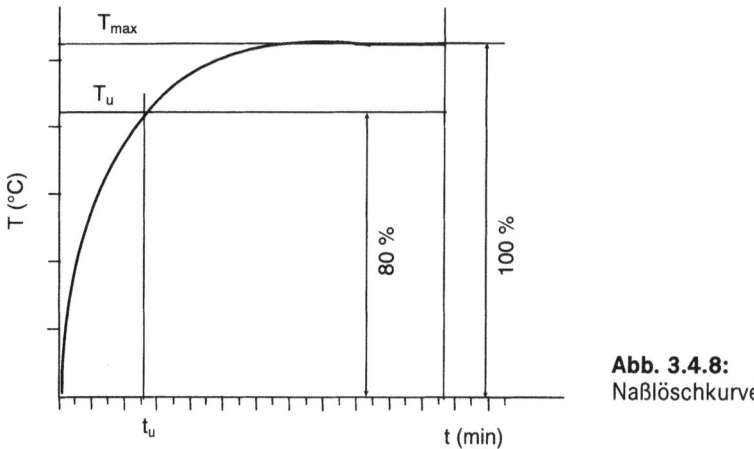

Abb. 3.4.8:
Naßlöschkurve

3.5 Chemische und physikalische Eigenschaften des Kalkhydrates

Das Kalkhydrat entsteht durch Hydratation des Branntkalkes. In der Praxis wird die Reaktion $CaO + H_2O \rightarrow Ca(OH)_2$ als Kalklöschen bezeichnet.

Calciumhydroxid, mit Mineralnamen Portlandit, kristallisiert ditrigonal-skalenoedrisch in Form von Plättchen oder Prismen. Es bildet mikrokristalline Teilchen, aus denen durch Agglomeration Flocken entstehen, deren kristalliner Charakter oft nicht sofort erkennbar ist. Das Schichtgitter des $Ca(OH)_2$ besitzt die Gitterkonstanten $a_0 = 0{,}3584$ nm und $c_0 = 0{,}4896$ nm (Abbildung 3.5.1).

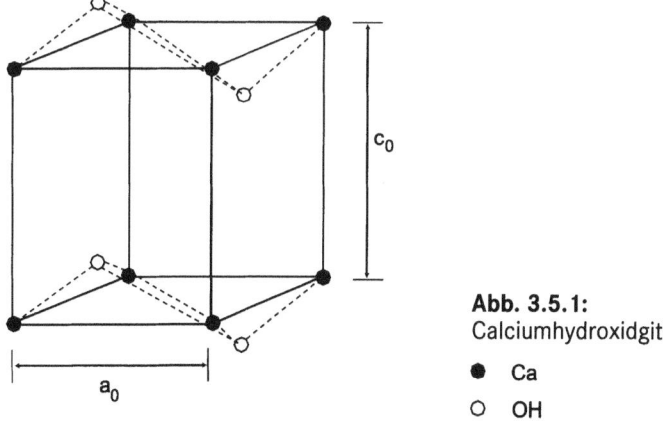

Abb. 3.5.1:
Calciumhydroxidgitter

● Ca
○ OH

Trockenes Kalkhydrat ist rein weiß, sofern es keine Verunreinigungen enthält. Der Weißgehalt handelsüblicher Hydrate liegt bei 85 bis 90% (MgO = 100 als Standard). Eine leicht gelbliche oder gräuliche Färbung kann auftreten, wenn das

Ausgangsmaterial größere Mengen an Verunreinigungen enthält oder zu hart gebrannt wurde.

Für die Dichte des Kalkhydrates werden Werte zwischen 2,20 und 2,30 g/cm³ angegeben. MgO-haltige Hydrate weisen eine höhere Dichte auf. Sie liegt beispielsweise bei Hydraten mit 25 bis 35% MgO zwischen 2,70 und 2,90 g/cm³. Die Härte von Calciumhydroxid liegt zwischen 2 und 3 der Mohs'schen Härteskala.

Beim Löschprozeß zerfällt der stückige Branntkalk infolge der Volumenvergrößerung (Dichteänderung von 3,34 auf 2,24 g/cm³) zu mikrokristallinen Kalkhydratteilchen. Die Teilchengröße des Calciumhydroxides ist von der Art des Löschens abhängig. Naßgelöschte Kalkhydrate weisen kleinere Korngrößen auf als trockengelöschte. Auch die Eigenschaften des Branntkalkes, die Löschtemperatur und die Beschaffenheit des Löschwassers haben Einfluß auf die Korngröße, die von 0,01 µm bis mehr als 10 µm betragen kann. Handelsübliche Kalkhydrate weisen Korngrößen zwischen 1 und 5 µm auf. Tabelle 3.5.1 veranschaulicht den Einfluß der Brenntemperatur des Branntkalkes auf die Teilchengröße des Kalkhydrates. Die spezifische Oberfläche nach BET liegt für Kalkhydrat aus Weichbrand-Kalk bei 15 ... 30 m²/g (siehe auch Tabelle 3.5.2).

Tab. 3.5.1: Kornverteilung von Kalkhydratbreien, deren Ausgangsstoff (Branntkalk) bei unterschiedlichenTemperaturen gebrannt wurde

Korngröße in µm	Brenntemperatur des Branntkalkes				
	900 °C %	1000 °C %	1100 °C %	1230 °C %	1400 °C %
0,01 ... 1	95	80	50	25	20
1 ... 2	5	10	18	14	6
2 ... 6	-	5	28	36	26
6 ... 10	-	-	4	21	21
10 ... 20	-	-	-	4	25
> 20	-	-	-	-	2

CaO und Ca(OH)$_2$ sind in Wasser schwach löslich. Die Löslichkeit wird von zahlreichen anorganischen und organischen Verbindungen beeinflußt, weshalb technische Hydrate ca. 5 bis 10% löslicher sind als chemisch reines Ca(OH)$_2$. Beispielsweise erhöhen Calciumchlorid, Natrium-, Kalium- und Calciumnitrat die Löslichkeit, während Calciumsulfat die Löslichkeit vermindert.

Die Löslichkeit ist auch temperaturabhängig und nimmt beim Kalk als auch beim Kalkhydrat mit der Temperatur ab (Abbildung 3.5.2). Die stark basisch reagierende gesättigte Lösung hat einen pH-Wert von 12,6 bei 20 °C. Die gesättigte Lösung reagiert lebhaft mit CO_2, SO_2, SO_3, F_2 u.a. unter Bildung entsprechend schwer löslicher Calciumsalze. Technisch wird dieser Vorgang z.B. bei der Bindung schädlicher SO_2- und Fluorabgase (z.B. bei der Rauchgasentschwefelung) genutzt.

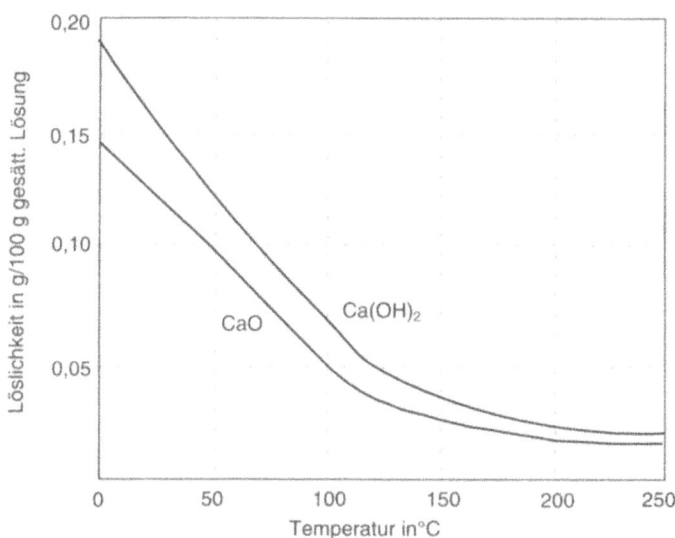

Abb. 3.5.2: Löslichkeit von CaO und Ca(OH)$_2$ in Wasser in Abhängigkeit von der Temperatur

Als zweiwertige, starke Base zerfällt Calciumhydroxid in wässriger Lösung vollständig in die Ionen Ca^{++} und 2OH$^-$. Zur Neutralisation sind zwei Moleküle einer einwertigen Säure erforderlich, wobei das entsprechende Calciumsalz entsteht.

3.5.1 Hydratation des Branntkalkes

Das Reaktionsverhalten gegenüber Wasser ist die kennzeichnende chemische Eigenschaft des Branntkalkes. Abbildung 3.5.3 zeigt die unterschiedlichen Phasen im Zweistoffsystem CaO und H$_2$O in Abhängigkeit von der Temperatur. CaO hydratisiert mit Wasser oder Wasserdampf unter Wärmefreisetzung zu Kalkhydrat, der ersten Reaktionsstufe zur Erhärtung des Baustoffes Kalk.

$$CaO + H_2O \rightarrow Ca(OH)_2 \qquad \Delta H_R = -67 \text{ kJ/mol}$$

Die beim Löschen von einem Kilogramm reinem CaO freigesetzte Wärmemenge reicht aus, um 2,8 kg Wasser von 0 °C bis zum Siedepunkt zu erhitzen.

Beim Naßlöschen, d.h. Ablöschen mit Wasserüberschuß zu Brei, treten Temperaturen von ca. 100 °C und beim Trockenlöschen, d.h. Ablöschen mit der stöchiometrisch erforderlichen Wassermenge zu Pulver, sogar bis 300 °C auf. Letzteres wird zur gleichzeitigen Erzeugung von Wasserdampf und damit zum Löschen mit Wasserdampf ausgenutzt.

Anhand des Temperaturanstieges während des Anmachens mit Wasser wird die Löschgeschwindigkeit des Branntkalkes bestimmt (siehe Branntkalkprüfung 3.4.5).

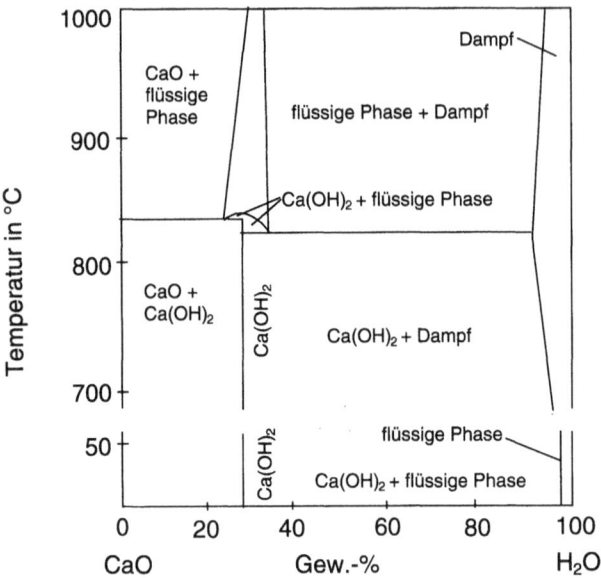

Abb. 3.5.3: Zweistoffsystem CaO-H_2O

Der Löschvorgang erfolgt um so schneller und vollständiger
- je reiner der Branntkalk, d.h. je höher sein CaO-Gehalt ist,
- je frischer er ist, d.h. je kürzer er gelagert wurde,
- je weicher er gebrannt wurde,
- je reiner das Löschwasser ist, d.h. je ärmer an löslichen Salzen es ist,
- je höher der Druck ist, unter dem es gelöscht wird.

3.5.2 Einfluß der Löschbedingungen

Der Löschprozeß wird insbesondere beeinflußt durch:
- die Temperatur des Löschwassers und des Branntkalkes,
- den Brenngrad des Kalkes,
- die Fremdbestandteile im Branntkalk und/oder im Löschwasser.

3.5.2.1 Temperatur

Die Temperatur des Löschwassers und des Branntkalkes beeinflussen die Hydratisierungsgeschwindigkeit, indem eine Steigerung jeweils zu einer Erhöhung führt.

Nach FRANK (in SCHIELE/BERENS) wird folgende Temperaturabhängigkeit der Geschwindigkeitskonstanten bei Löschung in flüssiger Phase angegeben:

3.5 Chemische und physikalische Eigenschaften des Kalkhydrates

$$k_t = k_0 \cdot 1{,}035^{\Delta t}$$

Dabei sind:

k_t Geschwindigkeitskonstanten bei Temperatur t
k_0 Geschwindigkeitskonstanten bei Temperatur t_0
Δt $t - t_0$

3.5.2.2 Brenngrad

Die Löschgeschwindigkeit nimmt mit steigendem Brenngrad des Branntkalkes ab. Das wird vor allem darauf zurückgeführt, daß weicher gebrannte Kalke eine größere spezifische Oberfläche und eine höhere Porosität aufweisen als härter gebrannte Kalke.

Die Löschgeschwindigkeit ist aber auch davon abhängig, ob der Löschvorgang in flüssiger Phase oder in der Dampfphase abläuft. In letzterem Fall sind die Reaktionsgeschwindigkeiten deutlich höher. Das kann insbesondere bei weich gebrannten Kalken wegen Sekundärteilchenbildung zur Vergrießung führen, da das Porenvolumen des Weichbrand-Kalkes die beim Löschen gebildete $Ca(OH)_2$-Phase aufnehmen kann. Bei mittelhart- und hartgebrannten Kalken mit zu geringem Porenraum führt das bei der Dampflöschung gebildete $Ca(OH)_2$ zur Gefügezerstörung, weshalb ein feines Pulver anfällt.

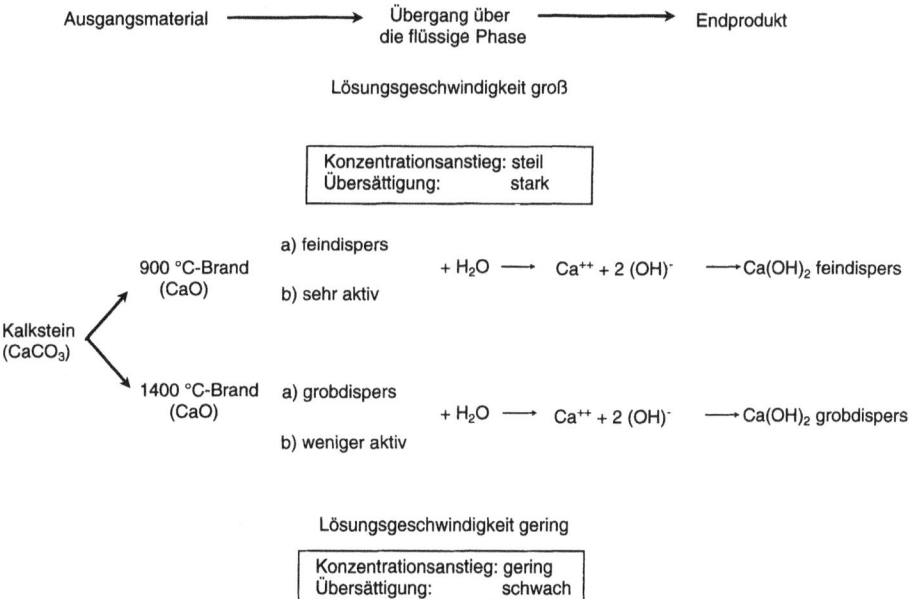

Abb. 3.5.4: Schematische Darstellung des Reaktionsablaufes Kalkstein-Branntkalk-Kalkhydrat

3.5.2.3 Fremdbestandteile

Es werden drei Arten von Fremdbestandteilen unterschieden:

* natürliche Verunreinigungen, die durch die Kalklagerstätte gegeben sind,
* künstliche Brennzusätze, die die Eigenschaften des Branntkalkes und des Kalkhydrates beeinflussen,
* Zusätze zum Löschwasser, z.B. Alkohole.

Erstgenannte lassen sich nicht vermeiden, da bei der Branntkalkproduktion chemisch gesehen unaufbereiteter Kalkstein gegebener Zusammensetzung verarbeitet wird.

Die Brennzusätze und Zusätze zum Löschwasser werden gezielt zur Beeinflussung der Branntkalk- und Kalkhydrateigenschaften dosiert.

Die durch den Rohstoff eingebrachten Hydraulefaktoren SiO_2, Al_2O_3 und Fe_2O_3 sind im eigentlichen Sinne nicht als Verunreinigungen zu betrachten. Durch die Bildung von C_2S, C_3A und C_4AF nimmt zwar die Löschfähigkeit ab, dafür wird aber die hydraulische Erhärtung gefördert.

3.5.3 Technische Herstellung des Kalkhydrates

Beim Löschen von Kalk unterscheidet man zwischen Naß- und Trockenlöschen. Beim Naßlöschen wird mit Wasserüberschuß gearbeitet, so daß ein Kalkbrei (Kalkteig) entsteht, während beim Trockenlöschen nur so viel Wasser zugesetzt wird, daß als Endprodukt ein trockenes Pulver mit geringem Restfeuchtegehalt entsteht.

In der Kalkindustrie wird nur noch in Ausnahmefällen naß gelöscht, beispielsweise um Kalkteig als Zwischenstufe zur Gewinnung von gefälltem Calciumcarbonat herzustellen.

3.5.3.1 Naßlöschen

Auf Baustellen wird der Kalk in Löschpfannen oder -gruben naß gelöscht, in dem der Stückkalk oder Feinkalk mit Wasser übergossen und anschließend bis zum Ende der Wärmefreisetzung („Kochen") gerührt wird. In manchen Gegenden bzw. für spezielle Verwendungszwecke z.B. in der Restaurierung und Denkmalpflege wird der Stückkalk auch heute noch in Gruben eingesumpft.

Dabei gilt i.d.R., daß eine längere Lagerzeit die Verarbeitbarkeit verbessert. Der Kalkteig ist erst dann verarbeitbar, wenn er nach entsprechender Lagerzeit Risse zeigt.

Wegen des unterschiedlichen Löschverhaltens der Branntkalke ist eine laufende Beobachtung des Löschvorganges erforderlich. Die Temperatur des Kalkteiges sollte zwischen 80 und 95 °C, d.h. unterhalb des Siedepunktes liegen. Meist wird eine relativ dicke Hydratpaste mit einem Feststoffgehalt von 35 bis 45% hergestellt. Das entspricht einem Wasser-Branntkalk-Verhältnis von ca. 3:1.

Industrielles Naßlöschen wird heute vor allem in chemischen Fabriken und bei der Wasserreinigung durchgeführt. Eine Naßlöschmaschine besteht im wesentlichen aus einem Behälter mit Rührvorrichtung, in den der Branntkalk aus dem Vorratssilo über eine Aufgabevorrichtung gelangt. Das notwendige Löschwasser wird über Düsen eingespritzt.

Die Entfernung der Grieße, d. h. der gröberen aus $CaCO_3$, SiO_2, Al_2O_3 und unlöslichen Calciumverbindungen bestehenden Teilchen erfolgt über Austragsvorrichtungen am Boden des Aggregates. Der Grießanteil bei reinem Branntkalk beträgt ca. 1 bis 3%, bei höherem Anteil an Verunreinigungen kann er über 5% betragen.

3.5.3.2 Trockenlöschen

Beim Trockenlöschen fällt das Kalkhydrat als weißes Pulver an, welches so trocken sein muß, daß es in Papiersäcke gefüllt werden kann.

Heute verwendet man meist Anlagen, die nach dem kontinuierlichen Überlaufverfahren arbeiten. Der Stückkalk wird dabei zunächst mit einem Hammerbrecher auf Korngrößen < 15 mm zerkleinert, gelangt über ein Becherwerk in ein Vorratssilo und von dort über eine Dosiereinrichtung in eine Mischschnecke. Hier wird heißes Wasser zugegeben, so daß alle Kalkteilchen mit Wasser kontaktieren. Aus dieser Vormischschnecke fällt das feuchte Gut in den Löschtrog, in dem die eigentliche Reaktion stattfindet, die durch Rühren gefördert wird. Durch die Dampfentwicklung entsteht ein fluidisiertes Bett. Die bereits gelöschten Partikel mit geringerer Dichte werden über eine Überlaufeinrichtung ausgetragen, während die ungelöschten Teile noch im Trog verbleiben (SCHIELE/BERENS).

Durch die Reaktionswärme verdampft ein Teil des zugesetzten Wassers, so daß beim technischen Trockenlöschen ca. das Doppelte der stöchiometrischen Wassermenge zugegeben werden muß. Das über das Wehr ablaufende Hydrat gelangt über ein Becherwerk in einen Sichter, wo die Grieße abgetrennt werden. Anstatt der Kalkkörnung < 15 mm kann auch Feinkalk verwendet werden. Bei dieser Arbeitsweise fällt kaum Grieß an.

Der Durchsatz moderner Trockenlöschanlagen beträgt bis zu 15 t/h, der Energieaufwand liegt bei 15 bis 20 kWh/t Hydrat. Tabelle 3.5.2 zeigt die chemische Zusammensetzung und einige physikalische Eigenschaften verschiedener Weißkalkhydrate nach SCHIELE/BERENS.

Zur Gewährleistung eines reibungsfreien Löschvorganges sind nach SCHULTE (in SCHIELE/BERENS) folgende Bedingungen einzuhalten:

- Der eingebrachte Kalk muß möglichst schnell mit dem Löschwasser vermischt werden. Es muß soviel Wasser zur Verfügung stehen, daß sich alle Kalkteilchen vollsaugen können. Ein intensives Zwangsmischen ist hierbei zweckmäßig.
- Das Löschwasser soll der Maschine vorgewärmt zugeführt werden, was die Löschgeschwindigkeit erhöht.
- Die Wassermenge muß für die Umsetzung des gesamten CaO zu $Ca(OH)_2$ bemessen werden, wobei das Überschußwasser durch die Wärmeentwicklung restlos verdampft werden soll. Der Feuchtegehalt im Hydrat sollte nicht über 1% liegen.
- Der Wasserdampf muß restlos und staubfrei aus der Löschmaschine abgeführt werden.

Tab. 3.5.2: Chemische Zusammensetzung und physikalische Eigenschaften von Kalkhydraten (nach SCHIELE/BERENS)

	Hydrat Nr.									
	1	2	3	4	5	6	7	8	9	10
CaO (%)	72,76	73,53	72,97	73,56	71,39	73,62	71,33	70,75	71,08	69,99
MgO (%)	1,15	1,16	0,62	0,71	0,52	0,43	1,12	0,96	0,53	0,51
SiO_2 (%)	0,56	0,45	0,89	1,01	1,92	0,61	2,39	2,59	1,66	1,68
Al_2O_3 (%)	0,37	0,32	0,38	0,34	0,56	0,29	0,88	0,94	0,54	0,52
Fe_2O_3 (%)	0,25	0,21	0,22	0,20	0,59	0,19	0,48	0,53	0,47	0,50
SO_3 (%)	0,11	0,10	0,10	0,12	0,14	0,08	0,18	0,24	0,14	0,14
Glühverlust (%)	24,76	24,20	24,79	24,04	24,85	24,76	23,60	23,95	25,54	26,61
CO_2 (%)	0,75	0,31	1,72	0,43	1,60	1,11	1,57	1,76	1,46	1,95
Feuchtigkeit (%)	0,80	0,33	0,52	0,66	1,00	0,06	0,91	1,27	1,85	2,85
Schüttdichte (dm^3)	0,46	0,44	0,39	0,40	0,52	0,50	0,46	0,47	0,37	0,43
Siebrückstand >0,09 mm (%)	0,58	0,15	1,40	1,63	0,98	1,21	0,79	0,73	1,20	1,43
BET-Oberfläche (m^2/g)	17,3	19,2	16,6	16,9	15,1	12,8	13,7	16,4	18,2	3,9

3.5.3.3 Drucklöschen

Bei träge löschenden Kalken wie Dolomitkalk wird – besonders in den USA – das Drucklöschen nach dem Corson-Verfahren angewendet. Dabei wird der Branntkalk mit Wasserüberschuß (ca. das Doppelte der theoretisch erforderlichen Wassermenge) in ein zylindrisches Druckgefäß gegeben. Im Druckgefäß entsteht durch die exotherme Löschreaktion ein Überdruck von ca. 2 bis $8 \cdot 10^5$ N/m^2, der die Hydratation beschleunigt. Nach dem Öffnen einer Austragsvorrichtung strömt das Löschgut mit hoher Geschwindigkeit in eine „Expansionskammer". Infolge der plötzlichen Druckentlastung verdampft das überschüssige Wasser.

3.5.4 Ergiebigkeit

Die Ergiebigkeit ist das Breivolumen, das sich aus einer bestimmten Branntkalkmenge mit geringstmöglichem Wasserüberschuß erzielen läßt.

Weißkalke, die aus Rohstoffen verschiedener Herkunft gebrannt wurden, weisen sehr unterschiedliche Ergiebigkeiten auf. Nach BUCHARTZ (in SCHOCH) ergeben 5 kg Stückkalk:

- Schlesischer Kalk   9,3 ... 13,95 l Kalkteig
- Westfälischer Kalk   11,4 ... 14,40 l Kalkteig
- Harzer Kalk   14,1 ... 14,40 l Kalkteig
- Rheinischer Kalk   14,0 ... 16,20 l Kalkteig
- Hannoverscher Kalk   12,8 ... 14,00 l Kalkteig

3.6 Baukalkarten und -erhärtung

Aufgrund ihres unterschiedlichen Erhärtungsverhaltens unterscheidet man die Baukalke nach:

a) Luftkalk,
   - Weißkalk,
   - Dolomitkalk (früher auch als Graukalk bezeichnet),
b) Hydraulischer Kalk.

Die verschiedenen Baukalkarten werden gemäß DIN V ENV 459-1 nach ihrem CaO+MgO-Anteil oder, bei hydraulischen Kalken, nach ihrer Druckfestigkeit klassifiziert (Tabelle 3.6.1). Entsprechend dieser Tabelle sind die Baukalke mit Benennung der Baukalkart, der DIN-Hauptnummer und dem Kurzzeichen der Baukalkart zu bezeichnen.

Beispiel: Weißkalk mit einem CaO+MgO-Gehalt ≥90%: **CL 90, ENV 459-1**

Tab. 3.6.1: Baukalkarten gemäß ENV 459-1

	Benennung	Kurzzeichen
1	Weißkalk 90	CL 90
2	Weißkalk 80	CL 80
3	Weißkalk 70	CL 70
4	Dolomitkalk 85	DL 85
5	Dolomitkalk 80	DL 80
6	Hydraulischer Kalk 2	HL 2
7	Hydraulischer Kalk 3,5	HL 3,5
8	Hydraulischer Kalk 5	HL 5

Die bis 03/1994 geltende Baukalknorm DIN 1060 T 1/01/86 beschreibt neben dem hydraulischen Kalk auch noch den hochhydraulischen Kalk, der vorwiegend hydraulisch erhärtet. Bezüglich der Druckfestigkeit waren darunter die Kalke zusammengefaßt, deren 28-Tage-Druckfestigkeit ≥5 N/mm^2 ist, jedoch nicht größer als 15 N/mm^2 (bzw. bei Schüttdichten ≤0,90 kg/dm^3 nicht größer als 20 N/mm^2).

Ebenso wurde in der bis 03/1994 geltenden Baukalknorm der Begriff Wasserkalk geführt. Der Wasserkalk, der gegenüber dem Luftkalk über höhere Anteile an Hydraulekomponenten ($SiO_2 + Al_2O_3 + Fe_2O_3$) verfügt, erhärtet durch Zusammenwirken von hydraulischer und vorwiegend Carbonaterhärtung. Je nach CaO-Anteil oder 28-Tage-Druckfestigkeit werden die Wasserkalke heute den Weißkalken oder den hydraulischen Kalken zugeordnet.

Der Verweis auf diese früheren Bezeichnungen ist insofern wichtig, da sie in einigen Normen, deren Herausgabe vor 1994 lag, noch geführt werden, so z.B. in der DIN 18550 Putz.

Richtwerte für die frühere Unterteilung der hydraulischen Kalke zeigt Tabelle 3.6.2.

Tab. 3.6.2: Frühere Anforderungen an unterschiedliche hydraulische Kalke

Kalkart	Anteile der Hydraulefaktoren $(SiO_2+Al_2O_3+Fe_2O_3)$ %	Erforderliche Lufterhärtung in Tagen	Druckfestigkeit N/mm^2
Wasserkalk	10 ... 15	7	1
Hydraulischer Kalk	15 ... 25	5	2
Hochhydraulischer Kalk	25 ... 30	3	5

3.6.1 Luftkalke

Luftkalke sind Kalke, die vorwiegend aus Calciumoxid oder Calciumhydroxid bestehen und unter Einwirkung von atmosphärischem Kohlenstoffdioxid an der Luft langsam erhärten.

Die Reaktion

$$Ca(OH)_2 + H_2CO_3 \rightarrow CaCO_3 + 2H_2O$$

vereinfacht

$$Ca(OH)_2 + CO_2 \rightarrow CaCO_3 + H_2O$$

bezeichnet man als karbonatische Erhärtung. Sie läuft exotherm unter Wärmefreisetzung von 83,7 kJ/mol ab. Wegen der geringen Reaktionsgeschwindigkeit tritt diese Wärme aber kaum in Erscheinung. Voraussetzung für die Erhärtung ist ein bestimmtes Maß an Feuchtigkeit, die für die Bildung der Kohlensäure benötigt wird. D.h. die Feuchte trägt nicht direkt zur Bildung des Erhärtungsproduktes bei (wie beispielsweise bei der Zementhydratation), sondern ermöglicht die CO_2-Aufnahme. Das bei der Kalkerhärtung über einen längeren Zeitraum frei werdende Wasser ist die sogenannte „Baufeuchte", die im Innenbereich bei unzureichender Belüftung u.U. zu einem Problem werden kann.

Bei den Luftkalken wird nach der Löschwassermenge unterschieden in **Kalkhydrat** (= gelöschte Kalke, die vorwiegend aus Calciumhydroxid bestehen) und **Kalkteig** (= gelöschte Kalke, die mit Wasser zu einer gewünschten Konsistenz vermischt sind und vorwiegend aus Calciumhydroxid mit oder ohne Magnesiumhydroxid bestehen).

Diese Unterscheidung ist vor allem bei den Rezepturen für Mörtel und Putze zu berücksichtigen (siehe unter 3.7.1).

Durch die Erhärtung schließt sich der „Kalkkreislauf", d.h. ausgehend von $CaCO_3$ als Rohstoff in der Form des Kalksteines entsteht über die Stufen Branntkalk (CaO) und Löschkalk ($Ca(OH)_2$) wiederum $CaCO_3$ als Erhärtungsprodukt.

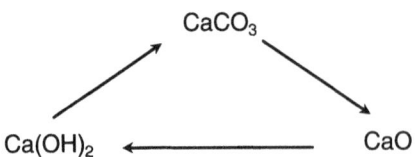

3.6 Baukalkarten und -erhärtung

Beispiele für die chemische Zusammensetzung von Luftkalk (Weißkalk) zeigen die Zeile 2 der Tabelle 3.4.9 sowie Tabelle 3.6.3. Mineralogisch bestehen Luftkalke aus CaO, Portlandit und ggf. Calcit (Weißkalk) bzw. MgO, Portlandit, Brucit ($Mg(OH)_2$) und ggf. Calcit (Dolomitkalk bzw. Graukalk).

Während bei den Weißkalken nur Calciumcarbonat als Erhärtungsprodukt auftritt, tritt im Verlauf der Erhärtung von Dolomitkalkmörtel eine Phasentrennung zwischen der Calcium- und Magnesiumkomponente auf. Selbst nach sehr langen Erhärtungsphasen wurde neben dem Calcit in den seltensten Fällen Magnesiumcarbonat $MgCO_3$ nachgewiesen. Wahrscheinlicher ist das Auftreten überwiegend röntgenamorpher Magnesiumcarbonathydratphasen (z.B. $MgCO_3 \cdot 3 H_2O$). Die Erhärtung von Dolomitkalkmörteln ist ein komplexer dynamischer Prozeß, wobei die Betrachtungen der Gleichgewichte im Phasensystem CaO-MgO-CO_2-H_2O wenig zur Klärung beitragen, da ein thermodynamischer Endzustand erst nach sehr vielen Jahren erreicht werden kann.

Tab. 3.6.3: Chemische Analysen verschiedener deutscher Weißkalke bzw. -hydrate (k. A.: keine Angaben)

		Harz-Kalk (Werk Hornberg)	Kalkhydrat Saal	Kalkhydrat Fels Werk Schraplau	Walhalla Kalkhydrat	Walhalla Edelhydrat
TV+ GV	%	4,0	24,7	24,3 – 26,9	24 – 26	24 – 26
CaO	%	92	74	69,4 – 72	70 – 72	72 – 73,5
MgO	%	0,7	0,3	0,6	0,8 – 1,3	0,8 – 1,3
SiO_2	%	1,5	0,3	0,2 – 1,0	0,6 – 1,4	0,5 – 1,0
Al_2O_3	%	0,5	0,1	0,5 – 0,9	0,3 – 0,5	0,3 – 0,5
Fe_2O_3	%	0,7	0,1	0,2 – 0,4	0,2 – 0,3	0,2 – 0,3
K_2O	%	k. A.	k. A.	0,09	k. A.	k. A.
Na_2O	%	k. A.	k. A.	0,03	k. A.	k. A.
SO_3	%	0,3	0,2	0,1	0,05 – 0,2	0,05 – 0,2

3.6.2 Hydraulischer Kalk

Hydraulische Kalke und natürliche hydraulische Kalke sind Baukalke, die vorwiegend aus Calciumsilikaten, Calciumaluminaten und Calciumhydroxid bestehen und durch Brennen von tonhaltigem Kalkstein und nachfolgendem Löschen und Mahlen und/oder durch Mischen von geeigneten Stoffen und Calciumhydroxid hergestellt werden.

Diese Kalke erstarren und erhärten unter Wasser. Die Hydratationsprodukte sind wasserfest. Atmosphärisches Kohlenstoffdioxid trägt zum Erhärtungsprozeß bei.

Hydraulische Kalke enthalten mindestens einen Masseanteil von 3% freien Kalks. Sie werden im Gegensatz zu Luftkalken immer gelöscht geliefert.

Hydraulische Kalke, die durch Brennen (unter 1250 °C) von mehr oder weniger tonhaltigem Kalkstein, zu Pulver gelöscht, mit oder ohne Mahlung, entstehen, werden ergänzend „Natürliche hydraulische Kalke" (NHL) genannt.

Das im Schacht- oder Drehrohrofen bei Temperaturen von 990–1000 °C gebrannte Gut (Kalkklinker), wird durch Benetzen mit Wasser hydratisiert, wobei aber nur so viel Wasser zugesetzt werden darf, daß der vorhandene freie Kalk in ein trockenes Pulver zerfällt (Trockenlöschen). Der gelöschte Kalkklinker wird zur Nachhydratisierung einige Zeit in einer Vorratshalle gelagert.

Nach genügender Lagerung wird der Kalkklinker in Kugelmühlen mit Zusatz von 3–5% Rohgipsstein zu einem feinen Pulver vermahlen. Hydraulische Kalke werden feiner gemahlen als Zemente. Die spezifische Oberfläche nach BLAINE liegt zwischen 7000 und 9000 cm^2/g.

Tabelle 3.6.4 zeigt die Streubreite der chemischen Zusammensetzung hydraulischer Kalke.

Tab. 3.6.4: Chemische Zusammensetzung hydraulischer Kalke

Bestandteile in %	
CaO	40 ... 59
CaO frei	3 ... 19
SiO$_2$	11 ... 27
Al$_2$O$_3$	3 ... 8
Fe$_2$O$_3$	2 ... 3
MgO	2 ... 3
CaSO$_4$	2 ... 7
Na$_2$O + K$_2$O	1 ... 2
SO$_3$	1,5 ... 3,5
GV	11 ... 20

3.6.3 Traßkalk

Der Begriff Traßkalk, die Zusammensetzung der Traßkalke und die Anforderungen sind nicht direkter Bestandteil der Baukalknorm DIN 1060. Traßkalke gehören zu den hydraulischen Kalken, wobei die Hydraulekomponenten zum Teil durch den gemahlenen Traß eingebracht werden (meist in Verbindung mit einem gewissen Zementanteil).

Traß ist ein aus vulkanischen Ascheströmen oder aus Glutwolken abgesetzter stark glashaltiger Bimstuff.

Gemäß DIN 51043 ist Traß ein natürlicher, saurer, puzzolanischer, aufbereiteter Tuffstein. Er besteht mineralogisch aus glasigen und kristallinen Phasen und chemisch überwiegend aus Siliciumdioxid und Aluminiumoxid sowie aus geringen Anteilen an Erdalkalien, Eisenoxid, Alkalien und physikalisch und chemisch gebundenem Wasser.

3.6 Baukalkarten und -erhärtung

Traß ist kein selbständig erhärtendes Bindemittel. Seine puzzolanischen Eigenschaften werden erst durch Zugabe von Kalk oder Zement wirksam. Tabelle 3.6.5 zeigt Kenn- und Grenzwerte für die chemische Zusammensetzung von Traß gemäß DIN 51043. Die spezifische Oberfläche muß mindestens 5000 cm^2/g nach BLAINE betragen. Als aufbereiteter, feingemahlener Traß muß er in der Mörtelmischung aus:

- 0,8 Masseteilen Traß,
- 0,2 Masseteilen Kalkhydrat und
- 1,5 Masseteilen Normsand

bei einem W/B-Wert von 0,45 eine Druckfestigkeit nach 5 Tagen (4 Tage Feucht- und 24 h Wasserlagerung) von mindestens 5 N/mm^2 erreichen.

Durch gemeinsame Vermahlung von Kalk und Traß können die Eigenschaften des Trasses besser genutzt werden als durch einfaches Vermischen der Komponenten. Der Traßanteil in Traßkalken liegt zwischen 30 und 55%.

Tab. 3.6.5: Kenn- und Grenzwerte für die chemische Zusammensetzung für Traß gemäß DIN 51043

Bestandteile in %	
GV einschl. CO_2	≤ 12
CaO+MgO	bis 15
SiO_2	über 50 bis 75
Al_2O_3	über 10 bis 25
SO_3	≤ 1
$Na_2O + K_2O$	bis 10
CO_2	≤ 7
Chlorid	$\leq 0,1$

In Deutschland gibt es zwei im Abbau stehende Traßvorkommen: den Rheinischen Traß (Vordereiffel, Neuwieder Becken, Kruft, Ettringen) und den Bayerischen (Suevit-) Traß (auch als Schwabenstein bezeichnet, Nördlinger Ries). Beide Trasse weisen deutliche Unterschiede in der chemisch-mineralogischen Zusammensetzung sowie in den Reindichten auf (Tabelle 3.6.6).

Der Rheinische Traß besteht mineralogisch aus Quarz, Feldspat, Hornblende, Augit, Apatit, Biotit bzw. Muscovit, Magnetit, Hämatit, Cristobalit, Leucit, Kaolinit, Illit, Chabasit, Analcim, Diopsid und der glasigen Grundmasse.

Der Bayerische Traß besteht aus Quarz, Feldspat, Biotit, Illit, glasiger Grundmasse und vereinzelt Calcit, Montmorillonit und Kaolinit.

Auffällig beim Rheinischen Traß ist der hohe Anteil an HCl-Löslichem sowie der hohe Alkaligehalt, insbesondere der hohe Gehalt an wasserlöslichen Alkalien. Im Gegensatz zu Portlandzement-Klinkern aus deutschen Rohstoffen liegt der Gehalt an wasserlöslichem Na_2O bei diesem Traß höher als der Gehalt an wasserlöslichem K_2O.

Tab. 3.6.6: Chemische Zusammensetzung und Reindichte von Rheinischem und Bayerischem Traß

		Rheinischer Traß	Bayerischer Traß
TV+GV	%	5,6	3,4
HCl-Unlösliches	%	39,8	91,8
CaO	%	3,4	2,9
MgO	%	0,8	0,6
SiO_2	%	56,2	64,9
Al_2O_3	%	16,9	15,3
Fe_2O_3	%	4,4	3,8
K_2O	%	4,31	2,57
Na_2O	%	5,14	2,33
SO_3	%	0,08	0,1
K_2O_{wl}	%	0,15	0,04
Na_2O_{wl}	%	0,46	0,02
SO_{3wl}	%	0,05	0,02
Reindichte	g/cm^3	2,50	2,57

Tab. 3.6.7: Chemische und halbquantitative mineralogische Zusammensetzung sowie spezifische Oberfläche und Reindichte von Traßkalken

		Traßkalk mit Rheinischem Traß	Traßkalk mit Bayerischem Traß
GV	%	6,1	18,7
CaO	%	24,3	48,1
SiO_2	%	40,9	20,8
Al_2O_3	%	12,5	5,1
Fe_2O_3	%	4,3	2,0
MgO	%	2,2	1,0
K_2O	%	3,56	0,78
Na_2O	%	2,18	0,48
SO_3	%	2,2	1,0
K_2O_{wl}	%	0,39	0,17
Na_2O_{wl}	%	0,12	0,02
SO_{3wl}	%	0,16	0,02
Cl^-	%	0,023	0,018
spez. A_O	cm^2/g	6000	8000
Reindichte	g/cm^3	2,70	2,70
Traßminerale		+	+
Gips/Anhydr.		+	(+)
$Ca(OH)_2$		+ (ca. 4%)	++ (ca. 14%)
C_3S		++	+
Quarz		+++	+
$CaCO_3$		+	+++

+++: hohe Intensität
+: niedrige Intensität
(+): Nachweis unsicher

3.6 Baukalkarten und -erhärtung

Tabelle 3.6.7 zeigt die chemische und halbquantitative mineralogische Zusammensetzung zweier handelsüblicher Traßkalke, hergestellt aus Kalkhydrat, Zement und Rheinischem bzw. Bayerischem Traß.

Traßkalke können mit anderen hydraulischen Kalken und Zement gemischt werden, jedoch nicht mit Gips oder Anhydritbinder.

Die im Handel unter den Bezeichnungen TUBAG 393, 390 und 395 angebotenen gipsverträglichen traßhaltigen Mörtel enthalten als Bindemittel nicht Traßkalk, sondern einen speziell entwickelten Zement, der aus ca. 50% Hüttensand oder Hochofenzement, ca. 15% Portlandzement oder Portlandzement-Klinker, ca. 17,5% Flugasche und ca. 17,5% Traß besteht.

3.6.4 Romankalk

Mariensteiner Romankalk ist die Handelsbezeichnung für den einzigen in Deutschland hergestellten natürlichen hydraulischen Kalk nach DIN 1060. Er enthält keinen Zementanteil.

Der Romankalk wird aus Kalksteinmergel bei ca. 1100 °C im Drehrohrofen gebrannt, in einem Spezialverfahren gelöscht und unter Gipszugabe zur Erstarrungsregelung fein aufgemahlen. Bei der Mahlung wird dem Romankalk auch eine geringe Menge an Luftporenbildner zur Verbesserung der Verarbeitbarkeit und des Verformungsverhaltens (niedriger E-Modul) sowie zur Erhöhung der Frostwiderstandsfähigkeit zugegeben.

Mariensteiner Romankalk kann mit anderen Bindemitteln wie Zement, Kalkhydrat oder Hydraulischem Kalk gemeinsam verarbeitet werden. Mit Gips oder Anhydritbinder darf der Romankalk nicht vermischt werden.

Ein Beispiel für die chemische Zusammensetzung des Romankalkes zeigt Tabelle 3.6.8. Phasenanalytisch wurden Portlandit, β-C_2S, C_3A und C_4AF, Halbhydrat, Calcit und Quarz nachgewiesen.

Tab. 3.6.8: Spezifische Oberfläche, Reindichte und Korngrößenkennwerte des Romankalkes

		Romankalk
A_o	cm²/g	7400
ρ_{rein}	g/cm³	2,70
R_{90}	%	12,35
R_{63}	%	21,2
R_{40}	%	32,51
d_{50}	µm	17,3
d_m	µm	36,4

Tab. 3.6.9: Beispiel für die chemische Zusammensetzung des Romankalkes

		Romankalk
GV	%	16,30
CaO	%	39,60
SiO_2	%	25,80
Al_2O_3	%	9,40
Fe_2O_3	%	2,70
MgO	%	0,90
K_2O	%	1,64
Na_2O	%	0,20
SO_3	%	2,90

3.6.5 Sonstige Baukalke

Als Sonderformen des Luftkalkes sind die **Muschelkalke** und **Carbidkalke** zu nennen. Bei den Muschelkalken handelt es sich nicht um Kalke, die aus Kalkrohstoffen der geologischen Epoche des Muschelkalkes gebrannt wurden, sondern um gelöschte Kalke, die durch Brennen von Muscheln und nachfolgendem Löschen entstanden sind. Carbidkalk (früher auch als Bunakalk bekannt) sind gelöschte Kalke, die als Nebenprodukt bei der Herstellung von Acetylen aus Calciumcarbid entstehen.

$$CaC_2 + H_2O \rightarrow C_2H_2 + Ca(OH)_2$$

Carbidkalk enthält 70 bis 90% Calciumhydroxid, fällt als Karbidkalkteig oder -hydrat an und hat eine bläulich-graue Farbe.

Calciumphosphid Ca_3P_2 ist ein ständiger Begleiter des technischen Calciumcarbides CaC_2. Bei der Verarbeitung von Carbidkalkhydrat entweicht der unangenehm riechende Phosphorwasserstoff PH_3 (= Phosphin, giftiges Gas), was bei der Verwendung von Carbidkalkhydrat in Innenräumen bei nicht ausreichender Belüftung bedenklich werden kann.

$$Ca_3P_2 + 6H_2O \rightarrow 3Ca(OH)_2 + 2PH_3$$

3.7 Verwendung von Branntkalk und Kalkhydrat

Die Verwendung von Weißkalken in der Baustoff- und Chemischen Industrie ist sehr vielfältig (Tabelle 3.7.1). Im weiteren soll nur auf die Verarbeitung zu Mörteln, Putzen und Anstrichen näher eingegangen werden.

Tab. 3.7.1: Einsatzmöglichkeiten von Branntkalk und Kalkhydrat in der Baustoff- und Chemischen Industrie

Gemahlener Branntkalk CaO	Kalkhydrat Ca(OH)$_2$
Mauermörtel, baustellengemischte Putze	
Kalkfarben und Kalkschlämme	
Bestandteil in Kalksandstein und Porenbeton	Fertigputze, Trockenmörtel
Bodenstabilisierung	Füller in Bitumenmischungen
Entwässerung und Bindung von Böden	Gleitmittel
Zusatz zur Schlackenbildung (Entschwefelung und Entphosphorisierung in der Stahlindustrie)	
Neutralisations- und Reaktionshilfsmittel in diversen Industrien und Gerbereien	Neutralisationsmittel in der Papierindustrie
Rauchgasentschwefelung	
Abwasserneutralisation	
Klärschlammeindickung	Wasseraufbereitung
	Düngung, Bodenneutralisation
	Schädlingsbekämpfung

3.7.1 Mörtel

Baukalke sind die bewährten Bindemittel für Mauer- und Putzmörtel. Für die Anwendung der verschiedenen Kalkarten sind die Bestimmungen der DIN 1053 (Mauerwerk) und der DIN 18550 (Putz) maßgebend.

3.7.1.1 Mauer- und Fugenmörtel

Die Einteilung der Mörtel in Mörtelgruppen gemäß DIN 1053 (Mauerwerk) erfolgt nach der Art des bzw. der Bindemittel (Tabelle 3.7.2) sowie nach der 28-Tage-Druck- und Haftscherfestigkeit. Bei der Umrechnung der Raumteile in Masseteile sind die Schüttdichten der Bindemittel und Zuschläge zu berücksichtigen (Tabelle 3.7.3).

Tab. 3.7.2: Mörtelzusammensetzung, Mischungsverhältnisse für Normalmörtel in Raumteilen gemäß DIN 1053

Mörtel-gruppe	Luftkalk		Hydr. Kalk (HL2)	Hydr. Kalk (HL5), Putz-, Mauerbinder (MC5)	Zement	Sand aus natürl. Gestein
	Kalkteig	Kalkhydrat				
I	1	-	-	-	-	4
	-	1	-	-	-	3
	-	-	1	-	-	3
	-	-	-	1	-	4,5
II	1,5	-	-	-	1	8
	-	2	-	-	1	8
	-	-	2	-	1	8
	-	-	-	1	-	3
IIa	-	1	-	-	1	6
	-	-	-	2	1	8
III	-	-	-	-	1	4
IIIa	-	-	-	-	1	4

Tab. 3.7.3: Richtzahlen für Schüttdichten gemäß DIN 1060 und DIN 18550

Mörtelkomponente	Schüttdichte in kg/dm³	
	nach DIN 1060	nach DIN 18550
Kalkteig		1,25
Luftkalk CL 70 ... CL 90	0,3 ... 0,6	0,5
Dolomitkalk DL 80, DL 85	0,4 ... 0,6	k.A.
Hydraulischer Kalk HL 2	0,4 ... 0,8	k.A.
Hydraulischer Kalk HL 3,5	0,5 ... 0,9	0,8
Hydraulischer Kalk HL 5	0,6 ... 1,0	1,0
Zement		1,2
Stuckgips		0,9
Putzgips		0,9
Anhydritbinder		1,0
Putz- und Mauerbinder		1,0
Sand (2 bis 5% Feuchte)		1,3

Festigkeitsanforderungen gemäß DIN 1053

Mörtelgruppe I: **keine** Festigkeitsanforderungen; **nicht geeignet** für:
- Gewölbe,
- bewehrtes Mauerwerk,
- Kellermauerwerk,
- Mauerwerk mit > 240 mm Dicke bzw. > 2 Vollgeschosse,
- für Außenschalen zweischaliger Mauerwerke,

Mörtelgruppe II:
- Druckfestigkeit nach 28 d $\geq 2{,}5$ N/mm^2,
- Mindesthaftscherfestigkeit von 0,1 N/mm^2,

Mörtelgruppe IIa:
- Druckfestigkeit nach 28 d ≥ 5 N/mm^2,
- Mindesthaftscherfestigkeit von 0,2 N/mm^2,

Mörtelgruppe III:
- Mindestdruckfestigkeit: 10 N/mm^2,
- Mindesthaftscherfestigkeit: 0,25 N/mm^2.

Die Mörtelgruppe I umfaßt die Mörtel auf der Basis von Luftkalk und Hydraulischem Kalk ohne Zementzusatz. Dementsprechend sind keine Festigkeiten gefordert.

Die Mörtel der Mörtelgruppe II enthalten Hydraulische Kalke mit höheren Hydrauleanteilen (HL 5) oder Gemische aus Kalk und Zement als Bindemittel, wobei der Kalkanteil (in Raumteilen) den Zementanteil überwiegt.

Mörtelgruppe II und II a unterscheiden sich im Zementanteil (MG IIa enthält mehr Zement) und damit auch in den Festigkeiten.

Die Mörtelgruppen III und IIIa basieren auf Zement als Bindemittel, wobei die höheren Festigkeiten der MG IIIa vorzugsweise durch Auswahl geeigneter Sande erreicht werden sollen.

Die Prüfungen der Mörtel mit mineralischen Bindemitteln (u.a. Baukalk) auf Frisch- und Festmörteleigenschaften beschreibt DIN 18555 Teil 1 bis Teil 8. Danach sind folgende Frischmörteleigenschaften zu prüfen:

♦ Ausbreitmaß,
♦ Frischmörtelrohdichte,
♦ Luftgehalt,
♦ Verarbeitbarkeitszeit,
♦ Wasserrückhaltevermögen.

Bei den Festmörteleigenschaften gemäß DIN 18555 werden geprüft:
♦ Druckfestigkeit,
♦ Haftscherfestigkeit,

3.7 Verwendung von Branntkalk und Kalkhydrat

in Einzelfällen auch:

- Trockenrohdichte,
- Haftzugfestigkeit,
- Längs- und Querdehnungsmodul,
- Wärmeleitfähigkeit.

Vergleich der Eigenschaften von Mörteln mit Luftkalk und Hydraulischem Kalk

Mit zunehmenden Anteilen an Hydraulefaktoren in den Kalkhydraten sind nach WINNEFELD, BÖTTGER, KNÖFEL folgende Eigenschaftsänderungen der Mörtel zu erwarten:

- Die Druckfestigkeiten und E-Moduli der Kalke steigen mit zunehmendem Hydrauleanteil. Nach vollständiger Carbonatisierung besitzen auch Luftkalke mit geringen hydraulischen Anteilen meßbare Druckfestigkeiten von bis zu 10 N/mm^2.
- Luftkalke (CL 90, CL 80) zeigen hohe Schwindwerte bis über 20 mm/m. Kalke mit hohen Hydrauleanteilen können ein ähnlich geringes Schwindmaß aufweisen wie Zementmörtel.
- Da hydraulische Kalke (HL 2, HL 3,5, HL 5) je nach ihrer Zusammensetzung deutliche C_3A-Gehalte aufweisen können, ist ihre Verwendung an Gebäuden mit starker Sulfatbelastung problematisch.
- Es können erhebliche Anteile ausblühfähiger Salze in den Kalken vorhanden sein. Ihr Gehalt ist bei den hydraulischen Kalken rohstoffbedingt am höchsten.
- Luftkalkmörtel erweisen sich im Frost-Tauwechsel-Versuch als nicht widerstandsfähig und sollten an feuchten, frostgefährdeten Bereichen von Bauwerken nicht verwendet werden. Ihre Anwendung sollte auch nicht zu spät im Jahr erfolgen, damit ausreichend Zeit zur Carbonatisierung verbleibt, bevor der erste Frost eintritt.

3.7.1.2 Putzmörtel

Kalke sind als Bindemittel oder Bindemittelkomponente für Putze in allen Putzmörtelgruppen vertreten (Tabelle 3.7.4). Die Tabelle 3.7.5 zeigt ausgewählte mechanische Kennwerte von Kalk- und Kalk-Zement-Putz im Vergleich zu Zement- und Gipsputz.

Die Verformungen des Putzes am Bauwerk entstehen durch Schwinden (ε_S) bei der Austrocknung bzw. Erhärtung sowie das Quellen (ε_q) bei der Feuchtigkeitsaufnahme bzw. Erhärtung. Weiterhin ergeben sich Verformungen durch Temperaturänderungen (ε_T). Wegen des Verbundes zum Untergrund, der die Verformungen des Putzes behindert, entstehen Spannungen. Diese werden durch innere Spannungsumlagerungen und Kriecheffekte (Relaxation, beschrieben durch die Relaxationszahl ψ) vermindert. Zur Beurteilung der Rißneigung bzw. der Rißsicherheit wurde der Rißsicherheitskennwert K_R eingeführt. Günstig hinsichtlich geringer Rißneigung ist ein möglichst hoher K_R-Wert.

Tab. 3.7.4: Mischungsverhältnisse in Raumteilen nach DIN 18550

Mörtel gruppe		Mörtelart	Luftkalk Wasserkalk		Hydr. Kalk	Hoch hydr. Kalk	Putz-, Mauer- binder	Zement	Baugipse Stuck-, Putzgips	Anhydrit- binder	Sand
			Teig	KH							
P I	a	Luftkalkmörtel	1	1							3,5 – 4,5
											3 – 4
	b	Wasserkalkmörtel	1	1							3,5 – 4,5
											3 – 4
	c	Mörtel mit hydr. Kalk			1						3 – 4
P II	a	Mörtel mit Hochhydr. Kalk oder Mörtel mit Putz- u. Mauerbinder					1 oder 1				
	b	Kalkzementmörtel	1,5 oder 2					1			3 – 4
											9 – 11
P III	a	Zementmörtel mit Kalkhydrat	< 0,5					2			6 – 8
	b	Zementmörtel						1			3 – 4
P IV	a	Gipsmörtel							1		–
	b	Gipssandmörtel							1 oder 1		1 – 3
	c	Gipskalkmörtel	1 oder 1						0,5–1 oder 1-2		3 – 4
	d	Kalkgipsmörtel	1 oder 1						0,1-0,2 o. 0,2-0,5		3 – 4
P V	a	Anhydritmörtel								1	≤ 2,5
	b	Anhydritkalkmörtel	1 oder 1,5							3	12

3.7 Verwendung von Branntkalk und Kalkhydrat

Tab. 3.7.5: Ausgewählte mechanische Kennwerte von Putzen (nach Ross/Stahl)

	Druckfestigkeit in N/mm²	Zugfestigkeit in N/mm²	E-Modul in N/mm²	Temperaturdehnzahl in 1/K	Schwindmaß ε_S in mm/m	Rißsicherheitskennwert K_R *)	Längenänderung durch Wasseraufnahme (Quellen) ε_q in mm/m
Kalkputz P I	1,5	0,1	5000	$12 \cdot 10^{-6}$	−0,8	≈ 0,02	0,4
Kalkzementputz P II	4	0,3	6000	$12 \cdot 10^{-6}$	−0,8	≈ 0,04	0,3
Zementputz P III	15	1,5	15000	$10 \cdot 10^{-6}$	−0,7	≈ 0,10	0,2
Gipsputz P IV	3	0,3	5000	$12 \cdot 10^{-6}$	+1,0	–	–

*) Rißsicherheitskennwert: $K_R = \dfrac{\beta_Z}{E_Z \cdot (\varepsilon_S + \varepsilon_T)} \cdot \psi$

mit

β_Z Zugfestigkeit
ψ Relaxationszahl (ist grundsätzlich < 1)
E_Z E-Modul bei Zugbeanspruchung
ε_S Schwindmaß
ε_T Längenänderung durch Temperatureinfluß

Baukalke werden aber nicht nur für Putze im Innen- und Außenbereich gern und häufig verwendet, sondern auch für Stuckarbeiten als Stuckputze oder Stuckantragungen. Hier spielen vor allem die Luftkalke eine große Rolle, die zur Verbesserung der Verarbeitbarkeit längere Zeit eingesumpft werden.

Ein Beispiel ist der Weißstuckputz, der aus einem Weißkalkmörtel (eingesumpfter Weißkalk) durch Zugabe von geeignetem Stuckgips und Marmormehl hergestellt wird.

3.7.2 Kalkgebundene Anstriche

Je nach Anwendungszweck, Art und Qualtität der Ausführung werden kalkgebundene Anstriche in Kalkschlämmanstriche und Kalkfarbenanstriche unterschieden.

Kalkschlämme wird vorzugsweise aus abgelagertem Kalkhydratteig zubereitet, von dem etwa 30 Vol.-% mit 70 Vol.-% Wasser aufgeschlämmt und ggf. abgesiebt werden. Kalkhydratpulver muß mindestens einen Tag vor Gebrauch in Wasser vorgequollen und dann wie Kalkhydratteig weiter zu Kalkschlämme verarbeitet werden. Mit Kalkschlämme erzielt man einfache, weißfärbende, antiseptisch wirkende Anstriche, z.B. für Wirtschafts- und Feuchträume.

Für die Ausführung des Kalkanstriches ist folgendes zu beachten:

- sehr dünnflüssig verarbeiten; besser zweimal dünn im Kreuzgang als einmal dick auftragen,
- schnelle Trocknung des Anstriches verhindern, z.B. durch Vornässen des trockenen Untergrundes und naß-in-naß streichen bei mehrmaligem Auftrag; feuchte Witterung ist bei der Ausführung zu bevorzugen,
- Verarbeitung durch Streichen ist dem Spritzen vorzuziehen.

Kalkfarben sind Mischungen aus Kalkhydratteig, Wasser und Pigmenten, wobei die Pigmentmenge 10 Vol.-% des Kalkhydratteiges nicht überschreiten sollte, da die Pigmente ansonsten nicht vollständig in Calciumcarbonat eingebunden werden können und ggf. nicht wischfest sind. Die zur Carbonatisierung der Kalkfarben notwendige Feuchte des Untergrundes sollte nach wissenschaftlichen Untersuchungen zwischen 0,8 und 8,0% liegen. Außerhalb dieses Bereiches ist die Kalkfarbe nicht wischfest.

Als kalk- und zementechte Pigmente gelten vor allem die natürlichen und synthetischen Eisen- und Manganoxidpigmente sowie Chrom- und Cobaltpigmente. Spezielle Mörtelfarben-Sortimente werden im Handel angeboten.

Als Arbeitstechniken für das Auftragen von Kalkfarben und -schlämmen unterscheidet man u.a.:

- Fresco-Malerei,
- Secco-Malerei und
- Stuccolustro (Ausführung gemäß DIN 18350).

3.7 Verwendung von Branntkalk und Kalkhydrat

Bei der **Fresco**-Malerei („al fresco" ital. „auf frischem") wird die kalkgebundene (oder kalkbeständige) Farbe oder Schlämme auf frischen Kalkmörtel (-putz) aufgetragen. Die Farbe dringt in die nasse Putzschicht und bleibt nach dem Trocknen unlöslich mit ihr verbunden. Zur mechanischen Verzahnung tritt die chemische Bindung.

Bei der **Secco**-Malerei („al secco" ital. „auf trockenem") wird die Farbe auf (luft-)trockenen Untergrund aufgetragen. Da die Pigmente nicht direkt in die sich bildenden Calcitkristalle eingebunden werden – wie bei der Fresco-Technik – wird häufig Kasein als zusätzliches Bindemittel mit eingesetzt.

Bei der **Stuccolustro**-Technik (ital. „blanker Stuck") werden bewußt Wechselwirkungen zwischen mechanischen, chemischen und thermischen Vorgängen ausgenutzt. Die erste kalkgebundene Malschicht (ggf. unter Mitverwendung von Öl oder Seife) wird mit einem unter Druck über die Fläche geführten heißen Stahl (= Stuccolustro-Eisen) geglättet. Durch den Druck und die heiße Kelle erreicht man eine glänzende Oberfläche mit hoher Festigkeit. Das ist wahrscheinlich darauf zurückzuführen, daß sich außer der Verdichtung an der Oberfläche durch den Druck und den heißen Wasserdampf aus dem Kalk und den feinen SiO_2-haltigen Zuschlagbestandteilen Calciumsilikathydrate bilden.

Auf nicht alkalisch reagierenden Untergründen sind Kalkschlämmanstriche und Kalkfarbenanstriche aufgrund der fehlenden chemischen Bindung mit dem Untergrund nicht wetterbeständig, in vielen Fällen nicht einmal wischfest. Die Bindekraft kann durch bindende Zusätze zum Kalk verbessert werden, z.B. durch:

- *5 Vol.-% Leinöl oder Leinölfirnis*
  Die dabei entstehende Kalkseife erhöht nicht nur die Festigkeit, sondern wirkt porenfüllend und verringert auch die Sprödigkeit gegenüber reinen Kalkfarbenanstrichen.
- *bis 20 Vol.-% Milch, Milchsäure, technisches Casein oder 30 Vol.-% Magermilch*
  Das sich aus dem Casein und dem Kalk bildende Kalkcasein sowie die aus dem Milchfett und Kalkhydrat entstehende Kalkseife verbessern die Streichbarkeit und die Festigkeit.
- *bis 10 Vol.-% Hühnereiweiß und Tierblutserum*
  Die Anstriche werden dadurch wesentlich fester und sind nicht mehr so spröde.
- *bis 20 Vol.-% alkalibeständige Leimlösung z.B. Stärkeether- oder Methylcelluloseleim*
  Für wischfeste Innenanstriche.
- *bis 30 Vol.-% weißer oder grauer Zement ggf. auch gemeinsam mit 10 Vol.-% Polyacrylat-Dipsersionsbindemittel*
  Damit hergestellte Anstriche sind dicker, härter und i.d.R. auch witterungsbeständiger als reine Kalkfarbenanstriche.

3.8 Literatur

CHRIST, A.
Kalkfarbentechniken einschließlich der Fresco- und Sgraffito-Technik. Das Berufswissen des Maler- und Lackierer-Handwerkes – Band 3, München: Verlag Georg D.W. Callwey, 1935

ROSS, H., STAHL, F.
Handbuch Putz. Stoffe – Verarbeitung – Schadensvermeidung, Köln: Verlagsgesellschaft Rudolf Müller GmbH, 1992

SCHIELE, E., BERENS, L.W.
Kalk – Herstellung, Eigenschaften, Verwendung, Düsseldorf: Verlag Stahleisen mbH, 1972

SCHOCH, K.
Die Mörtelbindestoffe Zement – Kalk – Gips, Berlin: Verlag der Tonindustriezeitung, 4. Auflage, 1928

SCHÖNBURG, K.
Gestalten mit wäßrigen Anstrichstoffen, Berlin: Verlag für Bauwesen, 1. Auflage, 1988

SEIDEL, G., HUCKAUF, H., STARK, J.
Technologie der Bindebaustoffe. Band 3: Brennprozeß und Brennanlagen, Berlin: Verlag für Bauwesen, 1. Auflage, 1976

STARK, J., HUCKAUF, H., SEIDEL, G.
Bindebaustoff-Taschenbuch. Band 3: Brennprozeß und Brennanlagen, Berlin: Verlag für Bauwesen, 2. bearb. Auflage, 1986

STRÜBEL, G., KRAUS, K., KUHL, O., GÖDICKE-DETTMERING, T.
Hydraulische Kalke in der Denkmalpflege, Institut für Steinkonservierung e. V., Bericht Nr. 1, Wiesbaden 1992

WINNEFELD, F., BÖTTGER, C., KNÖFEL, D.
Eigenschaften von Baukalken mit unterschiedlich hohen Anteilen – eine kritische Betrachtung hinsichtlich des Einsatzes für die Denkmalpflege, in: 4. Intern. Kolloquium Werkstoffwissenschaften und Bauinstandsetzen, Technische Akademie Esslingen 17.–19. Dez. 1996, S. 801–815

4 Spezielle Bindemittel

4.1 Magnesiabinder

Magnesiabinder sind nichthydraulische Bindemittel auf MgO-Basis, deren Erhärtung auf der Bildung schwerlöslicher basischer Magnesiumsalzhydrate beruht. Mit Salzlösungen zweiwertiger Metalle wie $MgCl_2$, $MgSO_4$, $CaCl_2$ und $ZnCl_2$ ergeben sich bildsame Massen, die steinartig erhärten. Ihre Erhärtung erfolgt hydratisch und durch Neutralisation (Bindemittel des Base-Säure-Typs).

Dieses Verhalten wurde erstmals von dem Franzosen SOREL (1867) aufgezeigt und deshalb wurden derartige Zusammensetzungen über einen längeren Zeitraum auch als Sorelzemente bezeichnet. Da es sich hierbei aber um keine hydraulischen Bindemittel handelt, ist dieser früher gebräuchliche Begriff (ebenso wie Magnesiazement) nicht korrekt.

Reine kaustisch gebrannte Magnesia hydratisiert sehr langsam. Bautechnisch interessante Hydratationszeiten werden durch Zugabe von magnesiumsalzhaltigen Lösungen ($MgSO_4$ oder $MgCl_2$) erzielt. Dabei wird die Löslichkeit des MgO merklich erhöht.

Ausgangsstoffe

Durch Brennen von Magnesit ($MgCO_3$) oder Dolomit ($MgCO_3 \cdot CaCO_3$) bei ca. 800 °C entsteht leicht gebrannte, ungesinterte Magnesia (MgO):

$$800 ... 1000 \,°C: \quad MgCO_3 \quad \rightarrow \quad MgO + CO_2$$
$$650 ... 750 \,°C: \quad MgCO_3 \cdot CaCO_3 \quad \rightarrow \quad MgO + CO_2 + CaCO_3$$

Der Gehalt an MgO im Magnesit soll mindestens 75% betragen, häufige Verunreinigungen sind: SiO_2 (bis 15%), Al_2O_3 und Fe_2O_3 (bis zu 8%) sowie CaO (bis zu 4,5%).

Entscheidend für die Festigkeit der Magnesiabinder ist die Aktivität des Ausgangsstoffes. Diese wird maßgeblich durch den Herstellungsprozeß (Brenntemperatur) und die Feinmahlung bestimmt. Deshalb soll die Magnesia nicht zu stark gebrannt und fast auf Zementfeinheit gemahlen sein. Lange Lagerungszeiten verringern die Aktivität.

MgO kann auch aus Chlormagnesium-Endlauge der Kaliindustrie durch thermische Spaltung gewonnen werden:

$$MgCl_2 \cdot H_2O \quad \rightarrow \quad MgO + 2\,HCl$$

Magnesiumsulfat- bzw. Magnesiumchloridlösungen werden in einer solchen Menge zugegeben, daß auf 5 Mol MgO 1 Mol des Magnesiumsalzes kommt. Die Verarbeitung der Mischungen erfolgt meist im erdfeuchten Zustand.

Erhärtung

Die breiige Masse aus Magnesia und Anregerlösung erstarrt in Abhängigkeit von der Art des Binders (Schnell- oder Normalbinder) nach 15 ... 90 Minuten bzw. nach 1 ... 6 Stunden. Die Erhärtung erfolgt an der Luft, wobei die relative Luftfeuchtigkeit weniger als 60% betragen soll.

Bei der Reaktion von MgO mit Wasser löst sich zunächst entsprechend dem Löslichkeitsprodukt ein äußerst geringer Anteil der Magnesia und hydratisiert zu $Mg(OH)_2$. Da sich die Löslichkeiten von MgO und $Mg(OH)_2$ nur unwesentlich unterscheiden und die der wasserhaltigen Verbindung sogar etwas größer ist, kann die Hydratationsreaktion nicht in Analogie zu den Calciumsulfatbaustoffen ablaufen (Auskristallisieren der hydratwasserreicheren Verbindung aus einer übersättigten Lösung). Außerdem kommt es infolge der Wechselwirkung des Wassers mit dem Magnesiakorn zur Ausbildung einer dünnen, in Wasser schwerlöslichen Haut aus $Mg(OH)_2$ um das Korn. Dieses Häutchen behindert die weitere Umsetzung der inneren Schichten des Magnesiakorns und verzögert somit den Hydratationsprozeß.

In Magnesiumchloridlösung ist die Löslichkeit des $Mg(OH)_2$ bedeutend größer als in Wasser. In einem Liter einer 30%igen $MgCl_2$-Lösung lösen sich ca. 3 g MgO. Dabei kommt es zur Bildung von Magnesiumhydroxidchloridhydraten mit geringerer Löslichkeit. Die Lösung ist bezüglich dieser Salze übersättigt, so daß diese auskristallisieren. Dabei bilden sich zunächst Kristallisationskeime. Durch immer weitere Lösungs- und Fällungs(Kristallisations)prozesse kommt es zu einem Wachstum der Keime, zur Bildung von nadelförmigen sich verfilzenden Kristallen. Dieser Prozeß läuft solange ab, bis ein Ausgangsstoff völlig aufgebraucht ist.

In Abhängigkeit von der Temperatur t können bei Verwendung einer Magnesiumsulfatlösung unterschiedliche Reaktionsprodukte (sphärolithisch und parallel verwachsene Nadeln) entstehen:

$t < 50\ °C$: $MgSO_4 \cdot 3\,Mg(OH)_2 \cdot 8\,H_2O$ Länge: bis 10 µm
   Durchmesser: bis 4 µm

$t > 50\ °C$: $MgSO_4 \cdot 5\,Mg(OH)_2 \cdot 3\,H_2O$ Länge: bis 7,5 µm
   Durchmesser: bis 0,15 µm.

Kommt Magnesiumchloridlösung zur Anwendung, so können folgende Hydratphasen entstehen:

das stabile $MgCl_2 \cdot 3\,Mg(OH)_2 \cdot 8\,H_2O$ (3-1-8-Phase) und
das metastabile $MgCl_2 \cdot 5\,Mg(OH)_2 \cdot 8\,H_2O$ (5-1-8-Phase).

Die 5-1-8-Phase entsteht beispielsweise nach folgender chemischer Reaktion:

$$5\,MgO + MgCl_2 + 13\,H_2O \rightarrow MgCl_2 \cdot 5\,Mg(OH)_2 \cdot 8\,H_2O$$

Selbst wenn die Ausgangsstoffe in einem Molverhältnis von 1:3 gemischt werden, bildet sich zunächst das metastabile Hydrat, welches sich allmählich in die stabile Hydratphase umwandelt. Bei einer Temperatur von 25 °C existieren somit 5 Phasen: $Mg(OH)_2$, die 5-1-8 und 3-1-8 Magnesiumhydroxochloridhydrate, $MgCl_2 \cdot 6\,H_2O$ sowie nicht umgesetztes MgO.

Durch einen Überschuß an Chloriden bzw. Sulfaten wird das erhärtete Produkt hygroskopisch. Ein Defizit dieser Salze (im Bezug auf das Molverhältnis in den stabilen Hydratphasen) führt zu einem Festigkeitsverlust.

Nach 28-tägiger Erhärtung werden Druckfestigkeiten von 8 ... 15 N/mm² erzielt, der helle bis weiße Stein ist polierbar. Der Hydratations- und Verfestigungsprozeß verläuft stark exotherm, so daß eine Anwendung in großen Bauelementen nicht möglich ist.

Eigenschaften

Magnesiabinder sind feuchtempfindlich und fördern die Korrosion von berührenden Metallteilen. Sie weisen ein instabiles Längenänderungsverhalten – Quellen und Schwinden jeweils bis zu 0,25%, d.h. bis zu 2,5 mm/m – auf. Magnesiabinder ist nicht wasserbeständig, muß daher vor Feuchtigkeit geschützt werden.

Magnesiabinder charakterisiert ein sehr gutes Einbindungsvermögen auch organischer Zuschlagstoffe (Holz, Gummi). Typische anorganische Füllstoffe sind Sand, Bims und Korund.

Anwendung

Eine Vielzahl von Industriefußböden wurde auf der Basis von Magnesiabinder hergestellt (Steinholz). Dabei wurden Holzspäne (Holzmehl und Sägespäne) als Füllstoff verwendet. Als Untergrund für Magnesiaestrich eignen sich Beton, Ziegel und Holz; ungeeignet sind Gips, Asphalt und Steinzeug. Magnesiabinder kann ebenso zur Herstellung von Leichtbauelementen (z.B. Holzwolle-Leichtbauplatten) genutzt werden wie zur Produktion feuerfester Erzeugnisse.

Magnesiabinder kann für dekorative Zwecke eingesetzt werden, z.B. kann Marmor nachgestaltet werden (Kunstmarmor).

Künstlich hergestellte Mahl-, Mühl- und Schleifsteine sind meist magnesiagebunden.

Aufgrund seines instabilen Längenänderungsverhaltens wurde bzw. wird Magnesiabinder mehr und mehr durch andere Bindemittel ersetzt.

4.2 Phosphatbinder

Phosphatbinder sind nichthydraulische Bindemittel, die ebenso wie die Magnesiabinder hydratisch und durch Neutralisation erhärten. Wichtigster Vertreter ist der Aluminiumphosphatbinder. In diesem Fall reagieren Mischungen aus $Al(OH)_3$

und Phosphorsäure bzw. Aluminiumdihydrogenphosphatlösung unter Bildung von schwerlöslichem, tertiärem Aluminiumphosphat.

Anstelle des Aluminiumhydroxids kann auch $Mg(OH)_2$ verwendet werden. Ebenfalls tritt eine Verfestigung ein, wenn ausgewählte Oxide Reaktionspartner sind: CuO, ZnO, SiO_2, TiO_2, Cr_2O_3, MnO, FeO, Fe_3O_4. Werden anstelle der Phosphorsäure andere Säuren (H_2SO_4 oder CH_3COOH) oder mehrwertige Alkohole (Glykole) eingesetzt, so ergeben sich ebenfalls erhärtende Systeme des Base-Säure-Typs.

Ausgangsstoffe

Als Ausgangsstoffe für Alumiumphosphatbinder dienen $Al(OH)_3$, Tonerde und Elektrokorund.

Erhärtung

Die Verfestigung der Aluminiumphosphatbinder basiert auf folgenden chemischen Reaktionen:

$$Al(OH)_3 + H_3PO_4 \rightarrow AlPO_4 + 3H_2O$$
$$2Al(OH)_3 + Al(H_2PO_4)_3 \rightarrow 3AlPO_4 + 6H_2O$$

Bei alternativen Zusammensetzungen sind folgende Reaktionsabläufe charakteristisch:

$$3Mg(OH)_2 + 2H_3PO_4 \rightarrow Mg_3(PO_4)_2 + 6H_2O$$
$$ZnO + 2H_2O + H_3PO_4 \rightarrow ZnHPO_4 \cdot 3H_2O$$

Wird anstelle des Alumiumhydroxids Aluminiumoxid verwendet, so erfolgt die Verfestigung erst bei Temperaturen oberhalb von 300 °C. Dabei entsteht aus der Orthophosphorsäure Pyrophosphorsäure, welche dann mit dem Alumiumoxid zu Aluminiumphosphat reagiert:

$$2H_3PO_4 \rightarrow H_4P_2O_7 + H_2O$$
$$Al_2O_3 + H_4P_2O_7 \rightarrow 2AlPO_4 + 2H_2O$$

Im Ergebnis der Reaktionen entstehen Salzkristalle bestimmter Größe und Form, deren Zusammenhalt durch gegenseitige Verwachsungen oder Adhäsion bedingt ist. Unter Beteiligung kolloidaler Phasen kommt es so zur Verfestigung.

Eigenschaften

Für Phosphatbinder sind sehr kurze Abbindezeiten (3 ... 10 min) charakteristisch. Es werden sehr hohe Frühfestigkeiten erzielt, z.B. eine Druckfestigkeit nach einer Stunde von 14 N/mm^2. Die Verfestigung ist ein stark exothermer Prozeß. Für weitere Base-Säuren-Systeme sind charakteristische Festigkeiten in der folgenden Übersicht wiedergegeben:

		Druckfestigkeiten in N/mm²		
		3 Tage	7 Tage	28 Tage
CdO	– H₂SO₄	40	54	70
MgO	– Oxalsäure	7	8	9
ZnO	– Essigsäure	15	...	...
CaO	– Glycerin	12	60	57
SrO	– Glycerin	40	97	105
CaO	– Glycol	4	64	55

Auf Grund der Vielzahl von möglichen Systemen können sich auch die Eigenschaften innerhalb breiter Grenzen verändern. Erreichbar durch Phosphatbinder sind folgende Kennwerte:

- Druckfestigkeit bis 200 N/mm²,
- Haftfestigkeit am Stahl von 10 N/mm²,
- Temperaturbeständigkeit bis 2000 °C.

Anwendung

Eines der wichtigsten Anwendungsgebiete der Phosphatbinder sind die Feuerfestbetone. Diese setzen sich beispielsweise folgendermaßen zusammen:

- 9% Phosphorsäure,
- 9% Al(OH)₃,
- 82% Zuschläge (Korund, Sillimanit, Schamotte).

Weitere Möglichkeiten des Einsatzes ergeben sich für Schutzbeschichtungen, in der Medizin, Elektrotechnik sowie bei bestimmten Klebetechnologien.

4.3 Wasserglasbinder

Wasserglas ist ein farbloses, infolge von Verunreinigung durch Eisen oftmals auch grünliches oder gelbes bis braunes, durchsichtiges, glasartig erstarrtes Gemisch verschiedener Natrium- oder Kaliumsilicate mit der allgemeinen Formel:

$$M_2O \cdot n\,SiO_2,$$

wobei n, der Wasserglasmodul, Werte zwischen 2 und 4, meistens zwischen 2,4 ... 3,0 annimmt.

Als Wasserglas bezeichnet man ebenfalls konzentrierte Alkalisilicatlösungen mit folgender allgemeiner Formel:

$$M_2O \cdot n\,SiO_2 \cdot x\,H_2O,$$

d.h. in Wasser gelöste Natrium- oder Kaliumsilicatgläser. Ein handelsübliches Natronwasserglas enthält beispielsweise: 6% Na₂O, 27% SiO₂ und 67% H₂O. Es gibt auch Mischungen aus beiden Alkaliwassergläsern, welche als Doppelwasserglas bezeichnet werden.

Wasserglasbinder ist ein nichthydraulisches Bindemittel, dessen Erhärtung hydratisch, carbonatisch und durch Neutralisation erfolgt.

Herstellung von Kaliwasserglas

Aus Quarzsand und Pottasche (oder auch aus Kaliumsulfat) wird ein Gemenge hergestellt, welches in einem Wannenofen geschmolzen wird. Die Temperatur beträgt dabei 1350 ... 1360 °C (mitunter bis 1500 °C), die Reaktionsdauer 24 ... 36 Stunden. Nach Abkühlung erhält man festes Kaliwasserglas der Zusammensetzung $K_2O \cdot nSiO_2$. Dieses ist in kaltem Wasser wenig löslich. In der Hitze und unter Druck (z.B. Lösetrommel mit Wasserdampf: 0,6 MPa / 170 °C) bildet sich eine stark alkalisch reagierende Lösung. Das so entstandene Kaliwasserglas $K_2O \cdot nSiO_2 \cdot xH_2O$ wird anschließend durch Filtration zu einer klaren Flüssigkeit gereinigt und ebenfalls als Wasserglas bezeichnet.

Verfestigung des Wasserglases

In einer wäßrigen Natriumsilicatlösung liegen hydrolytische Gleichgewichte vor:

$$Na_2SiO_3 + H_2O \rightleftarrows NaHSiO_3 + NaOH$$
$$Na_2SiO_3 + 2H_2O \rightleftarrows H_2SiO_3 + 2NaOH$$

Das Natriumhydroxid dissoziiert, die Lösungen sind deshalb stark alkalisch. Die sich bildende Kieselsäure neigt zur Kondensation bzw. Polykondensation. Deshalb finden wir bereits in der Wasserglaslösung höhermolekulare Kieselsäuren unterschiedlichen Kondensationsgrades.

Durch Einwirkung des Kohlendioxides der Luft wird die Natronlauge allmählich gebunden:

$$NaOH + CO_2 \rightleftarrows NaHCO_3$$
$$NaOH + NaHCO_3 \rightleftarrows Na_2CO_3 + H_2O$$
$$Na_2O \cdot nSiO_2 \cdot xH_2O + CO_2 \rightleftarrows nSiO_2 + Na_2CO_3 + xH_2O$$

Die dadurch bedingte erneute Einstellung des Gleichgewichtes führt zur weiteren Bildung von Kieselsäure, zu deren verstärkter Kondensation. Bei der Bildung hochmolekularer Metakieselsäuren kommt es zur Gel-Bildung und infolge der Entstehung von stark vernetzten Polykieselsäuren zur Verfestigung.

Eine Beschleunigung der Gel-Bildung und Verfestigung kann durch Zugabe von

♦ Kohlendioxid der Luft (langsame Erhärtung),
♦ Säuren (sehr schnelle Verfestigung),
♦ Akzeleratoren (Verbindungen, die durch Hydrolyse Säuren bilden),
♦ Hydroxide, deren Metallionen mit Silicationen schwerlösliche Salze bilden,
♦ Zuschläge, die mit Wasserglas bei hohen Temperaturen thermisch beständige Verbindungen eingehen,

erreicht werden.

4.3 Wasserglasbinder

Hierfür einige konkrete Beispiele:

Säuren: $Na_2SiO_3 + H_2SO_4 \rightarrow H_2SiO_3 + Na_2SO_4$

Akzelerator: $2Na_2SiO_3 + Na_2SiF_6 + 3H_2O \rightarrow 3H_2SiO_3 + 6NaF$

Oxid: $Na_2SiO_3 + ZnO + 2H_2O \rightarrow ZnSiO_3 \cdot H_2O + 2NaOH$

Hydroxid: $2Na_2SiO_3 + 3Ca(OH)_2 + 3H_2O \rightarrow 3CaO \cdot 2SiO_2 \cdot 4H_2O + 4NaOH$

Im letzteren Fall kommt es zur Bildung schwerlöslicher Calciumsilicathydrate.

Bei Säurezugabe kommt es zu einer momentanen Verfestigung, so daß eine praktische Verarbeitung und damit eine derartige Anwendung nicht möglich ist.

Ein handelsüblicher Akzelerator besteht beispielsweise aus einem Gemisch verschiedener Ester:

- 50 ... 60% Glutarsäuremethylester,
- 30 ... 40% Bernsteinsäuremethylester,
- 0 ... 10% Adipinsäuremethylester.

Ca. 15% dieser Mischung werden dem Wasserglas zugegeben. Durch Verseifung der Ester im alkalischen Milieu des Wasserglases entstehen Säuren. Diese reagieren mit dem NaOH und bewirken eine Verschiebung des chemischen Gleichgewichtes. Es wird mehr Kieselsäure gebildet und es kommt zu einer Verfestigung. Da die Verseifungsreaktion eine Zeitreaktion ist, verläuft die Kieselsäurereverfestigung leicht zeitversetzt dazu.

Im Falle des Akzelerators Natriumsilicofluorid laufen dabei folgende Reaktionen ab:

- Hydrolyse des Natriumsilicofluorides:

$Na_2SiF_6 + 4H_2O \rightleftarrows 2NaF + 4HF + Si(OH)_4$

- Wasserglasgleichgewicht:

$Na_2O \cdot nSiO_2 + (2n+1)H_2O \rightleftarrows 2NaOH + nSi(OH)_4$

- Verschiebung des Wasserglasgleichgewichtes zugunsten der Bildung von Kieselsäure:

$NaOH + HF \rightleftarrows NaF + H_2O$

Bei der Zugabe von Oxiden oder Hydroxiden (des Aluminiums, Calciums oder des Magnesiums) sowie weniger Prozente von Portlandzement kommt es zur Bildung schwerlöslicher Metallsilicathydrate.

Der relativ hohe, nicht in die chemische Umsetzung einbezogene Wasseranteil führt zu einem hohen Porengehalt des erhärteten Wasserglasmörtels.

Für das einwandfreie Erhärten sind Temperaturen zwischen 15 und 25 °C günstig. Bei Temperaturen über 25 °C verläuft der Abbindeprozeß so schnell, daß eine sorgfältige Verdichtung kaum möglich ist. Unter 15 °C verzögert sich die Erhärtung und unter 10 °C wird sie unzureichend.

Eigenschaften

Erhärtete Wassergläser zeichnen folgende Merkmale aus:

♦ wasserunlöslich,
♦ säurebeständig und steinhart,
♦ resistent gegenüber Witterungseinflüssen,
♦ frei von umweltbelastenden Substanzen.

Infolge des hohen Anteils von Flüssigkeit im Wasserglas weist der erhärtete Beton in starkem Maße Kapillarporen auf. In gut verdichteten (Frischbetonporosität von ca. 2 Vol.-%) Betonen wurden im verfestigten Zustand Porenräume von 16 ... 21 Vol.-% bestimmt.

Die Druckfestigkeit von Natronwasserglasbeton ist etwa doppelt so hoch wie die des Kaliwasserglasbetons (ca. 35 N/mm^2 gegenüber ca. 15 N/mm^2). Dies trifft ebenfalls auf die Biegezugfestigkeit zu (5 N/mm^2 bzw. 3 N/mm^2). Man kann davon ausgehen, daß Natronwasserglasbeton bei 20 °C nach 3 Tagen etwa 40% und nach 7 Tagen etwa 60% der 28 Tage-Festigkeit erreicht. Für Kaliwasserglasbetone ist charakteristisch, daß sie bereits nach einem Tag ca. 90% der Endfestigkeit erreichen. Über ein breites Temperaturintervall ist die Druckfestigkeit weitgehend temperaturunabhängig.

Das Schwinden der Betone hängt in starkem Maße vom Wasserglasgehalt ab. Bei geringem Wasserglasgehalt (steife Mörtel und Betone) ist mit einer Kontraktion von 0,4 mm/m (Natronwasserglas) bis 0,6 mm/m (Kaliwasserglas) zu rechnen. Wird der Wasserglasanteil um 20 M.% erhöht, verstärkt sich das Schwinden (2,2 mm/m). Das Schwinden ist bei kaltwasserglasgebundenen Mörteln und Betonen zum größten Teil nach einem Tag, bei Natronwasserglasprodukten nach 7 Tagen abgeklungen.

Der Wärmeausdehnungskoeffizient ist etwas geringer als der des Zementbetons. Er ist abhängig vom Zuschlag und liegt im Bereich $6 ... 12 \cdot 10^{-6}$ K^{-1}.

Wasserglasgebundene Mörtel sind gut beständig gegenüber Säuren (außer Flußsäure). Im basischen Milieu werden die Kieselsäuren allmählich aufgelöst. Deshalb sollte ein unmittelbarer Kontakt mit frischem Zementbeton vermieden werden.

Die Wasserbeständigkeit nimmt mit größerer Dichtigkeit und zunehmendem Alter des Betons (verstärkte Kondensation der Kieselsäuren) zu.

Anwendung

Kaliwasserglas wird teilweise zum Imprägnieren von Putz-, Beton- und Natursteinoberflächen genutzt. Seine konservierende Wirkung ist allerdings umstritten. Die Eindringtiefe ist sehr gering, das entstehende Kieselgel liegt fast nur als oberflächliche Kruste vor. Ausblühungen durch Alkalicarbonate sind möglich.

$$K_2SiO_3 + n\,H_2O + CO_2 \rightarrow SiO_2 \cdot n\,H_2O + K_2CO_3$$

Eine besonders breite Anwendung findet Wasserglas in Silikatfarben. Solche Farben sind wasserdampfdurchlässig, gut deckend und haftfest. Sie bilden eine glatte, selbstreinigende Oberfläche aus. Derartige Anstriche und Wandmalereien sind wasserfest und witterungsbeständig. Sie eignen sich daher sowohl als Innenanstrich für Feuchträume als auch für Fassadenanstriche. Es wird ausschließlich Kaliwasserglas zur Farbenherstellung verwendet, da Natronwasserglas zum Ausblühen neigt. Es ist zu beachten, daß nur wasserglasechte Pigmente einsetzbar sind: Titandioxide, Chromoxide, Eisenoxide, Cobaltpigmente.

Beispiel:

Silikatfarbenpigmente: ca. 11%
Kaliwasserglas: 12 ... 16%
Spezialfluat: 1%

Ein wasserglashaltiger Spritzputzmörtel hat ein gutes Deckvermögen, ist haftfest und wasserdampfdurchlässig, sehr gut licht- und witterungsbeständig. Er wird zur dekorativen und künstlerischen Flächengestaltung genutzt. Geeignete Untergründe sind: Beton, Kalkmörtel- und Zementmörtelputz. Kaliwasserglas ist dem Natronwasserglas (Ausblühneigung) vorzuziehen.

Beispiel:

Silikatfarbenpigmente: 14%
Wasserglas: 12 ... 16%
Spritzzuschläge 32%
Spezialfluat: 1%

Silikatmörtel und Wasserglasbeton zeichnen sich durch Hitze- (bis 600 °C) und Säurebeständigkeit aus. Sie sind deshalb zur Innenausmauerung von Öfen und Kesselanlagen geeignet. Sie dürfen aber nicht dort eingesetzt werden, wo sie mit basisch reagierenden Stoffen in Kontakt kommen. Als Füllstoff für säurebeständige Mörtel kommt Quarzsand zum Einsatz, für hitzebeständige Erzeugnisse wird Schamotte verwendet. Für säurebeständige Mörtel werden je nach angreifender Säure eingesetzt:

♦ Kaliwasserglas: Schwefelsäure
♦ Natronwasserglas: Salzsäure, Salpetersäure.

Für hitzebeständige Fertigteile wird hauptsächlich Natronwasserglas eingesetzt. Für diese Betone ist charakteristisch, daß es im Temperaturbereich von 600 ... 1000 °C im Gegensatz zum Zementbeton zu keinem Festigkeitsabfall kommt. Infolge verschiedener Reaktionen (Bindemittel und Zuschlag) bei 1000 °C kommt es zu einer Zunahme der Kaltdruckfestigkeit um ca. 50%.

Beispiel:

Wasserglas
säure- und hitzebeständige Zuschläge
Verdickungsmittel (Na_2SiF_6)

Die Zugabe von Wasserglas führt zu einer Verkürzung der Verarbeitungszeiten bei Zementbeton (beeinflußt möglicherweise die Verdichtung negativ), aber beim Stuckgips zu einer Verzögerung der Erhärtung.

Wasserglas ist Bestandteil von Wasch- und Reinigungsmitteln und als Flammschutzmittel für Gewebe, Holz und Papier im Gebrauch. Wasserglaslösungen dienen als mineralischer Leim (Glas, Porzellan, Papier).

4.4 Alkali-Schlacken-Bindemittel

Betrachtet man die Lage von Hüttensand (HÜS) bzw. Schlacken und Portlandzement im Dreistoffsystem, so unterscheidet sich ihre Zusammensetzung nicht gravierend. Wichtigster Unterschied dabei ist der in den Schlacken reduzierte Gehalt an CaO. Dieser reicht noch nicht für eine selbstständige Erhärtung (wie beispielsweise beim Portlandzement) aus. Das Erhärtungsvermögen solcher HÜS muß erst durch Erhöhung des Kalkanteiles ermöglicht werden (alkalische Anregung).

Die alkalische Anregung erfolgt durch chemische Verbindungen der Alkali-Elemente und die Bindemittel auf dieser Basis werden Alkali-Schlacken-Bindemittel (ASB – auch Geopolymere oder High-Alkali-Cements) genannt. Die von W. GLUCHOWSKI veröffentlichten Ergebnisse über Grundlagenuntersuchungen belegen die Fähigkeit der Alkalimetalle Li, Na, K, Rb, Cs zu intensiver chemischer Wechselwirkung mit Schlacken (Anregung) und somit die Ausbildung von Bindemitteleigenschaften in derartigen Systemen. Alkalilaugen, aber auch Alkalisalze schwacher Säuren können deshalb als Anreger der Erhärtung von Schlacken eingesetzt werden.

Alkalien sind nicht nur Aktivator der Erhärtung, sondern führen auch zur Bildung eigenständiger Hydratationsprodukte im System

$Me_2O-MeO-Me_2O_3-SiO_2-H_2O$,   z. B.: $Na_2O-CaO-Al_2O_3-SiO_2-H_2O$.

Alkali-Schlacken-Bindemittel bestehen somit gewöhnlich aus einer feingemahlenen alumosilicathaltigen Komponente und einer wäßrigen, alkalischen Lösung. Die Alkalikomponente kann dem Anmachwasser beigegeben werden. Das Verhältnis zwischen den Oxiden kann in folgenden Grenzen schwanken:

$Me_2O : Me_2O_3 : SiO_2$ $= (1 ... 1,5) : 1 : (2 ... 4)$,
$Me_2O : MeO : Me_2O_3 : SiO_2 = 1 : (2 ... 4) : 1 : (2 ... 4)$,

hierin sind

Me_2O – Alkali-Oxide: $Li_2O, Na_2O, K_2O, Rb_2O, Cs_2O$;
MeO – Erdalkali-Oxide: MgO, CaO, SrO, BaO;
Me_2O_3 – amphotere Oxide: $Al_2O_3, Fe_2O_3, Cr_2O_3$.

Die ASB lassen sich in zwei Gruppen unterteilen:

- **Reine ASB**: (Natrium- oder Kaliumverbindungen bzw. ein Gemisch aus beiden),
- **Gemischte Alkalibindemittel**: (Gemisch aus Natrium- plus Calciumverbindungen und/oder Kalium- plus Calciumverbindungen).

4.4 Alkali-Schlacken-Bindemittel

In technischen Ausgangsstoffen liegt fast ausschließlich ein Gemisch aus Kalium- und Natriumverbindungen vor.

Bei den Vertretern der ersten Gruppe fehlen Calciumverbindungen völlig, bei denen der zweiten Gruppe sind nur niedrigbasische Calciumverbindungen anzutreffen. Hochbasische Calciumverbindungen, wie C_3S, C_3A und C_4AF sind überhaupt nicht vorhanden.

Für die Herstellung von gemischten Alkalibindemitteln (oder auch als Alkali-Erdalkali-Bindemittel bezeichnet) können synthetische Gläser mit verschiedenen Zusammensetzungen verwendet werden. Dazu gehören auch glasartige Anfallstoffe wie granulierte Schlacke u.ä.

Die ASB sind ein hydraulisch (d.h. sowohl im Wasser, an der Luft und bei der Wärmebehandlung unter Normal- und Überdruck) erhärtendes Bindemittelsystem, das aus feingemahlener alumosilicatischer Komponente (z.B. granulierter Schlacke) und einer alkalisch reagierenden wäßrigen Lösung besteht.

Zusammensetzung

Als Alkalikomponente kann man technische Produkte wie Na_2CO_3, K_2CO_3, NaF, lösliche Alkalisilikate, wie z.B. $Na_2O \cdot (0,5 \ldots 3)\,SiO_2$ sowie auch Nebenprodukte oder Anfallstoffe, die im Wasser alkalisch reagieren, verwenden. Der optimale Gehalt der Alkalikomponente in den ASB beträgt bei Na_2O 2...5%, bezogen auf die Masse der Schlacke.

Als alumosilicathaltige Komponente können beispielsweise granulierte Hochofenschlacke, Phosphorschlacke, Stahlschmelzschlacke, Asche oder Schlacke–Asche-Gemische verwendet werden. Die spezifische Oberfläche der Schlacke soll mehr als 3000 cm^2/g betragen. Vorzuziehen sind basische Schlacken.

Hydratation und Erhärtung

Die Hydratation der ASB basiert vor allem auf der Zersetzung der **silikathaltigen Glasphasen** der Schlacke durch Einwirkung der Basen. Hervorzuheben ist, daß sich die erwünschte hohe Alkalität im Vergleich zum Portlandzement wesentlich schneller einstellt. Bei der Nutzung von Soda als Alkalikomponente kommt es zunächst zur Reaktion zwischen Soda und dem CaO der Schlacke:

$$Na_2CO_3 + CaO + H_2O \rightarrow CaCO_3 + 2\,NaOH$$

Unter Einwirkung dieser starken Base bildet sich auf der Glasphasenoberfläche der Schlacketeilchen eine dünne Schicht, die zunächst gelartig ist und aus Kieselsäure sowie später aus löslichem Natriumsilicat besteht. Im Ergebnis der einsetzenden Reaktion des Natriumsilicats mit dem CaO entstehen Calciumsilicathydrate sowie NaOH.

Die beständigeren Alumosilicate der Schlacke werden erst später durch die starke Base angegriffen und zersetzt. Dabei entstehen Hydrogranate und Natriumhydroalumosilicate. An dieser Stelle seien 2 Beispiele für eine mögliche Gesamtreaktion angeführt:

$$Na_2CO_3 + x\,Al_2O_3 + y\,SiO_2 + CaO + m\,H_2O \rightarrow$$
$$Na_2O \cdot x\,Al_2O_3 \cdot y\,SiO_2 \cdot m\,H_2O + CaCO_3$$

$$Na_2O \cdot 2\,SiO_2 + x\,Al_2O_3 + p\,SiO_2 + z\,CaO + m\,H_2O \rightarrow$$
$$Na_2O \cdot x\,Al_2O_3 \cdot y\,SiO_2 \cdot n\,H_2O + z\,CaO \cdot (p - y + 2)\,SiO_2 \cdot (m - n)\,H_2O$$

Die Alkalikomponente bewirkt somit die chemische Umwandlung der Glasphase der Schlacke und andererseits die Bildung von alkalihaltigen Reaktionsprodukten.

Der verbleibende Teil der Base sichert das hochbasische Milieu im Beton und verhindert somit eine Korrosion des Bewehrungsstahles und unterliegt während des Nutzungszeitraums der Carbonatisierung.

Eigenschaften

Wie bei anderen Bindemitteln auch sind die wichtigsten Nutzungseigenschaften eine Funktion der chemischen und mineralogischen Zusammensetzung der Schlacke, ihrer Mahlfeinheit, der Art und Menge der Alkalikomponente, des Verhältnisses Flüssigkeit zu Feststoff sowie der Erhärtungsbedingungen usw.

Bei Verwendung von Wasserglas als Alkalikomponente ist das Abbindeverhalten eine Funktion des Verhältnisses $m = SiO_2/Me_2O$. Bei $m < 2$ wird der Erstarrungsbeginn frühestens nach 20 min erreicht, das Erstarrungsende tritt vor 12 h ein. Ein größeres Verhältnis verkürzt die Abbindezeiten. Das Abbindeverhalten kann durch verschiedene organische bzw. anorganische Zusätze zielgerichtet beeinflußt werden. Insbesondere werden solche Zusatzmittel angewendet, die eine schwer lösliche Schicht auf der Schlackeoberfläche bilden und somit den Hydratationsprozeß verzögern.

Mörtelprismen erreichen bei Normalerhärtung Druckfestigkeiten von 20 bis 50 N/mm², bei Dampfbehandlung 60 bis 80 N/mm². Betone auf der Basis von ASB erreichen unter Produktionsbedingungen Druckfestigkeiten (28 d) bis zu 130 N/mm². Die Druckfestigkeit hängt dabei von der Art der einwirkenden Anionen ab:

$$OH < SO_2^{2-} < S^{2-} < CO_3^{2-} < SiO_3^{2-}$$

Für ASB sind hohe Erhärtungsgeschwindigkeiten charakteristisch:

1 d: 20 ... 30 N/mm²,
2 d: 40 ... 45 N/mm²,
3 d: 70 ... 120 N/mm².

Nach DAVIDOVITS sind bei besonderen Ausgangsstoffen Frühfestigkeiten von 20 N/mm² nach 4 Stunden möglich.

Für ASB ist eine geringe Volumenreduzierung (ca. 15% geringer als bei Portlandzement) charakteristisch. Der Endwert wird bereits nach 28 d erreicht. Eine Vergrößerung des Anteiles sowie der Basizität der Alkalikomponente bewirkt eine Zunahme der Volumenkontraktion. ASB lassen sich daher auch zur Herstellung schwindungsfreier Betone verwenden.

4.4 Alkali-Schlacken-Bindemittel

Weitere Eigenschaften:

- geringe Hydratationswärme (ca. 2- bis 3-mal geringer im Vergleich zum Portlandzement),
- Bildung kleiner, geschlossener Poren,
- hohe Wasserundurchlässigkeit,
- hohe Frostbeständigkeit,
- Erhärtung und Verfestigung bei einer Umgebungstemperatur bis −15 °C,
- Beständig in weichem Wasser, Meerwasser und in Na_2SO_4- und $MgSO_4$-haltigen Lösungen,
- Herstellung wärme- und feuerbeständiger Mörtel und Betone (300 ... 1600 °C) möglich,
- keine CO_2-Emission bei der Herstellung wie beim Zementklinkerbrand (0,5 t CO_2 aus $CaCO_3$-Zersetzung für die Herstellung von 1 t Portlandzement).

Aus ASB lassen sich Normalbetone, Leichtbetone, Porenbetone sowie Betone mit organischen Zuschlägen herstellen.

Nachteilig wirkt sich bei ASB aus:

- instabile Eigenschaften, die aus der relativ großen Schwankungsbreite der chemischen Zusammensetzung bei Verwendung von Anfallstoffen resultieren,
- Mangel an preiswerten Alkalikomponenten,
- Ausblühungen der ASB-Betone bei Durchfeuchtung,
- mögliche Bildung feiner Risse in einigen Arten von ASB-Betonen.
- Offen sind die Fragen einer Alkali-Kieselsäure-Reaktion mit alkaliempfindlichen Zuschlägen sowie einer möglichen späten Ettringitbildung bei Wärmebehandlung.

Anwendung

ASB finden Anwendung als Bindemittel für Bohrlochmörtel, feuerfeste Betone, für säurebeständige Betone und schnellerhärtende Betone. Bevorzugt werden dabei Betone mit feinen Zuschlägen hergestellt.

Vor allem im Gebiet der ehemaligen Sowjetunion fanden ASB auch praktische Anwendung. So werden in sowjetischer Literatur Einsatzmöglichkeiten zur Herstellung von Fertigteilen, bei hydrotechnischen und Meliorationsbauten aber auch im Straßenbau beschrieben. Ebenso kann ASB im Deponie- und Tunnelbau verwendet werden. Zur Herstellung von ASB-Betonen können auch Zuschläge eingesetzt werden, die tonige Bestandteile und einen hohen Anteil an Feinststoffen und Feinstkorn enthalten. Dabei kommt es zur chemischen Reaktion der tonigen Bestandteile mit den Basen unter Bildung von weiteren Hydroalumosilicaten. Diese liefern einen eigenen Beitrag zur Festigkeitsentwicklung des ASB-Betons.

4.5 Säure-Basen-Dentalbinder (Zahnzemente)

Diese Bindemittel erhärten nichthydraulisch und dürften deshalb nicht als Zemente bezeichnet werden. Da in diesem Anwendungsbereich allerdings ausschließlich der Begriff Zemente verwendet wird, soll er auch nachfolgend gebraucht werden.

Zahnzemente sind hier angeführt – obwohl für das Bauwesen selbstverständlich völlig abwegig – um zu zeigen, daß der Begriff „Zement" viel weiter zu fassen ist. Hinsichtlich der erforderlichen Eigenschaften gibt es gravierende Unterschiede, insbesondere was physiologische Unbedenklichkeit, Herstellungs- und Verarbeitungsmengen sowie die Verfestigungsgeschwindigkeit betrifft. Daher kommen sowohl ähnliche (vergl. nichthydraulische Bindemittel) aber auch ganz andere Kompositionen – die auch wesentlich teurer sein können – zum Einsatz. Hinsichtlich Herstellung, Verarbeitung und Kennwerte gibt es aber durchaus Vergleichbares.

Nach ihrer Zusammensetzung (feste und flüssige Bestandteile) lassen sich die Zahnzemente wie folgt unterscheiden:

		Flüssigkeit	
		Phosphorsäure	Polyacrylsäure
Pulver	ZnO	**Phosphatzement**	**Carboxylatzement**
	Glas	**Silikatzement**	**Glasionomerzement**

Beim Anmischen beider Komponenten kommt es zu einer Säure-Basen-Reaktion unter Bildung eines Salzgels, das später zu einer meist amorphen Masse erstarrt. Da einige Bestandteile der Zemente ohne Reaktion bleiben (z.B. innere Bereiche von Glas- bzw. ZnO-Körnchen), bildet sich im allgemeinen eine Matrix, die die Reste der Metalloxidkörner verkittet bzw. vernetzt. Die chemischen Reaktionen, die nach dem Anmischen von Pulver und Flüssigkeit ablaufen, sind exotherm. Bei Polycarboxylatzementen ist die Abbindetemperatur um 4 ... 7 K niedriger als beim Phosphatzement.

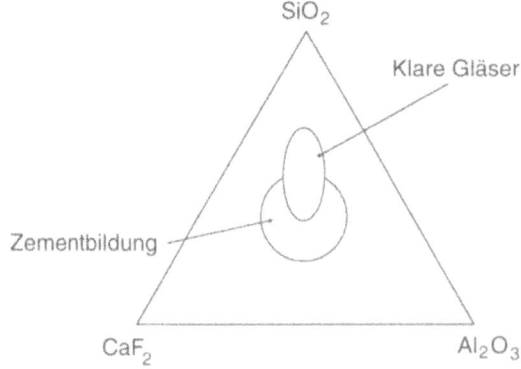

Abb. 4.5.1:
Geeignete Zusammensetzungen von Gläsern zur Zahnzementherstellung
(nach Wilson und McLean)

4.5 Säure-Basen-Dentalbinder (Zahnzemente)

Während Phosphat- und Silikatzemente seit Beginn dieses Jahrhunderts bekannt sind, gibt es jene auf Basis der Polyacrylsäure erst seit den 60er Jahren. Die Weiterentwicklung der Glasionomerzemente hat zu zahlreichen Variationen sowohl der Pulverkomponenten als auch der Polycarbonsäure geführt. Dadurch wurde ein breites Spektrum von Kennwerten erreichbar, die den vielfältigen spezifischen Indikationsbereichen dieser Zementart gerecht werden.

Glasionomerzemente

Das Pulver der Glasionomerzemente besteht aus Spezialgläsern, die entsprechend ihrer grundlegenden Zusammensetzung als Calcium-Fluor-Aluminium-Silikat-Gläser bezeichnet werden. Die drei wesentlichen Bestandteile solcher Ionomergläser sind SiO_2, Al_2O_3 und CaF_2. Aber nicht jede Zusammensetzung ist zur Herstellung der Glasionomerzemente geeignet (Abbildung 4.5.2). Diesem Dreistoffsystem werden in der Praxis zur Modifizierung der Gläser noch weitere Komponenten zugefügt (z.B. Kryolith, Aluminiumphosphat). Das Schmelzen der Gläser erfolgt entsprechend ihrer Zusammensetzung bei Temperaturen von 1100 bis 1500 °C. Die Schmelze wird dann zum schnellen Abkühlen auf eine Metallplatte oder in Wasser gegossen. Das Glas wird anschließend zerrieben bzw. mit Keramikkugeln fein aufgemahlen (max. Partikeldurchmesser 50 µm für Füllungszemente und 20 µm für Befestigungszemente). Je kleiner die Partikel sind, desto schneller bindet der Zement ab und desto größer ist seine Festigkeit.

Solche wichtigen Kennwerte wie Abbindezeit und Festigkeit sind dabei abhängig vom Massenverhältnis des Aluminiumoxids zum Siliciumdioxid.

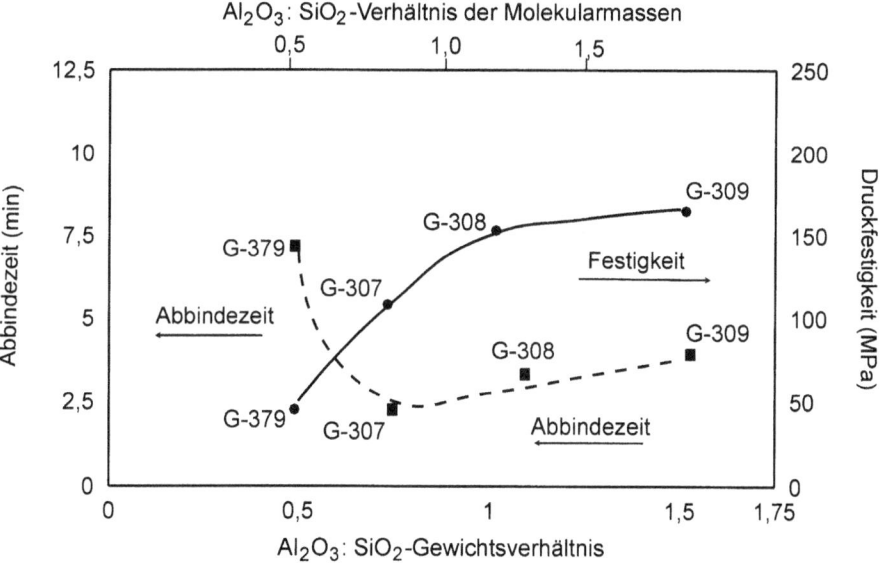

Abb. 4.5.2: Zahnzementeigenschaften in Abhängigkeit vom Massenverhältnis Al_2O_3/SiO_2 (nach WILSON und McLEAN)

Verfestigung von Glasionomerzementen

Das Pulver eines KETAC-MOLAR-Glasionomerzementes besteht aus sehr feinem Aluminium-Calcium-Lanthan-Fluorosilikatglas und 5% Polycarbonsäure (Copolymer aus Acryl- und Maleinsäure). Die Flüssigkeit ist eine wäßrige Lösung aus Polycarbonsäure und Weinsäure. Pulver und Flüssigkeit werden im Verhältnis 3,5:1 mit einem Spezialmixgerät angemischt.

Die Carbonsäure dissoziiert und setzt Wasserstoffionen frei. Diese greifen die Glasoberfläche an und setzen Ca^{2+}- sowie in geringerem Maße Na^+-Ionen in Form von Fluoridkomplexen frei.

Die gelösten Ionen reagieren mit der Säure und führen durch Vernetzung der Polyacrylsäure über Calciumbrücken zur Bildung eines Calciumpolycarboxylatgels, in welches nicht reaktive Gläser eingebettet sind.

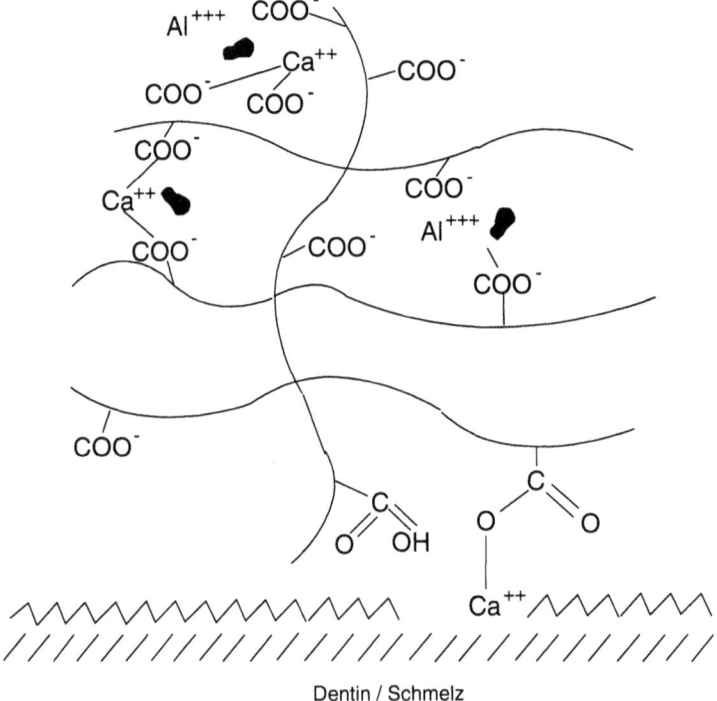

Dentin / Schmelz

Abb. 4.5.3: Struktur eines Glasionomerzementes (nach dem Produkt-Dossier KETAC-MOLAR der Firma ESPE)

Durch fortdauernden Angriff von Wasserstoffionen werden verzögert Al^{3+}-Ionen aus dem Silikatglas herausgelöst, die sich in die bereits vorgeformte Matrix einlagern und ein wasserunlösliches Ca-Al-Carboxylatgel bilden. Durch Einlagerung von Wasser über einen längeren Zeitraum erfolgt eine weitere Stabilisierung des Zementgefüges.

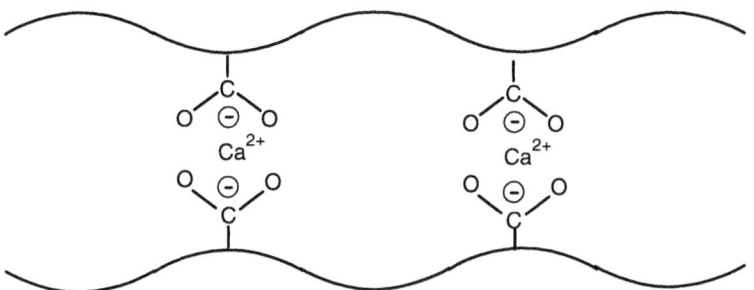

Abb. 4.5.4: Calciumpolycarboxylat-Gel (nach dem Produkt-Dossier KETAC-MOLAR der Firma ESPE)

Calciumionen aus der Zahnhartsubstanz können ebenfalls mit den negativ geladenen Carboxylationen Komplexverbindungen bilden. Diese Komplexbildung (Chelatbindung) stellt die chemische Haftung des Zements am Zahn dar.

In Carboxylatzementen (ZnO + Polyacrylsäure) erfolgt die Vernetzung durch die gebildeten Zinkionen.

Zur Erzielung hoher Festigkeiten und der erforderlichen Konsistenz bei gleichzeitig gutem Abbindeverhalten ist es erforderlich, die Kornverteilung (und die Vorbehandlung des Glases) zu optimieren:

90% der Glaspartikel sind kleiner als 9,6 µm,

50% der Glaspartikel sind kleiner als 2,8 µm.

Abschließend sind einige ausgewählte Eigenschaften zweier Glasionomerzemente aufgeführt:

		KETAC-MOLAR	KETAC-CEM
Abbindezeit (ISO 9917)	min	2:15	...
Druckfestigkeit (ISO 9917)	MPa	230	160
Biegefestigkeit (ISO 4049)	MPa	30	20
Oberflächenhärte (DIN 53456)	MPa	450	210

4.6 Literatur

Magnesiabinder

BUTT, J.M.
Technologija cementa i drugich vjashuschtschich materialov, Moskau: Strojizdat 1976

HENNING, O.; KNÖFEL, D.
Baustoffchemie – Eine Einführung für Bauingenieure und Architekten, Berlin: Verlag für Bauwesen, 5. aktualisierte Aufl. 1997

HENNING, O.; KÜHL, A.; ÖLSCHLÄGER, A.
Technologie der Bindebaustoffe, Bd. 1 – Eigenschaften, Rohstoffe, Anwendung, Berlin: Verlag für Bauwesen, 2. bearb. Aufl. 1989

ULLMANN. BAND 4
München, Berlin: Urban & Schwarzenberg, 3. Auflage 1953, S. 209 ff.

Phosphatbinder

HENNING, O.; KNÖFEL, D.
Baustoffchemie – Eine Einführung für Bauingenieure und Architekten, Berlin: Verlag für Bauwesen, 5. aktualisierte Aufl. 1997.

HENNING, O.; KÜHL, A.; ÖLSCHLÄGER, A.
Technologie der Bindebaustoffe, Bd.1 – Eigenschaften, Rohstoffe, Anwendung, Berlin: Verlag für Bauwesen, 2. bearb. Aufl. 1989

Wasserglasbinder

BROCKHAUS ABC CHEMIE
Leipzig, F. A. Brockhaus-Verlag, 1987, 1251 S.

HENNING, O.; KNÖFEL, D.
Baustoffchemie – Eine Einführung für Bauingenieure und Architekten, Berlin: Verlag für Bauwesen, 5. aktualisierte Aufl. 1997

HENNING, O.; KÜHL, A.; ÖLSCHLÄGER, A.
Technologie der Bindebaustoffe, Bd. 1. – Eigenschaften, Rohstoffe, Anwendung, Berlin: Verlag für Bauwesen, 2. bearb. Aufl. 1989

RÖMPP CHEMIELEXIKON
Stuttgart, New York: Thieme-Verlag 1992, S. 5003

ULLMANN. BAND 15.
München, Berlin: Urban & Schwarzenberg, 3. Auflage 1964, S. 735 ff.

Alkalischlacken-Bindemittel

DAVIDOVITS, J.
High-Alkali Cements for 21st Century Concretes, Proceedings of V.M. Mahotra Symposium, ACI, Detroit 1994, pp 383–397

FORSS, B.
F-Cement, a New Low-Porosity Slag Cement, in: Silicates ind. 48(1983)No. 3, S. 79–82

GLUCHOWSKI, W. D.
Alkalischlackenbeton, in: Baustoffindustrie (B) 7(1974)Nr. 3, S. 9–13

GLUCHOWSKI, W. D.; KRIWENKO, P. W.
Slakoscelocnye betony na melkozernistych zapolniteljach, Kiev: Izdat. „Vysca skola", 1981

STARK, J.; TULAGANOV, A. A.
Alkalischlacken-Bindemittel auf der Basis von Schlacken, in: Wiss. Zeitschrift HAB Weimar- Universität 40(1994) H. 4, S. 95–104

TULAGANOV, A. A.; STARK, J.
Besonderheiten der Alkalischlacken-Bindemittel und –betone, in: Wiss. Zeitschrift HAB Weimar-Universität 40(1994) H. 4, S. 393–396

Zahnzement

DURELON-MAXICAP
Produktinformation der Firma ESPE. Seefeld, 1995

KETAC-MOLAR
Produktdossier der Firma ESPE. Seefeld, 1996

SCHUH, H.
Glasionomerzemente, in: Zahnarzt (1993) H. 1, S. 35–40

WILSON, A.D.; MCLEAN, J.W.
Glasionomerzement, Quintessenz Verlags-GmbH, 1988. 276 S.

Stichwortverzeichnis

A
Abbinderegler 56 f.
Abkühlgradient 152
Abschirmschwerbeton 165
ABZ, *siehe: Belitzement*
Accelerationsperiode 185, 209
adiabatisches Kalorimeter 99
AFm, *siehe: Monosulfat*
AFm-Phase, Stabilität 206 f.
AFt, *siehe: Eisenettringit*
AFt-Phase, Stabilität 208 ff.
Afwillit 178
Akermanit 63, 124
aktiver Belitzement 149 ff.
Alinit, Oxidformel 160
Alinit, Strukturformel 160
Alinitzement 159 ff.
–, Anwendungen 162
–, Eigenschaften 161
–, Qualitäten 161
Alit 7, 10 f., 32
–, Anschliff 12
–, Kristalle 12
Alkalidotierung 17
Alkalien Einbau in das C_3A-Gitter 17
– im Portlandzementklinker 25 f.
– in Klinkermineralien 27
–, sulfatisch gebunden 28
Alkali-Kieselsäure-Reaktion (AKR) 79
alkalische Anregung 230
Alkali-Schlacken-Bindemittel 358 ff.
–, Anwendung 361
–, Eigenschaften 360
–, Erhärtung 359
–, Hydratation 359
–, Zusammensetzung 359
Alkalisulfat 28, 50
Alkalisulfatausscheidungen 26
Aluminat 7, 32
Aluminatferrit 7
Anfangsfestigkeit 97
Anfangshydrolyse 185

Anhydrit II 29
Anhydrit, Röntgenogramm 60
Anorthit 30
Anstriche, kalkgebunden 346
Aragonit 204, 233, 235, 289, 298
Ätzkalk 293

B
Bariumaluminat 164
Bariumferrit 164
Bariumzement 162 ff.
–, Anwendungen 165
–, Ausgangsstoffe 162
–, Druckfestigkeit 165
–, Eigenschaften 165
–, Hydratation 164
–, Klinkerminerale 163
Basengrad 63 f.
Baukalk 284 ff., 292
–, Arten 333 ff.
Belit 7, 10, 15, 32
–, Anschliff 16
Belitzement
–, aktiver 149 ff.
–, Druckfestigkeit 150
–, hydraulische Aktivität 151
–, Mahlbarkeit 153
–, Wärmebedarf 150
Beton, Selbstaustrocknung 271 f.
Betondruckfestigkeit 103
Betoninstandsetzung 156
BFA, *siehe: Braunkohlenflugasche*
Bingham-Körper 276
Bluten 264
Bohrlochzement 129
Branntkalk 293, 308 ff.
–, Brenngrad 329
–, chemische Zusammensetzung 322
–, Eigenschaften 322
–, Einfluß der Löschbedingungen 328
–, Hydratation 327

Branntkalk, Löschen 327
-, Naßlöschen 327
-, Prüfung 324
-, Trockenlöschen 327
Braunkohlenflugasche 71, 238
Brenngrad des Branntkalkes 329
Brennstoffe 43 f.
Brownmillerit 20
Bypaß 50 f.
Bypaßanlage 51
Bypaßstaub 52
-, chemische Zusammensetzung 52
-, Röntgenogramm 52

C

C_2(A,F), siehe: Calciumaluminatferrit
C_2S, siehe: Dicalciumsilicat
C_3A, siehe: Tricalciumaluminat
C_3S, siehe: Tricalciumsilicat
Calcimatic-Öfen 320
Calcinator 46
Calcit 204, 233, 288, 298
-, Röntgenogramm 184
Calcitkristalle 204
Calciumaluminatferrit 7, 20 ff.
-, Anschliff 21
-, chemische Zusammensetzung 23
-, feste Lösungen 20
-, Hydratation 195 ff.
-, Röntgenogramm 21
Calciumaluminatfluoridzement 143
Calciumaluminatsulfatzement 143
Calciumaluminatzement 123
Calciumcarbonat 290
Calciumhydrogencarbonat 290
Calciumhydroxid 295 f.
-, Stabilität 202 f.
Calciumoxid 293 f.
-, chemische Eigenschaften 320 f.
-, physikalische Eigenschaften 320 f.
Calciumoxid-Konzentration 65
Calciumsilicate, hydraulische Aktivität 174
Calciumsulfat 55, 94
Calciumsulfid 29
Calciumverbindungen 288 ff.
Carbidkalk 296, 340
Carbonate 288 f,.
Carboxylatzement 362
Corson-Verfahren 332
C-S-H-Phasen 176 ff., 212, 238, 240

D

Decelerationsperiode 185, 209
Dicalciumsilicat 7, 13 ff.
-, Charakteristik 13
-, feste Lösungen 14
-, Polymorphismus 13
-, Röntgenogramm 16
-, Stabilisierung 15
-, Stabilitätsbereich 14
Dichte 102 f.
Dissoziation 309
Dolomit 290 f.
Dolomitkalk 293
Dolomitkalkhydrat 296
Doppelschrägofen 317
Doppelspat 292
dormante Periode 185, 209
Drehrohrofen 44, 319
Drucklöschen 332
Duplex-Film 248
Durchlaufmahlung 82

E

Edelzement 162
EDTE-Lösung 65
Eigenspannungen 224
Eigenüberwachung 101
Eisenettringit 195
elastische Dehung 269
Elastizitätsmodul 263
Entsäuerung des Kalksteins 309 f.
Entsäuerungszeit 311 ff.
Ergiebigkeit 321, 332 f.
Erstarren, falsches 245 f.
-, plötzliches 247
-, thixotropes 247
Erstarrungsstörungen 245 ff.
Erstarrungstypen 247
Erstarrungszeiten 97
ESEM (*Environmental Scanning Electron Microscope*) 176
Ettringit 55, 134, 138, 147, 187 ff., 206
-, Röntgenogramm 189
-, Stabilität 208 ff.
Ettringitbildung bei Frostangriff 207
Ettringitbildung bei Frost-Tausalz-Angriff 207
Ettringitbildung, sekundäre 198
Expositionsklassen 100

F

Feinstzement 154 ff.
–, Anwendungen 155
–, Betoninstandsetzung 156
–, chemische Zusammensetzung 158
–, Herstellung 157
–, Hochleistungsbetone 157
–, Kenngrößen 154
–, Korngrößenverteilung 155, 158 f.
–, Zusammensetzung 154
Ferritphase 20 f.
Fertigmahlanlage, Arbeitsergebnisse 88
Festigkeit 32, 262 f.
Fettkalk 296
Feuerfestbeton 166
Feuerfestmaterial 128
Fließgrenze 275
Fließverhalten 275 ff.
–, dilatantes 277
–, Messung 281 f.
–, rheopexes 278
–, strukturviskoses 277
–, thixotropes 278
Fließvorgang 275
Fließzahl 269 f.
Flockenstruktur 279
Flugasche 67 f., 94, 238
–, Glasgehalte 70
Flugasche-Hüttenzemente 78
Foshagit 178
Freikalk 23 f.
Fremdoxide, Einbau in Klinkermineralien 22, 151, 210
Fremdüberwachung 101
Fresco-Malerei 347
Friedelsches Salz 194, 207
Frühfestigkeit 31
Fugenmörtel 341

G

Gas well cement 130 ff.
Gefügeentwicklung 212
Gehlenit 30, 63, 124
Gelporen 260
Geopolymere 358
Geotechnik 156
Gips, Entwässerung 57
–, Röntgenogramm 59
Gipsschlackenzement 146
Glasionomerzement 362 f.
–, Eigenschaften 365

Glasionomerzement, Verfestigung 364
Glasphase im Portlandzementklinker 25
Gleichstrom-Regenerativofen 317 f.
Graukalk 293
Gutbett-Walzenmühle 85 ff.
–, Fertigmahlsystem 87
–, Kombimahlung 86
–, Zementeigenschaften 88 f.
–, Korngrößenverteilung 89
Gyrolith 178

H

Hadley grains 249
Hartbrannt 321 f.
High Alkali-Cements 358
Hillebrandit 178
Hochdruckzerkleinerung 86
hochhydraulischer Kalk 294, 323
Hochleistungsbetone 157
Hochleistungs-Schnellzement 145
Hochofen 62
Hochofenschlacke 61, 63
Hochofenzement 93
–, Dichte 103
–, Eigenschaften 117
HOROMILL 91
HS-Zemente 99 f.
–, Anforderungen 100
Hüttensand 61 ff., 75, 94, 146
–, Hydratation 230
–, chemische Zusammensetzung 64
hüttensandhaltiger Zement, Hydratation 231
–, Porengrößenverteilung 234
–, Stabilität 233
–, Verfärbungen von Betonoberflächen 231 f
Hüttenzement, Hydratationsgrad 218 ff.
Hydratation 171 ff.
– der Klinkermineralien 174 ff.
– der silicatischen Phasen 176 ff.
– des Branntkalkes 327
– des Calciumaluminatferrits 195 ff.
– des Hüttensandes 230
– des Portlandzementes 209 ff.
– hüttensandhaltiger Zemente 231
– in Anwesenheit inerte Stoffe 244
– in Anwesenheit puzzolanischer Stoffe 236 f.
– latent-hydraulischer Stoffe 230
– zumahlstoffhaltiger Zemente 228 ff.

Hydratation, Reaktionsverlauf 185
-, Tricalciumaluminat 186 ff.
Hydratationsbedingungen 211
Hydratationsgeschwindigkeit 32, 210
Hydratationsgrad 33, 213 ff.
- von Hüttenzement 218 ff.
- vonPortlandzement 214 ff.
Hydratationsprodukte, Vergleich 198 ff.
Hydratationswärme 31 f., 99
Hydratationswärmeentwicklung 220 ff.
Hydratphasen, Stabilität 202 ff.
Hydraulefaktoren 38
hydraulische Abweichung 39
hydraulische Hauptkennzahl 75
hydraulische Nebenkennzahl 75
hydraulischer Kalk 294, 296, 323, 335
-, chemische Zusammensetzung 336
Hydraulizität 63, 74
Hydrolyse 171
Hydroxylionen-Konzentration 65

I
Induktionsperiode 209
Inerte Stoffe 61, 74

J
Jet Cement 143

K
Kaliwasserglas 354
Kalk 284 ff.
-, Verwendungsmöglichkeiten 287
Kalkabrieb 294
Kalkbrei 296
Kalkfarben 346
Kalkgrieße 294
Kalkhydrat 295, 334
-, chemischeEigenschaften 325 ff.
-, phyikalische Eigenschaften 325 ff.
-, technische Herstellung 330
Kalkkreislauf 334
Kalkmergel 292
Kalkmilch 296
Kalkmörtel 297
Kalköfen 315 ff.
Kalkschlämme 346
Kalksedimente 301
Kalkstandard 6, 38 f.
Kalkstein 75, 94, 292, 298 ff.
-, chemische Eigenschaften 304 ff.

Kalkstein, chemische Zusammensetzung 302 ff.
-, Entsäuerung 309 f.
-, Gewinnung 307
-, physikalische Eigenschaften 299, 304 ff.
-, Vorkommen 306 f.
Kalkstein-Beton-Zuschlag 292
Kalksteinbildung 298 f.
-, chemische 300
-, klastische 301
-, organogene 300
Kalkstein-Brechsand 292
Kalkstein-Dolomit Übergang 302 f.
Kalkstein-Füller 292
Kalksteinmehl 292
Kalksteinmineralgemisch 292
Kalkstein-Sandstein Übergang 304
Kalksteinschotter 292
Kalksteinsplitt 292
Kalkstein-Ton Übergang 303
Kalksteinzersetzung 310
Kalkteig 296, 334
Kalktuff 292
Kalkwasser 297
Kapillarkohäsion 279
Kapillarporen 260
Kapillarwirkung 266
Kennfarben 101
Kiesabband 38
Klinkerbrennen 43
Klinkerkühler 48 ff.
Klinkermahlung 80
Klinkermineralien, Druckfestigkeitsverlauf 32
-, Eigenschaften 10
-, Fremdoxidgehalte 22
-, Hydratation 174 ff.
-, Hydratationsverlauf 33
-, Wasserbindungsvermögen 215
-, zementtechnische Eigenschaften 31 ff.
Klinkerphasen 7
Klinkerphasenzusammensetzung 33
Kolloidtheorie 173
Korngrößenverteilung 77, 80
Korrekturstoffe 38
Korrosionsbeständigkeit 31
Kreide 292
Kriechdehnung 271
Kriechen 268 f.
Kriechmaß 269 f.

Kriechzahl 269 f.
Kristalltheorie 173
Kugelmühle 84
–, Energieaufwand 85
Kugelmühlenzement, Korngrößenverteilung 89
Kurzzeitbelastung 269

L
Langzeitbelastung 269
latent hydraulische Stoffe 61 ff.
Löffelbinder 55
Löschgrieße 297
Löschkalk 297
Luftkalk 294, 334 f.
–, chemische Zusammensetzung 335
Luftporen 260

M
Magerkalk 297
Magnesiabinder 349 ff.
–, Anwendung 351
–, Ausgangsstoffe 349
–, Eigenschaften 351
–, Erhärtung 350
Magnesiatreiben 24
Mahlbarkeit 81, 153
Mahlfeinheit 81, 102
Mahlhilfsmittel 81
Mahlkreislauf 82
Mahltechnik 84 f.
Marmor 293
Massenkalk 293
Mauerkalk 297
Mauermörtel 341
Melilithe 63
Mergel 293
Mergeliger Kalkstein 38
Mergeliger Ton 38
Mergelton 38
Metakaolinit 244
microfeine Zemente 154
Microsilica 72, 241 f., 251
Microzement 145
Mischkalk 293
Mittelbrannt 321 f-.
Monoaluminatcarbonathydrat, Röntgenogramm 245
Monosulfat 187 ff., 195, 206, 213
–, Stabilität 206 f.
Mörtel 341 ff.

Mörtelgruppe 342
Muschelkalk 293, 297, 340

N
Nacherhärtung 102
Nanosilica 244
Naßlöschen 330
Naßlöschkurve 325
Natronwasserglas 356
natürlicher hydraulischer Kalk 296
NA-Zemente 100 f.
–, Anforderungen 101
Newtonsche Flüssigkeit 276
Niedertemperatursynthese (NTS) 159
NMR-Spektroskopie 175
Normfestigkeit 97
NTS-Verfahren 160
NW-Zemente 98 f.
–, Anforderungen 99

O
Oil well cement 130 ff.
Ölschiefer 71 f., 94
Opus caementitium 2, 284
O-SEPA-Sichter 83

P
Periklas 24 f.
Phasenanalyse 22
Phasengrenzflächen, Aufbau 248
–, Zuschlag und Zementstein 248 ff.
– von hochfestem Beton 234
Phosphatbinder 351
–, Anwendung 353
–, Ausgangsstofe 352
–, Eigenschaften 352
–, Erhärtung 352
Phosphatzement 362
Pigmente, Farbeigenschaften 122
Porenarten 260
Porenraum 258
Portlandflugaschehüttenzement, Dichte 103
–, Eigenschaften 116
Portlandflugaschezement, Dichte 103
–, Eigenschaften 113
Portlandhüttenzement, Dichte 103
–, Eigenschaften 112
Portlandit 249, 295, 325
–, Kristalle 200 ff.
–, Röntgenogramm 184

Portlandkalksteinzement 77 f.
-, Dichte 103
-, Eigenschaften 116
Portlandkompositzement 93
Portlandölschieferzement, Dichte 103
-, Eigenschaften 114 f.
Portlandpuzzolanzement, Dichte 103
-, Eigenschaften 113
Portlandzement 4, 93, 142
Portlandzement, Dichte 103
-, Eigenschaften 105 ff.
-, Hydratation 171 ff., 209 ff.
-, Hydratationsgrad 214 ff.
-, Hydratationswärme 148
-, Korngrößenverteilung 76
-, weißer 97
Portlandzementklinker 4 ff., 94
-, Anschliff 8
-, chemische Zusammensetzung 4 ff., 34
-, Kennwerte 5
-, mineralogische Zusammensetzung 7 ff.
-, Spurenelemente 4
Posidonienschiefer 71
Putzkalk 297
Putzmörtel 343 f.
Puzzolane 61, 65 ff., 79, 94
Puzzolanität 65
-, Prüfung 66

Q
Quellen 265
Quellpotential 135 ff.
Quellzement 132 ff.
-, Anwendungen 139 f.
-, Einfluß von Lagerbedingungen 137
-, Gütekoeffizient K_q 139
-, Klassifikation 134
-, Quellmaß 136
-, Quellpotential 135 ff.
-, Rißbildungsgefahr 137
-, Volumenänderung 133

R
Rankinit 174
Raumbeständigkeit 97
Reaktionsgeschwindigkeit 210 ff.
Reaktionskinetik 209 f.
Regulated Set Cement 141, 143
Reinstkalkstein 38
Reißrahmen 226
Reißverschlußprinzip 177

Rheologie 275
Ringschachtofen 317
Rohmehlhomogenisierung 42
Rohrkühler 48 f.
Rohstoffaufbereitung 41 f.
Rohstoffgewinnung 40 ff.
Rohstoffmischung, Berechnung der 38
Rollenmühle 89
Romankalk 294, 339
-, chemische Zusammensetzung 339
Rostkühler 48 ff.
Rotationsviskosimeter 281

S
Sand 38
Satellitenkühler 48 f.
Saulsche Regel 211
Säure-Basen-Dentalbinder 362 ff.
Schachtöfen 316 f.
Schachtvorwärmer 45 f.
Scherwiderstand 280
Scherwiderstandsverlauf 281
Schiefer, gebrannter 94
Schmelzkalk 294
Schmelzzement 123
Schnellbinder 143 f.
Schnellzement 141 ff.
-, Druckfestigkeit 141, 144 f.
-, Hauptkomponenten 142 ff.
-, Komponentenmischung 143
-, Typen 142
Schrumpfen 258, 264
Schrumpfporen 260
Schülpen 87
Schüttdichte 102
Schwarzkalk 294
Schwermetallgehalt 31
Schwinden 265
Schwindmaß 32
Secco-Malerei 347
Selbstaustrocknung 271 f.
-, Einflußgrößen 272
-, Mechanismus 272
Self-desiccation 271 f.
SFA, siehe: Steinkohlenflugasche
SHZ, siehe: Sulfathüttenzement
Sichter 82 ff.
Silicastaub 72 ff.
-, chemische Zusammensetzung 73
-, Korngrößenverteilung 73
Silikatmodul 6

Silikatzement 362
Sinterdolomit 294
Sinterkalk 294, 322
Sorelzement 349
Spaltdruck 266
Spaltriß 226
Spätfestigkeit 31
Speckkalk 296
Spezialzement 118 ff.
–, hydrophobierter 96
Spritzbetonzement 96 f.
Spurenelemente 30 f.
Spurrit 30
Stabilität 10
Steinholz 351
Steinkohlenflugasche 75, 238 f.
–, chemische Zusammensetzung 68
–, Herstellung 67
–, Korngrößenverteilung 68 f.
–, Qualitätsbewertung 78
stetige Periode 185, 209
Straßenbauzement 96
Stuccolustro-Technik 347
Stückkalk 294
Sulfatbeständigkeit 31
Sulfatgehalt, optimaler 58
Sulfathüttenzement 146 ff.
–, Druckfestigkeit 149
–, Hydratationswärme 148
sulfatische Anregung 230
Sulfatmodul 6, 28 f.
Sulfatspurrit 30
Sulfatträgeroptimierung 55 ff.
Sulfattreiben 149
Sulfatwiderstand, Zemente mit hohem 18
Syngenit 246

T
Teilfertigmahlanlage 87
–, Arbeitsergebnisse 87
Teilfertigmahlung 86
Tetrabariumaluminatferrit 164
Thaumasit 205
Tiefbohrzement 130 ff.
–, API Standards 132
–, chemische Zusammensetzung 131
–, Eigenschaften 131
Titanoxid 119 f.
Tobermorit 176, 178, 183
TOC (*Total Organic Carbon*) 77
Tonerdemodul 6

Tonerdezement 123 ff., 142
–, Anwendungen 128
–, chemische Zusammensetzung 124
–, Dauerhaftigkeit 127
–, Hauptklinkerphasen 124
–, Hydratation 125 f.
–, Carbonatisierung 127
–, Langzeitfestigkeit 130
–, Mischung mit anderen Stoffen 129
Traß 66 f., 237 f.
–, chemische Zusammensetzung 337
–, Röntgenogramm 238
Traßkalk 297, 336
Travertin 293
Treiben, MgO 24
Trennriß 226
Tricalciumaluminat 7, 17 ff.
–, Anschliff 19
–, Charakteristik 17
–, feste Lösungen 17
–, Hydratation 186 ff.
–, Hydratation mit Sulfat 187
–, Hydratation ohne Sulfat 186
–, Hydratationswärmeentwicklung 17
–, Polymorphismus 17
–, Röntgenogramm 19, 187
Tricalciumsilicat 7, 10 ff.
–, Charakteristik 10
–, feste Lösungen 11
–, Polymorphismus 11
–, Röntgenogramm 13
–, Stabilitätsbereich 11
Trisulfat 55
–, Porengrößen 208
Trockenlöschen 331
Trockenverfahren 43
Tuff 66 f.
Tunnelzement 96

U
Übergangszone 248
Umlaufmahlung 82
ungelöschte Kalke 294

V
Vaterit 204, 233, 235, 290, 298
–, Röntgenogramm 236
Verdichtungsporen 260
Verfärbungen von Betonoberflächen 231 f.
Verfestigung, carbonatische 173

Verfestigung, hydratische 172
–, hydraulische 173
Verfestigungsarten 172 f.
Verfestigungsprozesse 171
Verformungsverhalten 269
viskoses Fließen 269
Viskosität 275
Vorcalcinierverfahren 46 ff.
Vorhomogenisierung 42
Vorwärmersysteme 44 ff.

W

Walzenmühle 89 ff.
Walzen-Rohrmühle 91
Wälzmühle 89 ff.
–, Fertigmahlsystem 90
–, Kombimahlung 90
Wärmedehnung 268
Wärmedehnzahl 268
Wasserbindung 214 ff.
Wasserglasbinder 353 ff
–, Anwendung 356
–, Eigenschaften 356
–, Herstellung 354
–, Verfestigung 354
Wasserkalk 295, 323, 333
Weichbrannt 321 f.
Weißfeinkalk 295
Weißkalk 295, 323
Weißkalkhydrat 296
Weißzement 101, 118 ff.
–, Einfluß der spez.Oberfläche 119
–, Einfluß von Eisenoxid 119
–, Einfluß von Titanoxid 120
–, Festigkeitsentwicklung 121
–, Röntgenogramm 120
Windsichter 82 f.
Wirbelschicht-Ofen 320
Wirbelschichtvergasung 47
Wollastonit 174

X

Xonotlith 178

Z

Zahnzemente 362 ff.
Zement, Anwendungen 104
–, chemische Anforderungen 98
–, Eigenschaften 104
–, Farbe 102
–, Helligkeit 121

–, hydrophobiert 101
–, mechanische und physikalische Anforderungen 98
–, nicht genormte Bezeichnungen 101
– für die Betonfertigteilindustrie 96
– für Fahrbahndecken aus Beton 102
– für Fertigteile 102
– mit hohem Sulfatwiderstand 99 f.
– mit niedrigem wirksamen Alkaligehalt 100 f.
– mit niedriger Hydratationswärme 98 f.
Zementarten 93 ff.
–, Dichte 103
–, Normbezeichnung 95 f.
–, Zusammensetzung 95
Zementerhärtung, klassische Theorien 173
Zementfestigkeitsklassen, Betondruckfestigkeit 103
–, Kennfarben 101
Zementgel 254, 258
Zementherstellung, Brennstoffe 53
–, Chromallergie 53
–, Emissionen 52
–, ökologische Aspekte 52 ff.
–, Radioaktivität 54
–, Schwermetalle 53
Zementklinker, Herstellung 36 ff.
–, Rohstoffe 37 ff.
–, Rohstofflagerstätten 37
Zementlagerung 103
Zementleim 172
–, Fließverhalten 275 ff.
–, rheologisches Verhalten 278 ff.
Zementmahlung 80 ff.
Zementstein 172, 254 ff.
–, Eigenschaften 199
–, E-Modul 263
–, Festigkeit 262 f.
–, Spannungs-Dehnungs-Linie 268 f.
–, Verformungen 263
Zementsteinmodell 255 ff.
– nach FELDMANN und SEREDA 256
– nach POWERS 255
– nach WITTMANN und SETZER 257
Zementzusatzmittel 94
Zerrieseln des Klinkers 14
Zumahlstoffe 61 ff., 74 f., 76, 78 f.
–, Hydraulizität 74 f.
–, Qualitätsmerkmale 77 f.
–, Wirkung 75 ff.
Zumahlstoffzemente 78 f.

Zwangsspannungen 226
Zweitfeuerung 46
Zwischenmasse 22 ff.
Zyklonvorwärmer 44 f.

GPSR Compliance

The European Union's (EU) General Product Safety Regulation (GPSR) is a set of rules that requires consumer products to be safe and our obligations to ensure this.

If you have any concerns about our products, you can contact us on

ProductSafety@springernature.com

In case Publisher is established outside the EU, the EU authorized representative is:

Springer Nature Customer Service Center GmbH
Europaplatz 3
69115 Heidelberg, Germany

www.ingramcontent.com/pod-product-compliance
Lightning Source LLC
LaVergne TN
LVHW080310260326
834688LV00038B/1042